系统辨识与自适应控制

杨承志　孙棣华　张长胜　编著

重庆大学出版社

内 容 简 介

本书内容包括:系统辨识的基本概念,系统辨识的经典方法,系统辨识的最小二乘算法,系统辨识的随机逼近法、极大似然法和预报误差法,数学模型的结构辨识,闭环系统的辨识,系统辨识的发展及在生产实际中的应用,自适应控制概述,模型参考自适应控制,自校正控制,多变量自校正控制,自适应控制系统发展及其应用。

本书适合自动化及相关专业的大学本科高年级学生和研究生学习使用,也可供自动化专业及其相关专业人员阅读。

图书在版编目(CIP)数据

系统辨识与自适应控制/杨承志,孙棣华,张长胜编著.—重庆:重庆大学出版社,2003.7(2021.8 重印)
(自动化专业本科系列教材)
ISBN 978-7-5624-2817-6

Ⅰ.系… Ⅱ.①杨…②孙…③张… Ⅲ.①系统辨识—高等学校—教材②自适应控制—高等学校—教材 Ⅳ.①N945.14②TP273

中国版本图书馆 CIP 数据核字(2003)第 038063 号

系统辨识与自适应控制
杨承志　孙棣华　张长胜　编著
责任编辑:曾显跃　谭　敏　　版式设计:曾显跃
责任校对:蓝安梅　　　　　责任印制:张　策
*
重庆大学出版社出版发行
出版人:饶帮华
社址:重庆市沙坪坝区大学城西路 21 号
邮编:401331
电话:(023) 88617190　88617185(中小学)
传真:(023) 88617186　88617166
网址:http://www.cqup.com.cn
邮箱:fxk@cqup.com.cn (营销中心)
全国新华书店经销
POD:重庆新生代彩印技术有限公司
*
开本:787mm×1092mm　1/16　印张:17.5　字数:437 千
2003 年 7 月第 1 版　　2021 年 8 月第 7 次印刷
ISBN 978-7-5624-2817-6　定价:48.00 元

前言

《系统辨识与自适应控制》是自动化及相关专业大学本科高年级学生和研究生的一门专业课程。随着科学技术的不断进步(对平均变化规律的深入了解和计算机技术的发展)《系统辨识与自适应控制》成为自动化及相关专业技术人员必须掌握的一项高层次的技术。

对《系统辨识与自适应控制》课程的开设,部分学校是将《系统辨识》和《自适应控制》的内容分成两门课程开设,或者仅开设其中一门,也有的学校是将其合为一门课程开设。

目前,国内关于此方面的教材,有以《系统辨识》为书名编写的,也有以《自适应控制》为书名编写的,而将两项内容综合而编的《系统辨识与自适应控制》较少。通常是在《系统辨识》教材中,将自适应控制的内容作为系统辨识的一项应用进行讲述;而在《自适应控制》教材中,仅将《系统辨识》的内容作为《自适应控制》的基础先修内容。

本教材的编写目的之一是充分考虑到二者的独立性,也考虑二者的综合性。再者,随着技术的进步,如模糊技术,神经网络技术及智能控制技术等也渗入“系统辨识与自适应控制”中。让学生初步地了解这些技术的发展,也是此教材的尝试内容之一.各个学校在选用此教材时,可根据各自的要求,对教材的内容进行分解、组合而进行教学。

另外,许多教师在教学过程中,深刻地体会到,对《系统辨识与自适应控制》的讲授与学习来说,一个较好的仿真平台,是提高此门课程的教学效果和学生学习兴趣的重要环节。因此配合本书我们将编写一个计算机仿真平台,作为本书的附属部分(以上网的方式提供给学生和教师作为学习本门课程的实验仿真平台)。

基于如上考虑,《系统辨识与自适应控制》教材是为了适应这些特点而编写的。《系统辨识与自适应控制》课程的目的和要求为:

(1)学习“系统辨识”的目的是研究如何从观测到的含有噪声的系统输入、输出数据中,提取对象(即所研究的系统)的数学模型,及数学模型的应用场合与方式。

(2)学习“自适应控制”的目的是研究两种主要的自适应控制形式——模型参考自适应控制系统和自校正控制系统的理论及设计方法与应用。

(3)通过学习本门课程,让学生初步了解一些“系统辨识与自适应控制”的最新技术发展与实例。

(4)通过网上计算机仿真平台的使用,让学生在掌握“系统辨识”和“自适应控制”理论和方法的基础上,了解一种用它进行验证性学习的工具,学生也可用它进行系统的仿真和设计,同时也为教师提供一种辅助教学的手段。

本书在编排上追求系统性,但各个部分又力求其独立性,所以本书教学内容可具有灵活多样的特性。由于各个学校的教学要求与安排不同,使用本教材进行教学的安排也不尽相同,教师不一定讲授全部内容,编者安排以下教学路线以供使用者参考:

(1)教学计划安排

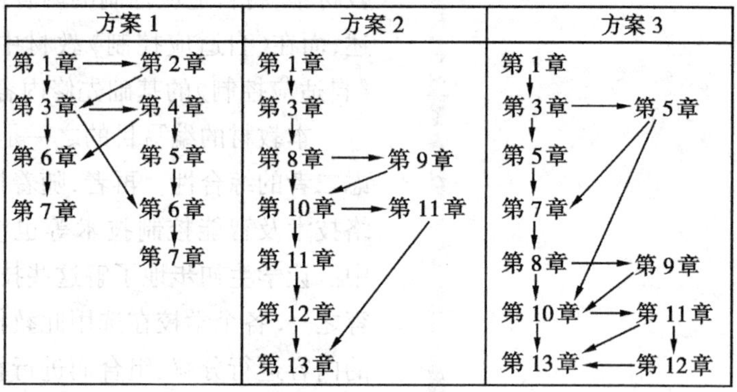

(2)学时安排

方案 1:《系统辨识》课程,40 学时(讲授 32 学时,上机 8 学时),学分:2 学分。

方案 2:《自适应控制》课程,40 学时(讲授 32 学时,上机 8 学时),学分:2 学分。

方案 3:《系统辨识与自适应控制》课程,48 学时(讲授 38 学时,上机 10 学时),学分:2 学分。

(3)考核方式及成绩比例:笔试占70%,上机占30%。

本书适用于作为自动化、测控技术及仪器、机械工程及自动化、电气工程及自动化、计算机应用技术等本科专业教材,也适用于控制理论与控制工程、检测技术及自动化装置、模式识别与智能系统和机电一体化等专业硕士研究生作必修课教材,同时也可作为机械工程及自动化、水利水电工程、计算机应用技术等专业硕士研究生选修课教材。

本书由杨承志教授主编,负责全书的组织、统稿和定稿。副主编是孙棣华副教授。张长胜老师编写第4、5、6章和网上计算机仿真平台;杨承志教授编写第1、2、3、7、12、13章。孙棣华副教授编写第8、9、10、11章。

本书的编写工作得到昆明理工大学自动化系、重庆大学自动化学院及重庆大学出版社很多同志的支持与鼓励;作者的家人也为本书做了许多工作;我们更不能忘记本书的责任编辑所付出的辛勤劳动;同时,本书参考了作者本人和他人的一些发表论文、书籍与研究工作。在此,向他们表示衷心感谢!

由于时间仓促和作者的水平有限,书中的不足和缺点在所难免,欢迎读者批评指正。

说明:

(1)为方便各高等院校使用本书,其选用本书的教师也可按电子邮件地址(jy5663@public.km.yn.cn)与作者联系,索要本书的电子文档,以方便多媒体教学使用。

(2)本书的仿真平台部分用Matlab 6.1编程,平台的使用及说明见相关网站(IP:202.98.174.40)。

目录

第2部分　自适应控制

绪 论

系统辨识和自适应控制是两门联系密切的学科。在自然和社会科学的许多领域中,系统的设计、系统的定量分析、系统综合及系统的控制,以及对其未来行为的预测,都需要知道系统的动态特性。将被研究的对象模型化,则是开展这些工作的前提、基础和手法之一,因此,建立描述系统动态特性的数学模型及论述建立模型的理论和方法,即为系统辨识研究的内容。

而自适应控制研究的对象是具有不确定性的系统。我们都知道要成功地设计一个性能良好的控制系统,需要掌握被控过程的动态特性,然而,实际上有一些被控对象或过程的动态特性是事先难以确知的,或者对它们的数学模型是经常变化的,对于这类对象,常规反馈控制方法的效果往往难以令人满意,而对这种系统特性经常发生波动,事先却无法完全确定的情况下,如何设计一个高性能的控制系统,是一个自适应控制系统所要研究的问题。

为使读者尽快和初步地了解本书的概貌,在诸论中简要介绍4个基本问题:①关于系统辨识;②系统辨识的应用与发展;③关于自适应控制;④自适应控制的应用与发展。

0.1 关于系统辨识

系统辨识问题的提出是由于随着科学技术的发展,各门学科的研究方法进一步趋向定量化,人们在生产实践和科学实验中,对所研究的复杂对象通常要求通过观测和计算来定量地判明其内在规律,为此必须建立所研究对象的数学模型,从而进行分析、设计、预测、控制的决策。例如,在化工过程中,要求确定其化学动力学和有关参数,以决定工程的反应速度;在热工过程中,要求确定如热交换器这样的分布参数的系统及其动态参数;在生物系统方面,通常希望获得其较精确的数学模型,以便描述在生物群体系统的动态参数;为了控制环境污染,希望得到大气污染扩散模型和水质模型;为进行人口预报,做出相应的决策,要求建立人口增长的动态模型;对产品需求量、新型工业的增长规律这类经济系统,已经建立并继续要求建立其定量的描述模型。其他如结构或机械的振动、地质分析、气象预报等等,都涉及系统辨识和系统参数估计,这类要求正在不断扩大。

0.1.1 什么是数学模型

在科学研究中，尤其是在自然科学研究中，研究的问题所涉及的往往是一个复杂的对象，这个对象的含义是比较广泛的，可以是指某个工业生产过程、某个生物学系统、某个经济学系统或者是社会科学系统，总而言之，可以是一切客观存在的事物及运动形态。

而数学模型是对这个对象的特征和变化规律的一种表示或抽象，它不是对象本身，它是把对象本质的部分信息表达成为有用的描述形式。它是用来描述对象的运动规律，表达对象主要特征或者是人们最需要知道的主要特征。能够对对象进行抽象，这正反映了人们对对象的认识的深化。从这个意义上讲，应用数学模型来认识对象，可以更深刻地、更集中地反映对象的主要特征和规律。

在系统辨识中，数学模型可定义为一个被模型化的系统中的各个有关变量之间关系所构成的数学结构，即它用数学结构的形式来反映实际对象的行为特征。常用的数学模型有代数方程、微分方程、差分方程、偏微分方程和状态方程等。本书中常用的有：

a. 微分方程

b. 差分方程

c. 状态方程

通常，对于同一个实际研究的对象，根据建立数学模型的目的，根据研究这个对象所采用的假定，它的模型不是惟一的。它可能是较为简单的一个数学模型，也可能是一个较为复杂的数学模型。而且，由于每一个系统有它自己的特点，所以，应有相应的反映这些特点的数学模型。因此，要对具有广泛含义的各种系统的数学模型进行分类是一项比较困难的工作，然而，在研究工作中所采用的数学模型都有其基本的特征，根据这些模型不同的基本特征，可从如下几个方面对数学模型进行划分：

(1)静态模型与动态模型；

(2)线性模型与非线性模型；

(3)参数模型与非参数模型；

(4)确定性模型与随机性模型；

(5)连续时间模型与离散时间模型；

(6)时不变模型与时变模型；

(7)时间域模型与频率域模型；

(8)集中参数模型与分布参数模型。

在本书中，主要介绍的是单变量系统的辨识问题，涉及的数学模型主要是线性、动态、参数、连续或离散时间、集中参数、确定性或随机性、时间域的数学模型。

0.1.2 系统辨识的基本方法

根据对系统的组成、结构和支配系统运动的机理的了解程度，可以将建模方法分为如下3类：

(1)机理建模

利用各个专业学科领域提出来的物质和能量的守恒性和连续性原理、组成系统的结构形式，建立描述系统的数学关系，这样的建模方法也称为“白箱问题”。如此建立的数学模型，称为机理模型。

(2)系统辨识(实验建模)

从理论上,这是一种在没有任何可利用的验前信息(即相关学科专业知识与相关数据)的情况下,应用所采集系统的输入和输出数据提取信息进行建模的方法。这是一种实验建模的方法,这种建模方法也称为“黑箱问题”。这样建立的数学模型,称为辨识模型,也称为实验模型。

(3)机理分析和系统辨识相结合的建模方法

这种建模方法适用于系统的运动机理不是完全未知的情况。这时,可以利用系统的运动机理和运行经验确定出模型的结构(如状态方程的维或差分方程的阶),也可能分析出部分参数的大小或可能的取值范围,再根据采集到的系统输入和输出的数据,由系统辨识方法来估计和修正模型中的参数,使其精确化。这样的建模方法也称为“灰箱问题”。实际中应用的辨识方法,严格地说,对“黑箱问题”一般是无法解决的,通常提到的系统辨识,往往是指的“灰箱问题”

0.1.3 系统辨识的基本内容

一般说来,若建立某一系统的数学模型的目的已经十分明确,同时对该系统已具备了一定的验前知识,就可以进行辨识该系统的数学模型及其参数,其内容为:

a. 实验设计;

b. 模型结构辨识;

c. 模型参数辨识;

d. 模型验证。

0.2 系统辨识的应用与发展

系统辨识获得如此蓬勃发展的来由,主要取决于20世纪60年代工程上广泛应用了各种自动控制系统,这些系统包括最简单的继电控制系统到利用辅助变量的复杂的回路控制系统。在这一时期,自动控制理论的发展达到了一个较高水平,当时经典的控制概念受到新兴的现代控制理论的挑战。随后,计算机技术的快速发展和成本的降低,使得无论是使用计算机作为离线科学计算工具还是作为在线检测控制装置,都开始得到了广泛的应用。而且,值得注意的问题是,现代控制理论研究和应用是以被控对象的数学模型为前提的,有时它要对被控对象所受到的噪声的特性有所了解。在现代控制理论的研究中,往往要求系统的数学模型具备特定的形式,以适合理论分析的需要。然而,在获得这些模型的研究中,却出现了如何确定被控对象的数学模型的各种困难,理论和实际之间出现了相当大的距离。因此在当时,这正是现代控制理论在许多领域中远没有得到充分应用的原因之一。尽管“理论”能够以非常精巧的方法提出一个控制问题的最优解,但是要实现这个控制,需要对被控系统的动态特性给予一个合适的数学描述。在这样的背景下,系统辨识问题便愈来愈受到人们的重视,它成为了发展系统应用理论,认识实际对象特性并研究和控制实际对象工作中不可缺少的一个重要手段。

当然,系统辨识理论和应用之所以得到发展的更主要原因还在于,在科学技术的发展进程中,各门学科的研究方法进一步趋向定量化发展,人们在生产实践和科学实验中,对所研究的较复杂的对象往往要求通过观测和计算来定量地判明其内在规律。为此必须建立所研究对象的数学模型,从而进行分析、设计、预测、控制的决策。因此,系统辨识对研究对象的定量化描述的特点,使得这门学科在它的起源的自动控制学科之外也得到迅速发展。除前述的应用外,其范围现在已大大超出建立这门学科的科学家的想像。如对产品需求量、新型工业的增长规律这类经济系统,已经建立并继续要求建立其定量的描述模型;其他如结构或机械的振动、地质分析、气象预报等等也都涉及系统辨识的理论和方法,而且这类需求还正在不断扩大。

当前,系统辨识理论已发展成为系统理论中的一个重要分支。系统辨识理论中,对于单变量线性系统辨识的理论和方法,目前已做了大量的研究,也得到了许多理论和应用成果。但是,对于多变量系统的辨识,尤其是它的结构辨识,则还处于不能令人满意的状态。系统辨识理论的发展,一方面有赖于其他理论(如系统结构理论,稳定性理论、模式识别、学习理论等等)的发展,从而加深对系统内在性质的理解,并提供新的估算方法。另一方面,又必须根据客观实际中提出的新问题(如实验设计、准则函数的选取、模型的验证等),在理论和实践的统一上加以解决,从而充实理论和推动学科的发展。

0.3 关于自适应控制

自适应控制是近年来在自动控制理论和工程的实践中都十分活跃的一门学科,设计具有真正自适应能力的控制系统是控制系统设计者追求的一个目标。因为在控制工程的实践中已经遇到了许多困难,诸如被控对象的动态未知或部分未知;动态特性随时间有未知漂移(时变性);环境有噪声干扰;还有一种常见的情形,即被控制对象的特性过于复杂(如非线性、分布参数、大滞后等),难以准确地描述被控对象,或者即使能描述控制对象,其数学模型也是十分复杂。在这些场合要想利用现有的控制理论(包括经典控制理论或现代控制理论)设计一个理想的控制系统是很困难的,有时甚至是不可能。所以能否设计出一种高性能的控制系统要求是,它能自动适应各种变化而不断修正自身的控制动作,以达到较满意的控制品质。

一个实际系统总存在某种不确定性,这种不确定性表征为描述系统本身的数学模型包含有未知或随机的因素。另外,系统在运行过程中,还会受到各种干扰因素的影响,这些影响也会使系统的动态特性发生变化。因此,对于一个比较复杂的实际系统,先建立精确的数学模型,再进行控制系统的设计,在许多情况下是行不通的。尤其是随着控制技术在各个领域的广泛应用,控制质量要求的不断提高,许多实际系统仅使用常规的控制手段已达不到理想的控制效果了。这就给人们提出了一个问题:对动态参数变化很大,控制质量又要求较高的系统,如何实现理想控制呢? 很明显,这样的控制系统应该具有这样的能力:它能适应实际被控对象的参数所发生的各种变化,及时地调整控制动作,保证被控对象达到理想的控制效果。具有这种能力的控制系统就称为自适应控制系统,设计和分析这类控制系统正是本书所要讨论的问题。

近年来,由于闭环系统的全局稳定性的理论有了较大发展,计算机的性能有了很大提高,且使用成本也大大降低,因此,近十几年来,自适应控制系统从理论上和实践上都有了很大的进展,成为引人注目的一个学科方向。下面简单介绍几个与本书内容有关的问题。

0.3.1 什么是自适应控制

什么是自适应控制？它与一般的反馈控制有什么不同？它可以表达如下：

在控制系统的运动过程中，系统本身不断地识别被控系统的状态、性能或参数，从而“认识”或“掌握”系统当前的运行指标并与期望的指标相比较，进而做出决策，来改变控制器的结构、参数或根据适应性的规律来改变控制作用，以保证系统运行在某种意义下的最优或次优状态下。按这种方式建立的控制系统，称为自适应控制系统。

随着对复杂系统的高性能、高精度的要求日益提高，系统中那些具有较大不确定性的参数越来越具有本质的意义。如何处理这些不确定性对设计“一个能够保证具有较好性能的系统”是十分重要的。粗略地说，自适应控制就是对系统的变化进行连续地监测，并自动地校正自身的控制参数，以保证系统的良好性能。为了达到这一要求，用常规校正系统显然是不行的。

0.3.2 两种主要的自适应控制形式

因设计原理和结构的不同，自适应控制可以分为多种形式，目前应用最为广泛的为如下两种：

(1)模型参考自适应控制

它是自适应发展历史上最早出现的自适应控制系统。

这类自适应控制系统的突出特点是它本身附加一个参考模型，这个模型体现了人们对被控对象的要求，也就是说，参考模型的特性就是被控对象的理想特性。模型参考自适应控制系统总是根据被控对象的状态(或输出)与参考模型的状态(或输出)之间的偏差，实时地进行调整，使得在某种指标下，被控对象的动态特性与参考模型特性尽量接近。这样，不管实际被控对象的不确定因素如何影响，总能保证它具有较理想的特性。

(2)自校正控制系统

自校正控制是实际中应用较广的、与系统辨识技术联系最为密切的一类自适应控制系统，它是将在线辨识技术和最优设计方法相结合而产生的一种控制方法。整个控制系统由两个环构成，内环是由被控对象和通常的反馈控制器组成，控制器的参数通过外环来调整。调整的方法是通过在线递推估计参数(即系统辨识)和控制器在线设计来实现。

0.4 自适应控制系统的应用与发展

自适应控制的概念很早就提出来了，但由于当时的控制理论和计算机技术的限制未能取得大的进展。后来，随着计算机技术的发展才使得自适应控制获得了新的生命。近年来，无论在理论上还是应用上，自适应控制系统取得了较大的进步，目前已是控制理论中引人注目的活跃的领域之一，同时在相当广泛的范围内获得了成功的应用。

自适应控制特点在于它冲破了其他设计方法要求事先准确知道被控过程的数学模型这一严格的约束，而这一点正是许多设计方法难以奏效的主要原因。由于过程的动态总是带有或多或少的不确定性，而自适应控制系统恰恰是针对这一点而提出的，因此它就可能在实际过程的控制中获得比通常的控制系统更好的品质。迄今为止,自适应控制在许多方面得到了成功的应用。例如,飞行器的控制是最早应用自适应控制技术的领域,由于在飞行过程中,其动态气压、飞行高度、飞机质量、飞机机翼角度、阻尼板位置等飞行参数,在不同的环境下,可能会发生很大的范围的变化。因此对于这种工作环境复杂、参数变化大的控制对象,采用自适应控制是十分合适的;而在大海中航行的大型油轮自动驾驶是自适应控制应用的另一个例子,按照事先设定的路线控制(设定模型)自动驾驶油轮可使之航行既平稳又迅速。在工业过程控制中也有很多这类问题。例如,加热反应炉的升温自适应控制,可使升温图曲线尽量接近试验所确定的理想曲线等等。

其他如造纸机、矿石破碎机、热交换器、乙烯合成反应器、醋酸蒸发器、蒸馏塔、水泥生料混合、泥凝土搅拌的控制等等。

自适应控制系统目前在理论上尚有较多的不完善地方,且设计方法也不是尽善尽美的。由于设计思想和理论工具的局限,现有的自适应控制系统在设计时有两个主要原则,其一,一般只假定系统是线性定常的,阶次已知(这一点有时也可以去掉);其二,设计是从系统的稳定性出发的(有的方法并不直接从稳定性理论出发,系统的闭环稳定性也是考察系统的一个最基本、最重要的指标)。此外,保证系统的闭环稳定性无疑也是最重要的。但是,由于实际系统往往具有各种复杂性,例如最常见的非线性、分散性、快时变性等。对于具有这些特性的系统,用现有的设计方法就难以得到理想的控制效果。

此外,稳定性只是保证如果系统的初始偏差在一定范围内,随着系统运行时间的增大偏差逐渐趋于零。这一点当然是最基本的,但是一个实际的系统仅这一点是不够的。它还要求一定的稳定速度,太慢了实际上是没有意义的。设计理论假定了系统的自适应速度(即使系统的偏差趋于零)比系统动态(或环境)的变化速度要快。也就是说,在两次适应过程之间,系统可以看做是定常的。但是,如果系统的稳定速度太慢,这一要求就不一定能保证。所以保证所设计的系统不仅是稳定的,而且具有所要求的稳定速度也是十分重要的。

自适应控制所着力追求的是具有真正适应能力的系统。它是一种拟人化的设计思想,自适应是生命系统的一种基本能力。它的表现从简单的昆虫变色到人类对自然界和社会的适应,有着不同层次的丰富内容。控制系统哪怕是只具有最初等的生命系统的那种自适应能力就可能大大地提高它的品质,而自适应能力的提高关键在于系统学习能力和智能水平。因此,自适应控制的进一步发展是借鉴于生命系统的自学习、自组织等功能,充分结合人工智能的深入研究肯定会对设计更高级的自适应控制系统产生很大的推动力。

在非工程应用方面,目前,如何应用自适应控制方法来研究具有不确定性大系统的特性,已有了大量的应用实例。如应用自适应滤波理论研究油田产量和船舶动态定位;应用随机自适应研究随机资源分配和宏观经济系统的随机最优化问题;应用自校正平滑理论研究语言声学等,目前已有大量的研究成果发表。

第 1 部分
系统辨识理论、方法及应用

第 1 章
系统辨识的基本概念

“系统辨识”是研究如何利用系统试验或运行的、含有噪声的输入输出数据来建立被研究对象数学模型的一种理论和方法。系统辨识与控制理论相互联系较为密切，随着计算机技术的发展和对系统控制技术要求的提高，控制理论得到广泛的应用。但是，在控制理论的大多数应用场所，若想获得理想的使用效果，则与能获得被控对象精确的数学描述是密不可分的。然而，在很多情况下，被控对象的数学模型是不知道的，甚至涉及这个系统的工艺方面的工程师都无法用数学模型来描述它。或者有时，系统的正常运行期间的数学模型的参数会发生变化，使得依赖于这个模型运行的系统控制效果大打折扣，甚至使系统失控。

因此，在应用控制理论去实施系统控制时，其基础是要建立控制对象的数学描述（即对象的数学模型），这是控制理论能否应用成功的关键因素之一。

所谓通过“系统辨识”建立对象数学模型的依据是：研究表明，从外部对一个系统的认识，是通过其输入输出数据来实现的，既然数学模型是表述一个系统动态特性的一种描述方式，而系统的动态特性的表现必然蕴含在它变化的输入输出数据中。所以，通过记录系统在正常运行时系统的输入输出数据,或者通过测量系统在人为输入作用下的输出响应,然后对这些数据进行适当的系统处理、数学计算和归纳整理,提取数据中蕴含的系统信息,从而建立被控对象的数学描述,这就是系统辨识。即系统辨识就是一种利用数学的方法从输入输出数据序列中提取对象数学模型的方法。

1.1 系统辨识的基本原理

1.1.1 系统辨识的定义和基本要素

实验和观测是人类了解客观世界的最根本的手段。在科学研究和工程实践中,利用通过实验和观测所得到的信息,从中获得对各种现象的规律性认识,或掌握所研究对象的特性,这种方式的含义即为"辨识"。关于系统辨识的定义,1962 年,L. A. Zadeh 是这样提出的:"系统辨识就是在输入和输出数据观测的基础上,在指定的一组模型类中,确定一个与所测系统等价的模型"。1978 年,L. Ljung 也给出了一个定义:"辨识即是按规定准则在一类模型中选择一个与数据拟合得最好的模型"。

上述两个定义,L. A. Zadeh 的定义较为严格,但要找出一个与实际系统完全等价的模型是比较困难的。而按 L. Ljung 的定义,辨识的实质可理解为数据拟合的优化,比较切合实用。可用图 1.1.1 来说明辨识建模型的思想。

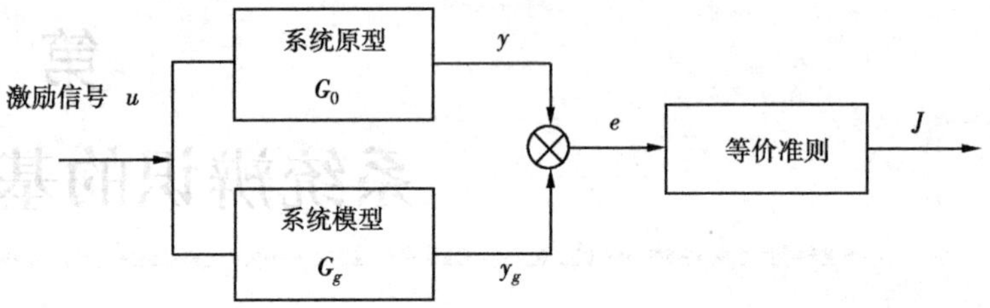

图 1.1.1　系统辨识的原理

图中规定代价函数(或称等价准则)为 $J(y,y_g)$,它是误差 e 的函数,系统原型 G_0 和系统模型 G_g 在同一激励信号 u 的作用下,产生系统原型输出信号 y 和系统模型输出信号 y_g,二者误差为 e。经等价准则计算后,去修正模型参数,然后再反复进行,直到误差满足代价函数最小为止,其数学表述为

$$J(y,y_g) = f(e) \tag{1.1.1}$$

其中 $f(e)$ 为准则函数表达式。而辨识的目的为:找出一个模型 $G_g \in \phi$,而 ϕ 为给定模型类。使之

$$J(y,y_g) \to \min \tag{1.1.2}$$

则有

$$G_g = G_0 \tag{1.1.3}$$

此时,即称为系统被辨识。

这个定义明确了系统辨识过程中的 3 大要素:①输入输出数据 (u,y,y_g);②模型类 (G_g);

③等价准则($J(y,y_g)$)。而模型的精度由 $J(y,y_g)$ 决定,也即由 e 来决定。其中,数据是辨识的基础;准则是辨识的优化目标;模型类是寻找模型的范围。从上述可知,辨识的实质就是从一组模型类中选择一个模型,按照某种准则,使之能最好地拟合所研究的实际过程的动态特性。

例如,一个工业炉加热过程,若忽略其他因素不计,其控制的主要目标是燃料流量 Q(输入)与炉膛温度 T(输出)之间的关系,其工艺过程如图 1.1.2 所示。

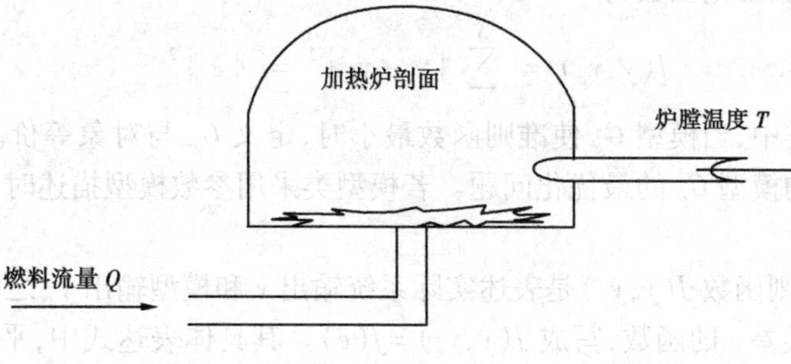

图 1.1.2　加热炉加热工艺示意图

欲建立 T/Q 模型,经观测得到一组输入输出数据,记作 $\{Q(k),k=1,2,\cdots,l\}$ 和 $\{T(k),k=1,2,\cdots,l\}$,式中 l 为数据长度,同时,选定一组模型

$$
\begin{aligned}
&T(k)+a_1T(k-1)+\cdots+a_nT(k-n)=\\
&b_1Q(k-1)+b_2Q(k-2)+\cdots+b_nQ(k-n)+e(k)
\end{aligned}
\tag{1.1.4}
$$

式(1.1.4)相当于表达了 $T=\hat{T}+e(k)$ 的关系,在这个关系式中,T 表示量测温度,可表为 $T=T(k)+a_1T(k-1)+\cdots+a_nT(k-n)$;$\hat{T}$ 表示了估计(计算)温度,可表为 $\hat{T}=b_1Q(k-1)+b_2Q(k-2)+\cdots+b_nQ(k-n)$;而 $e(k)$ 表示干扰噪声(量测误差)。即式(1.1.4)表达了量测温度等于估计温度与量测误差之和。

再选定一个等价准则

$$
\begin{aligned}
J=&\sum_{k=1}^{l}e^2(k)=\sum_{k=1}^{l}(T-\hat{T})=\\
&\sum_{k=1}^{l}[T(k)+a_1T(k-1)+\cdots+a_nT(k-n)-\\
&b_1Q(k-1)-b_2Q(k-2)\cdots-b_nQ(k-n)]^2
\end{aligned}
\tag{1.1.5}
$$

而加热炉的燃料流量 Q 与炉膛温度 T 之间的关系的数学描述,即 T/Q 的数学模型的辨识问题,就是根据所观测的输入输出数据 $\{Q(k),k=1,2,\cdots,l\}$ 和 $\{T(k),k=1,2,\cdots,l\}$,从模型类(1.1.4)式中,寻找一个模型,也就是确定(1.1.4)式的模型阶次 n 及未知参数 $a_i,b_i,i=1,2,\cdots,n$,使准则 $J=\min$。

另外还有一点需要指出,由于观测到的数据一般都含有噪声,因此,辨识建模实际上是一种实验统计的方法,它所获得的模型只不过是与实际过程外特性等价的一种近似描述。

1.1.2　系统辨识的等价准则

由前述可知,在系统辨识过程中,一个很重要的概念是,要检验在各种可能的相同输入下,要求它的输出近似相等,即系统的"等价",它是用来衡量模型接近实际过程的标准。而通常被识对象和模型的等价性是通过引入评价函数定义的,这个评价函数称为等价准则函数。对某种相同的输入 u,若实际系统的输出为 y,模型 G_g 的输出为 y_g,而被识对象和模型输出这两个输出量之间的偏离值(误差)$e=y-y_g$ 时,通常采用的准则函数如下。

连续信号下,其准则函数为

$$J(y,y_g)=\int_{t-T}^{t}[y(t)-y_g(t)]^2\mathrm{d}t=\int_{t-T}^{t}e^2(t)\mathrm{d}t \tag{1.1.6}$$

数据离散的情况下,其准则函数为

$$J(y,y_g)=\sum_{k}^{N}|y-y_g|^2=\|e\|^2 \tag{1.1.7}$$

在给定的模型类中,当模型 G_g 使准则函数最小时,定义 G_g 与对象等价。因此,辨识就是求使准则函数最小的模型 G_g 的最优化问题。若模型类采用参数模型描述时,辨识就归结为参数最优化问题。

从上述可知,准则函数 $J(y,y_g)$ 是表述实际系统输出 y 和模型输出 y_g 之间关系的函数,常用的方式是表示成误差 e 的函数,写成 $J(y,y_g)=f(e)$。其具体表达式中,平方误差准则 $f(e)=e^2$ 用得最多。而根据误差的定义形式,辨识方法又可分为输出误差、输入误差和广义误差等形式。

①输出误差:令输出误差为

$$e=y-y_g \tag{1.1.8}$$

输出误差通常是参数的非线性函数,故由此误差准则进行参数辨识是一种复杂的非线性最优化问题。辨识参数的计算非常繁琐和复杂。当误差与参数的关系是一次函数时,称模型是关于参数线性的。要注意的是,系统线性和模型的参数线性是不同的概念。参数线性模型按照最小均方误差准则,采用最小二乘法(LS),可以容易而简单地进行参数辨识。

②输入误差:令输入误差为

$$e(t)=u(t)-u'(t)=u(t)-(G_g^{-1}y)(t) \tag{1.1.9}$$

式中,G_g^{-1} 为模型 G_g 的逆系统。其关系如图 1.1.3 所示。

③广义误差:将上述输入误差和输出误差组合而成广义误差,定义为

$$e(t)=(G_2^{-1}y)(t)-(G_1u)(t) \tag{1.1.10}$$

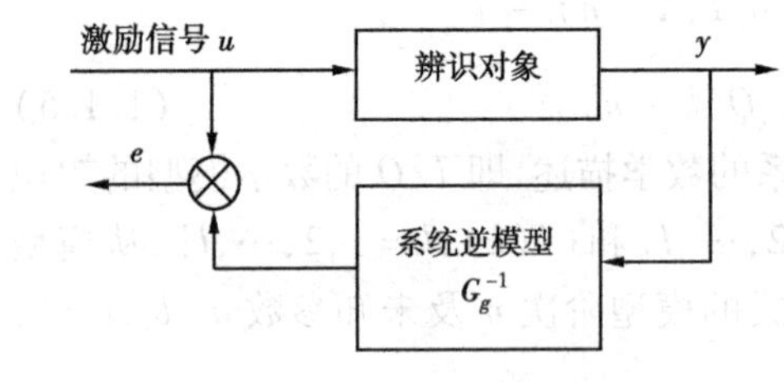

图 1.1.3　输入误差示意图

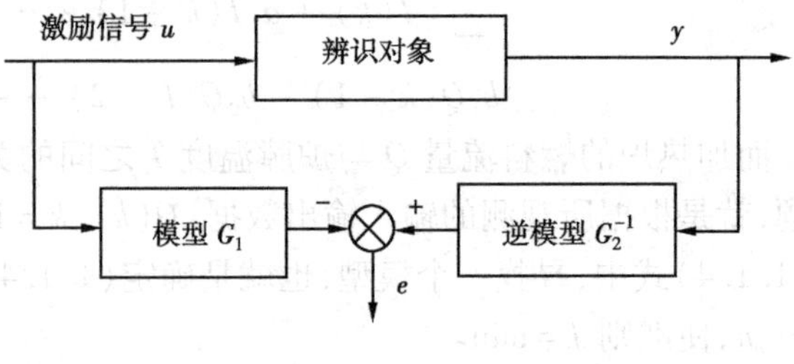

图 1.1.4　广义误差示意图

式中,G_1 和 G_2^{-1} 称为广义模型,如图 1.1.4 所示,在广义误差中,特别常用的是方程式误差。例如对于离散时间系统,当 G_1 和 G_2^{-1} 为

$$G_2^{-1}:A(q^{-1})=1+a_1q^{-1}+a_2q^{-2}+\cdots+a_nq^{-n} \tag{1.1.11}$$

$$G_1:B(q^{-1})=b_1q^{-1}+b_2q^{-2}+\cdots+b_nq^{-n} \tag{1.1.12}$$

时,方程误差表示为

$$
\begin{aligned}
e(t) = A(q^{-1})y(t) - B(q^{-1})u(t) = \\
y(k) + a_1y(k-1) + a_2y(k-2) + \cdots + a_ny(k-n) - \\
b_1u(k-1) + b_2u(k-2) + \cdots + b_nu(k-n)
\end{aligned} \tag{1.1.13}
$$

显然其误差准则为

$$
J(\theta) = \sum_{k=1}^{L}[A(q^{-1})y(t) - B(q^{-1})u(t)]^2 \tag{1.1.14}
$$

这里,θ 表示方程中的参数,即式(1.1.11)和(1.1.12)中的 $a_i, b_i, i=1,2,\cdots,n$。当给定输入输出 u 和 y 时,误差是参数性的,即误差准则函数 $J(\theta)$ 关于模型参数空间是线性的,其参数用最小二乘法可辨识得到。

1.2 系统描述的数学模型

一个动态系统按其描述方法和分析定义域的不同可用不同数学模型来表达。所以在系统辨识过程中,弄清各类数学模型的表达形式、相互转换及其应用场合将是十分必要的。

按照系统施加信息的特征可分为连续模型与离散模型两大类。连续系统施加的是连续信号,通常生产过程中绝大部分系统属于这一类,以连续模拟量的参数作为建模的依据;离散系统是指系统施加信号是离散的,应用计算机进行数字控制的系统即属于这一类,以离散数字量的参数作为建模的依据。随着计算机应用的发展,离散数学模型的应用日趋广泛。

按照系统分析的定义,数学模型可分为时间域(称时域)和频率域(称频域)两种。经典控制理论中微分方程和现代控制方法中的状态空间方程都是属于时域的范畴,离散模型中的差分方程和离散状态空间方程也如此。传递函数和传递函数矩阵属于频域范畴,与其相应的在离散模型中有 Z 变换的传递函数。一般在经典控制论中多采用频域传递函数建模,而在现代控制论中则采用时域状态空间方程建模。

此外,动态系统还可按描述模型的方式分为参数型和非参数型。所谓参数型是指用模型的系数来描述系统,如微分方程和传递函数中的 a_i、b_i 系数,状态空间方程中的系数矩阵 A,B,C 和 D 即为模型的参数。非参数型是指模型用响应曲线来描述,如时域中的脉冲响应模型、频域中的频率响应模型。从发展上看,在以往动态系统的设计和控制分析中,非参数模型曾得到了广泛的应用,即使在目前,也有很多实际的用途。但随着计算技术的发展,参数型模型已成为应用较为广泛的数学描述的方法。而辨识技术为非参数模型转化为参数模型提供手段,可以用动态拟合的方法,从响应曲线求取传递函数或系数矩阵。

在本节中,将把线性动态系统模型分成参数型和非参数型来进行讨论。其中,每一种数学模型都以不同的方式表述了系统的动态特征。这些数学模型包括:参数模型类中的 ARX 模型、ARMAX 模型、BJ 模型和状态空间模型;非参数模型类中的脉冲响应模型和频率响应模型等。由于这些数学模型之间存在着对应关系,因此,只要系统的任一种数学模型被建立后,就可以认为它已经完全被辨识了(或确定了数学模型)。

1.2.1 参数模型类

参数模型类是指利用有限参数来表示所研究对象的模型。

(1)连续系统的参数模型

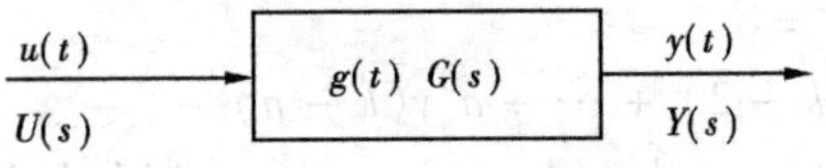

图 1.2.1　SISO 系统示意图

一个线性连续动态系统可以分别用时域的微分方程或频域的传递函数来表示。连续时间、线性、定常系统,在单输入量 $u(t)$ 和单输出量 $y(t)$ 的情况下(通常称 SISO 系统),如图 1.2.1 所示,它的动态特性可以用 n 阶微分方程来表示

$$\frac{\mathrm{d}^{n_a}}{\mathrm{d}t^{n_a}}y(t)+a_1\frac{\mathrm{d}^{n_a-1}}{\mathrm{d}t^{n_a-1}}y(t)+\cdots+a_{n_a-1}\frac{\mathrm{d}}{\mathrm{d}t}y(t)+a_{n_a}y(t)=$$
$$b_1\frac{\mathrm{d}^{n_b}}{\mathrm{d}t^{n_b}}u(t)+\cdots+b_{n_b-1}\frac{\mathrm{d}}{\mathrm{d}t}u(t)+b_{n_b}u(t)\qquad n_a\geqslant n_b \tag{1.2.1}$$

微分方程系数 $a_i(i=1,2,\cdots,n_a)$ 和 $b_j(j=1,2,\cdots,n_b)$ 与系统的阶 n_a 和 n_b 决定了系统的动态特性,它们也是系统需要辨识的参数。这种用微分方程描述系统动态过程的方法称为时域法。

若对式(1.2.1)进行 Laplace 变换,在假定初始条件为零的条件下,可写成复数域形式为

$$(s^{n_a}+a_1s^{n_a-1}+\cdots+a_{n_a-1}s+a_{n_a})Y(s)=(b_1s^{n_b}+\cdots+b_{n_b-1}s+b_{n_b})U(s) \tag{1.2.2}$$

而其传递函数可定义为

$$G(s)=\frac{Y(s)}{U(s)}=\frac{b_1s^{n_b}+\cdots+b_{n_b-1}s+b_{n_b}}{s^{n_a}+a_1s^{n_a-1}+\cdots+a_{n_a-1}s+a_{n_a}} \tag{1.2.3}$$

可以简写为

$$G(s)=\frac{B(s)}{A(s)} \tag{1.2.4}$$

式中,$Y(s)$、$U(s)$ 分别是 $y(t)$ 和 $u(t)$ 的 Laplace 变换,s 为拉氏变换算子,$A(s)$、$B(s)$ 分别为传递函数的分母多项式和分子多项式,也可写为

$$\begin{cases}A(s)=s^{n_a}+a_1s^{n_a-1}+\cdots+a_{n_a-1}s+a_{n_a}\\B(s)=b_1s^{n_b}+\cdots+b_{n_b-1}s+b_{n_b}\end{cases}$$

动态系统的上述模型也可推广到多输入、多输出系统(通常称为 MIMO 系统),考察一个具有 m 个输入和 r 个输出的多输入、多输出的系统,定义输入向量 $\boldsymbol{U}(s)$ 和输出向量 $\boldsymbol{Y}(s)$ 为

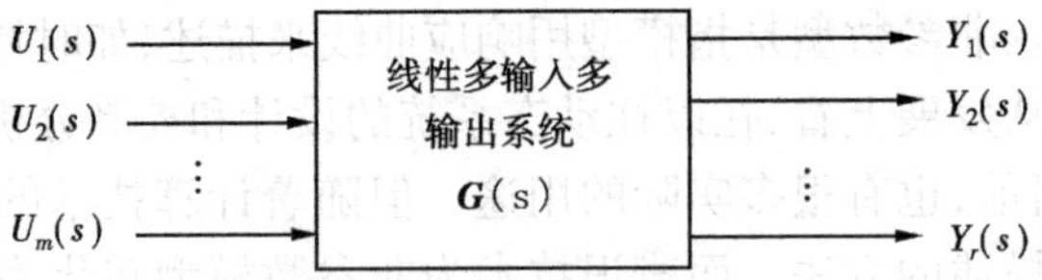

图 1.2.2　MIMO 系统示意图

记 $\boldsymbol{U}(s)=[U_1(s),U_2(s),\cdots,U_m(s)]^T$,$\boldsymbol{Y}(s)=[Y_1(s),Y_2(s),\cdots,Y_r(s)]^T$。而其传递函数为

$$\boldsymbol{Y}(s)=\boldsymbol{G}(s)\boldsymbol{U}(s) \tag{1.2.5}$$

写成展开形式为

$$\begin{bmatrix} Y_1(s) \\ Y_2(s) \\ \vdots \\ Y_r(s) \end{bmatrix} = \begin{bmatrix} G_{11}(s) & G_{12}(s) & \cdots & G_{1m}(s) \\ G_{21}(s) & G_{22}(s) & \cdots & G_{2m}(s) \\ \vdots & \vdots & & \vdots \\ G_{r1}(s) & G_{r2(s)} & \cdots & G_{rm}(s) \end{bmatrix} \begin{bmatrix} U_1(s) \\ U_2(s) \\ \vdots \\ U_m(s) \end{bmatrix} \tag{1.2.6}$$

式中,$G_{ij}(s)(i=1,2,\cdots,r;j=1,2,\cdots,m)$的结构形式与式(1.2.3)相同。

一个多输入、多输出的动态系统还可用状态空间方程表示为

$$\begin{cases} \dot{\boldsymbol{X}}(t) = \boldsymbol{A}(t)\boldsymbol{X}(t) + \boldsymbol{B}(t)\boldsymbol{U}(t) \\ \boldsymbol{Y}(t) = \boldsymbol{C}(t)\boldsymbol{X}(t) + \boldsymbol{D}(t)\boldsymbol{U}(t) \end{cases} \tag{1.2.7}$$

式中,$\boldsymbol{X}(t)$为 n 维状态向量;

$\boldsymbol{U}(t)$为 m 维输入向量;

$\boldsymbol{Y}(s)$为 r 维输出向量;

$\boldsymbol{A}(t)$为 $n\times n$ 阶系数矩阵;

$\boldsymbol{B}(t)$为 $n\times m$ 阶控制矩阵;

$\boldsymbol{C}(t)$为 $r\times n$ 阶输出矩阵;

$\boldsymbol{D}(t)$为 $r\times m$ 阶前馈矩阵。

上式中,如果$\boldsymbol{A}(t)$,$\boldsymbol{B}(t)$,$\boldsymbol{C}(t)$和$\boldsymbol{D}(t)$都是与时间 t 无关,即$\boldsymbol{A}(t)=\boldsymbol{A}$,$\boldsymbol{B}(t)=\boldsymbol{B}$,$\boldsymbol{C}(t)=\boldsymbol{C}$和$\boldsymbol{D}(t)=\boldsymbol{D}$,则(1.2.7)式可表达为多输入、多输出定常系统的状态方程。

$$\begin{cases} \dot{\boldsymbol{X}}(t) = \boldsymbol{A}\boldsymbol{X}(t) + \boldsymbol{B}\boldsymbol{U}(t) \\ \boldsymbol{Y}(t) = \boldsymbol{C}\boldsymbol{X}(t) + \boldsymbol{D}\boldsymbol{U}(t) \end{cases} \tag{1.2.8}$$

(2)离散系统的参数模型

若系统的描述为一个或者多个变量仅在离散的瞬间改变它们的数值,这样的系统描述模型称做离散时间系统。和连续系统相似,一个线性离散的动态系统可以用时域的差分方程或频域的 Z 变换传递函数来表示。

在单变量及不考虑系统干扰的情况下,其离散输入量 $u(k)$ 及输出量 $y(k)$ 之间的关系表为如下差分方程的形式

$$\begin{aligned} & y(k) + a_1 y(k-1) + \cdots + a_{n_a} y(k-n_a) = \\ & b_1 u(k) + \cdots + b_{n_b} u(k-n_b) \quad n_a \geqslant n_b \end{aligned} \tag{1.2.9}$$

若引进后移算子 q^{-1},并定义

$$q^{-1} y(k) = y(k-1) \tag{1.2.10}$$

再用多项式表示

$$\begin{cases} A(q^{-1}) = 1 + a_1 q^{-1} + a_2 q^{-2} + \cdots + a_{n_a} q^{-n_a} \\ B(q^{-1}) = b_1 + b_2 q^{-1} + \cdots + b_{n_b} q^{-n_b} \end{cases} \tag{1.2.11}$$

则(1.2.9)式可表为

$$A(q^{-1}) y(k) = B(q^{-1}) u(k) \tag{1.2.12}$$

若对(1.2.9)式进行 Z 变换,当初始条件为零(即 $y(k)=u(k)=0,k<0$)时,可写成

$$\begin{aligned} & (1 + a_1 z^{-1} + \cdots + a_{n_a} z^{-n_a}) Y(z) = \\ & (b_1 + b_2 z^{-2} \cdots + b_{n_b} z^{-n_b}) U(z) \quad n_a \geqslant n_b \end{aligned} \tag{1.2.13}$$

其中,z 是傅立叶变换算子,则 z 传递函数定义为

$$H(z)=\frac{Y(z)}{U(z)}=\frac{b_0+b_1z^{-1}+\cdots+b_{n_b}z^{-n_b}}{1+a_1z^{-1}+\cdots+a_{n_a}z^{-n_a}} \tag{1.2.14}$$

可见,在离散系统中,差分方程可通过 Z 变换写成 z 传递函数。在系统辨识中,线性离散系统的参数模型还可用多种不同的,但是等价的形式来表示,对离散时间系统可以有 ARX 模型、ARMAX 模型、BJ 模型、输出误差模型和状态空间模型。

①ARX 模型:ARX 模型具有如下的形式

$$A(q^{-1})y(k)=q^{-d}B(q^{-1})u(k)+v(k) \tag{1.2.15}$$

其中多项式为:

$$\begin{cases}A(q^{-1})=1+a_1q^{-1}+a_2q^{-2}+\cdots+a_{n_a}q^{-n_a}\\ B(q^{-1})=b_1+b_2q^{-1}+\cdots+b_{n_b}q^{-n_b}\end{cases} \tag{1.2.16}$$

其中,系数 $a_i(i=1,2,\cdots,n_a)$ 和 $b_j(j=1,2,\cdots,n_b)$ 是表征系统动态行为的参数。如果这些参数是常数,则系统是定常系统,若这些参数的值是取决于离散时间参数 k,则系统是时变系统。系统辨识的任务就是去识别方程中的各个系数 $a_i(i=1,2,\cdots,n_a)$ 和 $b_j(j=1,2,\cdots,n_b)$。而 n_a 和 n_b 分别为相应多项式的阶次,d 表示对象的纯时间滞后系数。如果系统存在干扰,其干扰表为 $v(k)$,$v(k)$ 为零均值白噪声。存在干扰 $v(k)$ 的系统称为随机型动态系统,不存在干扰 $v(k)$ 的系统称为确定型动态系统。

②ARMAX 模型:ARMAX 模型具有如下的形式:

$$A(q^{-1})y(k)=q^{-d}B(q^{-1})u(k)+C(q^{-1})v(k) \tag{1.2.17}$$

或写成

$$A(q^{-1})y(k)=q^{-d}B(q^{-1})u(k)+e(k)$$

而

$$e(k)=C(q^{-1})v(k)$$

多项式可表为

$$\begin{cases}A(q^{-1})=1+a_1q^{-1}+a_2q^{-2}+\cdots+a_{n_a}q^{-n_a}\\ B(q^{-1})=b_1+b_2q^{-1}+\cdots+b_{n_b}q^{-n_b}\\ C(q^{-1})=1+c_1q^{-1}+\cdots+c_{n_c}q^{-n_c}\end{cases} \tag{1.2.18}$$

其中,n_a、n_b 和 n_c 分别为相应多项式的阶次,d 为对象的纯时延,$e(k)$ 是系统外界扰动的有色噪声信号,$v(k)$ 为零均值白噪声扰动信号,从 $e(k)=C(q^{-1})v(k)$ 的形式可看出,$e(k)$ 是 $v(k)$ 的一个线性组合。

③Box-Jenkins 模型:Box-Jenkins 模型简称 BJ 模型,具有下面的形式:

$$y(k)=\frac{B(q^{-1})}{F(q^{-1})}u(k-d)+\frac{C(q^{-1})}{D(q^{-1})}v(k) \tag{1.2.19}$$

多项式可表为

$$\begin{cases}B(q^{-1})=b_1+b_2q^{-1}+\cdots+b_{n_b}q^{-n_b}\\ F(q^{-1})=1+f_1q^{-1}+\cdots+f_{n_f}q^{-n_f}\\ C(q^{-1})=1+c_1q^{-1}+\cdots+c_{n_c}q^{-n_c}\\ D(q^{-1})=1+d_1q^{-1}+\cdots+d_{n_d}q^{-n_d}\end{cases} \tag{1.2.20}$$

其中,n_b、n_f、n_c 和 n_d 分别为相应多项式的阶次,d 为对象的纯时延,$v(k)$ 为零均值白噪声。

④输出误差模型:输出误差模型具有下面的形式:

$$y(k)=\frac{B(q^{-1})}{F(q^{-1})}u(k-d)+v(k) \tag{1.2.21}$$

令多项式为

$$\begin{cases}B(q^{-1})=b_1+b_2q^{-1}+\cdots+b_{n_b}q^{-n_b}\\F(q^{-1})=1+f_1q^{-1}+\cdots+f_{n_f}q^{-n_f}\end{cases} \tag{1.2.22}$$

其中,n_f 和 n_b 分别为相应多项式的阶次,d 为对象的纯时延,$v(k)$为零均值白噪声。

以上4种模型都可用如下的一般参数模型表示:

$$A(q^{-1})y(k)=\frac{B(q^{-1})}{F(q^{-1})}u(k-d)+\frac{C(q^{-1})}{D(q^{-1})}v(k) \tag{1.2.23}$$

⑤状态空间模型:状态空间模型适于描述单变量系统也适于描述多变量系统,其形式如下:

$$\begin{cases}x(k+1)=\boldsymbol{A}x(k)+\boldsymbol{B}u(k)+e(k)\\y(k)=\boldsymbol{C}x(k)+\boldsymbol{D}u(k)\end{cases} \tag{1.2.24}$$

其中,$\boldsymbol{A},\boldsymbol{B},\boldsymbol{C},\boldsymbol{D}$ 和 $\boldsymbol{F}$ 为状态空间模型的系数矩阵。$e(k)$为外界干扰噪声信号,可表为 $e(k)=\boldsymbol{F}v(k)$,则(1.2.24)式也可写成

$$\begin{cases}x(k+1)=\boldsymbol{A}x(k)+\boldsymbol{B}u(k)+\boldsymbol{F}v(k)\\y(k)=\boldsymbol{C}x(k)+\boldsymbol{D}u(k)\end{cases} \tag{1.2.25}$$

1.2.2　非参数模型

非参数模型是指从系统的实验过程中,直接或间接所获得的响应,它不能表示为对象的有限参数模型。例如,所记录到的一个系统的阶跃响应、脉冲响应、频率响应都属于反映该系统动态特性的非参数模型,采用相关分析、频谱分析所得到的结果也属于非参数模型。对于非参数模型,不必要选择其模型结构,也不必要估计模型参数。它适用于描述任意复杂的系统。

(1)连续系统的非参数模型

任何输入激励信号 $u(t)$可以分解为脉冲信号之和(或阶跃信号之和),而据叠加原理,在所有起始条件均为零时,线性时不变系统的输出脉冲响应(或阶跃响应)可以用输入激励信号 $u(t)$和系统的输出脉冲响应函数 $g(t)$的卷积积分式来表示

$$y(t)=\int_0^\infty g(\tau)u(t-\tau)\mathrm{d}\tau \tag{1.2.26}$$

也可写成

$$y(t)=\int_0^\infty g(t-\tau)u(\tau)\mathrm{d}\tau \tag{1.2.27}$$

如果 $u(t)=\delta(t)$,即当输入激励信号为单位脉冲函数时,则

$$y(t)=\int_0^\infty g(\tau)u(t-\tau)\mathrm{d}\tau=g(t) \tag{1.2.28}$$

系统的脉冲响应 $g(t)$完全描述了系统的特性,因此,能辨识出系统的脉冲响应也就是实现了对系统的辨识。因此,在一个线性系统中,只要它的脉冲响应函数已知,在输入信号 $u(t)$的作用下,总是可以通过卷积公式(1.2.28)的积分,算出输出信号 $y(t)$,由此可见,脉冲响应 $g(t)$也完全表征了一个系统的动态特性。通常,一个系统的脉冲响应常以曲线的形式给出,所

以通过积分求得的输出信号也可以曲线形式来表现。

对于多输入、多输出系统,同样可列出第 i 个输出 $y_i(t)$ 卷积表达式

$$y_i(t) = \sum_{j=1}^{l}\int_0^{\tau} u_j(t)g_{ij}(t-\tau)\mathrm{d}\tau \tag{1.2.29}$$

式中,$g_{ij}(t)$ 表示第 j 个输入端对第 i 个输出端的脉冲响应,显然在某一 t 时刻,第 i 个输出端的总输出信号 $y_i(t)$ 应是 l 个输入信号 $u_j(t)(j=1,2,\cdots,l)$ 的累加结果。(1.2.29)式是时域相关辨识法的基础。

脉冲响应 $g(t)$ 的傅立叶变换即为频率响应 $G(f)$

$$G(f) = \frac{B(f)}{A(f)} \tag{1.2.30}$$

频率响应 $G(f)$ 在直角坐标中表示为伯德图的幅频特性和相频特性;在极坐标中表示为奈奎斯特图。这些频域响应曲线在频率域中描述了系统的动态特性,结合快速傅立叶(FFT)变换,可以构成频域辨识法。当然,频率响应 $G(f)$ 也是属非参数模型。

从系统辨识的观点看,非参数模型具有一些独特的优点。首先,在确定一个系统的脉冲响应(或频率响应)时,对系统所需的先验知识比参数模型要少。例如,因为它的辨识结果直接就是曲线,故参数模型中的系统阶次和时延等问题就不需考虑;其次在引入相关滤波的概念后,可以在具有噪声的条件下获得满意的效果。并且正如前面已经提到的,在经动态拟合以后,也可以从响应曲线求得模型参数。正是由于这些原因,使非参数模型辨识这一分支,在当前的一些工程领域中仍得到广泛的应用,如振动分析中的模态分析等。

(2)离散系统的非参数模型

离散系统也可用非参数模型来表示。这种表达形式称权系列,它定义为在 $t=0$ 时初始条件为零,受到一个单位脉冲(delta)函数激励后的系统响应。权序列写为 $\{h(k)\}$　$k=0,1,2,\cdots$。表示系统输入输出关系的卷积公式可写为

$$y(k) = \sum_{i=0}^{k} h(k-j)u(i) \tag{1.2.31}$$

权序列 $h(k)$ 的 Z 的变换即为脉冲传递函数 $\boldsymbol{H}(z)$

$$\boldsymbol{H}(z) = Z[h(k)] = \sum_{k=0}^{\infty} h(KT)z^{-k} \tag{1.2.32}$$

另外将(1.2.32)式表示的脉冲传递函数 $\boldsymbol{H}(z)$ 用它的分母对分子进行长除,并与(1.2.32)式右边逐项对照,则有

$$\boldsymbol{H}(z) = \frac{b_0 + b_1 z^{-1} + \cdots + b_{n_b} z^{-n_b}}{1 + a_1 z^{-1} + \cdots + a_{n_a} z^{-n_a}} = h_0 + h_1 z^{-1} + h_3 z^{-2} + \cdots \tag{1.2.33}$$

上式可还写成

$$\begin{aligned} & b_0 + b_1 z^{-1} + \cdots + b_{n_b} z^{-n_b} = \\ & (h_0 + h_1 z^{-1} + h_3 z^{-2} + \cdots)(1 + a_1 z^{-1} + \cdots + a_{n_a} z^{-n_a}) \end{aligned} \tag{1.2.34}$$

比较两边 z^{-1} 项的系数,可得下述关系,即

$$\sum_{j=0}^{i} a_j h(i-j) = \begin{cases} b_i & i = 0,1,\cdots,n_b \\ 0 & i \geqslant n_b \end{cases} \tag{1.2.35}$$

这个方程式表明差分方程的系数 a_i、b_i 与权序列 $h(i)$ 之间有内在关系。

与连续系统的传递矩阵 $\boldsymbol{G}(s)$ 相对应，对一个具有 m 个输入、r 个输出的多变量离散系统，可以得到 $m \times l$ 阶的权矩阵 $\boldsymbol{H}(k)$，有

$$\boldsymbol{H}(k) = \begin{bmatrix} h_{11}(k) & h_{12}(k) & \cdots & h_{1m}(k) \\ h_{21}(k) & h_{22}(k) & \cdots & h_{2m}(k) \\ \vdots & \vdots & & \vdots \\ h_{r1}(k) & h_{r2}(k) & \cdots & h_{rm}(k) \end{bmatrix} \tag{1.2.36}$$

其中，第 i 行第 j 列的元素 $h_{ij}(k)$ 表示在第 k 个采样时刻，第 i 个输出与第 j 个输入的权序列。

1.3　随机信号的描述与分析

由于实际系统中总存在一些不确定的因素（或称随机因素），会影响状态变量及输出变量，因而无法使结果确切地被计算出来，而只能计算出“该系统或过程在一组可能的情况下出现某一种情况”的概率。此时，就要用一个随机模型来描述这样的系统——随机过程或随机函数。

1.3.1　随机过程的基本概念及数学描述

（1）随机过程的概念

对于随机过程的研究，可以在完全相同的条件下（在人们力所能及的意义上）进行多次测试，这样就得到很多样本，但它们的变化过程互不相同。样本具有偶然性，但它们的总体却往往具有统计意义上的规律性。按照严格的定义，所谓“随机过程”就是指大量 $x_1(t), x_2(t), \cdots$ 所构成的总体，如图 1.3.1 所示。即随机函数是一簇无穷多个随机变量，这无穷多个相互有关的随机变量的集合记为 $\{x(t), t \in T\}$，其中，T 是一个无穷集合，例如：(1) $T = \{0, 1, 2, \cdots\}$，(2) $T = \{0, \pm 1, \pm 2, \cdots\}$，(3) $T = \{a, b\}$，$a, b \in \pm\infty$。由于 t 一般表示时间，故 $\{x(t), t \in T\}$ 通常称为随机过程，当 T 为(1)和(2)两种情形时，$\{x(t), t \in T\}$ 称为随机序列，此时往往记为 $\{x(k), k \in T\}$。在实际应用中，根据观察往往只能得到随机过程的部分样本，用它来确定分布函数族是很困难的。因此，下面引入既能刻画随机过程的基本特性，又便于实际测量的随机过程的基本数字特征。

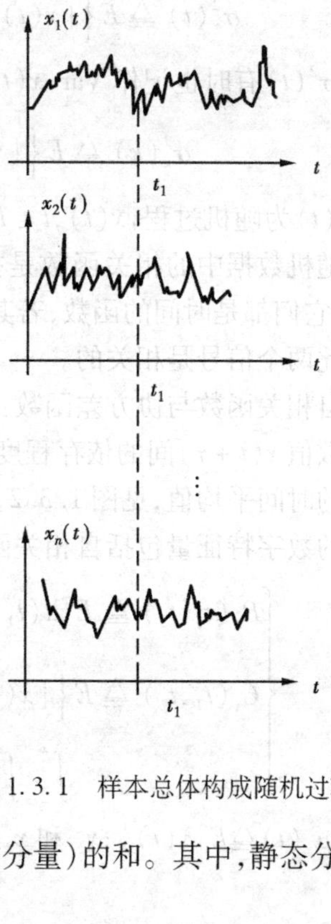

图 1.3.1　样本总体构成随机过程

（2）随机过程的数字特征

均值：当分析一个动态信号时，常使用的方法是将信号视为静态分量（即不随时间变化的分量）和动态分量（即波动分量）的和。其中，静态分量可用均值表示。

若给定随机过程$\{x(t),t\in T\}$,固定$t\in T$,则$x(t)$是一随机变量,均值一般与t有关,记为

$$\mu_x(t)\triangleq E[x(t)]=\int_{-\infty}^{\infty}x(t)p_1(x,t)\mathrm{d}x \tag{1.3.1}$$

对于随机序列有:

$$m\triangleq E[x(k)]=\sum_{k=-\infty}^{\infty}x(k)p[x(k),k] \tag{1.3.2}$$

称$\mu_x(t)$为随机过程$\{x(t),t\in T\}$的均值函数;称m为随机序列$\{x(k),k\in T\}$的均值函数。

均方值:均方值为随机信号提供有关强度的描述,它是时间历程平方值的简单平均值,又称之为随机变量的二阶原点矩。其随机变量$x(t)$样本记录的均方值表示为

$$\psi_x^2(t)\triangleq E\{x^2(t)\}=\int_{-\infty}^{\infty}x^2p_1(x,t)\mathrm{d}x \tag{1.3.3}$$

对于随机序列有

$$\psi_x^2(k)\triangleq E\{x^2(k)\}=\sum_{k=-\infty}^{\infty}x^2(k)p[x(k),k] \tag{1.3.4}$$

称$\psi_x^2(t)$为随机过程$\{x(t),t\in T\}$的均方值函数;称$\psi_x^2(k)$为随机序列$\{x(k),k\in T\}$的均方值函数。

方差:方差在表达方式上等于均方值减去均值的平方,它表示随机过程在该时刻对于均值的平均偏离程度,又称之为随机变量的二阶中心矩。其随机变量$x(t)$样本记录的方差值表示为

$$\sigma_x^2(t)\triangleq E\left\{[x(t)-\mu_x(t)]^2\right\}=\int_{-\infty}^{\infty}[x(t)-\mu_x(t)]p_1[x(t),t]\mathrm{d}x \tag{1.3.5}$$

方差$\sigma^2(t)$有时也记作$\mathrm{Var}\{x(t)\}$,对于随机序列有:

$$\sigma_x^2(k)\triangleq E\left\{[x(k)-m]^2\right\}=\sum_{k=-\infty}^{\infty}[x(k)-m]p_1[x(k),k] \tag{1.3.6}$$

称$\sigma_x^2(t)$为随机过程$\{x(t),t\in T\}$的方差函数;称$\sigma_x^2(k)$为随机序列$\{x(k),k\in T\}$的方差函数。

随机数据中的相关函数是描述两个信号数值间的依存关系的。考虑两个信号$x(t)$和$y(t)$,它们都是时间的函数,若其中一个信号的数值总是以某种方式依存于另一信号的数值,则称此两个信号是相关的。

自相关函数与协方差函数:自相关函数是描述信号$x(t)$的某一时刻的数值$x(t)$与另一时刻的数值$x(t+\tau)$间的依存程度。用$R_x(\tau)$表示$x(t)$的自相关函数,并定义为$x(t)$和$x(t+\tau)$乘积的时间平均值,见图1.3.2。则$R_x(\tau)$可写成下述公式:与二维概率密度$p_2(x_1,x_2;t_1,t_2)$有关的数字特征量包括自相关函数$R_x(t_1,t_2)$和协方差函数$C_x(t_1,t_2)$,它们的定义是

$$\begin{cases}R_x(t_1,t_2)\triangleq E\{x(t_1)x(t_2)\}=\int_{-\infty}^{\infty}\int_{-\infty}^{\infty}x_1x_2p_2(x_1,x_2;t_1,t_2)\mathrm{d}x_1\mathrm{d}x_2\\ C_x(t_1,t_2)\triangleq E\left\{[x(t_1)-\mu_x(t_1)][x(t_2)-\mu_x(t_2)]\right\}=\\ \qquad\int_{-\infty}^{\infty}\int_{-\infty}^{\infty}[x_1-\mu_x(t_1)][x_2-\mu_x(t_2)]p_2(x_1,x_2;t_1,t_2)\mathrm{d}x_1\mathrm{d}x_2\end{cases} \tag{1.3.7}$$

其中,$\mu_x(t)\triangleq E\{x(t)\}$;$x_1$和$x_2$是$x(t_1)$和$x(t_2)$的简写。且容易证明有如下关系:

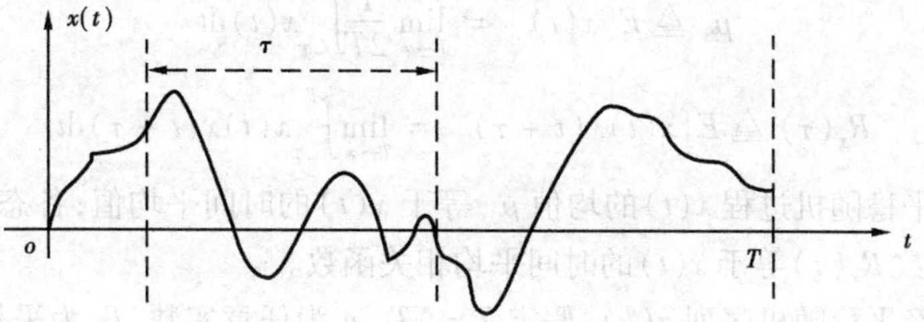

图 1.3.2　自相关函数测量示意图

$$\begin{cases}\varphi_x^2(t) = R_x(t,t) \\ \sigma_x^2(t) = \varphi_x^2(t) - \mu_x^2(t) = R_x(t,t) - \mu_x^2(t) \\ C_x(t_1,t_2) = R_x(t_1,t_2) - \mu_x(t_1)\mu_x(t_2)\end{cases} \tag{1.3.8}$$

可见,其中只有 $\mu_x(t)$ 和 $R_x(t_1,t_2)$ 这两者是最基本的数字特征,由它们即可计算其他数字特征。

互相关函数与互协方差函数:若有两个随机过程 $x(t)$ 和 $y(t)$ 需同时考虑时,有

$$\mu_x(t) \triangleq E\{x(t)\}, \mu_y(t) \triangleq E\{y(t)\} \tag{1.3.9}$$

$$R_{xy}(t,t+\tau) = E[x(t)y(t+\tau)] \triangleq R_{xy}(\tau) \tag{1.3.10}$$

可见它们的互相关函数 $R_{xy}(t,t+\tau)$ 也只是时间差的单变量函数,则称 $x(t)$ 和 $y(t)$ 是平稳相关的或联合相关的,$R_{xy}(\tau)$ 称为 $x(t)$ 和 $y(t)$ 的互相关函数。

1.3.2　平稳随机过程与各态历经性

平稳随机过程与宽平稳随机过程:如果一个随机过程 $\{x(t), t \in T\}$ 的统计性质不随时间而改变,则称它为平稳随机过程。但由于在实际应用中,往往把对于这个随机过程统计特性的了解,局限在了解每个 $t \in T$、$x(t)$ 的均值 $\mu_x(t)$ 和方差 $\sigma_x^2(t)$ 上。因而,提出一个概念:当均值不随时间而变,即 $\mu_x(t_1) = \mu_x(t_2) = \cdots = \mu_x$;自相关函数 $R_x(t_1,t_2)$ 只与时间差 $t_2 - t_1$ 有关,而与 t_1 和 t_2 的值无关,即 $R_x(t_1,t_2) = R_x(t_3,t_4) = \cdots = R_x(\tau = t_2 - t) = R_x(\tau)$。此时,称这个平稳随机过程为宽平稳随机过程。由于在随机过程理论研究中,宽平稳过程得到更多的研究,因此,常常把宽平稳过程简称为平稳过程。

其中,$R_x(\tau)$ 称为宽平稳随机过程 $x(t)$ 的相关函数,其定义可写为

$$R_x(\tau) \triangleq E\{x(t)x(t+\tau)\} \tag{1.3.11}$$

对于随机序列 $x(k)$ 的相关函数 $R_x(n)$,其定义可写为

$$R_x(n) \triangleq E\{x(k)x(k+n)\} \tag{1.3.12}$$

各态历经性:对于一个随机过程 $x(t)$,往往容易得到一个 $x(t)$ 的实现,却很难得到 $x(t)$ 的分布函数,也就是说,在工程上利用(1.3.1)式(或(1.3.2)式)和(1.3.11)式(或(1.3.12)式)来求均值函数 μ_x 和相关函数 $R_x(\tau)$ 是不现实的。因为,对于以上讨论的平稳随机过程的均值函数 μ_x 和相关函数 $R_x(\tau)$,按其本来的意义,都是 $x(t)$ 的诸样本的“集合平均值”。但是,就一个样本来看,它在不同时刻的取值也是随机变量。从很长的一段时间看,它也具有某种统计性质,表现为各种“时间平均值”。为此,引入随机过程的一个重要概念,即各态历经性。随机过程 $x(t)$ 是各态历经性是指

$$\mu_x \triangleq E[x(t)] = \lim_{T\to\infty}\frac{1}{2T}\int_{-T}^{T} x(t)\,\mathrm{d}t \tag{1.3.13}$$

和

$$R_x(\tau) \triangleq E\{x(t)x(t+\tau)\} = \lim_{T\to\infty}\int_{-T}^{T} x(t)x(t+\tau)\,\mathrm{d}t \tag{1.3.14}$$

即各态历经平稳随机过程 $x(t)$ 的均值 μ_x 等于 $x(t)$ 的时间平均值;各态历经平稳随机过程 $x(t)$ 的相关函数 $R_x(\tau)$ 等于 $x(t)$ 的时间平均相关函数。

对于各态历经平稳随机序列 $x(k)$,假定 $T=NT_o$,n 为任意实数,T_o 为采样时间,N 为采样长度,则有

$$m \triangleq E[x(k)] = \lim_{N\to\infty}\frac{1}{N}\sum_{k=1}^{N} x(k) \tag{1.3.15}$$

$$R_x(n) \triangleq E\{x(k)x(k+n)\} = \frac{1}{N-n}\lim_{N\to\infty}\sum_{k=1}^{N-n} x(k)x(k+n) \tag{1.3.16}$$

实际上,只要使 N 取尽可能大的有限值,就有如下关系:

$$m \approx \frac{1}{N}\sum_{k=1}^{N} x(k) \tag{1.3.17}$$

$$R_x(n) \approx \frac{1}{N-n}\sum_{k=1}^{N-n} x(k)x(k+n) \tag{1.3.18}$$

1.3.3 随机过程的谱分解及谱密度函数

如果以一个平稳随机信号 $x(t)$ 作为线性系统输入,要研究系统输出的统计特征,就得用到随机过程的谱分解及谱密度函数的知识:即自相关函数和互相关函数各自的博立叶变换构成自谱密度函数和互谱密度函数。换句话说,通过傅立叶变换,相关函数与谱密度函数组成时域和频域的变换对,由此定义功率谱密度函数和互谱密度函数。谱密度函数也简称为谱密度,它是从频域角度描述 $x(t)$ 的统计规律的最主要的数字特征,它的物理意义表示 $x(t)$ 的平均功率关于频率的分布。

若设 $R_x(\tau)$ 为平稳随机过程 $\{x(t), t\in T\}$ 的相关函数,则它可表示为

$$R_x(\tau) = \int_{-\infty}^{\infty} S_x(\omega)\mathrm{e}^{\mathrm{j}\tau\omega}\,\mathrm{d}\omega \tag{1.3.19}$$

其中,$S_x(\omega)$ 称为平稳随机过程 $x(t)$ 的谱密度函数。

若设 $R_x(n)$ 为平稳随机序列 $\{x(k), k=0,1,2,\cdots\}$ 的相关函数,则它可表示为

$$R_x(n) = \sum_{n=-\infty}^{\infty} S_x(\omega)\mathrm{e}^{\mathrm{j}n\omega} \tag{1.3.20}$$

其中,$S_x(\omega)$ 称为平稳随机序列 $x(n)$ 的谱密度函数。

上述关系称为谱分解原理。在应用相关函数确定谱密度函数时,一个重要的条件是 $R_x(\tau)$ 绝对可积,即

$$\int_{-\infty}^{\infty} |R(\tau)|\,\mathrm{d}\tau < \infty \tag{1.3.21}$$

这时必存在连续谱密度函数 $f(\omega)$,且有

$$S_x(\omega) = \frac{1}{2\pi}\int_{-\infty}^{\infty} R(\tau)\mathrm{e}^{\mathrm{j}\tau\omega}\,\mathrm{d}\tau, \quad -\infty < \omega < \infty \tag{1.3.22}$$

对于随机序列,当 $\sum_{n=-\infty}^{\infty} |R(\tau)| < \infty$ 时也有类似的结论,即

$$S_x(\omega) = \frac{1}{2\pi}\sum_{n=-\infty}^{\infty} R(n)\mathrm{e}^{\mathrm{j}n\omega}, \qquad -\pi \leqslant \omega \leqslant \pi \tag{1.3.23}$$

则式(1.3.19)与式(1.3.22),式(1.3.20)与式(1.3.23)分别构成傅立叶变换对。

1.4　白噪声与伪随机码

1.4.1　白噪声及其产生

白噪声过程是一种最简单的随机过程。白噪声这一名词来源于物理学中的白色光,白色光是一种在所有频率都具有相同强度的光,这里引用这一概念来定义白噪声。严格地说,它是一种均值为零、谱密度为非零常数的平稳随机过程,或者说它是由一系列不相关的随机变量组成的一种理想化随机过程。白噪声过程没有“记忆化”,也就是说 t 时刻的数值与 t 时刻以前的过去值无关,也不影响 t 时刻以后的将来值。在不很严格的情况下,可把白噪声近似看成以极高频率出现的许多微小脉冲的组合。

(1)白噪声的基本概念

白噪声的频域特征是功率谱密度函数为常数,即

$$S_x(\omega) = S_0, \qquad -\infty < \omega < \infty \quad (S_0 > 0) \tag{1.4.1}$$

所以白噪声可以理解为一种均匀谱,其功率谱密度是一条水平线。

如上,白噪声过程在数学上可描述为:如果随机过程 $x(t)$ 的自相关函数为

$$R_x(\tau) = \sigma^2\delta(\tau) \tag{1.4.2}$$

(见图 1.4.1),其中,$\sigma^2 = E[x^2(t)]$ 为白噪声的方差。$\delta(\tau)$ 为 Dirac 函数,即

$$\delta(\tau) = \begin{cases} \infty, & \tau = 0 \\ 0, & \tau \neq 0 \end{cases} \tag{1.4.3}$$

且有

$$\int_{-\infty}^{\infty} \delta(\tau)\mathrm{d}\tau = 1 \tag{1.4.4}$$

则称该随机过程为白噪声过程。在上述定义中已经包含了均值为零的概念。

由于 $\delta(\tau)$ 的傅立叶变换为 1,根据 $\delta(\tau)$ 关系式可知白噪声过程 $x(t)$ 的谱密度为常数 σ^2,即

$$S_x(\omega) = \sigma^2, \qquad -\infty < \omega < \infty \tag{1.4.5}$$

上式表明,白噪声过程的功率在 $-\infty \sim +\infty$ 的全频段内均匀分布,如图 1.4.2 所示。基于这个特点,人们借用光学中“白色光”一词,称这种光为“白”噪声。

以上关于标量白噪声过程的概念可以直接推广到向量的情况。如果一个 n 维向量随机过程 $\boldsymbol{X}(t)$ 满足

$$\begin{cases} E\{\boldsymbol{X}(t)\} = 0 \\ \mathrm{Cov}\{\boldsymbol{X}(t), \boldsymbol{X}(t+\tau)\} = E\{\boldsymbol{X}(t)\boldsymbol{X}^{\tau}(t+\tau)\} = \boldsymbol{Q}\delta(\tau) \end{cases} \tag{1.4.6}$$

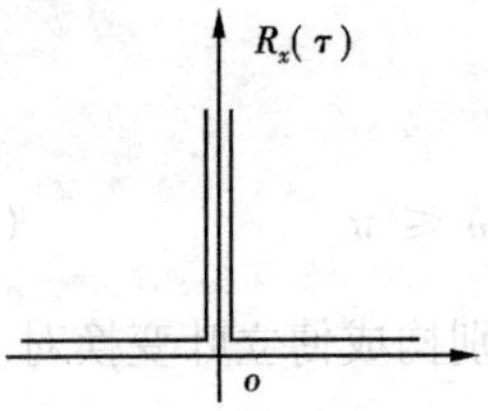

图 1.4.1　白噪声过程的自相关函数

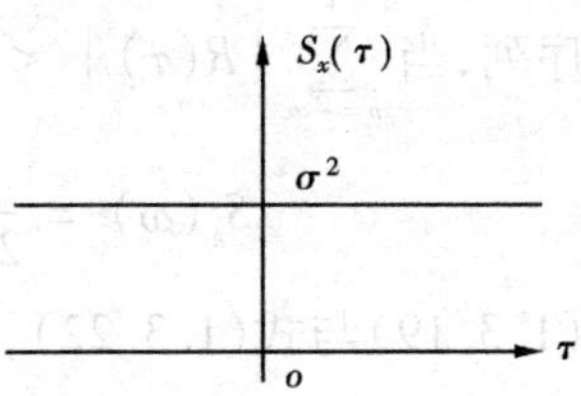

图 1.4.2　白噪声过程的谱密度

其中，Q 是正定的常数阵；$\delta(\tau)$ 是 Dirac 函数，那么 $\boldsymbol{X}(t)$ 就称为向量白噪声过程。

对于白噪声序列，也类似描述：如果随机序列 $\{x(k), k \in T\}$ 是两两不相关的，其对应的自相关函数为

$$R_x(n) = E[x(k)x(k+n)] = \sigma^2\delta(n), \quad n = 0, \pm 1, \pm 2, \cdots \tag{1.4.7}$$

其中，$\delta(n)$ 为 Kronecker 符号，即

$$\delta(n) = \begin{cases} 1, & n = 0 \\ 0, & n \neq 0 \end{cases} \tag{1.4.8}$$

则称这种随机序列 $\{x(k), k \in T\}$ 为白噪声序列。根据离散傅立叶变换可知白噪声序列 $\{x(k), k \in T\}$ 的谱密度为常数 σ^2，即

$$S_x(\omega) = \sum_{n=-\infty}^{\infty} R_x(n)\mathrm{e}^{-\mathrm{j}n\omega} = \sigma^2 \tag{1.4.9}$$

同样，向量白噪声序列 $\{\boldsymbol{X}(k), k \in T\}$ 有

$$\begin{cases} E\{\boldsymbol{X}(k)\} = 0 \\ \mathrm{Cov}\{\boldsymbol{X}(k), \boldsymbol{X}(k+n)\} = E\{\boldsymbol{X}(k)\boldsymbol{X}^{\tau}(k+n)\} = Q\delta(n) \end{cases} \tag{1.4.10}$$

其中，Q 是正定的常数阵，那么 $\boldsymbol{X}(t)$ 就称为向量白噪声序列。

(2)白噪声的产生办法

如何在计算机上产生统计上理想的各种不同分布的白噪声随机数，是系统辨识技术的一个重要问题。理论上，只要有了一种具有连续分布的白噪声随机数，就可以通过函数变换的方法产生其他任意分布的白噪声随机数。在具有连续分布的白噪声随机数中，(0,1)均匀分布的白噪声随机数是最简单、最基本的一种。有了(0,1)均匀分布的白噪声随机数，便可产生其他任意分布的白噪声随机数。下面主要讨论(0,1)均匀分布的白噪声随机数和正态分布的白噪声随机数。

①用乘同余法产生(0,1)均匀分布的白噪声随机数

先用如下的递推同余式发生器产生正整数序列 $\{z_i\}$：

$$z_i = (az_{i-1} + C)(\bmod \quad m), i = 1, 2, \cdots \tag{1.4.11}$$

(1.4.11)式的含义为：z_i 乘上 a，加上 C，其和被 m 除，取其余数为 z_i。其中，z_i 是第 i 个随机数，a 为乘子，C 为增量，m 为模数，z_0 称为初值或随机数源，它们均为非负整数，显然，由(1.4.11)式得到的 z_i 满足关系

$$0 \leqslant z_i \leqslant m - 1 \tag{1.4.12}$$

为了得到[0,1]区间上所需要的随机数 x_i，可令

$$x_i = z_i/m, \quad i = 1, 2, \cdots \tag{1.4.13}$$

可以证明序列 $\{x_i\}$ 是伪随机序列[1]。

例 1.4.1　下面给出生成这种伪随机数的一个例子，取 $m=16, a=5, C=3, z_0=7$。结果如下表所示。

表 1.4.1　线性同余发生器 $z_i=(5z_{i-1}+3) \pmod{16}$　$z_0=7$

i	z_i	x_i	i	z_i	x_i
0	7		10	9	0.563
1	6	0.375	11	0	0.000
2	1	0.063	12	3	0.188
3	8	0.500	13	2	0.125
4	11	0.688	14	13	0.813
5	10	0.625	15	4	0.250
6	5	0.313	16	7	0.438
7	12	0.750	17	6	0.375
8	15	0.938	18	1	0.063
9	14	0.875	19	8	0.500

从表 1.4.1 中，可看到这个随机数发生方法的几个特点：

a. 产生的 z_i 值位于 $[0, m-1]$ 区间上，因而 x_i 位于 $(0,1)$ 区间内；

b. 适当选择 a、C 和 m，可使递推求解 z_i 的循环产生，无论 z_0 取何值，其循环顺序是相同的，若其循环周期等于 m，则称其循环具有满周期；

c. 适当选择 a、C 和 m，可保证 z_i 在 $[0, m-1]$ 区间上一个周内每个整数正好出现一次，从而保证了均匀性；

d. 加大 m 值，可提高 x_i 的均匀性。

如果 m 足够大，且循环具有满周期，那么可以预计，所得到的 x_i 在 $[0,1]$ 区间上是均匀分布的，且值是相当密的。这样就可足够近似与真正的 $(0,1)$ 区间上的均匀分布 $U(0,1)$。

②利用 $(0,1)$ 均匀分布的随机数产生标准正态分布 $N(0,1)$ 的随机数。

在得到 $(0,1)$ 上均匀分布的随机数 $\{x_i\}$ 后，为获得各种不同分布的随机噪声 $\{y_i\}$，则须对 $\{x_i\}$ 进行整形。下面介绍两种实用的产生正态分布随机数的方法。

a. 统计近似抽样法

设 $\{x_i\}$ 是 $(0,1)$ 均匀分布的随机数序列，则有

$$\mu_x = E\{x_i\} = \int_0^1 x_i p(x_i)\,\mathrm{d}x_i = \frac{1}{2} \tag{1.4.14}$$

$$\sigma_x^2 = \mathrm{Var}\{x_i\} = \int_0^1 (x_i-\mu)^2 p(x_i)\,\mathrm{d}x_i = \frac{1}{12} \tag{1.4.15}$$

根据中心极限定理，当 $N\to\infty$ 时

$$x = \frac{\sum_{i=1}^{N} x_i - N\mu_x}{\sqrt{N\sigma_x^2}} = \frac{\sum_{i=1}^{N} x_i - \frac{N}{2}}{\sqrt{N/12}} \sim N(0,1) \tag{1.4.16}$$

如果　$y\sim N(\mu_y, \sigma_y^2)$ 是所要产生的正态分布随机变量，经标准化处理

$$\frac{y-\mu_y}{\sqrt{\sigma_y^2}} \sim N(0,1) \tag{1.4.17}$$

再比较(1.4.16)式和(1.4.17)式,则有

$$\frac{y-\mu_y}{\sqrt{\sigma_y^2}}=\frac{\sum_{i=1}^{N}x_i-\frac{1}{2}}{\sqrt{\frac{N}{12}}} \tag{1.4.18}$$

即

$$y=\mu_y+\sigma_y\frac{\sum_{i=1}^{N}x_i-\frac{N}{2}}{\sqrt{\frac{N}{12}}} \tag{1.4.19}$$

其中,x_i 为(0,1)均匀分布的随机数,y 为 $N(\mu_y,\sigma_y^2)$ 正态分布的随机数,试验表明,当取 $N=12$ 时,y 的统计性质就比较理想了。故(1.4.19)式可简化为

$$y=\mu_y+\sigma_y\left(\sum_{i=1}^{12}x_i-6\right) \tag{1.4.20}$$

1.4.2 伪随机码的产生及其性质

在工程上,理想的白噪声实际上是不易实现的,因为工业设备(如阀门、机械手等)不可能按白噪声的变化规律运作。而 M 序列是一种辨识输入信号,它具有近似白噪声的性质,可保证有好的辨识精度,而且工程上又易于实现。

(1)伪随机噪声的性质

伪随机噪声的自相关函数接近于白噪声的自相关函数(δ 函数),即这类噪声的自相关函数呈尖脉冲形,脉冲的中心处有一峰值,脉冲两边则很陡地降为零。而在绝大部分时间内,自相关函数是平坦的。且伪随机噪声是周期性信号,它有一个重复周期 T。

伪随机信号的自相关函数 $R_x(\tau)$ 在 $\tau=0,T,2T,\cdots$ 以及在 $-T,-2T,\cdots$ 等各点均取值为 a^2(即信号的均方值 σ_x^2),该类噪声的自相关函数图形如图 1.4.3 所示。

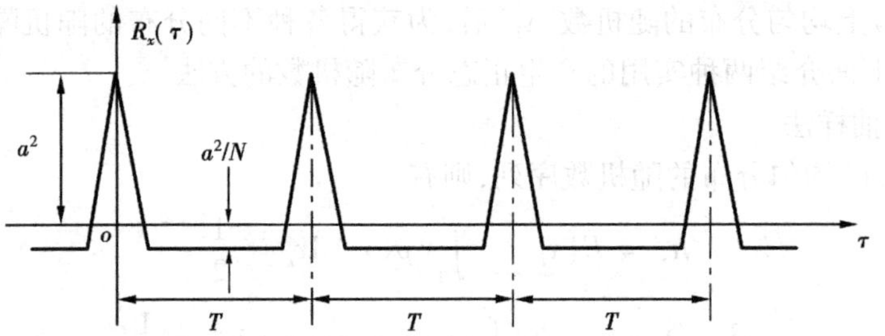

图 1.4.3 伪随机噪声的自相关函数

由于伪随机噪声 $x(t)$ 是一个具有周期 T 的周期信号,它的自相关函数是:

$$R_x(\tau)=E[x(t)x(t+\tau)]=\frac{1}{T}\int_0^T x(t)x(t+\tau)\mathrm{d}t \tag{1.4.21}$$

取自变量为$(\tau-\theta)$,则有

$$R_x(\tau-\theta)=\frac{1}{T}\int_0^T x(t)x(t+\tau-\theta)\mathrm{d}t \tag{1.4.22}$$

从图 1.4.3 可知，伪随机噪声的自相关函数 $R_x(\tau)$ 可以用 δ 函数来近似，即：

$$R_x(\tau-\theta)=\begin{cases}\sigma_x^2 & \text{当 } \tau-\theta=0,\ \pm T,\ \pm 2T,\cdots\\ 0 & \text{当 } \tau-\theta\neq 0,\ \pm T,\ \pm 2T,\cdots\end{cases} \tag{1.4.23}$$

即伪随机噪声的自相关函数的值每隔一个周期 T 出现一次。

(2) 伪随机二位式信号 prbs 的产生

在系统辨识中，伪随机信号可以有许多构成方式，其中，最常用的也是最容易形成的是伪随机二位式信号(prbs)。它具有以下性质：

①信号有两个电平，分别为 $+a \sim -a$，在时间区间 Δ 内它是固定的，而且仅仅在有限个时刻，$t=0,\Delta,2\Delta,\cdots$ 上信号才能从一个电平转换到另一个电平。

②在任意特定的间隔上，信号的电平是确定了的。因此，伪随机二位式信号是确定性的，从而实验是可以重复进行的。

③伪随机二位式信号是周期性的信号，其周期为 $T=N\Delta$，其中，N 是一个奇整数。

④在任何一个周期内，有 $(N+1)/2$ 个间隔出现一个电平，而其余的 $(N-1)/2$ 个间隔出现另一个电平。

据此，伪随机二位式 prbs 信号通常可用带反馈的移位寄存器产生，其移位寄存器框图如图 1.4.4 所示。

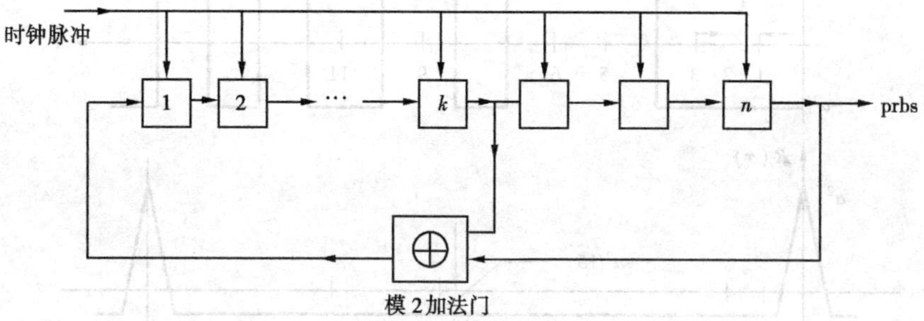

图 1.4.4　n 级移位寄存器生成 prbs 信号的结构图

该图表示一个 n 级移位寄存器，它带有一个反馈通道，该反馈通道将第 k 级及第 n 级的状态(只有两个状态，逻辑 1 或逻辑 0)按模 2 加法相加，然后反馈到第一级的输入端。当移位脉冲 Δ 来到时，第 $i-1$ 级的状态就移到第 i 级，第 1 级的状态由模 2 加法门的输出来决定，最后可以将第 n 级移出的内容作为伪随机二位式信号输出(输出信号原则上可取自任何一级的输出)。

模 2 加法门的两个输入中，除其中一个输入取最后一级的状态外，另一个输入取哪一级(即 k 的取值)的状态，取决于所需输出的伪随机二位式信号的规律(周期的长短以及每个周期内逻辑状态的变化顺序)。如果选择 k 得合适的话，其输出将是一个周期长度为最长的伪随机二位式序列。现举例说明如下：

有一个共 4 级移位寄存器，其反馈信号来自第 3 级($k=3$)和第 4 级输出的模 2 加法门。假定该移位寄存器的初始状态全为逻辑 1(初始状态可以为任何一种形式，但不能各级全为逻辑 0)。接入移位脉冲后，每级的状态都是每隔 15 次就重复一遍，无论哪级都是如此。因此，输出序列的长度(即在一个周期内码的个数) $N_p=15\Delta$。一般取末级状态为输出，在一个周期内该级状态为

111100010011010

如此循环下去。即可得伪随机二位式序列。如果上述移位寄存器中,其反馈取自第二级($k=2$),与第四级输出的模2门相加会发现,所得到的输出序列为:

1111100

该序列的周期长度 $N=6\Delta$。由此可见,同样级数的移位寄存器,因反馈选择的不同,所得到的序列的周期长度就不一样。

显然,一个 n 级的移位寄存器,每级有两种状态,总共可能产生的不同状态组合有 2^n 种。除去各级全为逻辑0的组合状态外(各级全为0的组合是不希望出现的。因为,如果各级全为0,则每次经模2加法门反馈到第一级输入端的状态就总是0,移位寄存器的输出序列就成恒为0的信号,这是必须避免的),对于一个 n 级的移位寄存器,它所能形成的序列的最大可能的长度为 2^n-1 个状态的组合。若一个 n 级的移位寄存器所产生的序列的周期长度 N_p 达到

$$N_p = 2^n - 1 \tag{1.4.24}$$

则就称这个序列为二位式最大长度序列,或 M 序列。图1.4.5所示的序列就是由四级移位寄存器所产生的最大长度二位式序列(M 序列)。

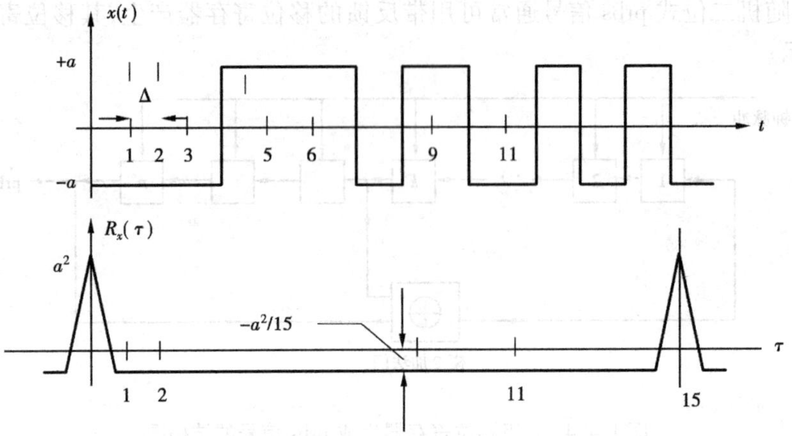

图1.4.5　四级移位寄存器生成 M 序列及对应的自相关函数

(3) M 序列的性质

M 序列除了具有伪随机二位式序列的性质外,还具有如下一些特点:

①一个 n 级移位寄存器产生的 M 序列的周期长度 $N_p=2^n-1$。

②在 M 序列的一个周期中,逻辑0状态总比逻辑1状态少1个(必须避免全为逻辑0的组合)。所以在一个周期中,由于逻辑1和逻辑0的状态数为 N_p,则逻辑1状态出现的次数为 $(N_p+1)/2$,逻辑0状态出现的次数为 $(N_p-1)/2$。

③序列中某状态连续出现的段称为"游程"长度。一个 n 级移位寄存器产生的 M 序列,在一个周期中有 2^{n-1} 段"游程"。

④所有 M 序列都具有"移位相加"的性质。这就是说,如果将一个 M 序列与将它延迟了 r 位以后的序列按模2加法原则相加,则所得到的新序列是延迟了 q 位的原来那个 M 序列。r 和 q 都是整数,而且处在下列范围内

$$1 \leqslant r, \qquad q \leqslant N_p - 1$$

例如，如果原序列为

111100010011010

将这个 M 序列延迟 13 位（$r=13$）以后的序列为

110001001101011

上述两个序列按模 2 加法原则相加，所得到的新序列为

001101011110001

这就是延迟 7 位（$q=7$）的原来那个序列。

（4）M 序列的自相关函数

根据 M 序列的性质，可以得出 M 序列的自相关函数的表达式。因为 M 序列是周期为 $T_P=N_p\Delta$ 的周期信号，M 序列的自相关函数为

$$R_x(\tau)=\frac{1}{N_p\Delta}\int_0^{N_p\Delta}x(t)x(t+\tau)\,\mathrm{d}t \tag{1.4.25}$$

考虑到在移位脉冲的周期 Δ 内，M 序列信号的电平是固定的，于是（1.4.25）式亦可写成求和的形式：

$$R_x(\tau)=\frac{1}{N_p}\sum_{k=0}^{N_p-1}x(k\Delta)x(k\Delta+\tau) \tag{1.4.26}$$

其中，k 为整数，在一周期内，$k=0\sim(N_p-1)$

（a）当 $\tau=0$

$$R_x(\tau)=R_x(0)=\frac{1}{N_p}\left[\sum_{k=0}^{N_p-1}x^2(k\Delta)\right] \tag{1.4.27}$$

设 M 序列的逻辑状态 0 为正电平，逻辑状态 1 为负电平，于是上式中括号内的式子意味着是 N_P 个幅度相同、电平符号都同的信号的乘积之和，由此

$$R_x(0)=\frac{1}{N_p}\sum_{k=0}^{N_p-1}x^2(k\Delta)=a^2 \tag{1.4.28}$$

（b）当 $\tau=r\Delta$，r 为整数，$r=1,2,\cdots,N_p-1$

$$R_x(\tau)=\frac{1}{N_p}\left[\sum_{k=0}^{N_p-1}x(k\Delta)x(k\Delta+r\Delta)\right] \tag{1.4.29}$$

在 k 和 r 均为整数的情况下，上式的中括号内是 N_P 个幅度相同，电平符号有相同也有不相同的信号的乘积之和。可以看出，此时 M 序列的自相关函数为

$$R_x(\tau)=\frac{1}{N_p}[a^2\{(\text{同号码相乘的个数})-(\text{异号码相乘的个数})\}] \tag{1.4.30}$$

同号码指 $x(k)$ 与 $x(k-\tau)$ 的码电平同号，异号码指 $x(k)$ 与 $x(k-\tau)$ 的码电平异号。另一方面，两个幅度为 a 的二位式序列相乘等价于该两序列模 2 相加后所得的幅度为 a^2 的新序列。根据 M 序列“移位相加”的性质，所得到的将是一个将原序列移动 q 位的幅度为 a^2 的新序列，这个新序列仍然是一个 M 序列。既然新得到的序列为 M 序列，根据上述 M 序列的性质（b），在一个周期中，该新序列中逻辑 1 出现的次数应为 $(N_p+1)/2$，逻辑 0 出现的次数应为 $(N_p-1)/2$。但是要注意，这个新序列是根据模 2 加法原则得到的，模 2 加法原则暗示着：当所得到的新序列中的码为逻辑 1 状态，则表示其相应的两个输入信号的码的电平符号是相异的；而当新序列中的码为逻辑 0 状态，则其相应的两个输入信号的码的电平符号是相同的。于

是我们有:

$$R_x(\tau) = \frac{a^2}{N_p}\left[\frac{N_p-1}{2} - \frac{N_p+1}{2}\right] = -\frac{a^2}{N_p} \tag{1.4.31}$$

(c)当 $-\Delta<\tau<\Delta$

由 M 序列的性质可知道,在一个周期内,M 序列的码从逻辑 1 状态转换成逻辑 0 状态,以及从逻辑 0 状态转换成逻辑 1 状态的总次数为 2^{n-1} 次,即在一个周期中有 2^{n-1} 段"游程"。求一个序列 $x(k\Delta)$ 与移动 $\tau(|\tau|<\Delta)$ 时刻的另一个序列 $x(k\Delta+\tau)$ 的自相关函数时

$$R_x(\tau) = \frac{1}{N_p}\left[\sum_{k=0}^{N_p-1} x(k\Delta)x(k\Delta+r)\right] \tag{1.4.32}$$

每出现一次状态的转换,都要从 $\tau=0$ 时的自相关函数 $R_x(0)$ 中扣除 $\frac{1}{N_P}\left(2a^2\frac{\tau}{\Delta}\right)$,如图 1.4.6 所示,该图以一个 $N_p=7$ 的 M 序列为例。序列(a)代表 $x(k\Delta)$,序列(b)代表 $x(k\Delta+\tau)$,这里 $|\tau|<\Delta$,序列(c)代表 $x(k\Delta)x(k\Delta+\tau)$。在一个周期内,该 M 序列出现 4 次状态的转换。所以,当 $|\tau|<\Delta$,M 序列的自相关函数为

$$\begin{aligned} R_x(\tau) = R_x(0) &= -2^{n-1}\cdot\frac{1}{N_p}\left(2a^2\frac{\tau}{\Delta}\right) = \\ & a^2 - \frac{N_p+1}{2}\cdot\frac{1}{N_p}\left(2a^2\frac{\tau}{\Delta}\right) = \\ & a^2\left[1-\frac{N_p+1}{N_p}\cdot\frac{\tau}{\Delta}\right] \end{aligned} \tag{1.4.33}$$

由式(1.4.33)可见,在区间 $R^a(\tau)=a^2$ 内,自相关函数是 τ 的线性函数。由于

当 $\tau=0$ $$R^a(\tau)=a^2 \tag{1.4.34}$$

当 $\tau=\Delta$

$$R_x(\tau) = a^2\left[1-\frac{N_p+1}{N_p}\right] = \frac{a^2}{N_p} \tag{1.4.35}$$

所以,在区间 $0\leqslant\tau\leqslant\Delta$ 内,$R_x(\tau)$ 是联接坐标 $(0,a^2)$ 和坐标 $\left(\Delta,-\frac{a^2}{N_p}\right)$ 的直线。

当 $-\Delta<\tau<0$ 时,亦即 $(N_p-1)\Delta<\tau<N_p\Delta$ 时,情况与此类似。于是式(1.4.33)和(1.4.28)可综合为

$$R_x(\tau) = a^2\left[1-\frac{N_p+1}{N_p}\frac{|\tau|}{\Delta}\right] \quad -\Delta\leqslant\tau\leqslant\Delta \tag{1.4.36}$$

(d)当 $r\Delta<\tau<(r+1)\Delta$,$r=1,2,\cdots,N_p-1$ 为整数

在这种情况下,在一个周期内,有

$$\begin{aligned} R_x(\tau) &= \frac{1}{N_p}\left[\sum_{k=0}^{N_p-1} x(k\Delta)\cdot x(k\Delta+r)\right] = \\ & \frac{1}{N_p}\sum_{k=0}^{N_p-1} x(k\Delta)\cdot x(k\Delta+r) = \\ & -\frac{a^2}{N_p} \end{aligned} \tag{1.4.37}$$

这个结论可以通过比较在一个周期内 $x(k\Delta)x(k\Delta+r\Delta)$ 和 $x(k\Delta)x(k\Delta+\tau)$ 的图形中看

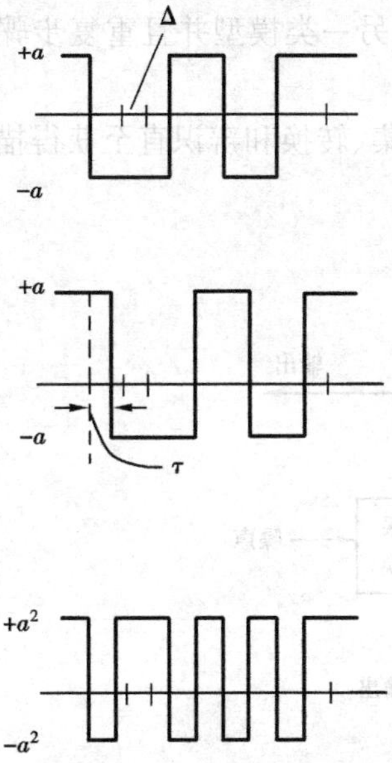

图 1.4.6　$0<\tau<\Delta$ 的情况
（以 4 级 M 序列为例）

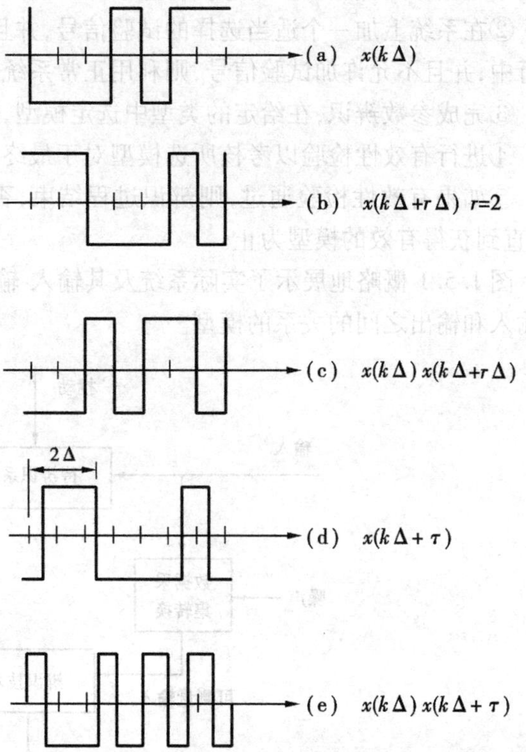

图 1.4.7　$2\Delta<\tau<3\Delta$ 的情况
（以 4 级 M 序列为例）

出，与 $x(k\Delta)x(k\Delta+r\Delta)$ 的图形相比，$x(k\Delta)x(k\Delta+\tau)$ 的图形在各次状态转换处多出的面积与缺少的面积相等，如图 1.4.7 所示。

综上所述，一个 M 序列的自相关函数 $R_x(\tau)$ 的表达式可以归结为：

$$R_x(\tau)=\begin{cases}a^2\left[1-\dfrac{N_p+1}{N_p}\dfrac{|\tau|}{\Delta}\right] & -\Delta\leqslant\tau\leqslant\Delta\\ -\dfrac{a^2}{N_p} & \Delta\leqslant\tau\leqslant(N_p-1)\Delta\end{cases}\tag{1.4.38}$$

由式(1.4.38)可以作出 M 序列的自相关函数图，据自相关函数性质可知，$R_x(\tau)$ 是 $N_p\Delta$ 为周期的偶函数。如图 1.4.5 所示，M 序列的自相关函数虽然与 δ 函数还有差别，只要减少 Δ，增大 N_p，就能使其波形接近于理想的 δ 函数。

1.5　系统辨识的步骤与内容

1.5.1　系统辨识的步骤

实现系统辨识的过程可以分为以下几个步骤：

①选定一类代表被辨识系统的数学模型。

②在系统上加一个适当选择的试验信号，并且记录其输入-输出数据。如果系统处在连续运行中，并且不允许加试验信号，则利用正常系统运行数据来辨识。

③完成参数辨识，在给定的类型中选定模型，使其最好地拟合于统计数据。

④进行有效性检验以考核所选模型对于最终的辨识对象来说是否适当地代表了该系统。

⑤如果有效性检验通过，则辨识过程结束，否则必须选择另一类模型并且重复步骤②到④，直到获得有效的模型为止。

图 1.5.1 概略地展示了实际系统及其输入-输出数据的采集、转换和辨识直至获得描述系统输入和输出之间的关系的模型。

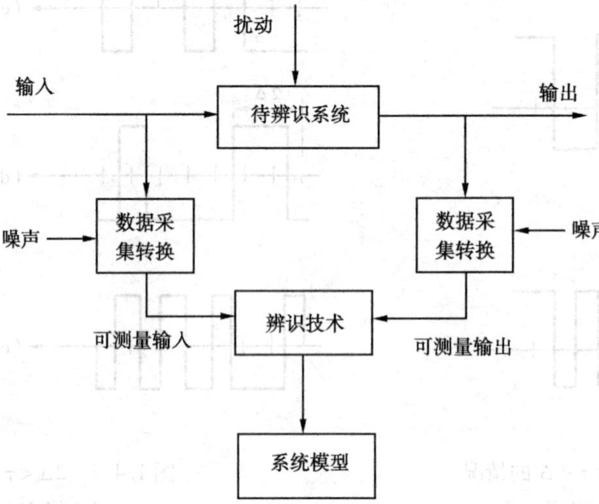

图 1.5.1　辨识过程示意图

系统模型是一个表示输入和输出关系的数学表达式。为此，可以利用各种输入信号去激励系统，并测量其输出。但通常这些输入和输出数据都为噪声所污染，辨识技术就是通过处理这样的带有噪声的数据，而获得模型的。

1.5.2　系统辨识的步骤

系统辨识的内容包括试验设计、模型结构的确定、参数估计和模型验证。系统辨识的一般内容简介如下：

(1)先验知识与明确辨识目的

这一步为执行辨识任务提供尽可能多的信息。一般，首先应从各个方面尽量地了解待辨识的系统，例如系统的工作过程，运行条件，噪声的强弱及其性质，支配系统行为的机理等等。其次再在系统上做某些预备性试验以便获得必需的信息，如通过分析等手段对待测系统有一个粗略的了解，即所谓的一些先验知识的收集，如系统的预计动态持性、时间常数、过渡过程时间、截止频率、有效频带、静态增益、噪声特性及系统的运行条件等。这些将在系统辨识中起重要作用。

对辨识目的的了解，常能提供模型类型、模型精度和辨识方法的约束。如果用经典控制理论分析和综合系统，则常要求一个非参数模型(如脉冲响应，频率响应或阶跃响应模型)。如果要用现代控制理论给系统进行二次性能指标下的最优控制、Kalman 滤波，则应选用状态模型和差分模型更为合适。

(2)试验设计

试验设计包括扰动信号的选择，采样方法和间隔的决定，采样区段(采样数据长度的设计)以及辨识方式(离线、在线及开环、闭环等的考虑)等。下面介绍前面涉及的两个问题。

(a)扰动信号的选择

为了达到辨识的目的，待测系统必须产生一个满足辨识条件的动态过程。可以利用系统本身存在或人为干预进行动态激励。例如系统本身存在的随机噪声、线路或系统投切以及系统的短路故障。但这种扰动常受一些因素制约：如随机噪声在幅度与频带上常不能满足要求；设备投切受运行方式限制；系统事故随机信号的捕获等。在机遇上十分困难。为此通常采用外加激励信号使系统产生扰动而形成动态激励，而所施加信号按性质可分为脉冲信号、阶跃信号、斜坡信号及白噪声信号(工业测试用伪随机信号)。对扰动信号的要求是输入信号必须能充分激励系统的所有模态。换句话说，从频谱分析角度看，输入信号的频谱应有较宽的频带，可以覆盖系统的频谱。此外，从测试角度看，应当有尽量小的振幅，以减轻扰动信号对待测系统工作信号的影响。一般认为具有可调频带且能量均匀分布在频带上的准白噪声信号——伪随机信号是较理想的辨识扰动信号。它目前已被广泛应用作为经典辨识法和现代辨识方法中的扰动信号。而作为传统的脉冲信号、阶跃信号等扰动信号，在一定条件下，在现场试验中也可得到较好的应用。

从工程角度看，扰动信号应具备：①频带宽度足以覆盖系统频带；②信号的功率和幅度应不影响系统的运行，幅度应适中，不宜过大，以免进入非线性区；也不宜过小，影响测试。③要易于调整、应用。

表 1.5.1　扰动信号分类

<table>
<tr><th colspan="2">扰动方式</th><th>信号特点</th><th>适用场合</th></tr>
<tr><td colspan="2">系统自身随机扰动</td><td>系统噪声随机性大、幅度较小</td><td>负荷模型动态建模</td></tr>
<tr><td rowspan="2">外加扰动信号</td><td>脉冲信号
斜坡信号
阶跃信号</td><td>直接产生脉冲响应、斜坡响应、阶跃响应</td><td>实验室或工业试验</td></tr>
<tr><td>白噪声信号
伪随机信号</td><td>频谱覆盖宽、能量均匀分布，是较理想的扰动信号</td><td>广泛应用于经典辨识及现代辨识的现场试验中</td></tr>
</table>

(b)采样方法和采样间隔

系统进行辨识时，系统的输入信号和输出信号都要经过采样处理。采用离线辨识方法时，通常先在现场用记录设备将模拟信号采集，经 A/D 变换为数字信号输入计算机。而实施在线辨识时，则在现场直接将信号经数字采样输入计算机。在这个过程中，其数字采样的间隔的选择将直接影响辨识模型的精度，虽然原则上可以用优化准则求取最优采样时间，但实施过程中，其计算过于复杂。工程上一般是从实际情况出发，根据系统工作频率选择合理的采样时间，并考虑下述因素：①应满足采样定理，即采样的速度不低于信号截止频率的两倍，通常为 3 ~ 5 倍；②采样间隔应顾及辨识算法、计算速度及中间变换器的响应速度等因素。③采样间隔的长短直接影响模型辨识效果，采样间隔过长，信息损失太多，将直接影响模型精度，高阶模型会退化为低阶模型，采样时间过短，会遇到硬件速度和数值计算中病态的问题。

(3)模型结构确定

模型类型和结构的选定是决定建立数学模型质量的关键性的一步，且模型类型和结构的选定，又是系统辨识过程中最复杂最困难的一项工作，它与建模的目的，对所辨识系统的验前知识的掌握程度等密切相关。以后会看到，模型的类型和结构选定以后，尽管还可以采用不同的估计模型参数的方法，但最终的模型质量就已经基本确定。但就目前技术发展而言，模型和结构的选择问题，主要还是处于定性判定方法的阶段。

为了讨论模型和类型和结构的选择问题，引入模型集合的概念。首先，可以利用它来代表被识系统的所有可能的模型，称为模型群。模型群中的模型，根据所受到的不同角度、性质的约束，可区分为不相容的模型集合。例如在绪论中已提到可区分为：

静态模型或动态模型；

参数模型或非参数模型；

连续时间模型或离散时间模型；

集中参数模型或分布参数模型；

线性模型或非线性模型；

定常参数模型或时变参数模型；

确定性模型或随机性模型；

时间域模型或频率域模型等等；

运用一定的方法，可以将一个非参数模型转化得到一个相应的参数模型。采用推理的办法所建立的模型总是一个参数模型。通过系统辨识，根据所需要的模型类型，可以获得被识系统的非参数模型或者参数模型。

上述受一定约束的模型集合还可以进一步区分为不同的模型类。例如，线性模型集合可区分为状态变量模型类和差分方程模型类。同一线性系统可以用不同的模型类来描述，系统的模型形式也可以从一种模型类转化为另一种模型类。

所谓模型结构的选定，就是在指定的一类模型中，选择出具有一定结构参数的模型 M。在单输入单数出系统的情况下，系统模型结构就只是模型的阶次。当具有一定阶次的模型的所有参数 θ 都确定时，就得到特定的系统模型 $M(\theta)$，这就是所需要的数学模型。

在系统辨识中，模型的选择工作一般是从选定受约束的模型集合开始，并包括选择模型的类型以及选定该类模型的结构。模型类型的选择主要取决于所预定的模型的用途。模型的结构(例如单变量系统模型的阶次)究竟应为多大是一个复杂的问题。显然，企图描述系统的所有方面的模型是不必要的，也是不现实的。应当认为，一个不太复杂而又能代表系统主要特征的模型是一个非常好的模型。建立这样的模型是一项很有价值的工作。当然，最终决定这模型复杂程度的是模型的实际用途而不是辨识方法。

需要指出，一个初步选择的模型类型和结构，经估计其参数后，倘若在模型验证阶段它不符和要求，就不得不重新选定模型结构，甚至模型类型，再次进行参数估计和模型验证。只有在获得满意的验证结果后，才可以认为最后判定的模型类型、结构是有效的。

(4)模型参数的估计

参数模型的类型和结构选定以后,下一步是对模型中的未知参数进行估定,这个阶段就称为模型参数估计。采用“估计”这个术语,是由于在所有的现实情况中,当对被识系统进行观测时,所得到的数据就会受到随机性干扰和噪声的影响。因此,必须对所得到的观测数据采用统计的方法加以处理,设法“滤去”随机干扰的影响,从而得到参数值的好的估计结果。

在选定的参数模型中,所需估计的参数数目往往有多个。例如,对一个可以用线性常微分方程描述的系统,当采用传递函数模型时,该传递函数的分子和分母多项式的次数若选定为 m 和 n,则是一般情况下,所需辩式的一组参数就有 $(m+n+1)$ 个。对这些参数我们可以定义一个空间,称它为参数空间。参数估计阶段的任务就是设法确定出模型的参数向量在参数空间中的位置。所以,参数估计阶段是一个定量研究的阶段,在这个阶段中需要确定最合适的参数估计方法。一般来说,这阶段中需要借助于数字计算机,数值方法在这阶段起着重要的作用。以后还会看到,最优化方法在参数估计阶段获得了广泛的应用。

(5)模型的验证

一个系统的模型被识别出来以后,它是否可以接受和利用,它在多大程度上反映出被识系统的特性(模型的有效性),这是必须经过验证的。模型的验证工作必须与模型的选择联系起来,也需要与在建模过程中所做的各种假定联系起来。

我们知道,模型的选择至少涉及两方面的决策:采用什么类型的模型?例如,是线性的还是非线性的,是差分方程模型还是状态空间模型等。采用多大规模的模型?例如差分方程模型的阶次为多大等等。所以,这些决策是否合适,就成为验证模型的重要内容。此外,在模型的验证阶段,对于建模过程中所作的一些假设是否符合实际,亦必须加以核验。例如,必须校核系统的线性;系统参数的不变性;必须校核所假定的噪声的特性,如白色性、正态性等。

怎样验证所辨识出的模型是否良好?这个问题是一项极为困难的工作。一般来说,这个问题可以按两种方式来处理。一种方式是估算出所获得的模型的各种性质,判断它是否符合所提出的要求。另一种方式是在其他模型集合中再寻找另一些模型,将所获得的模型与这些模型比较,从中选择出最好的模型。这种在数据经处理后来选择模型的方式称为模型集合的验后选择。

为解决模型集合的验后选择问题,自然会想到采用对不同的模型集合进行校验的办法,即根据其性能来决定最后选用哪一类模型集合的模型。估算模型的性能可以有不同的方法,但是,起支配作用的是在模型集合内估计模型性能时所采用的准则函数。通过比较在不同的模型集合下最小的准则函数值的大小可以解决模型集合的验后选择问题。但是,这个问题的处理并不简单。因为,一个较大的模型集合,总是会得到较低的准则函数值。所以对更为复杂的较大的模型集合,在估算其性能时还必须采取一些“惩罚”措施。例如,在计算准则函数值时,对复杂的模型集合引入“惩罚”项。这些措施都需要从实际应用的观点来做不同的处理。倘若所接受的是一个较为复杂的模型,则必须确认,从实际需要来说,这样做是有显著的长处的。

在比较不同的模型集合以后,可以得到某个相对满意的模型,因为所得到的该模型在某模型集合内是最好的一个。但是,到此为止还没有回答模型验证所提的真正问题:“对所建模型是否真正满意?”这里所谓真正满意可以从两方面来衡量。一方面是根据建模的目的来衡量,该模型是否能解决建模的目的来衡量,该模型是否能解决建模目的所提出的问题;另一方面是根据观测数据来衡量,该模型在多大程度上能产生出给定的观测数据。下面我们来讨论这两方面的问题。

建立模型总有一定的目的。例如,模型是用来设计调节器的,或是用来数据预测的,或是作为仿真用的等。所以,对任何数学模型的最后确认,应当实际地检验在利用所获得的模型以后,看它是否能够解决与建模的目的有关的那些问题。如果根据模型所设计的调节器能够使控制工作进行的相当满意,则不管怎样,那个模型即是一个有效的模型。又如,如果根据模型所预测的结果与实际系统的结果相差不大,则那个模型也就是一个较好的预测用模型。对于仿真用模型来说,常用的检验模型有效性的方法是用实际的输入加到仿真模型上,将对系统观测到的输出与仿真模型的输出相比较。在进行上述比较时最好应当采取不同的数据组,而不是仍旧采用已用于估计模型参数时的那些数据组。即应当用一套数据组辨识出数学模型,而用另一套数据组来验证所获得的模型。这就是所谓交叉验证的方法。总之,任何数学模型的有效性和可靠性,最终只能根据其实际应用的结果来检验,任何脱离实际应用结果的对模型的分析评价,都不应认为是评价模型的最后结论。

一般认为,根据观测数据所辨识出的数学模型应当就是能产生出这些输出数据的概率模型。因此,根据观测数据来验证所获得的模型就是去检验"在所选模型结构和参数下,由该模型产生出原始给定的输入输出数据的概率是多少?"但是,这样的提法是不合适的。因为在这种提法下,任何这样的概率总是零,上述问题的提法宜做适当的修正。它应当等价于这样的提法,"在所选模型结构和参数下,输出残差序列是一个独立的随机序列的实现的概率是多少?"围绕这样的提法,已经研究出不同的残差白色性的检验方法,用来对所辨识的模型进行验证。

综上所述可见,模型的验证是一项具有高度主观的工作,要使建模工作获得成功,关键在于要对一个模型的效能和局限性有较好的理解。应当认为,各种验证方法只是达到部分地理解所建模型的一些手段。值得提出,人们对于被识过程的直觉的理解,作为验证模型的补充内容,也是十分重要的。例如,当发觉所建模型的各种性质与我们对被识过程的验前知识不一致时,可以将这点作为放弃这个模型的重要理由。

1.6 系统辨识的基本应用

系统辨识最早在工业上得到应用,起源于控制系统设计和分析。应用辨识方法获得被控过程的数学模型之后,以此模型为基础可以设计出比较合理的控制系统或用于分析原有控制系统的性能,以便提出改进。系统辨识很大的一个特点是应用于在线控制,其原理是在线建立控制对象的数学模型,不断调整控制器的参数,可以获得较好的控制效果。

目前,系统辨识已在自然科学、技术科学、工程实践、社会科学、经济活动中的各个领域得到更为广泛的应用,概括起来,其主要的基本应用范围有如下几种。

1.6.1 建模与仿真

系统仿真是系统研究的重要手段,在工程实践中,一个大工程系统的研制过程,从设计、试制、试验到定型的全过程中,系统仿真是贯彻始终的重要研究手段。系统仿真可用于优选设计参数、预测系统性能、复现系统事故、节省实物试验次数,大大节省系统研制经费;在系统仿真中，有些部件是采用实物，而有些组元无法用实物，需代之以数学模型，因此经过系统辨识建立正确数学模型就成了系统仿真的关键环节。例如，在战术导弹打靶仿真中，控制系统的执行元件、旋转台、控制系统、目标源等等都可以采用实物，但导弹所受外作用力，特别是空气动力是飞行状态参数的函数，是无法用实物实现的，应代之以数学模型。该数学模型是否正确就决定了系统仿真的置信度，因此，采用系统辨识方法，辨识出导弹的外作用力的数学模型。特别是空气动力数学模型，是飞行器系统仿真技术的关键环节之一。

1.6.2　预测预报

辨识用于预报的基本思想是，在模型结构确定的条件下，建立时变模型，并辨识时变模型的参数，然后以此为基础对过程的状态进行预报。即根据系统过去运行中的实测数据建立反映系统本质属性的数学模型，可以用来预测系统的未来行为。例如，利用民航旅客数年份月的统计数据建立的数学模型，已成功地用于预测旅客的淡旺季节。同样，也已用于股市行情预测、飞行轨迹预测等等。同样的原理已成功地应用于天气、水文、人口、能源、客流量等问题的预测预报。

1.6.3　故障诊断

系统在正常运行中的试验数据所辨识出的正确数学模型，可以不断预测系统状态参数或某些重要观测量的变化。当系统运行中测得的系统观测值与数学模型的计算值相差很大时，说明系统的本质属性发生变化，即表明系统出现了故障，故系统辨识可用于系统故障诊断。例如：大型吊桥的弹性结构系统的频率、结构物理参数和模态参数是确定的，通过随时测量结构系统待定点的位移、应变或过载，可实时辨识其结构物理参数和模态参数，当某个参数发生较大变化时，就说明系统出现故障，可预测结构某部位可能已破损或将出现断裂。为了能够预测系统较细微的变化，以确保安全，故障诊断的系统辨识准确度要求较高。

许多生产过程，比如飞机、反应堆、大型化工和动力装置以及大型机械等，希望经常监视和检测可能出现的故障，以便及时排除故障。这意味着必须不断地从过程中收集信息，推断过程动态特性的变化情况。然后，根据过程特性的变化情况判断故障已否发生、何时发生、故障大小、故障的位置等。这是辨识近几年来新的应用领域。

1.6.4　自适应控制

自适应控制系统的特点是系统的状态和环境参数变化，自动调节控制系统的相应系数，以达到最佳控制状态。系统实时辨识是自适应控制系统的重要组成部分。自适应控制在工业生产过程控制中已得到广泛应用，例如，飞行驾驶的自适应控制；热工系统的自适应控制；机器人的自适应控制等。在飞行器研制中也有广泛应用前景。例如，战术导弹的机动性与导弹的静稳定裕度和动压关系很大，实时辨识导弹动力学系统与静稳定裕度和动压密切相关的参数，并据之实时改变控制系统的增益系数，可提高导弹的可控性和机动性，战略导弹主动段的控制精度取决于系统的制导工具误差，若能实时辨识导弹惯性仪表误差系数，并对导弹主动段关车参数进行自适应控制，可提高导弹的命中精度。

1.6.5 质量监控

大型工业生产过程由多个生产环节构成，若通过系统辨识建立产品质量指标与生产过程中各状态参数和外加元素输入量的数学模型，在生产过程实时监测系统的状态参数和外加元素的输入量，可以实时预测产品质量指标，并通过外加元素来实时控制，以确保产品优质。例如，金属冶炼过程，通过系统辨识建立金属质量指标与主要冶炼过程中熔液的温度、成分、外加元素输入量之间的数学模型，就可以进行质量监控，并通过温控、外加元素输入量来保证产品优质。

第2章 系统辨识的经典方法

在经典控制理论中，所分析研究的是单输入单输出系统，经常用到的系统模型是频率响应、权函数和传递函数。所以早期系统辨识工作的主要内容也就是寻求描述单变量系统的频率特性、权函数和系统的传递函数。

早期系统辨识所用的方法大多是在一定的连续时间性的输入信号下（非周期的或周期的），观测被识对象对这种输入作用的响应，例如频率响应或阶跃响应。根据需要，再由这些响应特性求出系统的参数模型。这些方法有阶跃响应法、频率性法和相关法。为区别于近代发展起来的各种辨识方法，往往称这些方法为系统辨识的经典方法。所谓经典方法，是指此种方法由来已久，并经过实践考验证明它们是可取的。

进行系统辨识时，激励系统时所采用的信号称之为激励信号，也称测试信号。激励信号可分为非周期激励信号和周期激励信号两大类。通常使用的非周期激励信号有不同波形的脉冲信号、阶跃信号、斜坡信号。通常使用的周期激励信号有简单的正弦波信号，二位式信号。但是，倘若仅仅利用被识对象在正常运行时自然波动的输入输出信号作为激励信号，则往往只能得到不太精确的结果。这是由于系统内部的扰动信号的功率谱可能太窄，而且实际所能得到的输入输出信号的记录总是有限的，利用这些有限的数据来计算相关函数，从而获得系统的模型，所得到的精度往往是不高的。所以如果系统允许的话，可人为地输入激励信号，这样做有利于提高系统辨识精度或者缩短所需的辨识总时间。

当向被识对象施加非周期输入激励信号时，原来处于平衡状态（或零状态）的被识对象将因此而受到激励。在一段过渡过程以后，如果被识对象本身是稳定的，系统的状态就会再重新进入一个新的平衡状态（也可以就是原来所处的平衡状态），即辨识工作是在系统处在过渡状态下进行的，系统辨识所需的测试数据主要是在系统处于过渡过程期间的数据。但是，对于周期激励信号来说，情况就不同。被识对象在施加周期激励信号后，只有当全部过渡过程都有已基本结束、系统处于稳定的工作状态时，才进行系统辨识工作。这时，系统的输出以和输入信号相同的频率进行着稳定的振荡。

通常，激励信号的幅值要受到实际上的各种限制。例如当在已经投入运行的装置上进行辨识实验时，为了保证生产的安全和产品的质量，被识对象的运转不容许对设定点有过大的偏离。在确定线性模型时，由于许多被识对象存在有非线性，这亦限制了不能采用过大幅值的测试信号。

当然,在系统辨识过程中,除了上述激励信号外,还存在对系统的随机干扰。一般认为,这些随机噪声是可加性噪声,并且所有的噪声可以用一个附加在系统输出端的噪声所代表。在许多情况下,噪声的特性可以近似地当做它具有正态分布,或者当做为白噪声或有色噪声。

2.1 阶跃响应法系统辨识

在被辨识对象上施加一个阶跃扰动信号,然后测定出对象的响应随时间而变化的曲线,然后根据该响应曲线,通过图解法而不是通过寻求其解析公式的方法来求出被辨识对象的传递函数,这就是阶跃响应法系统辨识。

2.1.1 实验测取系统的阶跃响应[2]

对象的阶跃响应曲线直接来自实验的原始记录曲线,比较直观,试验的原理也最简单,输入扰动信号也极易产生。因此,它是一种测定对象动态特性的常用方法。

图 2.1.1 是测取系统阶跃响应的实验示意图。通过操作器的操作使系统的工作在所需测试的负荷下,稳定运行一段时间后,快速改变系统的输入量,并用数据采集系统同时记录下系统的输入、输出的变化曲线,经过一段时间后,系统进入新的稳态,实验就可结束,得到的记录曲线就是系统的阶跃响应。

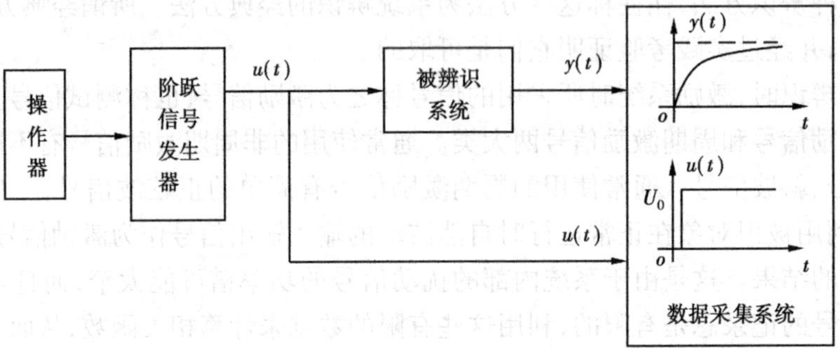

图 2.1.1 测取系统阶跃响应的实验示意图

应用阶跃响应法进行系统辨识时,由于实测现场运行条件的限制,为了得到相对准确的阶跃响应,必须合理选择阶跃输入信号的幅度,并在相同条件下重复多次实验,直至得到两条基本相同的响应曲线,以消除偶然性干扰因素的影响。

但有时,当采用阶跃扰动输入信号时,又往往不允许被识对象的有关变量在较长时间内有大幅度的变化,这样,就无法测出一条较完整的阶跃响应曲线。在这种情况下,应改用矩形脉冲扰动,最后再将被识对象对矩形脉冲的响应曲线换算成阶跃响应曲线。

2.1.2 由阶跃响应求系统的传递函数[81]

在测定出阶跃响应曲线以后,可以根据阶跃响应推出典型对象的传递函数。估算传递函数的方法很多,常用的有近似法、半对数法、切线法、两点法和面积法等,但几乎所有的方法都是在假定传递函数的结构已知的情况下,通过图解和计算的方法,利用响应曲线上少量特征参数则可推算出传递函数的参数。

当阶跃响应曲线比较规则时，可用近似的方法来导出系统的传递函数，最普通的方法是求出被识对象的一阶和二阶线性模型；当阶跃响应曲线呈现不规则形状时，上述方法就不太好用了，这时需要其他一些更复杂的方法。

(1)近似法求一阶惯性环节系统的参数

若阶跃响应曲线在输入发生跃变的时刻，其斜率不为零而为最大值，然后逐渐上升到稳态值，如图 2.1.2 所示，则该响应曲线可用下列具有一阶惯性特性的传递函数来表示

$$G(s) = \frac{K}{Ts+1} \tag{2.1.1}$$

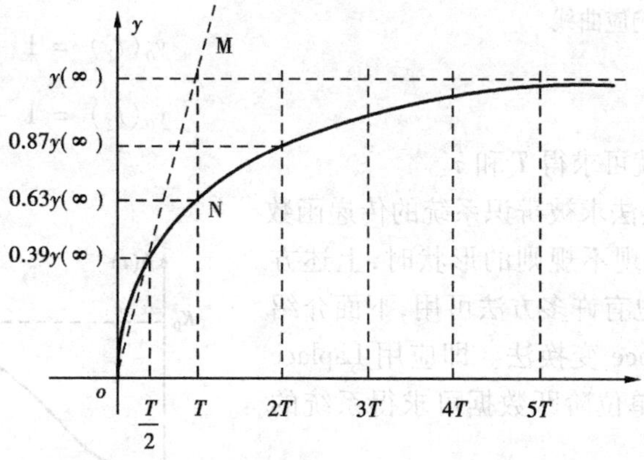

图 2.1.2　一阶惯性环节系统的阶跃响应曲线

(2.1.1)式中传递函数中的放大系数其数值为输出稳态值 $y(\infty)$ 与阶跃输入幅值 Δu 之比

$$K = \frac{y(\infty) - y(0)}{\Delta u} \tag{2.1.2}$$

T 为系统时间常数，确定 T 的办法是在响应曲线的起始点($t-0$)作切线交 $y(\infty)$ 的渐近线于点 M，则 oM 在时间轴上的投影就是时间常数 T。其原因是该一阶系统的时间特性为

$$y(t) = K(1 - e^{-t/T}) \tag{2.1.3}$$

在 $t=0$ 点，曲线 y 的斜率是

$$\left.\frac{dy}{dt}\right|_{t=0} = \frac{K}{T}e^{-t/T} = K/T \tag{2.1.4}$$

据经典控制理论，另一种确定时间常数 T 的办法是在响应曲线 $y(t)$ 上取 $y(t) = 0.63y(\infty)$ 的点 N，则点 N 的横坐标值就是时间常数 T。这是因为当 $t = T$，$y(t) = K(1 - e^{-1}) = 0.63K$。即具有一阶非周期特性的系统的时间常数就是阶跃响应达到其稳态值的 63% 所需的时间。

(2)近似法求带纯滞后的一阶惯性环节系统的参数

当输入跃变后，辨识对象的响应曲线呈横 S 形时(图 2.1.3)，该对象可用带纯滞后的一阶非周期环节来描述，其传递函数的结构形式为

$$G(s) = \frac{K}{Ts+1}e^{-\tau s} \tag{2.1.5}$$

图解法　被辨识对象的放大系数 K 的求法与前相同。应用图解法求出时间常数 T 和纯滞后时间 τ 的方法是：可通过响应曲线的拐点 P 作切线 LPM。切线与时间轴交于 L 点，与稳

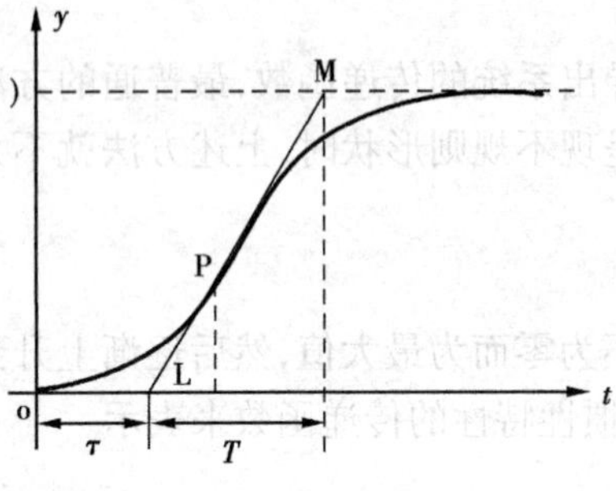

图 2.1.3　一阶纯滞后惯性环节系统的阶跃响应曲线

态值的渐近线交于 M 点。$\overline{oL}$即为该对象的纯滞后时间 τ，切线 LPM 在时间轴上的投影即为时间常数 T。

计算法　另一种方法是将 $y(t)$ 修改成对其稳态值 $y(\infty)$ 的相对值 $y_0(t)$，这样可近似地认为

$$y_0(t) = \begin{cases} 0 & t < \tau \\ 1 - e^{-\frac{t-\tau}{T}} & t \geqslant \tau \end{cases} \tag{2.1.6}$$

在响应曲线上选择不同时刻 t_1 和 t_2 的 $y_0(t)$ 的值，令 $t_2 > t_1 > \tau$ 则有

$$\begin{aligned} y_0(t_1) &= 1 - e^{-\frac{t_1-\tau}{T}} \\ y_0(t_2) &= 1 - e^{-\frac{t_2-\tau}{T}} \end{aligned} \tag{2.1.7}$$

联立求解上列方程组，就可求得 T 和 τ。

(3) 用 Laplace 变换法求被辨识系统的传递函数

若阶跃响应曲线虽现不规则的形状时，上述方法就无法使用了，这时也有许多方法可用，下面介绍其中一种方法——Laplace 变换法。即应用 Laplace 变换的极限定理，根据单位阶跃数据可求得系统的传递函数。

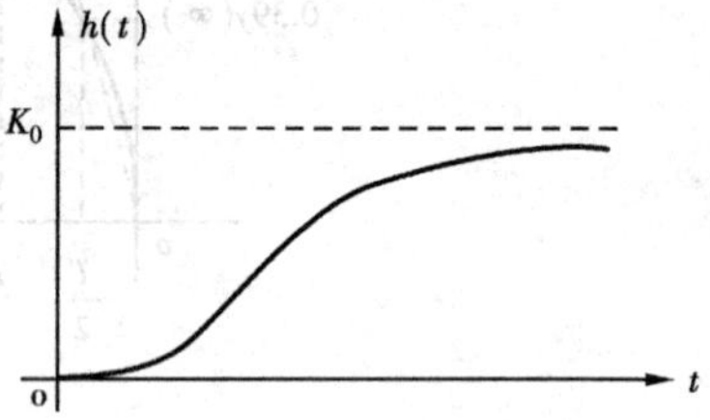

图 2.1.4　系统的阶跃响应曲线的一般形式

已知系统的单位阶跃响应如图 2.1.4 所示。设传递函数可表达为一般形式

$$G(s) = \frac{b_m s^m + b_{m-1}s^{m-1} + \cdots + b_1 s + b_0}{a_n s^n + a_{n-1}s^{n-1} + \cdots + a_1 s + a_0} \tag{2.1.8}$$

根据 Laplace 变换的极限定理，有

$$K_0 = \lim_{t\to\infty} g(t) = \lim_{s\to 0} G(s) = b_0 \tag{2.1.9}$$

定义

$$g_1(t) \triangleq \int_0^t [K_0 - g(\tau)]\mathrm{d}\tau \tag{2.1.10}$$

则
$$\mathrm{L}\{g_1(t)\} = \frac{1}{s^2}[K_0 - G(s)] \triangleq G_1(s) \tag{2.1.11}$$

那么
$$K_1 \triangleq \lim_{t\to\infty} g_1(t) = \lim_{s\to 0} G_1(s) = K_0 a_1 + b_1 \tag{2.1.12}$$

同理，定义
$$g_2(t) \triangleq \int_0^t [K_1 - g_1(\tau)]\mathrm{d}\tau \tag{2.1.13}$$

则
$$\mathrm{L}\{g_2(t)\} = \frac{1}{s^2}[K_1 - G_1(s)] \triangleq G_2(s) \tag{2.1.14}$$

且
$$K_2 \triangleq \lim_{t\to\infty} g_2(t) = \lim_{s\to 0} G_2(s) = K_1 a_1 - K_0 a_2 + b_2 \tag{2.1.15}$$

如此类推，可得

$$\begin{aligned} K_r &\triangleq \lim_{t\to\infty} g_r(t) = \lim_{s\to 0} G_r(s) = \\ &(-1)^r b_r + K_{r-1}a_1 - K_{r-2}a_2 + \cdots + (-1)^{r-1}K_0 a_r \end{aligned} \tag{2.1.16}$$

于是,得到一个线性方程组

$$\begin{cases}K_0 = b_0 \\ K_1 = K_0a_1 - b_1 \\ K_2 = K_1a_1 - K_0a_2 + b_2 \\ \vdots \\ K_r = (-1)^r b_r + K_{r-1}a_1 - K_{r-2}a_2 + \cdots + (-1)^{r-1}K_0a_r\end{cases} \tag{2.1.17}$$

其中,$b_0, b_1, \cdots, b_m$ 和 $a_0, a_1, \cdots, a_n$ 为待定参数;$K_r, r = 0,1,2,\cdots,n+m$ 分别是 $g(t)$,$g_r(t), r=0,1,2,\cdots,n+m$ 的稳态值。解式(2.1.17)方程组需要$(n+m+1)$个方程。在系统传递函数阶次比较低时,应用式(2.1.17),可以方便地求出系统的传递函数。

2.2　频率响应法系统辨识

2.2.1　实验测取系统的频率响应[2]

系统的频率响应 $G(j\omega)$ 的解析式往往很难找到的,对于一个稳定的过程来说,通常可根据实验数据可推算出它的频率响应曲线。

在自动控制系统的分析设计中,经常利用被识对象的频率响应作为模型的表达形式。若被识对象的动态响应用频率响应描述时,一般表达为

$$G(j\omega) = \left.\frac{Y(s)}{U(s)}\right|_{s=j\omega} = \frac{Y(j\omega)}{U(j\omega)} \tag{2.2.1}$$

式中　$Y(j\omega)$ 是被识对象输出量的 Fourier 变换,$U(j\omega)$ 是被识对象输入量的 Fourier 变换。

若输入信号为正弦量 $u(t) = U_0\sin(\omega t + \theta_1)$,这表示当被识对象的输入端加一个频率为 ω,幅度为 U_0,相位为 θ_1 的正弦信号 $u(t)$,由控制理论知道,对 $y(t)$ 和 $u(t)$ 进行 Fourier 变换运算,然后再进行 Fourier 反变换运算(运算过程省略,有兴趣的读者可自行进行运算验证),可得到对象的稳态响应为:

$$y(t) = Y_0\sin[\omega t + \theta_2] = U_0A(\omega)\sin[\omega t + \theta_2] \tag{2.2.2}$$

即对象的输出信号 $y(t)$ 将以同样的频率 ω 按正弦波变动,其幅度为 $Y_0 = U_0A(\omega)$,相位为 θ_2。而在式(2.2.1)中,其输出幅度与输入幅度比 $A(\omega) = Y_0/U_0$ 是随频率而变的,故称 $A(\omega)$ 为对象的幅频特性;输出相位与输入相位的差 $\varphi(\omega) = \theta_1 - \theta_2$ 也是随频率而变的,则称 $\varphi(\omega)$ 为对象的相频特性。幅频特性 $A(\omega)$ 和相频特性 $\varphi(\omega)$ 完全描述了被辨识对象的动态响应。

因此,频率特性 $G(j\omega)$ 与幅频特性 $A(\omega)$ 及相频特性 $\varphi(\omega)$ 的关系可描述为

$$G(j\omega) = A(\omega)e^{j\varphi(\omega)} \tag{2.2.3}$$

于是,据 Fourier 变换的基本原理有:

$$\begin{aligned}Y(j\omega) &= \int_0^\infty y(t)e^{-j\omega t}dt = \\ &\int_0^\infty U_0A(\omega)\cos[\omega t + \varphi(\omega)](\cos\omega t - j\sin\omega t)dt = \\ &\int_0^\infty U_0A(\omega)\cos[\omega t + \varphi(\omega)]\cos\omega t dt - j\int_0^\infty U_0A(\omega)\cos[\omega t + \varphi(\omega)]\sin\omega t dt\end{aligned} \tag{2.2.4}$$

显然，上述复数式的实部和虚部为

$$\begin{cases}\mathrm{Re}(\omega) = \int_0^\infty U_0 A(\omega)\cos[\omega t + \varphi(\omega)]\cos\omega t\mathrm{d}t \\ \mathrm{Im}(\omega) = -\int_0^\infty U_0 A(\omega)\cos[\omega t + \varphi(\omega)]\sin\omega t\mathrm{d}t\end{cases} \tag{2.2.5}$$

则

$$Y(\mathrm{j}\omega) = \mathrm{Re}(\omega) + \mathrm{jIm}(\omega)$$

从上述可知，对输出信号 $y(t)$ 用频率为 ω 的信号进行调制，然后在整个时间区间上积分，就可得到输出的频率响应的实部 $\mathrm{Re}(\omega)$ 与虚部 $\mathrm{Im}(\omega)$，再通过运算，也可得到对象传递函数的幅频特性 $A(\omega)$ 和相频特性 $\varphi(\omega)$。

工程上常采用的最简单的方法是直接曲线记录法：在对象的输入端施加一个正弦波激励信号，然后用记录设备同时记录对象的输入和输出，每次用一个不同频率的正弦波测试，重复多次。对这些数据进行处理，将每个频率下的输出及输入的振幅计算出来，并求出比值，这就是频率特性上在该频率下的幅值。将每个频率下的输出及输入的相位差计算出来，这就是频率特性上在该频率下的相位差。最后，将其幅值及相位差按所需的坐标绘制成图，即为该对象的频率特性。

2.2.2 由频率响应求（拟合）系统的传递函数

线性动态系统的传递函数可写成以频率为自变量的多项式之比。设待求的传递函数 $G(\mathrm{j}\omega)$ 可写成

$$G(\mathrm{j}\omega) = \frac{B(\mathrm{j}\omega)}{A(\mathrm{j}\omega)} = \frac{b_0 + b_1(\mathrm{j}\omega) + b_2(\mathrm{j}\omega)^2 + \cdots + b_{n_b}(\mathrm{j}\omega)^{n_b}}{1 + a_1(\mathrm{j}\omega) + a_2(\mathrm{j}\omega)^2 + \cdots + a_{n_a}(\mathrm{j}\omega)^{n_a}} \quad n_a \geqslant n_b \tag{2.2.6}$$

系统辨识的目的，即估算的传递函数的待定系数 $a_i(i=1,2,\cdots,n_a)$，$b_j(j=1,2,\cdots,n_b)$，使得频率响应 $G(\mathrm{j}\omega)$ 与实验数据之间误差平方最小。曲线在每一选定频率 ω_k 时，实测频率响应曲线 $G'(\mathrm{j}\omega)$ 与求得的传递函数 $G(\mathrm{j}\omega)=B(\mathrm{j}\omega)/A(\mathrm{j}\omega)$ 的误差为

$$\varepsilon_k = G'(\mathrm{j}\omega) - \frac{B(\mathrm{j}\omega)}{A(\mathrm{j}\omega)} \tag{2.2.7}$$

定义 $E(\mathrm{j}\omega)$ 为全部采样频率 ω_k 上误差 ε_k 的平方和，即

$$E(\mathrm{j}\omega) = \sum_{k=0}^{l} \varepsilon_k^2 \tag{2.2.8}$$

进一步定义一广义误差 e_k 为

$$e_k = \varepsilon_k A(\mathrm{j}\omega_k) = G'(\mathrm{j}\omega_k)A(\mathrm{j}\omega_k) - B(\mathrm{j}\omega_k) = e_{ik} + \mathrm{j}e_{jk} \tag{2.2.9}$$

式中，e_{ik} 为误差的实部；e_{jk} 为误差的虚部。若令 $G'(\mathrm{j}\omega)$ 也表为复数形式：

$$G'(\mathrm{j}\omega) = R(\omega_k) + \mathrm{j}I(\omega_k) \tag{2.2.10}$$

则广义误差表为

$$e_k = [R(\omega_k) + \mathrm{j}I(\omega_k)]\left[1 + \sum_{i=1}^{n_a} a_i(\mathrm{j}\omega)^i\right] - \sum_{i=0}^{n_b} b_i(\mathrm{j}\omega)^i \tag{2.2.11}$$

其中

$$e_{ik} = -b_0 + \omega_k^2 b_2 - \omega_k^4 b_4 + \cdots - \omega_k I(\omega_k)a_1 - \omega_k^2 R(\omega_k)a_2 + \omega_k^3 I(\omega_k)a_3 + \omega_k^4 R(\omega_k)a_4 - \cdots + R(\omega_k)$$

$$e_{jk} = -\omega_k b_1 + \omega_k b_1 + \cdots + \omega_k R(\omega_k) a_1 - \omega_k^2 I(\omega_k) a_2 - \omega_k^3 R(\omega_k) a_3 + \omega_k^4 I(\omega_k) a_4 + \cdots + I(\omega_k)$$

定义误差准则 J 为全部采样 ω 上误差 e_k 的平方和,即

$$J = \sum_{k=1}^{N} e_k^2 = \sum_{k=1}^{N} (e_{ik}^2 + e_{jk}^2) \tag{2.2.12}$$

若极小化上式误差准则 J,即对 a_i 及 b_j 分别求偏导,则

$$\begin{cases} \dfrac{\partial J}{\partial a_i} = \sum\limits_{k=1}^{N} \left[2e_{ik}\left(\dfrac{\partial e_{ik}}{\partial a_i}\right) + 2e_{jk}\left(\dfrac{\partial e_{jk}}{\partial a_i}\right) \right] = 0 \quad i = 1,2,\cdots,n_a \\ \dfrac{\partial J}{\partial b_i} = \sum\limits_{k=1}^{N} \left[2e_{ik}\left(\dfrac{\partial e_{ik}}{\partial b_i}\right) + 2e_{jk}\left(\dfrac{\partial e_{jk}}{\partial b_i}\right) \right] = 0 \quad j = 1,2,\cdots,n_b \end{cases} \tag{2.2.13}$$

可以得到$(n_a + n_b + 1)$个式子,为简化表达式,定义下列元素

$$\begin{cases} V_i = \sum\limits_{k=0}^{N} \omega_k^i \\ T_i = \sum\limits_{k=0}^{N} \omega_k^i I(\omega_k) \\ S_i = \sum\limits_{k=0}^{N} \omega_k^i R(\omega_k) \\ U_i = \sum\limits_{k=0}^{N} \omega_k^i [R(\omega_k)^2 + I(\omega_k)^2] \end{cases} \tag{2.2.14}$$

由(2.2.13)式求偏导得出的方程组可列成如下形式

$$[\boldsymbol{P}]\boldsymbol{X} = \boldsymbol{Q} \tag{2.2.15}$$

$$\boldsymbol{P} = [b_0, b_1, \cdots, b_{n_b}, a_1, \cdots, a_{n_a}]$$

$$\boldsymbol{Q} = [S_0, T_1, S_2, T_3, \cdots, 0, U_2, 0, \cdots]$$

$$[\boldsymbol{P}] = \begin{bmatrix} V_0 & 0 & -V_2 & 0 & \cdots & T_1 & S_2 & -T_3 & -S_4 & \cdots \\ 0 & V_2 & 0 & -V_4 & \cdots & -S_2 & T_3 & S_4 & T_5 & \cdots \\ V_2 & 0 & -V_4 & 0 & \cdots & T_3 & S_4 & -T_5 & -S_6 & \cdots \\ 0 & V_4 & 0 & -V_6 & \cdots & -S_4 & T_5 & S_6 & T_7 & \cdots \\ & & & & \vdots & & & & & \\ T_1 & -S_2 & -T_3 & S_4 & \cdots & U_2 & 0 & -U_4 & 0 & \cdots \\ S_2 & T_3 & -S_4 & -T_5 & \cdots & 0 & U_4 & 0 & -U_6 & \cdots \\ T_3 & S_4 & T_5 & S_6 & \cdots & U_4 & 0 & -U_6 & & \cdots \end{bmatrix}$$

联解(2.2.15)方程组,即可求得 a_i 及 b_j 系数。

这一方法的特点是能直接从实测频率响应曲线 $G'(j\omega)$ 拟合出传递函数。因为是求解一组代数方程,所以肯定有解。存在的问题是:

①方法是建立在对系数逐项求导的基础上,所以计算比较繁琐;

②必须预先知道传递函数的阶数,或对阶事先做一定估计;

③当 ω_k 的范围伸展到好几十倍频时,$[\boldsymbol{P}]$中所含低频成分元素就会变得很小,使低频段不能得到很好的拟合。

2.3 相关分析法系统辨识

采用相关分析法获得被辨识系统的脉冲响应函数是在线辨识非参数模型的一种有效方法，其主要特点是：辨识过程可在被辨识系统正常运行状态下进行，且应用白噪声作激励信号，其信号幅值不需很大，所以对系统正常运行状态影响不大，当过程存在噪声干扰时，只要输入激励信号与干扰噪声是统计独立的，辨识过程就可不受干扰噪声的影响。另外，相关辨识方法不需要被辨识系统的验前知识，因此，利用相关分析法辨识过程的脉冲响应可以收到比较满意的效果。

2.3.1 相关分析法辨识系统脉冲响应的基本原理

利用相关分析法辨识脉冲响应的基本原理如图 2.3.1 所示。

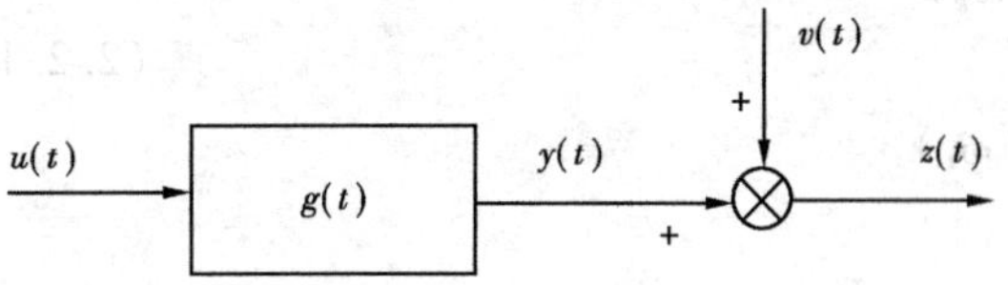

图 2.3.1 相关分析法辨识系统脉冲响应原理图

$u(t)$ 为被辨识系统的输入激励信号；

$y(t)$ 为被辨识系统的实际输出信号；

$z(t)$ 为含有干扰噪声的系统输出量测信号；

$v(t)$ 是均值为零的量测噪声，根据卷积定理，若起始条件为零，输出 $y(t)$ 和输入量 $u(t)$ 之间有下列卷积关系

$$y(t) = \int_0^\infty g(\lambda) u(t-\lambda) \mathrm{d}\lambda \tag{2.3.1}$$

这里 $g(\lambda)$ 为被识对象的脉冲响应函数。由于被识系统的输出 $y(t)$ 受到观测噪声 $v(t)$ 的污染，有

$$z(t) = y(t) + v(t) = \int_0^\infty g(\lambda) u(t-\lambda) \mathrm{d}\lambda + v(t) \tag{2.3.2}$$

以 $u(t-\tau)$ 乘上式等号两边，再取数学期望，便有

$$\begin{aligned}&\lim_{T\to\infty}\int_0^T z(t)u(t-\tau)\mathrm{d}t = \\ &\int_0^\infty g(\lambda)\mathrm{d}\lambda\left\{\lim_{T\to\infty}\frac{1}{T}\int_0^T u(t-\lambda)u(t-\tau)\mathrm{d}t\right\} + \lim_{T\to\infty}\frac{1}{T}\int_0^T v(t)u(t-\tau)\mathrm{d}t\end{aligned} \tag{2.3.3}$$

如果 $v(t)$ 和 $u(t)$ 互不相关，并且它们之中至少有一个的均值为零，则

$$\lim_{T\to\infty}\frac{1}{T}\int_0^T v(t)u(t-\tau)\mathrm{d}t = \left\{\lim_{T\to\infty}\frac{1}{T}\int_0^T v(t)\mathrm{d}t\right\}\left\{\lim_{T\to\infty}\frac{1}{T}\int_0^T u(t-\tau)\mathrm{d}t\right\} = 0 \tag{2.3.4}$$

由相关函数定义，输入量 $u(t)$ 和输出观测量 $z(t)$ 间的互相关函数 $R_{uz}(\tau)$ 为

$$R_{uz}(\tau) = \lim_{T\to\infty}\frac{1}{T}\int_0^T z(t)u(t-\tau)\mathrm{d}t \tag{2.3.5}$$

输入量 $u(t)$ 自相关函数 $R_{uu}(\tau)$ 为

$$R_{uu}(\tau) = \lim_{T\to\infty}\frac{1}{T}\int_0^T u(t)u(t-\tau)\mathrm{d}t \tag{2.3.6}$$

则式(2.3.3)可以写为

$$R_{uz}(\tau) = \int_0^{\infty} g(\lambda) R_{uu}(t-\lambda) \mathrm{d}\lambda$$

或
$$R_{uz}(\tau) = \int_0^{\infty} g(\lambda) R_{uu}(\tau - t) \mathrm{d}\tau \tag{2.3.7}$$

式(2.3.7)就是著名的 Wiener-Hopf 方程。将 Wiener-Hopf(2.3.7)与卷积积分式(2.3.1)相比较,可以看出:一个具有脉冲响应函数为 $g(t)$ 的被积对象,如果其输入量是信号 $u(t)$ 的自相关函数 $R_{uu}(\tau)$,则其响应就等于输入信号 $u(t)$ 与相应的输出信号 $y(t)$ 之间的互相关函数 $R_{uy}(\tau)$,其对应关系如图 2.3.2 所示。

由此可见,在应用相关分析法求解被识对象的脉冲响应函数,关键在于如何求出 $R_{uu}(\tau)$,然后可通过求解卷积方程(2.3.7),便有可能获得被识对象的脉冲响应函数。

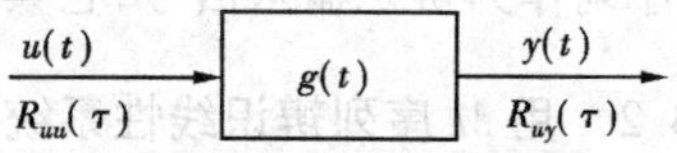

图 2.3.2 相关分析法系统辨识示意图

在一般情况下,求解 Wiener-Hopf 方程是比较困难的。但是,当被识对象的输入信号采用白噪声,方程就容易解出了。因为白噪声的自相关函数是一个 δ 函数,即 $R_{uu}(\tau) = \sigma_u^2 \delta(\tau)$,意为一个函数与 δ 函数的卷积就是该函数本身,则

$$R_{uz}(\tau) = \int_0^{\infty} g(\lambda) \sigma_u^2 \delta(\tau - \lambda) \mathrm{d}\lambda = \sigma_u^2 g(\tau) \tag{2.3.8}$$

式(2.3.8)表示:当输入测试信号为白噪声时,输入信号与输出信号之间的互相关函数与脉冲响应函数成比例,或

$$g(\tau) = \frac{1}{\sigma_u^2} R_{uz}(\tau) \tag{2.3.9}$$

即当被识对象输入为白噪声测试信号时,只要测量出输入信号与输出信号间的互相关函数,即可求出被识对象的脉冲响应函数 $g(\tau)$。

特点:采用相关法测定对象的特性有一个显著的优点,在式(2.3.3)所示的条件下,因

$$\begin{aligned} R_{uy}(\tau) = {} & \lim_{T\to\infty} \frac{1}{T}\int_0^T y(t) u(t-\tau) \mathrm{d}t = \\ & \lim_{T\to\infty} \frac{1}{T}\int_0^T [z(t) + v(t)] u(t-\tau) \mathrm{d}t = \\ & \lim_{T\to\infty} \frac{1}{T}\int_0^T z(t) u(t-\tau) \mathrm{d}t + \lim_{T\to\infty} \frac{1}{T}\int_0^T v(t) u(t-\tau) \mathrm{d}t = \\ & R_{uz}(\tau) + R_{uv}(\tau) \end{aligned} \tag{2.3.10}$$

在上式中,若输入量 $u(t)$ 和观测噪声量 $v(t)$ 互相独立,则有

$$R_{uv}(\tau) = \lim_{T\to\infty} \frac{1}{T}\int_0^T v(t) u(t-\tau) \mathrm{d}t = 0 \tag{2.3.11}$$

则从式(2.3.7),有等价关系

$$R_{uz}(\tau) = R_{uy}(\tau) \tag{2.3.12}$$

上式表明,通过相关分析得到的量测输出信号 $z(t)$ 与输入信号 $u(t)$ 之间的互相关函数 $R_{uz}(\tau)$,在一定条件下,等价于系统输出 $y(t)$ 与输入 $u(t)$ 之间的互相关函数 $R_{uy}(\tau)$。它说明,相关分析法对噪声有滤波作用。这是因为若存在干扰,只要选择与干扰互不相关的输入测试信号,就可以克服随机干扰的影响。

由于白噪声的整个能量分布在一个很广的频率范围内,激励信号的幅值不需要很大,因

此,不会使被辨识对象过分地偏离正常运行状态。所以白噪声作为输入激励信号对正常运行状态的影响不是很大。而且,只要输入激励信号与干扰噪声是统计独立的,辨识工作就可以不受干扰噪声的影响。另外,从前面的分析可知,相关法辨识不需要有关于被识对象的验前知识。

然而,当利用白噪声作为测试信号时,为了准确地测出互相关函数,必须在较长的时间内进行积分。从理论上讲,这个时间应当趋于无穷大,这显然是不实用的。上述理论中所提出的白噪声,它是一种数学上的“抽象”,它在工程上是不易实现的。因此,工程上常常采用易于实现的 M 序列作为辨识输入信号,它具有近似白噪声的性质。

2.3.2 用 M 序列辨识线性系统的脉冲响应

据前面的讨论,M 序列是周期 $T_p=N_p\Delta$,自相关函数近似于 δ 函数的一种随机序列,其统计特性近似于白噪声,若选择 N_p 使 M 序列的循环同期大于过渡过程时间,即

$$(N_p-1)\Delta > T \tag{2.3.13}$$

这里 T 是被识对象的过渡过程时间。上面不等式的含义是,被识对象的脉冲响应函数 $g(t)$ 在时间 $(N_p-1)\Delta$ 内已完全衰减,从而能满足式(3.4.9)。

设对于被辨识对象的输入输出信号进行采样的周期 T_0 等于产生 M 序列的时钟脉冲的周期 Δ(在使用计算机时,有可能与比时钟脉冲频率高的频率进行采样,这时 Δ 是 T_0 的整数倍),为书写简单起见,令 $\Delta=1$。

在离散时间情况下,考虑到上述假定,且令 $\tau=m\Delta,\Delta=1,t=k\Delta,\lambda=\mathrm{j}\Delta$,式(2.3.7)的 Wiener-Hopf 方程的离散形式为

$$R_{uz}(m)=\sum_{\mathrm{j}=0}^{N_p-1}g(\mathrm{j})R_{uu}(m-\mathrm{j}) \tag{2.3.14}$$

其中,互相关函数和自相关函数可按下式计算

$$R_{uz}(m)=\frac{1}{N_p}\sum_{k=0}^{N_p-1}u(k-m)z(k) \tag{2.3.15}$$

$$R_{uu}(m-\mathrm{j})=\frac{1}{N_p}\sum_{k=0}^{N_p-1}u(k-m)u(k-\mathrm{j}) \tag{2.3.16}$$

据式(1.4.38),M 序列的自相关函数为

$$R_{uz}(m-\mathrm{j})=\begin{cases}a^2 & m-\mathrm{j}=0\\ -\dfrac{a^2}{N_p} & 1\leqslant(m-\mathrm{j})\leqslant N_p-1\end{cases} \tag{2.3.17}$$

将式(2.3.17)代入式(2.3.14),有

$$\begin{aligned}R_{uz}(m)&=\sum_{\mathrm{j}=0}^{N_p-1}g(\mathrm{j})R_{uu}(m-\mathrm{j})=\\&a^2g(m)-\frac{a^2}{N_p}\left[\sum_{\mathrm{j}=0}^{m-1}g(\mathrm{j})+\sum_{\mathrm{j}=m+1}^{N_p}g(\mathrm{j})\right]=\\&a^2g(m)+\frac{a^2}{N_p}g(m)-\frac{a^2}{N_p}\sum_{\mathrm{j}=0}^{N_p-1}g(\mathrm{j})=\end{aligned}$$

$$\frac{N_p+1}{N_p}a^2 g(m) - \frac{a^2}{N_p}\sum_{j=0}^{N_p-1} g(j) \quad (2.3.18)$$

令

$$c = \frac{a^2}{N_p}\sum_{j=0}^{N_p-1} g(j) \quad (2.3.19)$$

对于一个稳定过程来说，根据式(2.3.18)，有

$$\sum_{m=0}^{N_p-1} R_{uz}(m) = \frac{N_p}{N_p+1}\cdot a^2\sum_{m=0}^{N_p-1} g(m) - N_p c =$$
$$\left[\frac{N_p}{N_p+1}-1\right]a^2\sum_{m=0}^{N_p-1} g(m) =$$
$$\frac{a^2}{N_p}\sum_{m=0}^{N_p-1} g(m) \quad (2.3.20)$$

由式(2.3.18)有

$$\hat{g}(m) = \frac{N_p}{(N_p+1)}\cdot\frac{1}{a^2}[R_{uz}(m)+c] \quad (2.3.21)$$

根据所求出的各点的 $R_{uz}(m)$ 值，按上式就可以估算出较精确的 $g(m)$ 值。式(2.3.18)描述了 M 序列辨识系统的脉冲响应估计值与互相关函数之间的关系。

对于一个稳定过程来说，脉冲响应是有界的，在一个周期内脉冲响应值之和必然是常数，所以 c 是一个常数，由式(2.3.18)，当 m 很大时，$g(m)\to 0$，所以

$$c = -R_{uz}(\infty) \quad (2.3.22)$$

因此，一旦通过计算得到各采样点的互相关函数值，就可以画出互相关函数的曲线。根据互相关函数的稳态值，就可以确定 c 的值，从而根据式(2.3.18)求得各采样点的脉冲响应的估计值。脉冲响应函数与相关函数有如图 2.3.3 所示的关系。

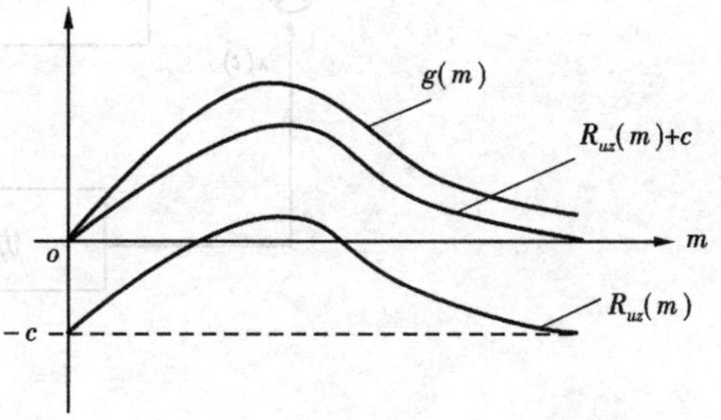

图 2.3.3　M 序列辨识系统的脉冲响应与互相关函数

当 N_p 足够大时，c 值可以忽略不计，于是有

$$\hat{g}(m) = \frac{N_p}{(N_p+1)a^2}R_{uz}(m) \quad (2.3.23)$$

这样，估算 $g(m)$ 的过程就更为简单迅速。

为提高辨识脉冲响应的精度，一方面可以取较大的 N_p 值(响应地可减小 Δ 值)，使 M 序列趋近于白噪声。另一方面是设法提高计算互相关函数的精度，这可以采取输入多周期的 M 序列的办法，从而获得较多的观测数据来计算互相关函数。由于在辨识实验中，应预先给系统施加一个周期的伪随机信号以进行预激励，只是从第 2 个周期开始后，才利用次后所得的数据计算互相关函数，所以，若输入$(r+1)$个周期的 M 序列(通常 $r=1\sim4$)，则可按下式计算互相关函数：

$$R_{uz}(m) = \frac{1}{rN_p}\sum_{k=0}^{rN_p-1} u(k-m)z(k) \quad m=0,1,\cdots,N_p-1 \quad (2.3.24)$$

2.3.3 相关分析法的应用

相关分析法辨识技术的主要优点是由于 M 序列信号近似于白噪声,噪声功率均匀分布于整个频带,从而对系统的扰动甚微,保证系统能正常工作。此外。因为相关函数的计算是一种统计平均的方法,具有信息滤波的功能,因此,在有噪声污染下,仍可提取有用信息,准确地求出系统的脉冲响应。

相关辨识技术在工程中的应用、可归结为下述几个方面:

①系统动态特性的在线测试。包括机、炉、电等一次设备,风机、水泵等辅机以及二次自动控制系统;

②对控制系统进行在线调试,使调节系统参数优化;

③自适应控制中的非参数型模型辨识等。

用一个计算机仿真例来说明一下如何用 M 序列信号试验信号进行相关分析法辨识系统。

例 2.3.1 计算机仿真例。

用计算机作模拟仿真,其仿真系统结构为如图 2.3.5 所示,且

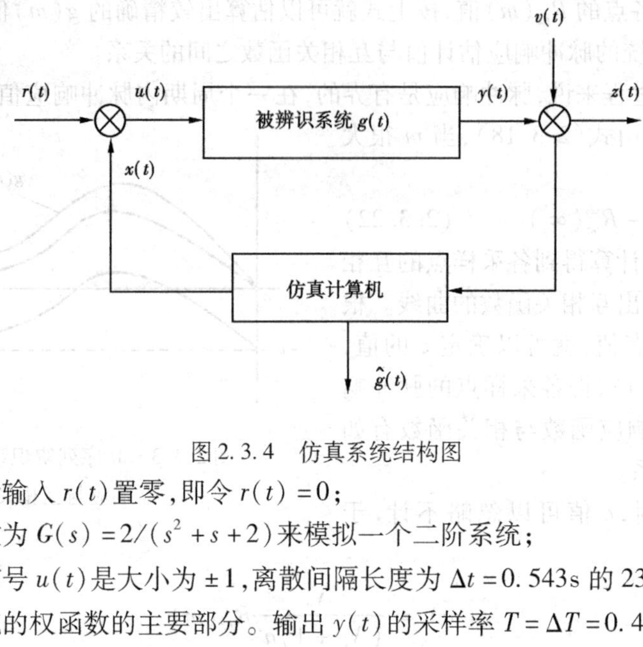

图 2.3.4 仿真系统结构图

①将系统参考输入 $r(t)$ 置零,即令 $r(t)=0$;

②用传递函数为 $G(s)=2/(s^2+s+2)$ 来模拟一个二阶系统;

③试验输入信号 $u(t)$ 是大小为 ± 1,离散间隔长度为 $\Delta t=0.543\text{s}$ 的 23 位 M 序列,它足够覆盖所要辨识系统的权函数的主要部分。输出 $y(t)$ 的采样率 $T=\Delta T=0.453\text{s}$,它保持与 M 序列同步;

④每个实验循环,采用上述伪随机二进制数(PRBS)的 20 个序列,并考虑了两种输出噪声的情况,一是 $v(t)=0$(即无噪声);二是 $\sigma_v^2=\sigma_z^2/1.9$,其中,$\sigma_z^2$ 是系统输出方差,$v(t)$ 为带限白噪声。

估计值 $\hat{g}(iT)$,$i=1,2,\cdots,p$ 是由式(2.3.21)来计算的。辨识结果示于图 2.3.4,图中描绘了带噪声和不带噪声的估计值以及精确的权函数 $g(t)$,可以看到,估计值 $g(t)$ 与 $\hat{g}(t)$ 相当一致。

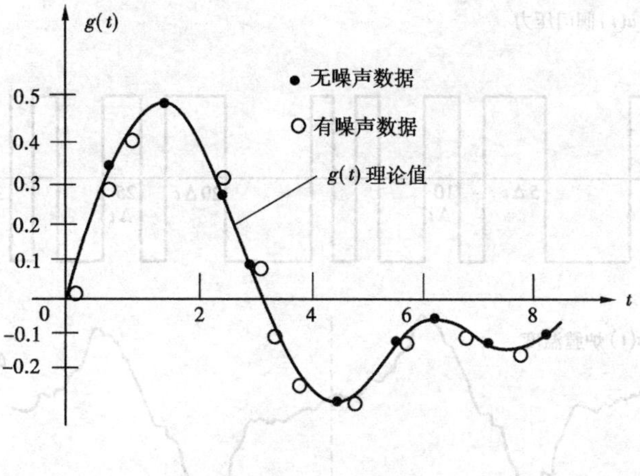

图 2.3.5　仿真曲线

例 2.3.2　应用实例[2]。

某常压加热炉炉膛温度受所加燃料量的影响，燃料量则与燃料调节阀的压力直接有关，现要求测定燃料压力与炉膛温度之间的动态关系。

通过预备试验，预估出对象的过渡过程时间 T_s 不大于 50min，对象的最高工作频率 f_M 低于 0.001 2Hz。确定 M 序列的时钟周期 $\Delta = 4\text{min}$，$N_p = 15$，这样

$$(N_p - 1) > 50 \text{ min}$$

$$1/3\Delta > 0.001\,2\text{Hz}$$

调节燃料流量的阀门压力上附加一个 M 序列 $u(t)$。根据运行经验，对燃料压力的扰动幅度 a 取 $a = 0.03\text{kg/cm}^2$，可保证对象不进入非线性区，并可获得明显的响应曲线，如图 2.3.7 所示，图中画出两个周期的输入输出记录曲线。

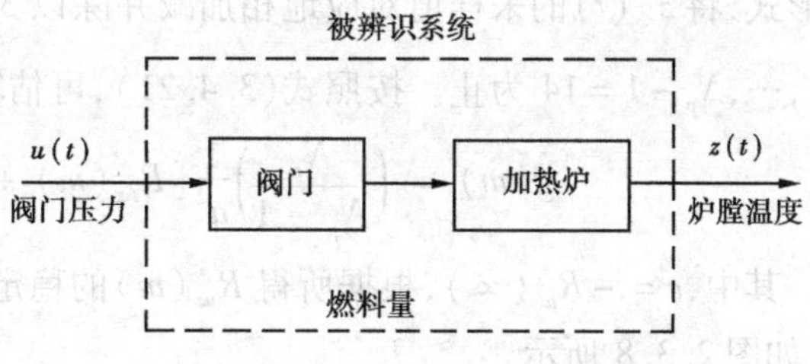

图 2.3.6　燃料压力与炉膛温度之间关系示意图

为了获得平稳的温度响应，当计算互相关函数时，所采用的记录是对燃料压力起扰动作用的 M 序列加入一周期以后的炉膛温度记录。

互相关函数的计算是相当简单的。记录 $z(t)$ 在 $0, \Delta t, 2\Delta t, \cdots$ 各时刻的采样值，如表 2.3.1 所示（作为举例，表内只列出部分数据）。表中所记的 $z(t)$ 值是扣除恒值 830℃ 后得到的数值，这对测定动态特性来讲是没有影响的。下面用两个周期的数据来计算互相关函数，在式(2.3.24)中取 $r = 2$，则有

$$R_{uz}^*(m) = \frac{1}{2 \times 15} \sum_{k=0}^{2\times 15-1} u(k-m) z^*(k) = \frac{1}{30} \sum_{k=0}^{29} u(k) z^*(k+m)$$

而　$u(t) = a\text{sgn}\{u(t)\} = 0.03\text{sgn}\{u(k)\}$，式中　$\text{sgn}\{u(t)\}$ 表示取 $u(t)$ 的符号。因而有

$$\frac{R_{uz}^*(m)}{0.03} = \frac{1}{30} \sum_{k=0}^{29} \text{sgn}\{u(t)\} z^*(k+m)$$

例如在计算 $R_{uz}^*(0)$ 时，可按照表 2.3.1 中 $m = 0$ 那一栏中的正负号对应地将采样值 $z^*(t)$

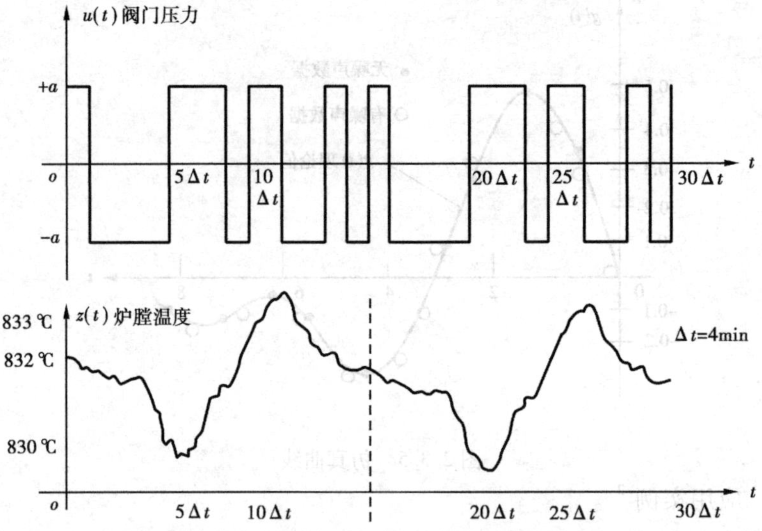

图 2.3.7　燃料压力扰动与炉膛温度响应曲线

相加减，最后除以采样值的个数，即

$$\frac{R_{uz}^{*}(m)}{0.03} = \frac{1}{30}[(2.06 + 0.68 + 0.44 + \cdots + 2.82) - (1.85 + 1.84 + \cdots + 2.04)] = -0.303$$

在计算 $R_{uz}^{*}(m)$ 时，将 $m=0$ 那一栏中的正负号向右移动 m 后，就得到相应于延迟量为 m 的形式，将 $z^{*}(t)$ 的采样值对应地相加减并除以 30，即得 $R_{uz}^{*}(m)/0.03$，按此办法分别令 $m=0,1,\cdots,N_p-1=14$ 为止。按照式(3.4.21)，可估算出脉冲响应 $\hat{g}(m)$

$$\hat{g}(m) = \left(\frac{N_p}{N_p-1}\right)\frac{1}{a^2}[R_{uz}^{*}(m)+c] = 1\,042[R_{uz}^{*}(m)+c]$$

其中，$c=-R_{uz}^{*}(\infty)$，根据所得 $R_{uz}^{*}(m)$ 的稳定值，取 $c=0.01$ 计算得到脉冲响应曲线上各点，如图 2.3.8 所示。

表 2.3.1

k	0	1	2	…	5	6	…	10	…	15	…	28	29	…	40	…	44
$z^{*}(k)$	2.06	1.85	1.84	…	0.68	0.44	…	2.47	…	1.82	…	2.82	2.04	…	2.28	…	2.06
$m=0$	+	−	−	…	+	+	…	+	…	+	…	+	−				
1		+			−	+		+		−		−	+				
⋮																	
14																	

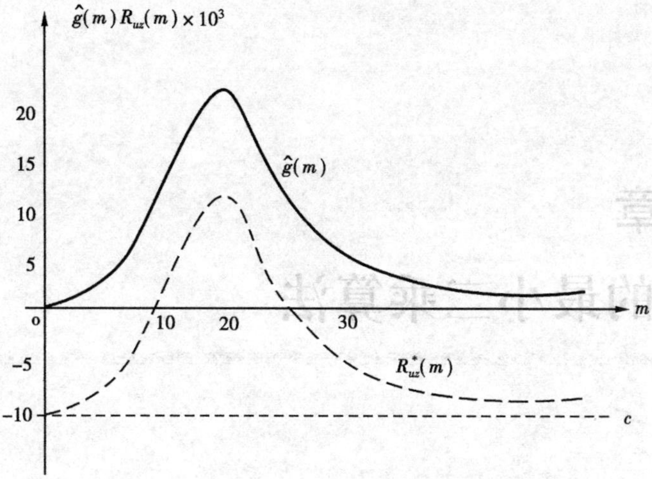

图 2.3.8　辨识结果

第 3 章

系统辨识的最小二乘算法

最小二乘理论是高斯(K·F·Gauss)在1795年预测行星和慧星运动的轨道时提出的,高斯提出:“未知量的最大可能的值是这样一个数值,它使各次实际观测和计算值之间的差值的平方乘以度量其精确度的数值以后的和为最小。”这就是著名的最小二乘法的最早的思想。这一估计方法的特点是计算原理简单,不需要随机变量的任何统计特性,目前,它已成为动态系统辨识的主要手段。从计算方法讲,它既可以离线计算,又可在线递推计算,并可在非线性系统中扩展为迭代计算。从计算的数学模型看,它既可用于参数型模型估计,也可用于非参数型模型估计。

最小二乘辨识(Ls)方法提供一个估算方法,使之能得到一个在最小方差意义上与实验数据最好拟合的数学模型。由最小二乘法获得的估计在一定的条件下有最佳的统计特性,即估计的结果是无偏的、一致的(收敛的)和有效的,而且经典法中相关辨识法,频域辨识法也可以从最小二乘法推导演绎而成。递推最小二乘法与卡尔曼滤波法也有着一定的联系,因此有可能通过最小二乘理论将其他的辨识方法联系起来。

最小二乘辨识方法在系统辨识领域中现应用上已相当普及,方法上相当完善,可以有效地用于系统的状态估计、参数估计以及自适应控制及其他方面。

3.1 最小二乘法原理

为了对最小二乘辨识法有一个最初步的了解,从而掌握Ls的一般原理,可通过一个简单的例子来引入这个估计方法。

3.1.1 最小二乘基本原理

导热系数 λ_t 是物质的一种物性参数,它表示物质导热能力的大小,其数值是单位温度作用下,物体内所允许的热流密度值,单位为W/(m*℃)。

各种不同的物质导热系数是不同的,即使对同一种物质,其导热系数也随着物质的结构(密度、孔隙度)、温度、压力和湿度而改变,各种物质导热系数是用实验的方法测定的。金属的导热系数在各种物质中最大，纯金属中加入任何杂质，导热系数便迅速降低，且材料的导热系数是随温度而变化的，变化的规律比较复杂。

工程上，一般是通过实验，在不同温度 t 下对变量 $\lambda(t)$ 做多次观测，得到一组观测资料。我们要设法根据观测所得到的数据，寻找一个函数 $\lambda(t)=g(t)$ 去拟合这些实验数据，同时要确定该函数关系式中的未知参数值。首先要靠人们对于所处理的对象的掌握程度（理论知识或者以往积累的实际经验），来确定描述 $\lambda(t)$ 和 t 之间关系的数学函数 $g(t)$ 的类型，即模型类型和结构。当出现困难时，就需要根据观测所得数据，由它们分布的图形及特点从数学上选择适当的函数曲线来逼近这些实验数据。随之就是要确定变量之间函数关系式中的未知参数。

对我们所讨论的问题，若导热系数 $\lambda(t)$ 与温度 t 之间在一定的条件下（t 在一定的范围内）可近似地认为导热系数与温度成直线关系，即

$$\lambda(t) = \lambda(0) + \alpha t \tag{3.1.1}$$

其中　$\lambda(t)$——t℃时材料的导热系数，W/(m＊℃)；

$\lambda(0)$——0℃时材料的导热系数；

α ——温度系数，视不同材料由实验确定。

(3.1.1)式中，参数 $\lambda(0)$ 和 α 是未知的，将它们作为两个待估计的参数。从理论上来说，如果测量没有误差，那么只要取得两个不同温度 t 下的导热系数 $\lambda(t)$ 的测量数据，就可以解出 $\lambda(0)$ 和 α，从而求得 $\lambda(t)$ 与 t 的函数关系。但是，实际上由于种种原因，测量中总是具有随机性能的测量误差，所以每次测量所得的导热系数并不是真正的导热系数 $\lambda_i(t)$ $(i=1,2,\cdots,l)$，而是带有噪声的导热系数 $\lambda_i^*(t)$。且应写成

$$\lambda_i^*(t) = \lambda_i(t)(\text{真值}) + v_i(t)(\text{随机误差}) \tag{3.1.2}$$

或

$$\lambda_i^*(t) = \lambda(0) + \alpha t_i + v_i(t) \quad i = 1,2,\cdots,l \tag{3.1.2}$$

式中　$\lambda_i^*(t)$ 是可观测的随机变量；

t_i 是可观测的独立变量（非随机变量）；

$v_i(t)$ 是不可测的随机测量噪声；

$\lambda(0)$ 和 α 是未知参数。

因此，被观测到的 λ_i^* 和相应的 t 之间，并不存在式(3.1.1)的直线函数关系。为了尽量降低测量误差的影响，解决的办法是进行多次测量，即在 $t_1,t_2,\cdots,t_l$ 共 $l(l>2)$ 个温度下对导热系数进行测量（通常，观测次数 l 都要取得比较大），得到在相应温度下导热系数的一组观测数据 $\lambda_1^*(t),\lambda_2^*(t),\cdots,\lambda_l^*(t)$。则可根据 l 个观测数据 $\{\lambda_i^*(t),t_i\}i=1,2,\cdots,l$ 来估计所选的模型(3.1.1)中的未知参数 $\lambda(0)$ 和 α 的值。

根据什么来确定参数 $\lambda(0)$ 和 α 的值呢？其原则是希望 $\lambda(0)$ 和 α 的值的确能使观测值和由模型的计算值之间的误差为最小。因为各次观测误差可表示为

$$v_i(t) = \lambda_i^*(t) - \lambda_i(t) = \lambda_i^*(t) - [\lambda(0) + \alpha t_i] \quad i = 1,2,\cdots,l \tag{3.1.3}$$

整个观测过程的误差是由各次观测误差所组成的，采用每个误差的平方和作为总误差：

$$J = \sum_{i=1}^{N} v_i^2(t) = \sum_{i=1}^{N} [\lambda_i^*(t) - [\lambda(0) + \alpha t_i]]^2 \tag{3.1.4}$$

所选的这个误差平方和函数就是估计参数时所采用的准则函数（或者称为性能指标）。显然，准则函数 J 越小越好，即希望所选取的 $\lambda(0)$ 和 α 的值能使每个误差的平方和 J 的值为最小。由于平方运算也称“二乘”运算，因此，按照这种原则来估计参数 $\lambda(0)$ 和 α 的方法通常

称为“最小二乘估计法”。根据数学分析中寻求极值的原理：要使 J 达到极小值，只需分别对 $\lambda(0)$ 和 α 求偏导数，并令它们等于零。于是 $\lambda(0)$ 和 α 的估计值 $\hat{\lambda}(0)$ 和 $\hat{\alpha}$ 满足下列条件：

$$\begin{cases} \left.\dfrac{\partial J}{\partial \lambda(0)}\right|_{\lambda(0)=\hat{\lambda}(0)} = -2\sum_{i=1}^{N}\left(\lambda_i^*(t) - \lambda(0) - \alpha t_i\right) = 0 \\ \left.\dfrac{\partial J}{\partial \alpha}\right|_{\alpha=\hat{\alpha}} = -2\sum_{i=1}^{N}\left(\lambda_i^*(t) - \lambda(0) - \alpha t_i\right) = 0 \end{cases} \tag{3.1.5}$$

即 $\lambda(0)$ 和 α 由下列方程组所确定

$$\begin{cases} \alpha\sum_{i=1}^{N} t_i + \lambda(0)\cdot N = \sum_{i=1}^{N}\lambda_i^*(t) \\ \alpha\sum_{i=1}^{N} t_i^2 + \lambda(0)\sum_{i=1}^{N} t_i = \sum_{i=1}^{N}\lambda_i^*(t)t_i \end{cases} \tag{3.1.6}$$

解上述方程得

$$\begin{cases} \hat{\lambda}(0) = \dfrac{\sum_{i=1}^{N} t_i^2\sum_{i=1}^{N}\lambda_i^*(t) - \sum_{i=1}^{N} t_i\sum_{i=1}^{N} t_i\lambda_i^*(t)}{N\sum_{i=1}^{N} t_i^2 - (\sum_{i=1}^{N} t_i)^2} \\ \hat{\alpha} = \dfrac{\sum_{i=1}^{N} t_i\lambda_i^*(t) - \sum_{i=1}^{N} t_i\sum_{i=1}^{N}\lambda_i^*(t)}{N\sum_{i=1}^{N} t_i^2 - (\sum_{i=1}^{N} t_i)^2} \end{cases} \tag{3.1.7}$$

根据 l 组观测数据，利用最小二乘估计法，确定出了式(3.1.7)中的参数 $\lambda(0)$ 和 α 的估计值。

上面所举的实例是寻求两个参数值的应用问题。以此来帮助初学者了解最小二乘估计法的原理。从上述可知，上例所求的是静态数学模型，即因变量 $\lambda(t)$ 只与一个自变量 t 有关，这是最简单的情形，而在大多数在实际情况中，问题往往比这复杂得多。

3.1.2 最小二乘的基本关系式

(1)最小二乘格式

假设被辨识系统为一个单输入单输出(SISO)离散时间动态系统，如图 3.1.1 所示。

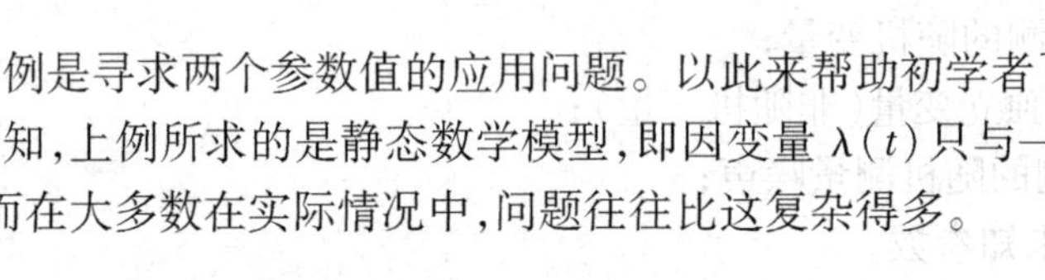

图 3.1.1 SISO 辨识系统示意图

其系统数学关系可用如下随机差分方程描述

$$A(q^{-1})z(k) = B(q^{-1})u(k) + v(k) \tag{3.1.8}$$

其中

$$\begin{cases} A(q^{-1}) = 1 + a_1 q^{-1} + a_2 q^{-2} + \cdots + a_{n_a} q^{-n_a} \\ B(q^{-1}) = b_1 + b_2 q^{-1} + \cdots + b_{n_b} q^{-n_b} \end{cases}$$

则(3.1.8)式可表为

$$z(k) = -\sum_{i=1}^{n_a} a_i z(k-i) + \sum_{i=1}^{n_b} b_i u(k-i) + v(k) \quad k = 1,2,\cdots,l \tag{3.1.9}$$

式中　$u(k)$——输入变量；

$y(k)$——系统输出变量；

$z(k)$——系统量测输出变量；

$v(k)$——表示均值为零的随机噪声项。

通常，输入变量和输出变量都是可测量的。而且，输入变量 $u(k)$ 往往是特别选择的激励信号或者是使系统运行的控制信号。但是，在有噪声的情况下，系统真正的输出变量 $y(k)$ 是无法得到的，所能测量到的是受噪声污染的量测输出信号 $z(k)$。则(3.1.8)式可以描述成如下最小二乘格式

$$z(k) = \boldsymbol{\varphi}(k)\boldsymbol{\theta} + v(k) \tag{3.1.10}$$

上式中，$\boldsymbol{\varphi}(k)$ 是观测数据向量。辨识的问题则是如何求解多项式 $A(q^{-1})$ 和 $B(q^{-1})$。当模型结构已经选定，即式(3.1.10)中的 n_a 和 n_b 假定是已知的(通常 $n_a > n_b$)。但是有时，为了系统分析方便起见，也可以设 $n_a = n_b = n$，这样并不会失去研究问题的普遍性。

在(3.1.10)式中，有

$$\boldsymbol{\varphi}(k) = [-z(k-1),\cdots,-z(k-n_a),u(k-1),\cdots,u(k-n_b)] \tag{3.1.11}$$

$$\boldsymbol{\theta} = [a_1,a_2,\cdots,a_{na},b_1,b_2,\cdots,b_{nb}]^T \tag{3.1.12}$$

方程(3.1.10)的 l 次观测数据构成一个线性方程组，即为向量最小二乘格式

$$\boldsymbol{Z}_l = \boldsymbol{\Phi}_l \boldsymbol{\theta} + \boldsymbol{V}_l \tag{3.1.13}$$

其中

$$\boldsymbol{Z}_l = [z(1),z(2),\cdots z(l)]^T$$

$$\boldsymbol{V}_l = [v(1),v(2),\cdots v(l)]^T$$

$$\boldsymbol{\Phi}_l = \begin{bmatrix} \boldsymbol{\varphi}(1) \\ \boldsymbol{\varphi}(2) \\ \vdots \\ \boldsymbol{\varphi}(l) \end{bmatrix} = \begin{bmatrix} -z(0) & \cdots & -z(1-n_a) & u(0) & \cdots & u(1-n_b) \\ -z(1) & \cdots & -z(2-n_a) & u(1) & \cdots & u(2-n_b) \\ & & \vdots & & & \\ -z(l-1) & \cdots & -z(l-n_a) & u(l-1) & \cdots & u(l-n_b) \end{bmatrix}^T$$

利用数据序列 $\{z(k)\}$ 和 $\{u(k)\}$，极小化下列准则函数

$$J = \sum_{k=1}^{l} [z(k) - \boldsymbol{\varphi}^T(K)\boldsymbol{\theta}]^2 \tag{3.1.14}$$

使 $J(\boldsymbol{\theta}) = \min$ 的 $\boldsymbol{\theta}$ 估计值记作 $\hat{\boldsymbol{\theta}}$，称之为参数 $\boldsymbol{\theta}$ 的最小二乘估计值。

(2)最小二乘问题的求解

用 $\hat{\boldsymbol{\theta}}$ 表示根据 l 次数采样数据所求得的参数 $\boldsymbol{\theta}$ 的估计值。

$$\hat{\boldsymbol{\theta}} = [-\hat{a}_1,-\hat{a}_2,\cdots,-\hat{a}_{n_a},\hat{b}_1,\cdots,\hat{b}_{n_b}]^T \tag{3.1.15a}$$

由 l 次输入输出数据，可 $\hat{\boldsymbol{\theta}}$ 拟合出一类模型，它具有下列形式：

$$\boldsymbol{Z}_l = \boldsymbol{\Phi}_l\hat{\boldsymbol{\theta}} + \boldsymbol{\varepsilon}_l \tag{3.1.15b}$$

对于第 k 次观测,实际观测值 $z(k)$ 与所估计的模型计算值之间的偏差 $\varepsilon(k)$ 为:

$$\varepsilon_k = z(k) - \varphi(k)\hat{\theta} \qquad k = 1,2,\cdots,l \tag{3.1.16}$$

偏差 $\varepsilon(k)$ 亦是一个随机变量,在系统辨识领域中常常称它为残差。令 l 个不同时刻的残差所构成的向量为:

$$\boldsymbol{\varepsilon}_l = [\varepsilon(1),\varepsilon(2),\cdots,\varepsilon(l)]^T \tag{3.1.17}$$

与式(3.1.16)相应的由 l 次输入输出数据构成的向量矩阵方程为:

$$\boldsymbol{\varepsilon}_l = \boldsymbol{Z}_l - \boldsymbol{\Phi}_l\hat{\boldsymbol{\theta}} \tag{3.1.18}$$

由式(3.1.13)得:

$$\boldsymbol{\varepsilon}_l = \boldsymbol{\Phi}_l\boldsymbol{\theta} + \boldsymbol{V}_l - \boldsymbol{\Phi}_l\hat{\boldsymbol{\theta}} = \boldsymbol{\Phi}_l(\boldsymbol{\theta} - \hat{\boldsymbol{\theta}}) + \boldsymbol{V}_l \tag{3.1.19}$$

可见,残差 ε 包含有两方面的误差因素,一是参数拟合误差 $(\boldsymbol{\theta}-\hat{\boldsymbol{\theta}})$,二是随机干扰噪声带来的误差 $\boldsymbol{V}_l$。

而运用最小二乘准则,即从像式(3.1.15a)那样的模型类别中,找出一个模型,这个模型的参数向量 $\hat{\boldsymbol{\theta}}$ 能使各残差 $\boldsymbol{\varepsilon}_l(k)$ 的平方和 J 达到最小值,即

$$J = \sum_{k=1}^{l} |\boldsymbol{\varepsilon}_l(k)|^2 = \boldsymbol{\varepsilon}_l^T\boldsymbol{\varepsilon}_l = (\boldsymbol{Z}_l - \boldsymbol{\Phi}_l\hat{\boldsymbol{\theta}})^T(\boldsymbol{Z}_l - \boldsymbol{\Phi}_l\hat{\boldsymbol{\theta}}) = \|(\boldsymbol{Z}_l - \boldsymbol{\Phi}_l\hat{\boldsymbol{\theta}})\|^2 \tag{3.1.20}$$

在文献[8]中,根据所求解的问题 J 的不同,在不同场合下,函数 J 往往有不同的名称,它被称为成本函数,损失函数,目标函数,准则函数等,本书称它为准则函数。准则函数是一个标量。

为了确定使准则函数(3.1.20)为最小的必要条件,将该式对各参数求导,并令其结果为零。

$$\frac{\partial J}{\partial \hat{\boldsymbol{\theta}}} = -2\boldsymbol{\Phi}_l^T(\boldsymbol{Z}_l - \boldsymbol{\Phi}_l\hat{\boldsymbol{\theta}}) = 0 \tag{3.1.21}$$

参数估计量 $\hat{\boldsymbol{\theta}}$ 满足

$$\boldsymbol{\Phi}_l^T(\boldsymbol{Z}_l - \boldsymbol{\Phi}_l\hat{\boldsymbol{\theta}}) = 0 \tag{3.1.22}$$

这就是以向量矩阵形式表示的正规方程,它由具有 $2l+1$ 个线性方程式所组成。若矩阵 $\boldsymbol{\Phi}_l^T\boldsymbol{\Phi}_l$ 是非奇异的,其逆阵 $\boldsymbol{\Phi}_l^{-1}$ 存在,于是可解出

$$\hat{\boldsymbol{\theta}} = (\boldsymbol{\Phi}_l^T\boldsymbol{\Phi}_l)^{-1}\boldsymbol{\Phi}_l^T Z_l \tag{3.1.23}$$

准则函数的 J 二阶导数是

$$\frac{\partial J}{\partial \hat{\boldsymbol{\theta}}}\left(\frac{\partial J}{\partial \hat{\boldsymbol{\theta}}}\right)^T = 2\boldsymbol{\Phi}_l^T\boldsymbol{\Phi}_l \tag{3.1.24}$$

只要矩阵 $\boldsymbol{\Phi}_l$ 是满秩的,$\boldsymbol{\Phi}_l^T\boldsymbol{\Phi}_l$ 是正定的,即可使准则函数为极小的充分条件得到满足,注意到式(3.1.23)右边是与 $\hat{\boldsymbol{\theta}}$ 无关的,这表明最小二乘估计的一个重要性质,即它只有一个局部极小值存在。因此,这个局部极小值也是总体极小,这说明最小二乘估计的解是惟一的。则对估计准则 J 最小而言,极值条件(3.1.24)既是必要的也是充分的。为了与其他估计方法相

区别，用$\hat{\boldsymbol{\theta}}_{\mathrm{LS}}$来表明是最小二乘估计值，即(3.1.23)式可写为

$$\hat{\boldsymbol{\theta}}_{\mathrm{LS}} = (\boldsymbol{\Phi}_l^T \boldsymbol{\Phi}_l)^{-1} \boldsymbol{\Phi}_l^T \boldsymbol{Z}_l \tag{3.1.25}$$

在前面的论述中，并不需要考虑噪声序列$\{v(k)\}$的性质，即无论$\{v(k)\}$是白噪声还是其它形式的噪声，(3.1.23)式均成立，噪声$\{v(k)\}$的性质仅影响最小二乘估计的统计特性。

此外，为了提高参数估计的精度，降低噪声的影响，从统计学的观点考虑，观测的总次数 l 必须大大地超过待定的未知数的数目 $n_a + n_b + 1$，即要求有 $l > n_a + n_b + 1$，此时，由观测所提供的方程式的数目超过确定出方程组的惟一解所需的数目。即方程(3.1.23)有无穷多解，则才可确定一个“最优”的模型参数 $\hat{\boldsymbol{\theta}}$。而如果选择 $l > n_a + n_b + 1$，方程(3.1.23)方程个数少于未知数个数，模型参数 $\hat{\boldsymbol{\theta}}$ 不能惟一确定。如果选择 $l = n_a + n_b + 1$，只有当噪声序列为零，模型参数 $\hat{\boldsymbol{\theta}}$ 才有惟一确定解，也是需要研究的问题。

3.1.3　加权最小二乘估计

通常，各次观测的数据是很难在相同的条件下取得的。因此，各次测量所得的数据，对于所估计的参数来说，必然有“价值”不同的问题。当利用这些数据来估计参数时，总是希望“价值大”的观测数据占有较大的比重，使其对估计的结果产生较多的影响。为此，计算中用一个数值来表示对观测数据的相对的“信任程度”，这就是“权”。

在式(3.1.20)所表示的准则函数中，其考虑的是每次观测都有相同的权。倘若考虑到各次观测的不同条件，则在准则函数中可引入权重 $w(k)$，

$$J_w = w(1)\varepsilon^2(1) + w(2)\varepsilon^2(2) + \cdots + w(l)\varepsilon^2(l) = \sum_{k=1}^{l} w(k)\varepsilon^2(k) \tag{3.1.26}$$

用矩阵表示时，令

$$\boldsymbol{W}_l = \begin{bmatrix} w(1) & & & 0 \\ & w(2) & & \\ & & \ddots & \\ 0 & & & w(l) \end{bmatrix} \tag{3.1.27}$$

则有　$J_w = \boldsymbol{\varepsilon}_l^T \boldsymbol{W}_l \boldsymbol{\varepsilon}_l = (\boldsymbol{Z}_l - \boldsymbol{\Phi}_l \hat{\boldsymbol{\theta}})^T \boldsymbol{W}_l (\boldsymbol{Z}_l - \boldsymbol{\Phi}_l \hat{\boldsymbol{\theta}})^T$　(3.1.28)

式中，权矩阵 $\boldsymbol{W}_l$ 为对角线矩阵，并规定它是一个对称的正定阵。

在式(3.1.25)中，可以按普通的最小二乘法原理，寻找出使准则函数 J_w 为最小的系统参数估计值，并用$\hat{\boldsymbol{\theta}}_{\mathrm{WLS}}$来表明是加权最小二乘估计值，则有

$$\frac{\partial J_w}{\partial \hat{\boldsymbol{\theta}}_{\mathrm{WLS}}} = -\boldsymbol{\Phi}_l^T \boldsymbol{W}_l (\boldsymbol{Z}_l - \boldsymbol{\Phi}_l \hat{\boldsymbol{\theta}}_{\mathrm{WLS}}) \tag{3.1.29}$$

令上式等于零，若矩阵 $\boldsymbol{\Phi}_l^T \boldsymbol{W}_l \boldsymbol{\Phi}_l$ 是非奇异的，则加权最小二乘估计值$\hat{\boldsymbol{\theta}}_{\mathrm{WLS}}$为

$$\hat{\boldsymbol{\theta}}_{\mathrm{WLS}} = (\boldsymbol{\Phi}_l^T \boldsymbol{W}_l \boldsymbol{\Phi}_l)^{-1} \boldsymbol{\Phi}_l \boldsymbol{W}_l \boldsymbol{Z}_l \tag{3.1.30}$$

上式中，当 $\boldsymbol{W} = \boldsymbol{I}$(单位矩阵)，即所有观测数据的“价值”都等同地看待时，加权最小二乘估计$\hat{\boldsymbol{\theta}}_{\mathrm{WLS}}$就成为最小二乘估计$\hat{\boldsymbol{\theta}}_{\mathrm{LS}}$。所以，最小二乘估计是加权最小二乘估计的一个特例。

另外,已知噪声 $\varepsilon(k)$ 的平均值为零,即 $E[\varepsilon]=0$ 或 $E[v]=0$,而其协方差矩阵 $\boldsymbol{R}_\varepsilon$ 或 $\boldsymbol{R}_v$ 可表为:

$$\boldsymbol{R}_\varepsilon = \boldsymbol{R}_v = E[V_l V_l^T] = \begin{bmatrix} E[v_l v_1] & \cdots & E[v_l v_1] \\ & \vdots & \\ E[v_l v_1] & \cdots & E[v_l v_1] \end{bmatrix} \tag{3.1.31}$$

可取权矩阵 $\boldsymbol{W}=\boldsymbol{R}_v^{-1}$,则所选择的准则函数为:

$$J_{R_v} = (\boldsymbol{Z}_l - \boldsymbol{\Phi}_l\hat{\boldsymbol{\theta}})^T \boldsymbol{R}_v^{-1} (\boldsymbol{Z}_l - \boldsymbol{\Phi}_l\hat{\boldsymbol{\theta}}) \tag{3.1.32}$$

若 $\boldsymbol{\Phi}_l^T\boldsymbol{R}_v^{-1}\boldsymbol{\Phi}_l$ 是非奇异的,则在这种情况下的加权最小二乘估计量可表为$\hat{\boldsymbol{\theta}}_{\mathrm{RLS}}$:

$$\hat{\boldsymbol{\theta}}_{\mathrm{RLS}} = (\boldsymbol{\Phi}_l^T\boldsymbol{R}_v^{-1}\boldsymbol{\Phi}_l)^{-1}\boldsymbol{\Phi}_l^T\boldsymbol{R}_v^{-1}\boldsymbol{Z}_l \tag{3.1.33}$$

这种权矩阵采用噪声的协方差阵的加权最小二乘估计,称之为马尔可夫(Morkov)估计。马尔可夫估计也是加权最小二乘估计的一个特殊情况。在实际工作中,很难充分地掌握被辨识对象的噪声的统计特性。为了实施马尔可夫估计,则事先需采取一些办法来估计噪声的统计特性。

3.1.4 最小二乘估计的统计特性

上述提出了最小二乘格式(3.1.13)模型参数 $\boldsymbol{\theta}$ 的最小二乘估计,由于 $\boldsymbol{\Phi}_l$ 和 $\boldsymbol{Z}_l$ 均具有随机性,其最小二乘估计量$\hat{\boldsymbol{\theta}}_{\mathrm{LS}}$、加权最小二乘估计量$\hat{\boldsymbol{\theta}}_{\mathrm{WLS}}$和马尔可夫估计量$\hat{\boldsymbol{\theta}}_{\mathrm{RLS}}$也都是随机向量。一般说来,可用其统计特性来衡量它的"优良度"和"可信度"的。下面讨论最小二乘估计量的统计特性:无偏性、误差协方差、一致性、有效性等。

(1)最小二乘估计的无偏性

由于估计量$\hat{\boldsymbol{\theta}}_{\mathrm{LS}}$本身是个随机变量,用不同的样本实现它可以得到不同的估计值,通常这些估计值达到稳态时都是在参数的真值附近波动,无偏性就是用来衡量估计值是否围绕真值波动的一个统计特性。

如果噪声向量 $\boldsymbol{V}_l$ 的各分量的均值为零,而且假定矩阵 $\boldsymbol{\Phi}_l$ 和噪声向量 $\boldsymbol{V}_l$ 是相互独立的。在这种情况下,因为

$$\boldsymbol{Z}_l = \boldsymbol{\Phi}_l\boldsymbol{\theta} + \boldsymbol{V}_l$$

则

$$\hat{\boldsymbol{\theta}}_{\mathrm{LS}} = (\boldsymbol{\Phi}_l^T\boldsymbol{\Phi}_l)^{-1}\boldsymbol{\Phi}_l^T(\boldsymbol{\Phi}_l\boldsymbol{\theta} + \boldsymbol{V}_l) = \boldsymbol{\theta} + (\boldsymbol{\Phi}_l^T\boldsymbol{\Phi}_l)^{-1}\boldsymbol{\Phi}_l^T\boldsymbol{V}_l \tag{3.1.34}$$

对上式取数学期望

$$E[\hat{\boldsymbol{\theta}}_{\mathrm{LS}}] = \boldsymbol{\theta} + E[(\boldsymbol{\Phi}_l^T\boldsymbol{\Phi}_l)^{-1}]\boldsymbol{\Phi}_l^T \cdot E[V_l] = \boldsymbol{\theta} \tag{3.1.35}$$

(3.1.35)式表示满足这种条件时,最小二乘估计量$\hat{\boldsymbol{\theta}}_{\mathrm{LS}}$是无偏估计量。类似地,对于加权最小二乘估计量$\hat{\boldsymbol{\theta}}_{\mathrm{WLS}}$亦可得到同样的结论。

于是,可得到结论:如果噪声向量 $\boldsymbol{V}_l$ 的各分量的均值都是零,且矩阵 $\boldsymbol{\Phi}_l$ 和噪声向量 $\boldsymbol{V}_l$ 是相互独立的,则模型(3.1.8)参数的最小二乘估计或加权最小二乘估计都有是无偏的。

如果线性动态系统的输入观测值和输出观测值都有受到噪声的污染,如 3.1.2 所示。

图中,$u(k)$ 和 $y(k)$ 是系统的理想的输入量和输出量;$\{\eta(k)\}$ 和 $\{v(k)\}$ 分别是输入端和

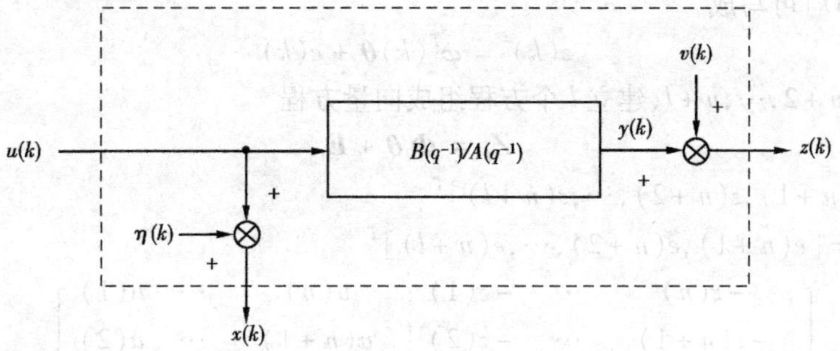

图 3.1.2　含有色噪声的 SISO 辨识系统示意图

输出端的随机干扰噪声序列；它是都有是均值为零、自相关函数为 R_η，R_v 的平稳随机过程，同时认为 $v(k)$ 与 $u(k)$，$y(k)$ 均不相关，$x(k)$ 和 $z(k)$ 则是实际观测到的输入和输出随机变量。若该系统可由 n 阶差方程来描述，则有

$$\begin{cases} A(q^{-1})y(k) = B(q^{-1})u(k) \\ z(k) = y(k) + v(k) \\ x(k) = u(k) + \eta(k) \end{cases} \tag{3.1.36}$$

其中

$$\begin{cases} A(q^{-1}) = 1 + a_1q^{-1} + a_2q^{-2} + \cdots + a_nq^{-n} \\ B(q^{-1}) = b_1 + a_1q^{-1} + a_2q^{-2} + \cdots + a_nq^{-n} \end{cases}$$

(3.1.36)式写化成广义回归模型形式：

$$z(k) + a_1z(k-1) + \cdots + a_nz(k-n) = b_1x(k-1) + \cdots + b_nx(k-n) + e(k) \tag{3.1.37}$$

而 $e(k) = v(k) + a_1v(k-1) + \cdots + a_nv(k-n) - b_1\eta(k-1) - \cdots - b_n\eta(k-\eta)$

(3.1.38)

上式表明，即使$\{v(k)\}$和$\{\eta(k)\}$是不相关的随机序列，序列$\{e(k)\}$仍然是相关序列，或者说$\{e(k)\}$是有色噪声。这是因为有

$$E\{e(k)e(k-j)\} \neq 0, \quad j \leqslant n \tag{3.1.39}$$

为简化起见，若被辨识系统的输入信号可精确地测量，即令 $\eta(k)=0$，系统仅在输出端受到噪声 $v(k)$ 的污染。假定输出端噪声序列$\{v(k)\}$是有色噪声序列，其均值为零，而且 $v(k)$ 与输入 $u(k)$ 相互独立，$v(k)$ 与 $y(k)$ 亦不相关。于是方程(3.1.36)可化为

$$A(q^{-1})z(k) = B(q^{-1})u(k) + e(k) \tag{3.1.40}$$

其中　$e(k) = A(q^{-1})v(k)$　(3.1.41)

显然，即使仅仅在输出端受到噪声污染，而且噪声 $v(k)$ 是白噪声下，所得到的序列$\{e(k)\}$是一个白噪声 $v(k)$ 的线性组合，它仍是然是一个相关的随机序列。

由于最小二乘估计量的无偏性是建立在噪声序列$\{e(k)\}$是不相关序列的基础上的，对于在端出端受到有色噪声 $e(k)$ 污染的系统的广义回归模型(3.1.37)，若仍采用普通的最小二乘法对其参数进行估计，即令

$$\boldsymbol{\theta}^T = [a_1, a_2, \cdots, a_n \quad b_1, b_2, \cdots, b_n] \tag{3.1.42}$$

$$\boldsymbol{\varphi}^T(k) = [-z(k-1), -z(k-2), \cdots, z(k-n), u(k-1), \cdots, u(k-n)] \tag{3.1.43}$$

于是,式(3.1.37)可写成

$$z(k) = \boldsymbol{\varphi}^T(k)\boldsymbol{\theta} + e(k) \tag{3.1.44}$$

对于 $k=n+1,n+2,\cdots,n+l$,建立 l 个方程组成向量方程

$$\boldsymbol{Z}_l = \boldsymbol{\Phi}_l\boldsymbol{\theta} + \boldsymbol{E}_l \tag{3.1.45}$$

其中 $\boldsymbol{Z}_l = [z(n+1),z(n+2),\cdots,z(n+l)]^T$ (3.1.46)

$$\boldsymbol{E}_l = [e(n+1),e(n+2),\cdots,e(n+l)]^T \tag{3.1.47}$$

$$\boldsymbol{\Phi}_l = \left[\begin{array}{ccc:ccc} -z(n) & \cdots & -z(1) & u(n) & \cdots & u(1) \\ -z(n+1) & \cdots & -z(2) & u(n+1) & \cdots & u(2) \\ \vdots & & & & \vdots & \\ -z(n+l-1) & \cdots & -z(l) & u(n+l-1) & \cdots & u(l) \end{array}\right]_{l\times 2n} \tag{3.1.48}$$

根据所测得的$(n+l)$组数据,$\{u(k),z(k),k=1,2,\cdots,(n+l)\}$,利用普通最小二乘法,得参数 $\boldsymbol{\theta}$ 的估计值为

$$\begin{aligned}\hat{\boldsymbol{\theta}} &= (\boldsymbol{\Phi}_l^T\boldsymbol{\Phi}_l)^{-1}\boldsymbol{\Phi}_l^T\boldsymbol{Z}_l = \\ &(\boldsymbol{\Phi}_l^T\boldsymbol{\Phi}_l)^{-1}\boldsymbol{\Phi}_l^T(\boldsymbol{\Phi}_l\boldsymbol{\theta} + \boldsymbol{E}_l) = \\ &\boldsymbol{\theta} + (\boldsymbol{\Phi}_l^T\boldsymbol{\Phi}_l)^{-1}\boldsymbol{\Phi}_l^T\boldsymbol{E}_l\end{aligned} \tag{3.1.49}$$

于是参数估计值 $\hat{\boldsymbol{\theta}}$ 期望值为

$$E\{\hat{\boldsymbol{\theta}}\} = \boldsymbol{\theta} + E[(\boldsymbol{\Phi}_l^T\boldsymbol{\Phi}_l)^{-1}\boldsymbol{\Phi}_l^T\boldsymbol{E}_l] \tag{3.1.50}$$

由于 $\boldsymbol{\Phi}_l^T\boldsymbol{\Phi}_l$ 是非奇异阵,在一般情况下,上述受到噪声污染的系统 $E[\boldsymbol{\Phi}_l^T\boldsymbol{E}_l]\neq 0$,所以可以有

$$E[(\boldsymbol{\Phi}_l^T\boldsymbol{\Phi}_l)^{-1}\boldsymbol{\Phi}_l^T\boldsymbol{E}_l] \neq 0 \text{ 或 } E[\boldsymbol{\Phi}_l^T\boldsymbol{E}_l] \neq 0 \tag{3.1.51}$$

则可见 $\hat{\boldsymbol{\theta}}$ 是有偏的。

(2)参数估计误差的协方差性质

设 $\hat{\boldsymbol{\theta}}$ 和$\hat{\hat{\boldsymbol{\theta}}}$都是参数 $\boldsymbol{\theta}$ 的无偏估计,如果 $\hat{\boldsymbol{\theta}}$ 的方差 $\sigma_{\hat{\theta}}^2$比$\hat{\hat{\boldsymbol{\theta}}}$的方差 $\sigma_{\hat{\hat{\theta}}}^2$要小,即 $\sigma_{\hat{\theta}}^2 < \sigma_{\hat{\hat{\theta}}}^2$,则称 $\hat{\boldsymbol{\theta}}$ 比$\hat{\hat{\boldsymbol{\theta}}}$更有效,对于固定的观测次数 l 方差最小的估计称为有效估计,所以有效估计就是最小方差估计。

考察估计量 $\hat{\boldsymbol{\theta}}$ 与真实值 $\boldsymbol{\theta}$ 之间的偏离量 $\tilde{\boldsymbol{\theta}}=\hat{\boldsymbol{\theta}}-\boldsymbol{\theta}$ 的协方差情况。

$$\operatorname{cov}[\tilde{\boldsymbol{\theta}}] = E\{[\tilde{\boldsymbol{\theta}} - E(\tilde{\boldsymbol{\theta}})][\tilde{\boldsymbol{\theta}} - E(\tilde{\boldsymbol{\theta}})]^T\} \tag{3.1.52}$$

若 $\hat{\boldsymbol{\theta}}$ 是 $\boldsymbol{\theta}$ 的无偏估计,则 $E[\tilde{\boldsymbol{\theta}}]=0$,于是

$$\begin{aligned}\operatorname{cov}[\tilde{\boldsymbol{\theta}}_{\mathrm{LS}}] &= E\{\tilde{\boldsymbol{\theta}}\tilde{\boldsymbol{\theta}}^T\} = E\{[\hat{\boldsymbol{\theta}} - \boldsymbol{\theta}][\hat{\boldsymbol{\theta}} - \boldsymbol{\theta}]^T\} = \\ &E\{[(\boldsymbol{\Phi}_l^T\boldsymbol{\Phi}_l)^{-1}\boldsymbol{\Phi}_l^T\boldsymbol{V}_l][(\boldsymbol{\Phi}_l^T\boldsymbol{\Phi}_l)^{-1}\boldsymbol{\Phi}_l^T\boldsymbol{V}_l]^T\} = \\ &E\{[(\boldsymbol{\Phi}_l^T\boldsymbol{\Phi}_l)^{-1}\boldsymbol{\Phi}_l^T\boldsymbol{V}_l\boldsymbol{V}_l^T\boldsymbol{\Phi}_l(\boldsymbol{\Phi}_l^T\boldsymbol{\Phi}_l)]^{-1}\}\end{aligned} \tag{3.1.53}$$

若矩阵 $\boldsymbol{\Phi}_l$ 和噪声向量 $\boldsymbol{V}_l$ 是相互独立的,并令噪声 $\boldsymbol{V}_l$ 的协方差阵为 $\boldsymbol{R}_v=E[\boldsymbol{V}_l\boldsymbol{V}_l^T]$ 于是有

$$\begin{aligned}\operatorname{cov}[\tilde{\boldsymbol{\theta}}_{\mathrm{LS}}] &= E\{(\boldsymbol{\Phi}_l^T\boldsymbol{\Phi}_l)^{-1}\boldsymbol{\Phi}_l^T\} \cdot E\{\boldsymbol{V}_l\boldsymbol{V}_l^T\} \cdot E\{\boldsymbol{\Phi}_l(\boldsymbol{\Phi}_l^T\boldsymbol{\Phi}_l)^{-1}\} = \\ &(\boldsymbol{\Phi}_l^T\boldsymbol{\Phi}_l)^{-1}\boldsymbol{\Phi}_l^T \cdot \boldsymbol{R}_v \cdot \boldsymbol{\Phi}_l(\boldsymbol{\Phi}_l^T\boldsymbol{\Phi}_l)^{-1}\end{aligned} \tag{3.1.54}$$

同样,加权最小二乘估计量$\hat{\boldsymbol{\theta}}_{\mathrm{WLS}}$与真实值 $\boldsymbol{\theta}$ 之间的偏离量$\tilde{\boldsymbol{\theta}}_{\mathrm{WLS}}$的协方差为

$$[\tilde{\boldsymbol{\theta}}_{\mathrm{WLS}}] = (\boldsymbol{\Phi}_l^T W_l \boldsymbol{\Phi}_l)^{-1} \boldsymbol{\Phi}_l^T \boldsymbol{W}_l \boldsymbol{R}_v \boldsymbol{W}_l^T \boldsymbol{\Phi}_l (\boldsymbol{\Phi}_l^T \boldsymbol{W}_l \boldsymbol{\Phi}_l)^{-1} \tag{3.1.55}$$

上式看起来似乎很复杂,但在一定条件下,这个表达式可以大为简化。若令权矩阵 $\boldsymbol{W}_l = \boldsymbol{R}_l^{-1}$,则估计为马尔可夫估计,即

$$\mathrm{cov}[\tilde{\boldsymbol{\theta}}_{\mathrm{RLS}}] = (\boldsymbol{\Phi}_l^T \boldsymbol{R}_v^{-1} \boldsymbol{\Phi}_l)^{-1} \tag{3.1.56}$$

由矩阵的 Schwatz[2] 不等式,可以证明,上述线性无偏估计量 $\hat{\boldsymbol{\theta}}_{\mathrm{RLS}}$ 具有最小的方差,它意味着若 $\mathrm{cov}[\tilde{\boldsymbol{\theta}}]$ 是任何其他的线性估计量的协方阵,则有 $\mathrm{cov}[\tilde{\boldsymbol{\theta}}] \geqslant \mathrm{cov}[\tilde{\boldsymbol{\theta}}_{\mathrm{RLS}}]$,这说明马尔可夫估计量是最小方差估计,它是有效估计量。

特例:若噪声向量 $\boldsymbol{v}$ 的各分量是同分布且相互独立,均值为零,方差为 $\sigma_\varepsilon^2 = \sigma_v^2$,则协方差

$$\boldsymbol{R}_\varepsilon = \boldsymbol{R}_v = \sigma_v^2 I \tag{3.1.57}$$

此时

$$\mathrm{cov}[\tilde{\boldsymbol{\theta}}_{\mathrm{LS}}] = \mathrm{cov}[\tilde{\boldsymbol{\theta}}_{\mathrm{RLS}}] = \boldsymbol{\sigma}_v^2 (\boldsymbol{\Phi}_l^T \boldsymbol{\Phi}_l)^{-1} \tag{3.1.58}$$

这就意味着,如果噪声 $\boldsymbol{v}$ 是相互独立的,且有 $E[\boldsymbol{V}_l \boldsymbol{V}_l^T] = E[\boldsymbol{\varepsilon}\boldsymbol{\varepsilon}^T] = \sigma_v^2 \boldsymbol{I}$,则最小二乘估计量的协方差和马尔可夫估计量的协方差是相同的,它们都是最小方差估计。

(3)最小二乘估计的一致性

所谓参数估计的一致性,为考察是否随着观测的次数越多,即取得的子样本容量越大,所得的估计值 $\hat{\boldsymbol{\theta}}$ 应越精确。按数学定义,若随着观测次数 l 的增加,$\hat{\boldsymbol{\theta}}$ 依概率收敛于 $\boldsymbol{\theta}$,则称 $\hat{\boldsymbol{\theta}}$ 为 $\boldsymbol{\theta}$ 的一致估计。

设协方差　$\boldsymbol{R}_\varepsilon = \boldsymbol{R}_v = \sigma_v^2$,最小二乘估计值 $\hat{\boldsymbol{\theta}}_{\mathrm{LS}}$ 与真实值 $\boldsymbol{\theta}$ 之间的误差协方差阵可写成下列形式:

$$\mathrm{cov}[\tilde{\boldsymbol{\theta}}_{\mathrm{LS}}] = \boldsymbol{\sigma}_v^2 (\boldsymbol{\Phi}_l^T \boldsymbol{\Phi}_l)^{-1} = \frac{\boldsymbol{\sigma}_v^2}{l} \left(\frac{1}{l} \boldsymbol{\Phi}_l^T \boldsymbol{\Phi}_l\right)^{-1} \tag{3.1.59}$$

设 $\lim\limits_{l\to\infty}\left[\frac{1}{l}\boldsymbol{\Phi}_l^T\boldsymbol{\Phi}_l\right]^{-1} = \boldsymbol{\Gamma}$,$\boldsymbol{\Gamma}$ 是非奇异矩阵。则

$$\lim_{l\to\infty} \mathrm{cov}[\tilde{\boldsymbol{\theta}}_{\mathrm{LS}}] = \lim_{l\to\infty} \mathrm{cov}\, \frac{\sigma_v^2}{l} \left(\frac{1}{l} \boldsymbol{\Phi}_l^T \boldsymbol{\Phi}_l\right)^{-1} = 0 \tag{3.1.60}$$

这表示当观测次数 $l \to \infty$,最小二乘估计值 $\hat{\boldsymbol{\theta}}_{\mathrm{LS}}$ 与真实值 $\boldsymbol{\theta}$ 之间的误差的协方差为零。即当 $l \to \infty$,$\hat{\boldsymbol{\theta}}_{\mathrm{LS}} = \boldsymbol{\theta}$,这一性质表示 $\hat{\boldsymbol{\theta}}_{\mathrm{LS}}$ 是参数 $\boldsymbol{\theta}$ 的一致估计量。

3.2　最小二乘估计的递推算法

上节所介绍的最小二乘参数辨识算法,称为最小二乘的一次性完成算法(也称批处理算法),它的特点是直接利用已经获得的所有(一批)观测数据进行运算处理。这种算法在使用时,占用内存大,离线辨识,观测被辨识对象获得的新数据往往是逐次补充到观测数据集合中去的。在应用一次性完成算法时,如果要求在每次新增观测数据后,接着就估计出系统模型的参数,则需每次新增数据后要重新求解矩阵方程(3.1.23),这意味着估计出模型的参数,需要存储已搜集到的全部观测数据。同时,每采样一次,就需增添一组新的观测数据,也就逐步扩

大矩阵 $\boldsymbol{\Phi}_l$ 的行数。求解矩阵方程(3.1.23)的过程中,需要完成矩阵 $\boldsymbol{\Phi}_l^T\boldsymbol{\Phi}_l$ 的求逆运算,这样的计算是很费时的。若随着观测数据的提供,要求辨识装置能逐次地估计出模型参数值,则一次性完成算法的辨识速度往往是满足不了这个要求的。

解决这个问题的办法是把它化为递推算法,递推算法的基本思想可概括为:

$$\text{新的估计值}\ \hat{\boldsymbol{\theta}}(k) = \text{旧的估计值}\ \hat{\boldsymbol{\theta}}(k-1) + \text{修正项} \tag{3.2.1}$$

这种方法的特点是每取得一次新的观测数据后,在原来估计结果的基础上,用新引入的观测数据对上一次估计的结果进行修正,从而递推地估计出下一个参数估计值。这样,随着新的观测数据的逐次引入,逐步地进行参数估计,直到估计值达到满意的精确程度为止。下面我们就单输入单输出系统(SISO)来推导出最小二乘估计的递推算法。

3.2.1 最小二乘估计的递推算法

根据最小二乘原理,用 l 次观测数据,得参数向量 $\boldsymbol{\theta}$ 的最小二乘估计 $\hat{\boldsymbol{\theta}}_l$ 为

$$\hat{\boldsymbol{\theta}}_l = (\boldsymbol{\Phi}_l^T\boldsymbol{\Phi}_l)^{-1}\boldsymbol{\Phi}_l^T\boldsymbol{Z}_l \tag{3.2.2}$$

其中,$\hat{\boldsymbol{\theta}}_l$ 表示根据 l 次观测数据所得到的最小二乘值计量,式中各符号的下标 l 表示该符号代表 l 次观测所构成的向量或矩阵。所以

$$\boldsymbol{Z}_l = [z(1), z(2), \cdots, z(l)]^T \tag{3.2.3}$$

$$\boldsymbol{\Phi}_l = \begin{bmatrix} -z(0) & \cdots & -z(1-n_a) & u(0) & \cdots & u(1-n_b) \\ -z(1) & \cdots & -z(2-n_a) & u(1) & \cdots & u(2-n_b) \\ & & \vdots & & & \\ -z(l-1) & \cdots & -z(l-n_a) & u(l-1) & \cdots & u(l-n_b) \end{bmatrix}^T \tag{3.2.4}$$

若在 l 次观测的基础上,又进行了一次新的观测,要根据 $l+1$ 次观测数据估计广义回归模型参数,可令

$$\boldsymbol{Z}_{l+1} = [\boldsymbol{Z}_l \ \vdots \ z_{l+1}] \tag{3.2.5}$$

$$\boldsymbol{\Phi}_{l+1} = \begin{bmatrix} \boldsymbol{\Phi}_l \\ \cdots \\ \boldsymbol{\varphi}_{l+1}^T \end{bmatrix} \tag{3.2.6}$$

若令 $\boldsymbol{P}_l = (\boldsymbol{\Phi}_l^T\boldsymbol{\Phi}_l)^{-1}$,且可看出,这里 $\boldsymbol{P}_l$ 是一个方阵,它的维数取决于未知数的个数,而与观测次数无关。对于式(3.1.15)的广义回归模型而言,$\boldsymbol{P}_l$ 的维数为 $(2n+1)\times(2n+1)$,而 $\boldsymbol{P}_{l+1}$ 为

$$\begin{aligned} \boldsymbol{P}_{l+1} &= (\boldsymbol{\Phi}_{l+1}^T\boldsymbol{\Phi}_{l+1})^{-1} = \left\{ [\boldsymbol{\Phi}_l^T \ \vdots \ \boldsymbol{\varphi}_{l+1}^T] \begin{bmatrix} \boldsymbol{\Phi}_l \\ \cdots \\ \boldsymbol{\varphi}_{l+1} \end{bmatrix} \right\}^{-1} = \\ & \{\boldsymbol{\Phi}_l^T\boldsymbol{\Phi}_l + \boldsymbol{\varphi}_{l+1}^T\boldsymbol{\varphi}_{l+1}\}^{-1} = \\ & \{\boldsymbol{P}_l^{-1} + \boldsymbol{\varphi}_{l+1}^T\boldsymbol{\varphi}_{l+1}\}^{-1} \end{aligned} \tag{3.2.7}$$

下面利用矩阵反演[3]公式将计算矩阵 $\boldsymbol{P}_{l+1}$ 的公式转化为一种不必进行矩阵求递运算的递推形式。式(3.2.7)可化为:

$$P_{l+1} = [P_l^{-1} + \varphi_{l+1}^T \varphi_{l+1}]^{-1} = P_l - P_l \varphi_{l+1} [I + \varphi_{l+1}^T P_l \varphi_{l+1}]^{-1} \varphi_{l+1}^T P_l \tag{3.2.8}$$

式中，$[I + \varphi_{l+1}^T P_N \varphi_{l+1}]$项是一个标量，其逆只是一个简单的除法。为此，若令

$\gamma_{l+1} = [I + \varphi_{l+1}^T P_N \varphi_{l+1}]^{-1}$，于是有

$$P_{l+1} = P_l - \gamma_{l+1} P_l \varphi_{l+1} \varphi_{l+1}^T P_l = [I - \gamma_{l+1} P_l \varphi_{l+1} \varphi_{l+1}^T] P_l \tag{3.2.9}$$

由以上关系式，最小二乘估计量$\hat{\theta}_l$的表达式可改写为

$$\hat{\theta}_l = P_l \varphi_{l+1}^T z_l \tag{3.2.10}$$

令$\hat{\theta}_{l+1}$表示根据$l+1$次观测数据所得到的最小二乘值计量，于是：

$$\hat{\theta}_{l+1} = P_{l+1} \varphi_{l+1}^T Z_{l+1} = P_{l+1} [\varphi_l^T \vdots \varphi_{l+1}] \begin{bmatrix} Z_l \\ z_{l+1} \end{bmatrix} =$$

$$P_{l+1} [\varphi_l^T Z_l + \varphi_{l+1} z_{l+1}] = P_{l+1} [P_l^{-1} \hat{\theta} + \varphi_{l+1} z_{l+1}] \tag{3.2.11}$$

由式(3.2.7)，有

$$P_l^T = P_{l+1}^T - \varphi_{l+1} \varphi_{l+1}^T \tag{3.2.12}$$

于是有 $\hat{\theta}_{l+1} = P_{l+1} \{ [P_{l+1}^T - \varphi_{l+1} \varphi_{l+1}^T] \hat{\theta}_l + \varphi_{l+1} z_{l+1} \} =$

$$\hat{\theta}_l + P_{l+1} \varphi_{l+1} [z_{l+1} - \varphi_{l+1}^T \hat{\theta}_l] =$$

$$\hat{\theta}_l + K_{l+1} [z_{l+1} - \varphi_{l+1}^T \hat{\theta}_l] \tag{3.2.13}$$

上式中 $$K_{l+1} = P_{l+1} \varphi_{l+1} \tag{3.2.14}$$

方程(3.2.13)就是最小二乘估计的递推算法。可看出，相应于$l+1$次观测数据所作出的参数估计值$\hat{\theta}_{l+1}$等于上一次的估计值$\hat{\theta}_l$再用与$[z_{l+1} - \varphi_{l+1}^T \hat{\theta}_l]$成比例的量来进行修正。乘积$[\varphi_{l+1}^T \hat{\theta}_l]$可以认为是根据上一次的参数估计值$\hat{\theta}_l$和新近的一组观测值所组成的观测向量$\varphi_{l+1}^T$所做出的对本次系统输出的观测值$z_{l+1}$的推算值或预测值，它可以用符号$\hat{z}_{l+1}$来表示。$[z_{l+1} - \varphi_{l+1}^T \hat{\theta}_l]$项代表了第$l+1$次观测时，以$\hat{\theta}_l$作为参数估计值进行计算时的误差，这也就是预测误差。

综合式(3.2.12)、(3.2.14)有：

$$K_{l+1} = \frac{P_l \varphi_{l+1}}{1 + \varphi_{l+1}^T P_l \varphi_{l+1}} \tag{3.2.15}$$

综上所述，可以将上述最小二乘递推算法归结如下：

$$\begin{cases} \hat{\theta}_{l+1} = \hat{\theta}_l + K_{l+1} [z_{l+1} - \varphi_{l+1}^T \hat{\theta}_l] \\ K_{l+1} = \dfrac{P_l \varphi_{l+1}}{1 + \varphi_{l+1}^T P_l \varphi_{l+1}} \\ P_{l+1} = [I - K_{l+1} \varphi_{l+1}^T] P_l \end{cases} \tag{3.2.16}$$

按照同样的方法，也可以得到加权最小二乘的递推算法如下：

$$\begin{cases} \hat{\theta}_{l+1} = \hat{\theta}_l + K_{l+1} [z_{l+1} - \varphi_{l+1}^T \hat{\theta}_l] \\ K_{l+1} = \dfrac{P_l \varphi_{l+1}}{\dfrac{1}{w_{l+1}} + \varphi_{l+1}^T P_l \varphi_{l+1}} \\ P_{l+1} = [I - K_{l+1} \varphi_{l+1}^T] P_l \end{cases} \tag{3.2.17}$$

最小二乘的递推算法的特点：式(3.2.16)或者式(3.2.17)的优点是在估计模型的参数值时，不再需要进行求逆矩阵运算。在这种算法中，根据 $\boldsymbol{P}_l$ 以及新的观测数据，可以直接计算出 $\boldsymbol{K}_{l+1}$，从而再根据 $\hat{\boldsymbol{\theta}}_l$ 计算出 $\hat{\boldsymbol{\theta}}_{l+1}$。下一次递推计算所需要的 $\boldsymbol{P}_{l+1}$ 可以根据 $\boldsymbol{P}_l$ 和 $\boldsymbol{K}_{l+1}$ 等计算出来。

最小二乘的递推算法初值的选择：在递推计算中将涉及 $\boldsymbol{P}_l$ 和 $\boldsymbol{\theta}_l$ 初值的选取，其值选择得是否适当将影响系统辨识的收敛性，通常两种做法：

(1)先取一批观测量，观测量个数 $l>2n$(n 为辨识系统的阶次)，用批处理最小二乘算法求得 $\hat{\boldsymbol{\theta}}_l$ 及 $\boldsymbol{P}_l$。则 $\hat{\boldsymbol{\theta}}_l=(\boldsymbol{\Phi}_l^T\boldsymbol{\Phi}_l)^{-1}\boldsymbol{\Phi}_l^T\boldsymbol{Z}_l$，然后再从 $l+1$ 个数据以后，开始采用递推算法。

(2)直接令递推算法的初始值为 $\hat{\boldsymbol{\theta}}_0=0$，$\boldsymbol{P}_0=a^2\boldsymbol{I}$，其中，$a$ 为充分大的正数。整个参数估计过程就在此初始值的基础上采用递推算法进行。实际应用证明，经过一定次数，例如 $l(l>2n+1)$ 次递推计算以后，能得到参数估计值 $\hat{\boldsymbol{\theta}}_l^a$ 和 $\boldsymbol{P}_l^a$，它们十分接近于根据 l 批数按一次性算法所求得的 $\boldsymbol{P}_l$ 和 $\boldsymbol{P}_l$ 即有 $\boldsymbol{P}_l^a\approx\boldsymbol{P}_l$；$\hat{\boldsymbol{\theta}}_l^a\approx\boldsymbol{P}_l$。

3.2.2 最小二乘估计的递推算法仿真例[55]

用计算机仿真对象模型，对象用二阶数学模型表述，并用递推最小二乘法辨识模型参数。其数学模型为

$$z(k)+a_1z(k-1)+a_2z(k-2)=b_1u(k-1)+b_2u(k-2)+\lambda v(k) \quad (3.2.18)$$

式中，系数的真实值为 $a_1=1.5$，$a_2=0.7$，$b_1=1.0$，$b_2=0.5$。其附加噪声 $v(k)$ 用 M 序列信号输入，λ 用于设置噪声强度系数。

表 3.2.1

模型参数	模型阶	$\hat{a}_1$	$\hat{a}_2$	$\hat{a}_3$	$\hat{b}_1$	$\hat{b}_2$	$\hat{b}_3$	$\hat{\lambda}$	J
$\lambda=0.0$	1	0.88 ±0.03			1.23 ±0.18			1.71	265.86
	2	1.5	0.7 ±0.0		1.0 ±0.0	0.5 ±0.0		0.0	0.0
	3								
$\lambda=0.1$	1	0.88 ±0.03			1.18 ±0.18			1.66	248.49
	2	1.5 ±0.01	0.69 ±0.01		0.99 ±0.01	0.49 ±0.02		0.11	0.99
	3	1.52 ±0.11	0.73 ±0.16	0.02 ±0.08	0.09 ±0.01	0.47 ±0.11	−0.02 ±0.08	0.11	0.98
$\lambda=0.5$	1	0.88 ± 0.03			1.1 ±0.17			1.59	227.85
	2	1.48 ±0.04	0.67 ± 0.01		0.96 ±0.06	0.48 ±0.07		0.53	24.56
	3	1.54 ±0.11	0.76 ±0.16	0.04 ±0.08	0.96 ±0.06	0.42 ±0.12	−0.04 ±0.09	0.53	24.45
$\lambda=1.0$	1	0.88 ±0.03			1.0 ±0.2			1.84	308.13
	2	1.47 ±0.06	0.66 ±0.06		0.93 ±0.12	0.46 ±0.14		1.06	99.86
	3	1.55 ±0.11	0.82 ±0.17	0.09 ±0.09	0.93 ±0.13	0.37 ±0.16	−0.02 ±0.16	1.07	98.70
$\lambda=5.0$	1	0.86 ±0.05			0.2 ±0.83			7.55	5 151.91
	2	1.48 ±0.07	0.74 ±0.08		0.98 ±0.61	0.41 ±0.61		5.29	2 462.22
	3	1.55 ±0.11	0.87 ±0.18	0.09 ±0.09	0.97 ±0.64	0.24 ±0.64	0.13 ±0.64	5.32	2 440.25
真实参数		1.5	0.7	0.0	1.0	0.5	0.0		

在不同 λ 值下，分别对1,2和3阶模型用递推最小二乘法辨识，其结果见表3.2.1。

从表3.2.1中可见。当 $\lambda=0$ 时，即无噪声时，用二阶模型辨识，所有参数的偏差为零。目标函数 J 也为零。当 λ 由0.1变化到0.5。其辨识结果二阶与三阶模型相比，J 值变化甚少。说明用二阶模型较合适。当 λ 值增加时，偏差已超过真值的50%以上，可见最小二乘法在强噪声下信息滤波动能较差。

3.2.3　增广最小二乘估计的递推算法

从前面，已知道如果噪声 $e(k)$ 为有色噪声时，采用最小二乘辨识系统参数为有偏估计。为改善噪声 $e(k)$ 为有色噪声模型的系统参数估计的统计特性，提出一种增广矩阵的方法，其思路是被辨识对象采用CARMA模型描述，即

$$A(q^{-1})z(k)=q^{-d}B(q^{-1})u(k)+e(k) \tag{3.2.19}$$

令 $e(k)=C(q^{-1})v(k)$，则

$$A(q^{-1})z(k)=q^{-d}B(q^{-1})u(K)+C(q^{-1})v(k) \tag{3.2.20}$$

与基本最小二乘法比较，此处 $C(q^{-1})\neq 1$，而噪声 $e(k)$ 为

$$e(k)=C(q^{-1})v(k)=v(k)+c_1v(k-1)+\cdots+c_{n_c}v(k-n_c) \tag{3.2.21}$$

将CARMA模型(3.2.19)化为以下最小二乘结构

$$z(k)=\boldsymbol{\varphi}(k)\boldsymbol{\theta}+v(k) \tag{3.2.22}$$

$$\boldsymbol{\varphi}(k)=[-z(k-1),\cdots,-z(k-n_a),u(k-d),\cdots,u(k-d-n_b),v(k-1),\cdots,v(k-n_c)]$$

$$\boldsymbol{\theta}=[a_1,\cdots,a_{n_a},b_1,\cdots,b_{n_b},c_1,\cdots,c_{n_c}]^T$$

由于 $v(k)$ 是不可测的，所以 $\boldsymbol{\varphi}(k)$ 中有关 $v(k)$ 的分量只能用它的估计值 $\hat{v}(k)$ 来代替，即

$$\hat{v}(k)=z(k)-\hat{z}(k)=z(k)-\hat{\boldsymbol{\varphi}}(k)\boldsymbol{\theta} \tag{3.2.23}$$

则

$$\hat{\boldsymbol{\varphi}}(k)\boldsymbol{\theta}=[-z(k-1),\cdots,-z(k-n_a),u(k-d),\cdots,u(k-d-n_b),\hat{v}(k-1),\cdots,\hat{v}(k-n_c)]$$

用 $\hat{\boldsymbol{\varphi}}(k)$ 代替 $\boldsymbol{\varphi}(k)$，可得到以下递推公式

$$\begin{cases}\hat{\boldsymbol{\theta}}_{l+1}=\hat{\boldsymbol{\theta}}_l+\boldsymbol{K}_{l+1}[z_{l+1}-\hat{\boldsymbol{\varphi}}_{l+1}^T\hat{\boldsymbol{\theta}}_l]\\ \boldsymbol{K}_{l+1}=\dfrac{\boldsymbol{P}_l\hat{\boldsymbol{\varphi}}_{l+1}^T}{1+\hat{\boldsymbol{\varphi}}_{l+1}^T\boldsymbol{P}_l\hat{\boldsymbol{\varphi}}_{l+1}}\\ \boldsymbol{P}_{l+1}=[\boldsymbol{I}-\boldsymbol{K}_{l+1}\hat{\boldsymbol{\varphi}}_{l+1}^T]\boldsymbol{P}_l\end{cases} \tag{3.2.24}$$

在实际应用中 $v(k)$ 的估计有两种形式，一种是预测形式：

$$\hat{v}(k)=z(k)-\hat{z}(k/k-1)=z(k)-\hat{\boldsymbol{\varphi}}(k)\boldsymbol{\theta}(k-1) \tag{3.2.25}$$

另一种是滤波形式：

$$\hat{v}(k)=z(k)-\hat{z}(k/k)=z(k)-\hat{\boldsymbol{\varphi}}(k)\boldsymbol{\theta}(k) \tag{3.2.26}$$

在自适应控制中，增广矩阵法得到广泛的应用。

附录：证明下面的矩阵反演公式。

设 $\boldsymbol{A}$ 是任何一个 $n\times n$ 阶满秩矩阵，$\boldsymbol{B}$ 和 $\boldsymbol{C}$ 分别是二个 $n\times m$ 矩阵，且 $\boldsymbol{A}+\boldsymbol{BC}^T$ 和 $\boldsymbol{I}_m+$

$C^TA^{-1}B$ 都是满秩的,则下面的矩阵恒等式成立:

$$(A+BC^T)=[A^{-1}-A^{-1}B(I_m-C^TA^{-1}B)C^TA^{-1}] \tag{3.2.27}$$

证明:

$$(A+BC^T)[A^{-1}-A^{-1}B(I+C^TA^{-1}B)^{-1}C^TA^{-1}]=$$

$$I+BC^TA^{-1}-B(I+C^TA^{-1}B)^{-1}C^TA^{-1}-BC^TA^{-1}B(I+C^TA^{-1}B)^{-1}C^TA^{-1}=$$

$$I+BC^TA^{-1}-B(I+C^TA^{-1}B)^{-1}(I+C^TA^{-1}B)^{-1}C^TA^{-1}=$$

$$I+BC^TA^{-1}-BC^TA^{-1}B=I$$

所以恒等式(3.2.27)成立。

3.3 慢时变参数的最小二乘递推算法

如果被辨识系统是一线性定常系统,则其模型的参数在整个运行过程中是不变的,那么,在估计该模型的参数时,可用包括历史观测数据和最新的观测数据在内的不断增长的全部信息进行辨识。在这种情况下,历史数据和最新数据在数据信度上是等同的,从原理上讲,随着观测数据的增加,通过不断地递推估计,模型参数的估计精度也应该不断提高。在本节前讨论最小二乘参数估计算法中,信息的取用方式就是按新、老数据给予相同的信度。这种方式称为增长记忆方式,此类参数估计方法,称为增长记忆估计算法。

然而,在工程中还有一类情况就是被辨识系统的特性本身是线性的,但其动态特性却随着时间而变动的。对此,由于被识对象的动态性是随时间发生变化的,最新的观测数据才能真正反映出对象当前的特性,而历史的数据已不能反映现时对象的特性,因此就不宜按增长记忆的方式去估计模型的参数。对此,其估计算法,要能保证根据所获得的观测信息所估计出来的参数所反映的是被识对象最近的特性。

本节提出两种针对时变参数的最小二乘递推算法,这类能够跟踪着时变参数的变动而估计出这个时变参数的算法称之为实时辨识算法,实时算法要求做到在每次接收新的采样数据时,上一次接收到的信息已经处理完毕,相应于该时刻的参数值已被估计出来。

3.3.1 渐消记忆的最小二乘递推算法

对于时变参数系统,其当前的观测数据最能反映被识对象当前的动态特性,数据愈“老”,它偏离当前对象特性的可能性愈大。因此,为了能反映被识对象的当前特性,就要充分重视当前的数据而将“过时的”、“陈旧的”数据逐渐“遗忘”掉,显然,这也是加权的概念。在辨识时变参数时,采取的办法之一是在进行递推估计时,通过对数据的加权,人为地突出当前的数据的作用,这是一种采用增长记忆的方式。

具体的办法是,每当取得一个新的量测数据,就将以前的所有数据都乘上一个加权因子 ρ $(0<\rho<1)$,这个加权因子要体现出对老数据逐步衰减的作用,所以 ρ 也可称为衰减因子。因此在 l 次观测的基础上,在最小二乘准则中进行了某种加权,即取

$$\rho^2=\mu(0<\mu<1)$$

选择不同的 μ(即不同的 ρ)就得到不同的加权效果。μ 愈小,表示将过去的数据“遗忘”得愈快。在实际工作中,根据对被识对象的时变特性的认识,选择适当的 μ 值,或者通过实验,

经过比较后选择 μ 值。其所相应的权矩阵形式为

$$W_l = \begin{bmatrix} w(1) & & 0 \\ & w(2) & \\ 0 & & w(l) \end{bmatrix} = \begin{bmatrix} \mu^{l-1} & & & & \\ & \mu^{l-2} & & 0 & \\ & & \ddots & & \\ & 0 & & \mu & \\ & & & & \mu^0 \end{bmatrix} \tag{3.3.1}$$

这时所选用的准则函数 J_w 为

$$J_m = \varepsilon^T W \varepsilon = [\varepsilon(1), \varepsilon(2), \cdots, \varepsilon(l)] \begin{bmatrix} \mu^{l-1} & & & 0 \\ & \mu^{l-2} & & \\ & & \ddots & \\ 0 & & & \mu^0 \end{bmatrix} \begin{bmatrix} \varepsilon(1) \\ \varepsilon(2) \\ \vdots \\ \varepsilon(l) \end{bmatrix} =$$

$$\mu^{l-1}\varepsilon^2(1) + \cdots + \mu\varepsilon^2(l-1) + \varepsilon^2(l) = \sum_{i-1}^{l} \mu^{l-i}\varepsilon^2(i) \tag{3.3.2}$$

在准则函数中，这相当于对各个观测数据按幂指数加权。数据愈“老”，权愈小。引进的“遗忘因子”，意味着使老的数据逐渐从记忆中消失。令

$$\boldsymbol{Z}_l^* = \boldsymbol{W}_l \begin{bmatrix} \boldsymbol{Z}_{l-1}^* \\ \cdots \\ z_l \end{bmatrix} = \begin{bmatrix} \rho^{l-1} z_1 \\ \rho^{l-2} z_2 \\ \vdots \\ \rho z_{l-1} \\ z_l \end{bmatrix} \tag{3.3.3}$$

从而有 $$\boldsymbol{Z}_{l+1}^* = \boldsymbol{W}_l \begin{bmatrix} \rho \boldsymbol{Z}_l^* \\ \cdots \\ z_{l+1} \end{bmatrix} \tag{3.3.4}$$

$$\boldsymbol{\Phi}_l^* = \boldsymbol{W}_l \begin{bmatrix} \boldsymbol{\Phi}_{l-1}^* \\ \cdots \\ \boldsymbol{\varphi}_l^T \end{bmatrix} = \begin{bmatrix} \rho^{l-1} \boldsymbol{\varphi}_1^T \\ \rho^{l-2} \boldsymbol{\varphi}_2^T \\ \vdots \\ \rho \boldsymbol{\varphi}_{l-1}^T \\ \boldsymbol{\varphi}_l^T \end{bmatrix} \tag{3.3.5}$$

从而有 $$\boldsymbol{\Phi}_{l+1}^* = \boldsymbol{W}_l \begin{bmatrix} \rho \boldsymbol{\Phi}_l^* \\ \cdots \\ \boldsymbol{\varphi}_{l+1}^T \end{bmatrix} \tag{3.3.6}$$

参考公式(3.1.30)，其加权最小二乘参数估计的批量处理算法为

$$\hat{\boldsymbol{\theta}}_l = (\boldsymbol{\Phi}_l^T \boldsymbol{W}_l \boldsymbol{\Phi}_l)^{-1} \boldsymbol{\Phi}_l \boldsymbol{W}_l \boldsymbol{Z}_l = (\boldsymbol{\Phi}_l^{*T} \boldsymbol{\Phi}_l^*)^{-1} \boldsymbol{\Phi}_l^* \boldsymbol{Z}_l^* = \boldsymbol{P}^* \boldsymbol{\Phi}_l^* \boldsymbol{Z}_l^* \tag{3.3.7}$$

将上述关系代入最小二乘参数估计的递推算法中去，有

$$\boldsymbol{P}_{l+1}^{*}=(\boldsymbol{\Phi}_{l+1}^{*T}\boldsymbol{\Phi}_{l+1}^{*})^{-1}=(\rho^{2}\boldsymbol{\Phi}_{l}^{*T}\boldsymbol{\Phi}_{l}^{*T}+\boldsymbol{\varphi}_{l+1}\boldsymbol{\varphi}_{l+1}^{T})^{-1}=(\rho^{2}\boldsymbol{P}_{l}^{*-1}+\boldsymbol{\varphi}_{l+1}\boldsymbol{\varphi}_{l+1}^{T})^{-1} \quad (3.3.8)$$

根据矩阵反演公式

$$\boldsymbol{P}_{l+1}^{*}=\frac{1}{\rho^{2}}\boldsymbol{P}_{l}^{*}-\frac{1}{\rho^{4}}\boldsymbol{P}_{l}^{*}\boldsymbol{\varphi}_{l+1}\left(\frac{1}{\rho^{2}}\boldsymbol{\varphi}_{l+1}^{T}\boldsymbol{P}_{l}^{*}\boldsymbol{\varphi}_{l+1}+1\right)^{-1}\boldsymbol{\varphi}_{l+1}\boldsymbol{P}_{l}^{*}=$$

$$\frac{1}{\rho^{2}}[\boldsymbol{I}-\boldsymbol{P}_{l}^{*}\boldsymbol{\varphi}_{l+1}(\rho^{2}+\boldsymbol{\varphi}_{l+1}^{T}\boldsymbol{P}_{l}^{*}\boldsymbol{\varphi}_{l+1})^{-1}\boldsymbol{\varphi}_{l+1}^{T}]\boldsymbol{P}_{l}^{*} \quad (3.3.9)$$

此外,有

$$\boldsymbol{\Phi}_{l+1}^{*}z_{l+1}=\begin{bmatrix}\rho\boldsymbol{\Phi}_{l}^{*}\\ \cdots\\ \boldsymbol{\varphi}_{l+1}^{T}\end{bmatrix}^{T}\cdot\left[\frac{\rho z_{l}}{z_{l+1}}\right]=[\rho\boldsymbol{\Phi}_{l}^{*}\ \vdots\ \boldsymbol{\varphi}_{l+1}]\begin{bmatrix}\rho\\ \cdots\\ z_{l+1}\end{bmatrix}=$$

$$\rho^{2}\boldsymbol{\Phi}_{l}^{*}z_{l}+\boldsymbol{\varphi}_{l+1}z_{l+1}=$$

$$\rho^{2}\boldsymbol{P}_{l}^{*-1}\hat{\boldsymbol{\theta}}_{l}+\boldsymbol{\varphi}_{l+1}z_{l+1} \quad (3.3.10)$$

将 $\boldsymbol{P}_{l+1}^{*}$ 和 $\boldsymbol{\Phi}_{l+1}^{*}z_{l+1}$ 代入下式

$$\hat{\boldsymbol{\theta}}_{l+1}=\boldsymbol{P}_{l+1}^{*}\boldsymbol{\Phi}_{l+1}^{*}z_{l+1}=\boldsymbol{P}_{l+1}^{*}[\rho^{2}\boldsymbol{P}_{l}^{*-1}\hat{\boldsymbol{\theta}}_{l}+\boldsymbol{\varphi}_{l+1}z_{l+1}]=$$

$$\boldsymbol{P}_{l+1}^{*}[(\boldsymbol{P}_{l+1}^{*-1}-\boldsymbol{\varphi}_{l+1}\boldsymbol{\varphi}_{l+1}^{T})\hat{\boldsymbol{\theta}}_{l}+\boldsymbol{\varphi}_{l+1}z_{l+1}]=$$

$$\hat{\boldsymbol{\theta}}_{l}+\boldsymbol{P}_{l+1}^{*}\boldsymbol{\varphi}_{l+1}[z_{l+1}-\boldsymbol{\varphi}_{l+1}^{T}\hat{\boldsymbol{\theta}}_{l}]=$$

$$\hat{\boldsymbol{\theta}}_{l}+K_{l+1}^{*}[z_{l+1}-\boldsymbol{\varphi}_{l+1}^{T}\hat{\boldsymbol{\theta}}_{l}] \quad (3.3.11)$$

其中

$$\boldsymbol{K}_{l+1}^{*}=\boldsymbol{P}_{l+1}^{*}\boldsymbol{\varphi}_{l+1}=\frac{1}{\rho^{2}}[\boldsymbol{P}_{l}^{*}-\boldsymbol{P}_{l}^{*}\boldsymbol{\varphi}_{l+1}(\rho^{2}+\boldsymbol{\varphi}_{l+1}^{T}\boldsymbol{P}_{l}^{*}\boldsymbol{\varphi}_{l+1})^{-1}\boldsymbol{\varphi}_{l+1}\boldsymbol{P}_{l}^{*}]\boldsymbol{\varphi}_{l+1}=$$

$$\boldsymbol{P}_{l}^{*}\boldsymbol{\varphi}_{l+1}[\rho^{2}+\boldsymbol{\varphi}_{l+1}^{T}\boldsymbol{P}_{l}^{*}\boldsymbol{\varphi}_{l+1}]^{-1} \quad (3.3.12)$$

(3.3.12)将 $\boldsymbol{K}_{l+1}^{*}$ 代入 $\boldsymbol{P}_{l+1}^{*}$ 的式子中,得

$$\boldsymbol{P}_{l+1}^{*}=\frac{1}{\rho^{2}}[\boldsymbol{I}-\boldsymbol{K}_{l+1}^{*}\boldsymbol{\varphi}_{l+1}^{T}]\boldsymbol{P}_{l}^{*} \quad (3.3.13)$$

于是具有上述关系的最小二乘递推算法可归纳为

$$\begin{cases}\hat{\boldsymbol{\theta}}_{l+1}=\hat{\boldsymbol{\theta}}_{l}+\boldsymbol{K}_{l+1}^{*}[z_{l+1}-\boldsymbol{\varphi}_{l+1}^{T}\hat{\boldsymbol{\theta}}_{l}]\\ \boldsymbol{K}_{l+1}^{*}=\dfrac{\boldsymbol{P}_{l}^{*}\boldsymbol{\varphi}_{l+1}}{\boldsymbol{\varphi}_{l+1}^{T}\boldsymbol{P}_{l}^{*}\boldsymbol{\varphi}_{l+1}+\rho^{2}}\\ \boldsymbol{P}_{l+1}^{*}=\dfrac{1}{\rho^{2}}[\boldsymbol{I}-\boldsymbol{K}_{l+1}^{*}-\boldsymbol{\varphi}_{l+1}^{T}]\boldsymbol{P}_{l}^{*}\end{cases} \quad (3.3.14)$$

式(3.3.14)的算法与加权最小二乘递推算法十分类似。在这种算法中,历史的数据对于参数估计的影响虽然存在,但随着观测数据的积累,这种影响在不断地削弱,对参数估值起作用的主要是最近时段的观测数据,所以,这样得到的参数估值反映了被识对象当前的特性。因此,它被称为渐消记忆的最小二乘算法。

3.3.2　限定记忆的最小二乘递推算法

在最小二乘渐消记忆算法中,有时随着 $t\to\infty$,老数据所含信息还是在不断地积累,长期下

去,新数据中所含的信息总有可能被淹没。因此,采用的另一种办法是所谓"限定记忆"。它的主要特征是,事先规定参数估计所使用的观测数据的组数,如 l 组,每次估计参数时,当添入一组新的观测数据,随即就丢弃一组最老的的数据,从而保持每次估计参数所采用的数据始终是最新近的 l 组数据,从而估计参数时所根据的观测数据始终只是最新近的固定组数的数量。

它的具体算法是,根据上一次由 l 组观测数据所得到的参数估值 $\hat{\boldsymbol{\theta}}_l(k)$,在引入新观测到的一组数据并丢掉最陈旧的一组数据下,递推算出下一次由 l 组观测数据所得到的参数估值 $\hat{\boldsymbol{\theta}}_l(k+1)$,为此设

$\hat{\boldsymbol{\theta}}_l(k)$ 代表根据第 $(k-l+1)$ 次到第 k 次共 l 观测数据所得到的模型参数 $\boldsymbol{\theta}$ 的估计量。

$\hat{\boldsymbol{\theta}}_{l+1}(k+1)$ 代表根据第 $(k-l+1)$ 次到第 $k+1$ 次共 $l+1$ 观测数据所得到的模型参数 $\boldsymbol{\theta}$ 估计量。

$\hat{\boldsymbol{\theta}}_l(k+1)$ 代表根据第 $(k-l+2)$ 次到第 $k+1$ 次共 l 观测数据所得到的模型参数 $\boldsymbol{\theta}$ 估计量。

因为

$$\hat{\boldsymbol{\theta}}_l(k+1) = [\boldsymbol{\Phi}_{l+1}^T \boldsymbol{\Phi}_{l+1}]^{-1} \boldsymbol{\Phi}_{l+1}^T z_{l+1} \tag{3.3.15}$$

其中

$$\boldsymbol{\Phi}_{l+1} = \begin{bmatrix} \boldsymbol{\varphi}^T(k-l+1) \\ \boldsymbol{\varphi}^T(k-l+2) \\ \vdots \\ \boldsymbol{\varphi}^T(k) \\ \boldsymbol{\varphi}^T(k+1) \end{bmatrix} = \begin{bmatrix} \boldsymbol{\Phi}_l \\ \cdots \\ \boldsymbol{\varphi}^T(k+1) \end{bmatrix}$$

$$\boldsymbol{Z}_{l+1} = \begin{bmatrix} z(k-l+1) \\ z(k-l+2) \\ \vdots \\ z(k) \\ z(k+1) \end{bmatrix} = \begin{bmatrix} \boldsymbol{Z}_N \\ \cdots \\ z(k+1) \end{bmatrix}$$

而

$$\hat{\boldsymbol{\theta}}_l(k+1) = [\boldsymbol{\Phi}_l^{*T} \boldsymbol{\Phi}_l^*]^{-1} \boldsymbol{\Phi}_l^* \boldsymbol{Z}_l^* = \boldsymbol{P}_l^* \boldsymbol{\Phi}_l^* \boldsymbol{Z}_l^* \tag{3.3.16}$$

其中

$$\boldsymbol{\Phi}_l^* = \begin{bmatrix} 0 \\ \boldsymbol{\varphi}^T(k-l+2) \\ \vdots \\ \boldsymbol{\varphi}^T(k+1) \end{bmatrix} = \begin{bmatrix} \boldsymbol{\Phi}_l \\ \cdots \\ \boldsymbol{\varphi}^T(k+1) \end{bmatrix} - \begin{bmatrix} \boldsymbol{\varphi}^T(k-l+2) \\ \cdots \\ 0 \end{bmatrix}$$

$$\boldsymbol{Z}_l^* = \begin{bmatrix} 0 \\ z(k-l+2) \\ \vdots \\ z(k+1) \end{bmatrix} = \begin{bmatrix} \boldsymbol{Z}_l \\ \cdots \\ z(k+1) \end{bmatrix} - \begin{bmatrix} z(k-l+2) \\ \cdots \\ 0 \end{bmatrix}$$

于是

$$\boldsymbol{P}_l^* = \{\boldsymbol{\Phi}_l^{*T} \boldsymbol{\Phi}_l^*\}^{-1} =$$

$$\left[\{[\boldsymbol{\Phi}_l^T \vdots \boldsymbol{\varphi}(k+1)] - [\boldsymbol{\varphi}(k-l+1) \vdots 0]\} \left\{ \begin{bmatrix} \boldsymbol{\Phi}_l \\ \cdots \\ \boldsymbol{\varphi}^T(k+1) \end{bmatrix} - \begin{bmatrix} \boldsymbol{\varphi}^T(k-l+1) \\ \cdots \\ 0 \end{bmatrix} \right\} \right]^{-1} =$$

$$[\boldsymbol{\Phi}_l^T\boldsymbol{\Phi}_l+\boldsymbol{\varphi}(k+1)\boldsymbol{\varphi}^T(k+1)-\boldsymbol{\varphi}(k-l+1)\boldsymbol{\varphi}^T(k-l+1)]^{-1}=$$

$$[\boldsymbol{P}_{l+1}^{-1}\boldsymbol{\varphi}(k-l+1)\boldsymbol{\varphi}^T(k-l+1)]^{-1} \tag{3.3.17}$$

利用矩阵反演公式,得

$$\boldsymbol{P}_l^*=\boldsymbol{P}_{l+1}+\boldsymbol{P}_{l+1}\boldsymbol{\varphi}(k-l+1)\times[\boldsymbol{I}-\boldsymbol{\varphi}^T(k-l+1)\boldsymbol{P}_{N+1}\boldsymbol{\varphi}(k-l+1)]^{-1}\boldsymbol{\varphi}^T(k-l+1)\boldsymbol{P}_{l+1}$$

令 $$\boldsymbol{K}_{l+1}^{**}=\boldsymbol{P}_{l+1}\boldsymbol{\varphi}(k-l+1)[\boldsymbol{I}-\boldsymbol{\varphi}^T(k-l+1)\boldsymbol{P}_{l+1}\boldsymbol{\varphi}(k-l+1)]^{-1} \tag{3.3.18}$$

3.4 广义最小二乘法

从3.3中已经知道,只有当系统广义回归模型的噪声项$\{e(k)\}$是独立的随机变量序列时,用普通最小二乘法可辨识出参数的无偏估计值。如果这些序列是相关的随机变量序列,则普通最小二乘辨识方法给出的将是有偏估计值。为了克服普通最小二乘法的这个缺点,提出了各种修正的最小二乘法,这些修正方法在形式上都有能用与最小二乘法相类似的算法加以描述,广义最小二乘法也是方法之一。

3.4.1 广义最小二乘法GLS原理

广义最小二乘法GLS的基本思想在于引入一个所谓白化滤波器,把相关噪声$e(k)$转换成白噪声$v(k)$,从而以达到应用最小二乘法无偏估计的目的。为了实现这个思想,假定有色噪声$e(k)$具有有理功率谱,因而它满足下列的自回归模型:

$$e(k)+\sum_{i=1}^{n_c}c_ie(k-i)=v(k) \tag{3.4.1}$$

式(3.4.1)可写成下列形式:

$$C(q^{-1})e(k)=v(k) \tag{3.4.2}$$

其中,

$$C(q^{-1})=1+c_1q^{-1}+\cdots+c_{n_c}q^{-n_c} \tag{3.4.3}$$

其中,c_i是常系数,该自回归模型的阶为n_c。一般来说,c_i和n_c事先是不知道的。实际的经验表明,若指定n_c为2或3,就可以获得令人满意的描述$e(k)$的模型。

从图3.1.2和式(3.1.36),系统的描述为:

$$A(q^{-1})z(k)=B(q^{-1})u(k)+e(k) \tag{3.4.4}$$

$$\begin{cases}A(q^{-1})=1+a_1q^{-1}+a_2q^{-2}+\cdots+a_{n_a}q^{-n_a}\\B(q^{-1})=b_1+b_2q^{-1}+\cdots+b_{n_b}q^{-n_b}\end{cases}$$

在上式中,$\{e(k)\}$意为一个将白噪声通过成形滤波器后所得到的输出序列,该滤波器的脉冲传递函数为

$$\frac{e(k)}{v(k)}=\frac{1}{C(q^{-1})} \tag{3.4.5}$$

在考虑到干扰噪声模型(3.4.5)下,被辨识系统的模型方程式为

$$C(q^{-1})A(q^{-1})z(k)=C(q^{-1})B(q^{-1})u(k)+v(k) \tag{3.4.6}$$

也可写成:

$$A(q^{-1})\tilde{z}(k)=B(q^{-1})\tilde{u}(k)+v(k) \tag{3.4.7}$$

其中 $$\tilde{u}(k)=C(q^{-1})u(k)=u(k)+c_1u(k-1)+\cdots+c_nu(k-n_c) \tag{3.4.8}$$

$$\tilde{z}(k)=C(q^{-1})z(k)=z(k)+c_1z(k-1)+\cdots+c_nz(k-n_c) \tag{3.4.9}$$

上式的含义是对被辨识系统的输入输出观测信号 $u(k)$ 和 $z(k)$ 进行滤波，$C(q^{-1})$ 称为白化滤波器，这个模型的方程误差是白噪声 $v(k)$。当使准则函数

$$J=\sum_k v^2(k)=\sum_k [C(q^{-1})B(q^{-1})u(k)-C(q^{-1})A(q^{-1})z(k)^2] \tag{3.4.10}$$

为最小时，就可求得到 a_i, b_i 和 c_i 的估计值。

在系统辨识中，$v(k)$ 称为广义方程误差，通过使广义误差函数 J 为最小来估计模型参数的方法称为广义最小二乘法(GLS)，滤波器。

3.4.2　广义最小二递推乘法

考虑模型：

$$A(q^{-1})\tilde{z}(k)=B(q^{-1})\tilde{u}(k)+v(k) \tag{3.4.11}$$

令符号

$$\boldsymbol{\theta}^T=[a_1,a_2,\cdots,a_{n_a},b_1,b_2,\cdots,b_{n_b}] \tag{3.4.12}$$

$$\tilde{\boldsymbol{\varphi}}^T(k)=[-\tilde{z}(k-1),\cdots,-\tilde{z}(k-n_a),\tilde{u}(k-1),\cdots,\tilde{u}(k-n_b)] \tag{3.4.13}$$

于是模型方程可化为

$$\tilde{z}(k)=\tilde{\boldsymbol{\varphi}}^T(k)\boldsymbol{\theta}+v(k) \tag{3.4.14}$$

滤波后的数据用普通最小二乘法进行估计，得下列递推算法。

$$\begin{cases}\hat{\boldsymbol{\theta}}(k+1)=\hat{\boldsymbol{\theta}}(k)+\boldsymbol{K}_0(k+1)[\tilde{z}(k+1)-\tilde{\boldsymbol{\varphi}}^T(k+1)\hat{\boldsymbol{\theta}}(k)]\\ \boldsymbol{K}_0(k+1)=\dfrac{\boldsymbol{P}_0(k)\tilde{\boldsymbol{\varphi}}(k+1)}{\tilde{\boldsymbol{\varphi}}^T(k+1)\boldsymbol{P}_0(k)\tilde{\boldsymbol{\varphi}}(k+1)+1}\\ \boldsymbol{P}_0(k+1)=[\boldsymbol{I}-\boldsymbol{K}_0(k+1)\tilde{\boldsymbol{\varphi}}^T(k+1)]\boldsymbol{P}_0(k)\end{cases} \tag{3.4.15}$$

利用估计到的模型参数 $\hat{\boldsymbol{\theta}}(k+1)$，对于噪声模型 $e(k)=v(k)/C(q^{-1})$ 令

残差向量为 $$\varphi_e^T(k)=[-e(k-1),\cdots,-e(k-n_e)]^T \tag{3.4.16}$$

残差模型参数为 $$\theta_e=[c_1,c_2,\cdots,c_{n_c}] \tag{3.4.17}$$

可把式(3.4.1)化成最小二乘格式

$$e(k)=\boldsymbol{\varphi}_e^T(k)\boldsymbol{\theta}_e+v(k) \tag{3.4.18}$$

利用上式可以计算出新的残差

$$\hat{e}(k+1)=z(k+1)-\boldsymbol{\varphi}^T(k+1)\hat{\boldsymbol{\theta}}(k+1) \tag{3.4.19}$$

用这个新的残差来修正原来得到的残差模型的参数 $\hat{\boldsymbol{\theta}}_e(k)$，其递推公式为：

$$\begin{cases}\hat{\boldsymbol{\theta}}_e(k+1)=\hat{\boldsymbol{\theta}}_e(k)+\boldsymbol{K}_e(k+1)[\hat{e}(k+1)-\boldsymbol{\phi}^T(k+1)\hat{\boldsymbol{\theta}}_e(k)]\\ \boldsymbol{K}_e(k+1)=\dfrac{\boldsymbol{P}_e(k)\boldsymbol{\varphi}_e(k+1)}{\boldsymbol{\varphi}_e^T(k+1)\boldsymbol{P}_e(k)\boldsymbol{\varphi}_e(k+1)+1}\\ \boldsymbol{P}_e(k+1)=[\boldsymbol{I}-\boldsymbol{K}_e(k+1)\boldsymbol{\varphi}_e^T(k+1)]\boldsymbol{P}_e(k)\end{cases} \tag{3.4.20}$$

式(3.4.15)~(3.4.20)就构成了广义最小二乘估计的递推算法,当再取得新的观测数据时,再用式(3.4.8)和(3.4.9)进行滤波,只是此时所用的滤波系数不同于上次所用的系数。

由此可见,该递推算法由二组普通最小二乘递推算法所组成,它们通过滤波而联系起来。采用上述广义最小二乘递推算法的计算的顺序为:

$$\tilde{u}(k+1) \to \tilde{z}(k+1) \to \tilde{\boldsymbol{\varphi}}(k+1) \to \boldsymbol{K}_0(k+1) \to \hat{\boldsymbol{\theta}}(k+1) \to \boldsymbol{P}_0(k+1) \to$$

$$\boldsymbol{\varphi}(k+1) \to \hat{e}(k+1) \to \boldsymbol{K}_e(k+1) \to \hat{\boldsymbol{\theta}}_e(k+1) \to \boldsymbol{P}_e(k+1)$$

上述递推算法能够从原始估计的参数 $\boldsymbol{\theta}$ 和初始值开始计算。如果我们不了解参数 $\boldsymbol{\theta}$ 和 $\boldsymbol{\theta}_e$ 的可能值,则采用较接近于最终值的初始估值,该算法的收敛速度将会得到改善。

3.4.3 时变参数的广义最小二乘递推乘法

若所估计的参数是时变的,则可采用时变参数的估计算法。例如,为了削弱旧的输入输出数据对估计结果的影响,可引入遗忘因子做指数加权。由于在这里需要两套最小二乘递推程序来分别估计系统模型和残差模型的参数,所以要分别引入两个遗忘因子 μ 和 γ 相应的算法为:

$$\begin{cases} \hat{\boldsymbol{\theta}}(k+1) = \hat{\boldsymbol{\theta}}(k) + \boldsymbol{K}_0^*(k+1)[\tilde{z}(k+1) - \tilde{\boldsymbol{\varphi}}^T(k+1)\hat{\boldsymbol{\theta}}(k)] \\ \boldsymbol{K}_0^*(k+1) = \dfrac{\boldsymbol{P}_0(k)\tilde{\boldsymbol{\varphi}}(k+1)}{\tilde{\boldsymbol{\varphi}}^T(k+1)\boldsymbol{P}_0(k)\tilde{\boldsymbol{\varphi}}(k+1) + \mu} \\ \boldsymbol{P}_0(k+1) = \dfrac{1}{\mu}[\boldsymbol{I} - \boldsymbol{K}_0^*(k+1)\tilde{\boldsymbol{\varphi}}^T(k+1)]\boldsymbol{P}_0(k) \end{cases} \tag{3.4.21}$$

$$\begin{cases} \hat{\boldsymbol{\theta}}_e(k+1) = \hat{\boldsymbol{\theta}}_e(k) + \boldsymbol{K}_e^*(k+1)[\hat{e}(k+1) - \boldsymbol{\varphi}^T(k+1)\hat{\boldsymbol{\theta}}_e(k)] \\ K_e^*(k+1) = \dfrac{\boldsymbol{P}_e(k)\boldsymbol{\varphi}(k+1)}{\boldsymbol{\varphi}^T(k+1)\boldsymbol{P}_e(k)\boldsymbol{\varphi}(k+1) + \gamma} \\ \boldsymbol{P}_e(k+1) = \dfrac{1}{\gamma}[\boldsymbol{I} - \boldsymbol{K}_e^*(k+1)\boldsymbol{\varphi}^T(k+1)]\boldsymbol{P}_e(k) \end{cases} \tag{3.4.22}$$

遗忘因子 μ 和 γ 要经过适当的选择。通常,在进行估计的初始阶段,这些因子可以取得小些,以得到一个较好的收敛速度。在估计的后期,为了得到好的精度(小方差),μ 和 γ 可以取得接近于1。合适的遗忘因子值是与被识过程的特性变化有关的,实际应用中一般都是通过经验试选,然后进行比较,以挑出比较合适的遗忘因子值。

可以证明,GLS 算法具有马尔可夫算法的特性,即 GLS 估计量是一致估计量,也是有效估计量。但是这种算法是通过迭代方法来求解一个高度非线性的最优化问题。在一般情况下,这类问题并不总是能保证算法会收敛到最优解,主要问题是准则函数可能存在一个以上的局部极小值。因此,为了能获得总体最小值,要求所选取的参数估值的初始值能够靠近最优解。在事先缺乏参数估值的信息的情况下,常常以普通最小二乘法的估值作为广义最小二乘递推算法的初始值。

3.5　辅助变量法

当被识系统的模型中的方程误差是相关噪声的时候,3.4 中介绍的 GLS 法能够消除模型参数估计中的偏差,但是,GLS 算法要比普通的最小二乘算法复杂得多。辅助变量是一种像普通最小二乘法一样的简便的算法,它也能给出一致无偏估计量,它是一种行之有效的参数估计方法。

3.5.1　辅助变量法 IV 原理

辅助变量法 IV 的基本思想是在辨识过程中设法构造一种新的变量——辅助变量,这个辅助变量的特点是它与方程误差是不相关的,但与过程中的有用信号则是相关的。利用这个思想来估计模型的参数。

考虑被识系统的模型方程

$$z(k) = -\sum_{i=1}^{n_a} a_i z(k-i) + \sum_{i=0}^{n_b} b_i u(k-i) + e(k) \tag{3.5.1}$$

其中,$\{e(k)\}$是方程误差序列,它是有色随机噪声序列。若系统模型写成最小二乘格式

$$z(k) = \boldsymbol{\varphi}^T\boldsymbol{\theta} + e(k) \tag{3.5.2}$$

$$\boldsymbol{\theta}^T = [a_1, a_2, \cdots, a_{n_a}, b_1, \cdots, b_{n_b}]$$

$$\boldsymbol{\varphi}^T = [-z(k-1), \cdots, -z(k-n_a), u(k), u(k-1), \cdots, u(k-n_b)]$$

对于一系列输入输出观测数据$(1,2,\cdots,l)$,将它构成向量矩阵

$$\boldsymbol{Z}_l^T = [z(n_a+1), \cdots, z(n_a+l)] \tag{3.5.3}$$

$$\boldsymbol{\Phi}_l = \begin{bmatrix} -z(0)\cdots -z(1-n_a), & u(n_b+1)\cdots u(1) \\ & \vdots \\ -z(n_a+l-1)\cdots -z(l), & u(n_b+l)\cdots u(l) \end{bmatrix} \tag{3.5.4}$$

并令 $\boldsymbol{E}_l^T = [e(n_e+1), \cdots, e(n_e+l)]$,于是系统向量模型最小二乘格式为

$$\boldsymbol{Z}_l = \boldsymbol{\Phi}_l\boldsymbol{\theta} + \boldsymbol{E}_l \tag{3.5.5}$$

构造一个阶数与 $\boldsymbol{\varphi}$ 相同的 $l\times(2n+1)$矩阵 $\boldsymbol{\Psi}$,为非奇异矩阵,它满足下列条件:

$$E[\boldsymbol{\Psi}^T e] = \lim_{l\to\infty}\frac{1}{l}\boldsymbol{\Psi}^T e = 0 \tag{3.5.6}$$

$$E[\boldsymbol{\Psi}^T\boldsymbol{\Phi}_l] = \lim_{l\to\infty}\frac{1}{l}\boldsymbol{\Psi}^T\boldsymbol{\Phi}_l = 0 \tag{3.5.7}$$

现在将方程式(3.5.5)的二边乘以 $\boldsymbol{\Psi}^T$,并得

$$\boldsymbol{\Psi}^T\boldsymbol{Z}_l = \boldsymbol{\Psi}^T\boldsymbol{\Phi}_l\boldsymbol{\theta} + \boldsymbol{\Psi}^T\boldsymbol{E}_l \tag{3.5.8}$$

则可从上式解出 $\boldsymbol{\theta}$

$$\boldsymbol{\theta} = (\boldsymbol{\Psi}^T\boldsymbol{\Phi}_l)^{-1}\boldsymbol{\Psi}^T\boldsymbol{Z}_l - (\boldsymbol{\Psi}^T\boldsymbol{\Phi}_l)^{-1}\boldsymbol{\Psi}^T\boldsymbol{E}_l \tag{3.5.9}$$

考虑到条件式(3.5.6),矩阵 $\boldsymbol{\Psi}$ 与方程误差 e 是不相关的,对上式取数学期望,式中(3.5.9)中第二项为零,则可以取上式中的第一项作为 $\boldsymbol{\theta}$ 的估计量$\hat{\boldsymbol{\theta}}_{IV}$,即

$$\hat{\boldsymbol{\theta}}_{IV} = (\boldsymbol{\Psi}^T\boldsymbol{\Phi}_l)^{-1}\boldsymbol{\Psi}^T\boldsymbol{Z}_l \tag{3.5.10}$$

称这个估计量$\hat{\boldsymbol{\theta}}_{IV}$为辅助变量估计量,称矩阵 $\boldsymbol{\Psi}$ 为辅助变量矩阵,而 $\boldsymbol{\Psi}$ 中的元素叫做辅助变量,可以证明辅助变量估计量$\hat{\boldsymbol{\theta}}_{IV}$是参数 $\boldsymbol{\theta}$ 的一致估计量,即由式(3.5.7),有

$$\hat{\boldsymbol{\theta}}_{IV} = \boldsymbol{\theta} + (\boldsymbol{\Psi}^T\boldsymbol{\Phi}_l)^{-1}\boldsymbol{\Psi}^T\boldsymbol{E}_l \tag{3.5.11}$$

若对上式的两边取 $l\to\infty$ 的极限,根据 Siutsky 定理,有

$$\lim_{l\to\infty}\hat{\boldsymbol{\theta}}_{IV} = \boldsymbol{\theta} + \lim_{l\to\infty}(\boldsymbol{\Psi}^T\boldsymbol{\Phi}_l)^{-1}\lim_{l\to\infty}\boldsymbol{\Psi}^T E_l =$$

$$\boldsymbol{\theta} + \lim_{l\to\infty}\left[\frac{\boldsymbol{\Psi}^T\boldsymbol{\Phi}_l}{l}\right]^{-1}\lim_{l\to\infty}\left[\frac{\boldsymbol{\Psi}^T\boldsymbol{\Phi}_l}{l}\right] = \boldsymbol{\theta} \tag{3.5.12}$$

3.5.2 辅助变量的选择

现在关键问题是如何选择辅助变量矩阵 $\boldsymbol{\Psi}$。由式(3.5.6),辅助变量必须是与方程误差 e(或与随机干扰 v)不相关的,同时,该辅助变量却应与矩阵 $\boldsymbol{\Phi}_l$ 中的 $u(k)$ 和 $z(k)$ 是强相关的。即辅助变量应与过程的有用信号相关但与噪声干扰不相关。

当被辨识系统的输入信号 $u(k)$ 是 $(2n+1)$ 阶持续激励信号下,辅助变量矩阵 $\boldsymbol{\Psi}$ 的一种选择是令其中的行向量

$$\boldsymbol{\varphi}^T(k) = [-y(k-1),\cdots,-y(k-n_a),u(k-1),\cdots,u(k-n_b)] \tag{3.5.13}$$

其中,$y(k)$ 是被辨识系统在未受到污染时的输出(参见图 3.5.1)

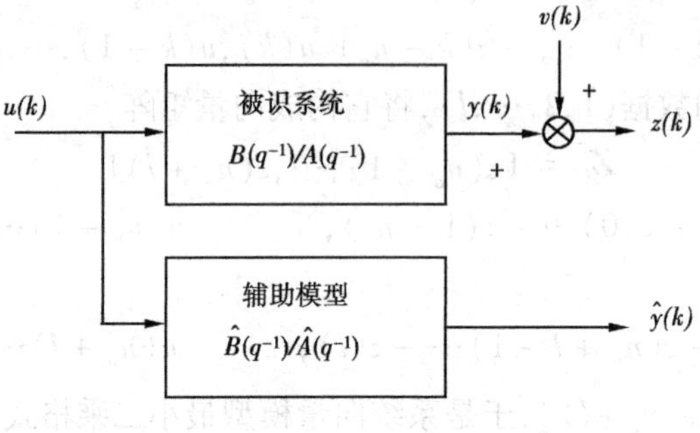

图 3.5.1 辅助变量的选择

$$y(k) = \frac{B(q^{-1})}{A(q^{-1})}u(k) \tag{3.5.14}$$

于是

$$\boldsymbol{\Psi} = \begin{bmatrix} \boldsymbol{\Psi}^T(n+1) \\ \boldsymbol{\Psi}^T(n+2) \\ \vdots \\ \boldsymbol{\Psi}^T(n+l) \end{bmatrix} = \begin{bmatrix} -y(n_a) & \cdots & -y(1), & u(u_b+1) & \cdots & u(1) \\ \vdots & & \vdots & \vdots & & \vdots \\ -y(n_a+l) & \cdots & -y(l), & u(u_b+l) & \cdots & u(l) \end{bmatrix} \tag{3.5.15}$$

因为,假设随机干扰 $v(k)$ 是与输入信号 $u(k)$ 和理想输出信号 $y(k)$ 不相关的,所以方程误差 $e(k)$ 与 $u(k)$、$y(k)$ 或 $\boldsymbol{\varphi}(k)$ 也是不相关。$\boldsymbol{\varphi}(k)$ 与 $u(k)$、$y(k)$ 当然是强相关的,故矩阵 $\boldsymbol{\Psi}$ 满足式(3.5.6)的条件。

由于被辨识系统的理想输出 $y(k)$ 无法实际测量，只能采取近似估计的办法。其中一种简单的近似估计办法是利用辅助模型的输出 $\hat{y}$ 来替代理想的系统输出 y，将 $\hat{y}$ 作为辅助变量矩阵 $\boldsymbol{\Psi}$ 中与输出有关的元素，即（为简单计，令 $n_a = n_b = n$）

$$\hat{y}(k-i) = \frac{\hat{B}(q^{-1})}{\hat{A}(q^{-1})}u(k-i) \quad i = 1,2,\cdots,n \tag{3.5.16}$$

于是辅助变量矩阵 $\boldsymbol{\Psi}$ 中的向量 $\boldsymbol{\Psi}(k)$ 改为

$$\boldsymbol{\Psi}^T(k) = [-\hat{y}(k-1),\cdots,-\hat{y}(k-n),u(k-1),\cdots,u(k-n)] \tag{3.5.17}$$

辅助模型的参数 $\hat{\boldsymbol{\theta}}$ 须利用以前求得的参数估计值来进行计算，即在式(3.5.17)中各个与输出有关的分量 $\hat{y}(k-i) \quad i=1,2,\cdots,n$ 由下式来确定：

$$\hat{y}(k-i) = \boldsymbol{\gamma}^T(k-i)\hat{\boldsymbol{\theta}}(k) \quad i = 1,2,\cdots,n \tag{3.5.18}$$

其中，$\hat{\boldsymbol{\theta}}(k)$ 代表在时刻 k 已得到的 $\boldsymbol{\theta}$ 的估值。或者

$$\hat{y}(k-i) = \boldsymbol{\varphi}^T(k-i)\hat{\boldsymbol{\theta}}(k-m) \quad i = 1,2,\cdots,n \tag{3.5.19}$$

式中，m 是一个小的正整数。

3.5.3　辅助变量法的递推算法

利用它和普通最小二乘法的相似性，应用推导最小二乘递推的形式，导出辅助变量估计量的在线形式。

$$\begin{cases}\hat{\boldsymbol{\theta}}_{IV}(l+1) = \hat{\boldsymbol{\theta}}_{IV}(l) + \boldsymbol{K}(l+1)[z(l+1) - \boldsymbol{\varphi}^T(l+1)\,\hat{\boldsymbol{\theta}}_{IV}(l)] \\ \boldsymbol{K}(l+1) = \dfrac{\boldsymbol{P}(l)\boldsymbol{\Psi}(l+1)}{\boldsymbol{\Phi}_l^T(l+1)\boldsymbol{P}(l)\boldsymbol{\varphi}^T(l+1)+1} \\ \boldsymbol{P}(l+1) = [\boldsymbol{I} - \boldsymbol{K}(l+1)\boldsymbol{\Phi}_l^T(l+1)\boldsymbol{P}(l)]\end{cases} \tag{3.5.20}$$

式中，辅助变量矩阵 $\boldsymbol{\Psi}$ 的组成向量 $\boldsymbol{\Psi}(n+1),\cdots,\boldsymbol{\Psi}(n+l)$ 中，应以 $\hat{y}(k-i)$ 代替式(4.9.9)中的 $y(k-i)$

$$\boldsymbol{\theta}_{IV} = [a_1,a_2,\cdots,a_{n_a},b_1,\cdots,b_{n_b}]^T \tag{3.5.21}$$

$$\boldsymbol{\Phi}^T(l+1) = [-z(l),\cdots,-z(l-n_a+1),u(l+1),\cdots,u(l-n_b+1)] \tag{3.5.22}$$

$$\boldsymbol{\Psi}^T(l+1) = [-\hat{y}(l),\cdots,-\hat{y}(l-n_a+1),u(l+1),\cdots,u(l-n_b+1)] \tag{3.5.23}$$

在应用上述递推算法时，初始值也常选为

$$\hat{\boldsymbol{\theta}}(0) = 0, \boldsymbol{P}(0) = a^2\boldsymbol{I} \quad (a\text{ 是充分大的正数}), \hat{y}(0) = 0$$

为了获得较好的辨识效果，也可以采用递推最小二乘法作为启动递推辅助变量的方法，在经过例如 $l=50\sim100$ 个观测点以后再转而采用递推辅助变量法。这时，由递推最小二乘法所得到的 $\boldsymbol{P}(l) = \hat{\boldsymbol{\theta}}(l)$ 就作为递推辅助变量法的初始值。

3.6 参数和状态的联合估计

如果被辨识对象数学模型用状态方程表达时，将涉及参数估计与状态的估计问题，本节介绍一个方法，将二者的估计结合起来，第1步利用状态估计值估计系统参数，第2步利用得到的参数估计值估计系统状态，彼此都以对方的估计值为前提，形成一种迭代算法。

3.6.1 参数和状态联合估计原理

设系统用状态空间能观性规范形方程描述为：

$$\begin{cases}\boldsymbol{X}(k+1)=\boldsymbol{A}\boldsymbol{X}(k)+\boldsymbol{B}u(k)\\ z(k)=\boldsymbol{C}\boldsymbol{X}(k)+v(k)\end{cases}\tag{3.6.1}$$

其中

$$\boldsymbol{A}=\begin{bmatrix}0&1&0&\cdots&0&0\\0&0&1&\cdots&0&0\\&&&\vdots&&\\0&0&0&\cdots&0&1\\-a_n&-a_{n-1}&-a_{n-2}&\cdots&-a_2&-a_1\end{bmatrix}$$

$$\boldsymbol{B}=\begin{bmatrix}b_1\\b_2\\\vdots\\b_n\end{bmatrix}\qquad \boldsymbol{C}=\begin{bmatrix}0\\0\\\vdots\\1\end{bmatrix}$$

$\boldsymbol{X}(k)=[x_1(k),x_2(k),\cdots,x_n(k)]^T$ 为状态向量，$u(k)$ 和 $z(k)$ 分别为系统的输入和输出，$v(k)$ 为零均值不相关的随机噪声。

由式(3.6.1)可得到 n 个方程

$$\begin{cases}x_1(k+1)=x_2(k)+b_1u(k)\\x_2(k+1)=x_3(k)+b_2u(k)\\x_3(k+1)=x_4(k)+b_3u(k)\\\cdots\\x_{n-1}(k+1)=x_n(k)+b_{n-1}u(k)\\x_n(k+1)=-a_nx_1(k)-a_{n-1}x_2(k)-\cdots-a_1x_n(k)+b_nu(k)\end{cases}\tag{3.6.2}$$

对式(3.6.2)的第 i 个式子，分别乘以算子 $q^{n-i}(i=1,2,\cdots,n)$，共 n 个式子相加得

$x_1(k)=-a_nx_1(k)-a_{n-1}x_2(k)-\cdots-a_1x_n(k)+b_1u(k+n-1)+b_2u(k+n-2)+\cdots+b_nu(k)$

或 $x_1(k+n)=\boldsymbol{\varphi}^T(k+n)\boldsymbol{\theta}$，而

$$\begin{cases}\boldsymbol{\theta}^T=[a_n,a_{n-1},\cdots,a_1,b_1,b_2,\cdots,b_n]\\ \boldsymbol{\varphi}^T(k+n)=[-\boldsymbol{X}^T(k);u(k+n-1),u(k+n-2),\cdots,u(k)]\end{cases}\tag{3.6.3}$$

将(3.7.3)式代入(3.7.1)式中的第2式,得

$$y(k+n) = \boldsymbol{\varphi}^T(k+n)\boldsymbol{\theta} + v(k+n) \tag{3.6.4}$$

由于$v(k+n)$与$\boldsymbol{\varphi}(k+n)$无关,故用最小二乘法求得$\boldsymbol{\theta}$的无偏估计,其递推算法如下

$$\begin{cases}\hat{\boldsymbol{\theta}}(k) = \hat{\boldsymbol{\theta}}(k-1) + \boldsymbol{K}(k)[z(k+n) - \boldsymbol{\varphi}^T(k+n)\hat{\boldsymbol{\theta}}(k-1)] \\ \boldsymbol{K}(k) = \dfrac{\boldsymbol{P}(k-1)\boldsymbol{\varphi}(k+n)}{1+\boldsymbol{\varphi}^T(k+n)\boldsymbol{P}(k-1)\boldsymbol{\varphi}(k+n)} \\ \boldsymbol{P}_{l+1} = [\boldsymbol{I} - \boldsymbol{K}(k)\boldsymbol{\varphi}^T(k+n)]\boldsymbol{P}(k-1)\end{cases} \tag{3.6.5}$$

值得注意的是,式(3.6.5)中的信息向量$\boldsymbol{\varphi}(k+n)$中包含未知量$\boldsymbol{X}(k)$,$\boldsymbol{X}(k)$只能用其估计值代替。

在获得参数估计$\hat{\boldsymbol{\theta}}(k)$的基础上,可以用多种方法来估计状态,下面用计算量较小的随机逼近法来估计状态

$$\begin{cases}\hat{\boldsymbol{X}}(k+1/k) = \hat{\boldsymbol{A}}(k)\hat{\boldsymbol{X}}(k/k) + \hat{\boldsymbol{B}}(k)u(k) \\ \hat{\boldsymbol{X}}(k+1/k+1) = \hat{\boldsymbol{X}}(k+1/k) + \rho(k)\boldsymbol{C}^T[z(k+1) - \boldsymbol{C}\hat{\boldsymbol{X}}(k+1/k)]\end{cases} \tag{3.6.6}$$

式中,收敛因子$\rho(k)$满足$\rho(k)>0$, $\sum\limits_{k=1}^{\infty}\rho(k) = \infty$, $\sum\limits_{k=1}^{\infty}\rho^2(k) < \infty$ 。于是,向量$\boldsymbol{\varphi}(k+n)$中的未知量$\boldsymbol{X}(k)$用算法(3.6.6)获得状态估计$\hat{\boldsymbol{X}}(k/k)$代替,算法(3.6.5)和(3.6.6)的初值可选择为:$\hat{\boldsymbol{\theta}}(0)\approx 0$;$\boldsymbol{K}(k) = \dfrac{1}{\alpha}I$,$\alpha>0$和$\boldsymbol{X}(0/0)\approx 0$。

式(3.6.5)和式(3.6.6)构成联合估计参数和状态的Bootstrap算法。

例3.6.1 参数和状态联合估计例[4]。

考虑仿真对象

$$\begin{cases}\boldsymbol{X}(k+1) = \begin{bmatrix}0 & 1 \\ -a_2 & -a_1\end{bmatrix}\boldsymbol{X}(k) + \begin{bmatrix}b_1 \\ b_2\end{bmatrix}u(k) \\ z(k) = [1 \quad 0]\boldsymbol{X}(k) + v(k)\end{cases} \tag{3.6.7}$$

其中,$a_1=-1.35$,$a_2=0.75$,$b_1=1.68$,$b_2=2.32$。仿真时$\{u(k)\}$采用零均值、单位方差不相关的M序列,$\{u(k)\}$采用零均值、方差为$\sigma^2=0.1^2$ 的不相关白噪声序列,采用Bootstrap算法估计这个系统的参数和状态。不同数据长度下的参数估计和状态估计分别如表3.6.1和表3.6.2所列,其中,参数估计相对误差范数定义为$\delta = \|\hat{\boldsymbol{\theta}} - \boldsymbol{\theta}\| / \|\boldsymbol{\theta}\|$,$\delta$随时间$t$的变化曲线如图3.6.1所示,仿真结果说明Bootstrap算法具有良好的性能。

表3.6.1 式(3.6.7)参数的Bootstrap估计及相对误差范数($\sigma^2=0.1^2$)

t	a_1	a_2	b_1	b_2	δ
100	−1.35	0.7664	1.6162	2.3311	2.054%
200	−1.3591	0.7638	1.6468	2.3248	1.149%
300	−1.3230	0.7461	1.6168	2.3553	2.377%
400	−1.3230	0.7392	1.6196	2.3496	2.253%
500	−1.3019	0.7301	1.6265	2.3610	2.618%
真值	−1.35	0.75	1.68	2.32	

表 3.6.2　式(3.7.6)状态的 Bootstrap 估计及相对误差范数($\sigma^2=0.1^2$)

t	x_1	$\hat{x}_1$	x_2	$\hat{x}_2$	$\|\hat{X}-X\|$
100	−4.6034	−4.6573	−5.1324	−5.3599	0.2336
200	0.3048	0.3244	2.1495	2.1623	0.0234
300	−4.3534	−4.8256	−6.1691	−6.6753	0.6922
400	4.5264	4.6739	7.8026	8.1759	0.4014
500	0.2677	0.1107	0.6562	0.5459	0.1899

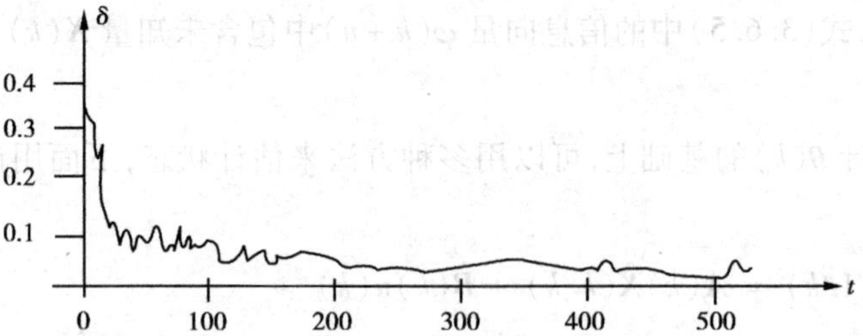

图 3.6.1　例 3.6.1 的 δ 随 t 变化曲线

3.7　多变量系统的最小二乘辨识

上面介绍的单输入、单输出系统的最小二乘辨识法,这一方法可以很方便地推广到多输入多输出(MIMO)系统。利用传递函数矩阵的概念,一个 MIMO 系统可以用图 3.7.1 表示,图中 u_i 表示第 i 个输入量;z_i 表示第 i 个输出量。将该系统分解为 r 个子系统,即有 r 个输出,每个子系统由 q 个输入量和一个输出量组成,如图 3.7.2 所示。则第 i 个输出量 z_i 的 k 次序列为

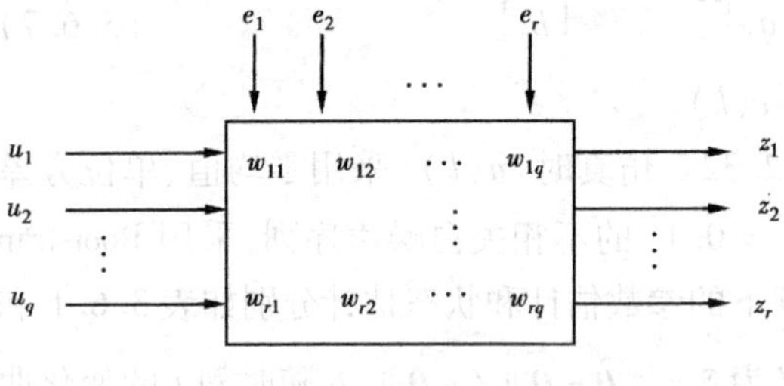

图 3.7.1

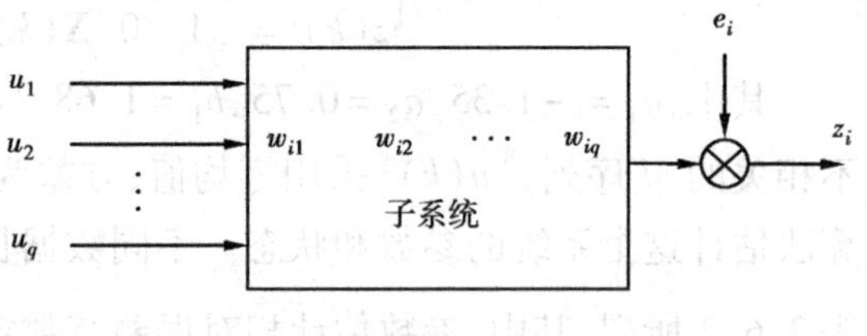

图 3.7.2

$$z_i(k)=[w_{i1}(q^{-1}),w_{i2}(q^{-1}),\cdots,w_{iq}(q^{-1})]\begin{bmatrix}u_1(k)\\u_2(k)\\\vdots\\u_q(k)\end{bmatrix}+e_i(k) \tag{3.7.1}$$

$w_{ij}(q^{-1})$为第 j 个输入量对第 i 个输出量间的传递函数,$e(k)$为第 k 次序列的干扰噪声。(3.7.1)式展开成差分方程形式为

$$\boldsymbol{A}(q^{-1})\boldsymbol{Z}(k)=z^{-d}\boldsymbol{B}(q^{-1})\boldsymbol{U}(k)+\boldsymbol{E}(k) \tag{3.7.2}$$

其中多项式为

$$\begin{cases}\boldsymbol{A}(q^{-1}) = \boldsymbol{I} + \boldsymbol{A}_1 q^{-1} + \cdots + \boldsymbol{A}_{n_a} q^{-n_a} \\ \boldsymbol{B}(q^{-1}) = \boldsymbol{B}_0 + \boldsymbol{B}_1 q^{-1} + \cdots + \boldsymbol{B}_{n_b} q^{-n_b}\end{cases}$$

上式等价于

$$\boldsymbol{Z}(k) = -\boldsymbol{A}_1\boldsymbol{Z}(k-1) - \cdots - \boldsymbol{A}_{n_a}\boldsymbol{Z}(k-n_a) + \boldsymbol{B}_0\boldsymbol{U}(k-d) + \boldsymbol{B}_1\boldsymbol{U}(k-d-1) + \cdots + \boldsymbol{B}_{n_b}\boldsymbol{U}(k-d-n_b) + \boldsymbol{E}(k)$$

定义下列向量和矩阵：

$$\boldsymbol{A}_i = [a_{ij}] \quad i,j = 1,2,\cdots,r$$

$$\boldsymbol{B}_i = [b_{ij}] \quad i = 1,2,\cdots,r; j = 1,2,\cdots,q$$

$$\boldsymbol{Z}_i = [z_1, z_2, \cdots, z_r]^T$$

$$\boldsymbol{U}_i = [u_1, u_2, \cdots, u_q]^T$$

$$\boldsymbol{E}_i = [e_1, e_2, \cdots, e_r]^T$$

式中　$z_i(k)$——第 i 个输出量的 k 次序列输出；

$u_i(k)$——第 i 个输入量的 k 次序列输入；

$e_i(k)$——第 i 个干扰噪声的 k 次序列输入；

q——输入量的维数；

r——输出量的维数；

$$\boldsymbol{\Phi}_i(n_a) = \begin{bmatrix} -y_i(n_a) & -y_i(n_a-1) & \cdots & -y_i(1) \\ -y_i(n_a+1) & -y_i(n_a) & \cdots & -y_i(2) \\ & \vdots & & \\ -y_i(l+n_a-1) & -y_i(l+n_a-2) & \cdots & -y_i(l) \end{bmatrix}$$

$$\boldsymbol{U}_{ij}(n_b) = \begin{bmatrix} u_{ij}(n_b+1) & u_{ij}(n_b) & \cdots & u_{ij}(1) \\ u_{ij}(n_b+2) & u_{ij}(n_b+1) & \cdots & u_{ij}(2) \\ & \vdots & & \\ u_{ij}(l+n_b) & u_{ij}(l+n_b-1) & \cdots & u_{ij}(l) \end{bmatrix}$$

则有

$$\boldsymbol{\theta}_i = [\boldsymbol{A}_i^T, \boldsymbol{B}_{i1}^T, \boldsymbol{B}_{i2}^T, \cdots, \boldsymbol{B}_{iq}^T]^T$$

$$\boldsymbol{\Phi}_i = [\boldsymbol{\Phi}_i(n_a), \boldsymbol{U}_{i1}(n_b), \boldsymbol{U}_{i2}(n_b), \cdots, \boldsymbol{U}_{iq}(n_b)]^T$$

$$e_i = [e_i(n_e+1), e_i(n_e+2), \cdots, e_i(n_e+l)]^T$$

$$z_i = [z_i(n_a+1), z_i(n_a+2), \cdots, z_i(n_a+l)]^T$$

用上述向量和矩阵式可写出第 i 个输出量的向量方程，即

$$z_i = \boldsymbol{\Phi}_i\boldsymbol{\theta}_i + e_i \tag{3.7.3}$$

待估计向量 $\boldsymbol{\theta}_i$ 可用下式求出，即

$$\hat{\boldsymbol{\theta}}_i = (\boldsymbol{\Phi}_i^T\boldsymbol{\Phi}_i)^T\boldsymbol{\Phi}z_i \tag{3.7.4}$$

由(3.7.4)式可求山第 i 个输出量的差分方程系数 $\boldsymbol{A}_{il}$ 和 $\boldsymbol{B}_{ilj}$，重复上述计算 r 次（即令 $i=1,2,\cdots,r$)）就可求出 r 个输出量的差分方程系数，也即求出全部传递函数矩阵。由此可知，

(3.7.4)式提供了 q 个传递函数的估计的最小二乘格式,它组成 $\boldsymbol{\theta}$ 矩阵中的一行。则对多变量系统的辨识,在式(3.7.4)的基础上,应用单变量系统辨识的方法,分别估计每个传递函数子矩阵即可。

例 3.7.1[55] 考虑二输入二输出的二阶系统。

$$\begin{aligned}\boldsymbol{Z}(k) &= \boldsymbol{A}_1\boldsymbol{Z}(k-1) + \boldsymbol{A}_2\boldsymbol{Z}(k-2) + \boldsymbol{B}_1\boldsymbol{U}(k-1) + \\ &\quad \boldsymbol{B}_2\boldsymbol{U}(k-2) + \boldsymbol{V}(k) + \boldsymbol{C}_1\boldsymbol{V}(k-1) + \boldsymbol{C}_2\boldsymbol{V}(k-2)\end{aligned} \tag{3.7.5}$$

可见其系统阶数为 $n_a = n_b = n_c = 2$,时滞系数为 $d = 1$,且

$$\boldsymbol{A}_1 = \begin{bmatrix} 0.5 & 0 \\ 1.3 & -0.4 \end{bmatrix} \quad \boldsymbol{A}_2 = \begin{bmatrix} 0.06 & -0.09 \\ 0.5 & -0.2 \end{bmatrix} \quad \boldsymbol{B}_1 = \begin{bmatrix} 1.0 & -0.5 \\ -0.05 & 1.5 \end{bmatrix}$$

$$\boldsymbol{B}_2 = \begin{bmatrix} -0.5 & 0.6 \\ -0.4 & 0.8 \end{bmatrix} \quad \boldsymbol{C}_1 = \begin{bmatrix} 0.5 & 0.1 \\ 0.2 & -0.3 \end{bmatrix} \quad \boldsymbol{C}_2 = \begin{bmatrix} -0.1 & -0.02 \\ 0.01 & -0.03 \end{bmatrix}$$

而 $\boldsymbol{V}(k) = [v_1(k) \quad v_2(k)]^T$ 均值为零,协方差为 diag(0.072 9,0.032 4)的高斯白噪声,输入 $\boldsymbol{U}(k) = [u_1(k) \quad u_2(k)]^T$ 均值为零协方差为 diag(1,1)的独立于 $\boldsymbol{V}(k)$ 的高斯白噪声,$\boldsymbol{V}(k)$ 和 $\boldsymbol{U}(k)$ 的采样值应用计算机编制 M 序列发生器程序而产生,对于 $l = 100$,输出 $\boldsymbol{Z}(k) = [z_1(k) \quad z_2(k)]^T$ 可由式(3.7.5)根据 $\boldsymbol{V}(k)$ 和 $\boldsymbol{U}(k)$ 采样值递推计算。

应用最小二乘法递推算法在计算机进行仿真,其结果如下

(a)采用一阶模型的 ARMAX(1)时

$$\hat{\boldsymbol{A}}_1 = \begin{bmatrix} 0.451\,6 & 0.001\,2 \\ 1.289\,3 & -0.397\,2 \end{bmatrix} \quad \hat{\boldsymbol{B}}_1 = \begin{bmatrix} 0.930\,2 & -0.366\,1 \\ -0.045\,2 & 1.510\,6 \end{bmatrix} \quad \hat{\boldsymbol{C}}_1 = \begin{bmatrix} 0.382\,7 & 0.095\,6 \\ 0.156\,0 & -0.268\,1 \end{bmatrix}$$

每个子模型的残差平方和分别为

$$\varepsilon_1(1) = 9.011\,0, \varepsilon_2(1) = 4.926\,0$$

(b)采用二阶模型的 ARMAX(2)时

$$\hat{\boldsymbol{A}}_1 = \begin{bmatrix} 0.998\,7 & -0.243\,7 \\ 1.542\,6 & -0.857\,7 \end{bmatrix} \quad \hat{\boldsymbol{A}}_2 = \begin{bmatrix} 0.058\,9 & -0.087\,0 \\ 0.467\,3 & -0.194\,9 \end{bmatrix} \quad \hat{\boldsymbol{B}}_1 = \begin{bmatrix} 0.967\,4 & -0.360\,5 \\ -0.015\,4 & 1.505\,7 \end{bmatrix}$$

$$\hat{\boldsymbol{B}}_2 = \begin{bmatrix} -0.501\,4 & 0.574\,6 \\ -0.252\,8 & 0.773\,4 \end{bmatrix} \quad \hat{\boldsymbol{C}}_1 = \begin{bmatrix} 0.054\,2 & 0.049\,4 \\ 0.057\,3 & -0.011\,6 \end{bmatrix} \quad \hat{\boldsymbol{C}}_2 = \begin{bmatrix} -0.105\,2 & -0.018\,9 \\ -0.003\,6 & -0.028\,3 \end{bmatrix}$$

每个子模型的残差平方和分别为

$$\varepsilon_1(2) = 7.661\,3, \varepsilon_2(2) = 4.218\,5$$

应用数理统计的方法,取显著性水平 $\alpha = 0.01$,对 $l = 100$,查 F 分布表可知,各子模型的 F 分布值分别为 $F_1 = 2.554\,6$ 和 $F_2 = 2.413\,9$ 及监界值 $F_\alpha = 3.03$。从而有

$$F_1 = 2.554\,6 < 3.03$$

$$F_2 = 2.413\,9 < 3.03$$

因而对每个子系统拟合一阶 ARMAX(1)模型是合适的。

第 4 章

系统辨识的随机逼近法、极大似然法和预报误差法

除了最小二乘法外，还有多种形式的参数辨识方法，本章仅介绍以下 3 种方法。随机逼近法是一般随机逼近算法和最小二乘法相结合的一种简便且很有实用价值的参数估计方法。它主要用来解 $g(\hat{\boldsymbol{\theta}})=E\left[f(z,u,\hat{\boldsymbol{\theta}})\right]=0$ 这类方程，其中 f 是数据 z 和 u 的已知函数，$\hat{\boldsymbol{\theta}}$ 是未知参数。

前一章讨论的各种最小二乘法基本不考虑估计过程中所处理的各类数据的概率统计特性。极大似然法把参数估计问题化为依赖于统计信息而构造的似然函数的极大化问题，即当似然函数在某个参数值上达到极大时，就得到了有关参数的最佳估计。它是参数估计中少数可普遍应用的方法之一。

类似于最小二乘法，预报误差法也不需要先验统计信息。这种方法根据一个多步向前输出预报的模型和一个表示为预报误差的函数的准则来求 $\hat{\boldsymbol{\theta}}$。由于该法处理的是更一般的预报误差模型，所以它是系统参数估计中最一般的方法。

极大似然法和预报误差法理论成熟，常常具有良好的渐近性质，不仅适用于线性模型，也适用于非线性模型，可以应用于很大一类的模型结构和试验条件。极大似然法是预报误差法的特殊情形，最小二乘法又是极大似然法和预报误差法的特殊情形。

4.1 系统辨识的随机逼近法(SAA)

通常使一个目标函数 $J(\hat{\boldsymbol{\theta}})$ 达极值而得到估计参数 $\hat{\boldsymbol{\theta}}$，而求其极值的最根本的方法是梯度法。对确定性系统而言，可用优化技术中各种梯度方法（如最速下降法、牛顿-拉夫森法、共轭梯度法等）来求其极值。而对于随机性系统，可用随机逼近法来求。随机逼近法是由统计学中通过连续逼近而获得估计参数发展而来的，是随机问题的梯度法应用于观测数据被噪声污染而对此噪声的统计特性不够充分了解的情况，可用于任何一个可用反复观测值构成的回归方程式的问题。随机逼近法的算法简单，可用于在线实时辨识，但其收敛速度慢。

4.1.1 随机逼近原理[2]

设 $y(x)$ 是一随机变量，$p(y \mid x)$ 是 y 的条件概率密度，则 y 的条件数学期望为

$$E\{y \mid x\} = \int y \mathrm{d}p(y \mid x) \triangleq h(x) \tag{4.1.1}$$

这个 x 的函数称为回归函数。

对于给定的 α，设方程

$$h(x) = \alpha \tag{4.1.2}$$

具有惟一解。但是，若 $h(x)$ 及 $p(y|x)$ 都不知道时，求其解析解是困难的，而可用随机逼近法来求解，即利用序列 $\{x_i\}$、$\{y(x_i)\}$，通过迭代算法来逼近方程(4.1.2)式的解。常用的随机逼近法，有如下两种方法：

(1) Robbins-Monro 算法

该算法解决了寻找一个自变量参数的值从而使一个未知的受噪声污染的回归函数等于某个预先指定的值的随机问题。

上式的 Robbins-Monro 算法解为

$$x(k+1) = x(k) + \rho(k)\,[\alpha - y(x(k))] \tag{4.1.3}$$

若收敛因子 $\rho(k)$ 满足如下一般条件

$$\begin{cases} \rho(k) > 0, \forall k; \quad \lim\limits_{k \to \infty} \rho(k) = 0 \\ \sum\limits_{k=1}^{\infty} \rho(k) = \infty; \quad \sum\limits_{K=1}^{\infty} \rho^2(k) < \infty \end{cases} \tag{4.1.4}$$

那么 $x(k)$ 在均方意义下收敛于回归方程(4.1.2)式的解。最简单的情况为 $\rho(k) = 1/k$ 或 $\rho(k) = b/(k+b)$。Wolfowitz 进一步证实，当满足一定条件时，对于此算法有

$$\mathrm{Prob}\left\{ \lim_{k \to \infty} x(k) = x_0 \right\} = 1 \tag{4.1.5}$$

(2) Kiefer-Wolfowitz 算法

该算法解决了寻找一个自变量参数的值从而使一个未知的受噪声污染的回归函数为最大(或最小)的随机问题。

这种求回归函数 $h(x)$ 极值的迭代算法为

$$x(k+1) = x(k) - \rho(k) \left. \frac{\mathrm{d}y}{\mathrm{d}x} \right|_{x(k)} \tag{4.1.6}$$

当 $\rho(k)$ 满足 Robbins-Monro 算法条件时，Kiefer-Wolfowitz 算法也是收敛的。

从上面两种方法可以看出，随机逼近法是一种递推的估计方法。

4.1.2 随机逼近参数估计方法

设 SISO 系统的目标函数为

$$J(\boldsymbol{\theta}) = E\{h(\boldsymbol{\theta}, \boldsymbol{D}^k)\} \tag{4.1.7}$$

其中，$h(\cdot)$ 为一标量函数，$\boldsymbol{\theta}$ 为过程参数，$\boldsymbol{D}^k$ 表示 k 时刻以前的输入输出数据集合。则 $J(\boldsymbol{\theta})$ 的一阶负梯度为

$$\left[-\frac{\partial J(\boldsymbol{\theta})}{\partial \boldsymbol{\theta}}\right]^T = \left[E\left\{-\frac{\partial}{\partial \boldsymbol{\theta}} h(\boldsymbol{\theta}, \boldsymbol{D}^k)\right\}\right]^T \triangleq E\left\{Q(\boldsymbol{\theta}, \boldsymbol{D}^k)\right\} \tag{4.1.8}$$

而
$$E\left\{ \boldsymbol{Q}(\boldsymbol{\theta},\boldsymbol{D}^k) \right\} = \boldsymbol{0} \tag{4.1.9}$$
的解就是系统的估计参数。

由 Kiefer-Wolfowitz 算法推广到多维的情况知
$$\hat{\boldsymbol{\theta}}(k) = \hat{\boldsymbol{\theta}}(k-1) + \rho(k)\boldsymbol{Q}(\hat{\boldsymbol{\theta}}(k-1),\boldsymbol{D}^k) \tag{4.1.10}$$
其中,收敛因子 $\rho(k)$ 满足(4.1.4)式的条件时,$\hat{\boldsymbol{\theta}}(k)$ 在均方意义下收敛于真值 $\boldsymbol{\theta}_0$。

考虑如下模型的辨识问题
$$z(k) = \boldsymbol{h}^T(k)\boldsymbol{\theta} + e(k) \tag{4.1.11}$$
其中,$e(k)$ 是均值为零的噪声。取目标函数为
$$J(\boldsymbol{\theta}) = \frac{1}{2}E\left\{ e^2(k) \right\} = \frac{1}{2}E\left\{ \left[z(k) - \boldsymbol{h}^T(k)\boldsymbol{\theta} \right]^2 \right\} \tag{4.1.12}$$
有
$$\left[-\frac{\partial J(\boldsymbol{\theta})}{\partial \boldsymbol{\theta}} \right]^T = E\{ \boldsymbol{h}(k)\left[z(k) - \boldsymbol{h}^T(k)\boldsymbol{\theta} \right] \} \tag{4.1.13}$$
由(4.1.10)式,同理推知
$$\hat{\boldsymbol{\theta}}(k) = \hat{\boldsymbol{\theta}}(k-1) + \rho(k)\boldsymbol{h}(k)\left[z(k) - \boldsymbol{h}^T(k)\hat{\boldsymbol{\theta}}(k-1) \right] \tag{4.1.14}$$

显然,随机逼近法实际上是最小二乘法的推广。

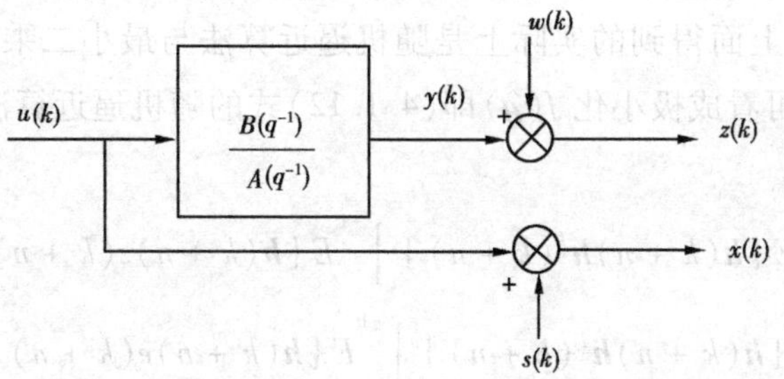

图 4.1.1　系统输入输出均受干扰的 SISO 动态系统示意图

实际 SISO 线性动态系统如图 4.1.1 所示,$u(k)$、$y(k)$ 为系统的输入输出理想值,$x(k)$、$z(k)$ 为输入输出测量值,输入输出测量噪声 $s(k)$、$w(k)$ 分别是均值为零,方差为 σ_s^2 和 σ_w^2 的不相关随机噪声。带噪声的模型为
$$A(q^{-1})y(k) = B(q^{-1})u(k) + v(k) \tag{4.1.15}$$
其中
$$\begin{cases} A(q^{-1}) = 1 + a_1 q^{-1} + \cdots + a_{n_a} q^{-n_a} \\ B(q^{-1}) = b_1 q^{-1} + \cdots + b_{n_b} q^{-n_b} \end{cases} \tag{4.1.16}$$
$v(k)$ 是均值为零、方差为 σ_v^2 的不相关噪声,$v(k)$、$s(k)$、$w(k)$ 和 $u(k)$ 在统计上两两互不相关。定义
$$\begin{cases} \boldsymbol{h}^T(k) = [-z(k-1),\cdots,-z(k-n_a),x(k-1),\cdots,x(k-n_b)] \\ \boldsymbol{\theta} = [a_1,a_2,\cdots a_{n_a},b_1,b_2,\cdots,b_{n_b}]^T \\ e(k) = A(q^{-1})w(k) - B(q^{-1})s(k) + v(k) \end{cases} \tag{4.1.17}$$
因而,(4.1.15)式可写成最小二乘格式

$$z(k)=\boldsymbol{h}^T(k)\boldsymbol{\theta}+e(k) \tag{4.1.18}$$

噪声 $e(k)$ 显然满足

$$\begin{cases}E\{e(k)\}=0\\ E\{e(i)e(j)\}=\begin{cases}有限, & |i-j|\leqslant n\\ 0, & |i-j|>n\end{cases}, n=\max(n_a,n_b)\\ E\{\boldsymbol{h}(k)e(k)\}\neq 0\end{cases} \tag{4.1.19}$$

根据(4.1.12)式,取目标函数为

$$J(\boldsymbol{\theta})=\frac{1}{2}E\{[z(k+n)-\boldsymbol{h}^T(k+n)\boldsymbol{\theta}]^2\} \tag{4.1.20}$$

针对上述动态系统,Isermann 等提出了参数 $\boldsymbol{\theta}$ 估计值的随机逼近算法(或称为随机梯度算法,SAA)

$$\hat{\boldsymbol{\theta}}(k+n)=\hat{\boldsymbol{\theta}}(k-1)+\rho(l)\boldsymbol{h}(k+n)[z(k+n)-\boldsymbol{h}^T(k+n)\hat{\boldsymbol{\theta}}(k-1)] \tag{4.1.21}$$

$$(k=1,n+2,2n+3,\cdots)$$

为了避免误差的叠加,上面递推公式中利用了不重叠的观测数据,每隔 $n+1$ 个数据迭代一次。$\rho(l)$ 必须满足(4.1.4)式的条件,l 可取 $l=k-1$ 或 $l=\frac{k-1}{n+1}$。

如果和一般最小二乘法递推公式对照比较一下,$\rho(l)\boldsymbol{h}(k+n)$ 相当于增益矩阵 $\boldsymbol{K}(k+n)$,这就是最小二乘估计。上面得到的实际上是随机逼近算法与最小二乘法相结合的算法。因此,算法(4.1.21)式也可看成极小化 $J(\hat{\boldsymbol{\theta}})$ 即(4.1.12)式的随机逼近算法。极小化 $J(\hat{\boldsymbol{\theta}})$ 的参数向量是

$$\begin{aligned}\hat{\boldsymbol{\theta}}&=\left[E\{\boldsymbol{h}(k+n)\boldsymbol{h}^T(k+n)\}\right]^{-1}E\{\boldsymbol{h}(k+n)z(k+n)\}=\\ &\boldsymbol{\theta}_0+\left[E\{\boldsymbol{h}(k+n)\boldsymbol{h}^T(k+n)\}\right]^{-1}E\{\boldsymbol{h}(k+n)e(k+n)\}\neq\boldsymbol{\theta}_0\end{aligned} \tag{4.1.22}$$

其中

$$E\{\boldsymbol{h}(k+n)e(k+n)\}=-\left[\begin{array}{c|c}\sigma_w^2 I_{n_a} & \boldsymbol{O}\\ \hline \boldsymbol{O} & \sigma_s^2 I_{n_b}\end{array}\right]\boldsymbol{\theta}_0 \tag{4.1.23}$$

可见,极小化 $J(\hat{\boldsymbol{\theta}})$ 所产生的 $\hat{\boldsymbol{\theta}}$ 不是 $\boldsymbol{\theta}$ 的无偏估计。因此对(4.1.21)式需进行修改,显然应当从它那里减去一个有偏估计项。这样就得到一种误差校正型随机逼近算法(RSAA)

$$\begin{aligned}&\hat{\boldsymbol{\theta}}(k+n)=\\ &\hat{\boldsymbol{\theta}}(k-1)+\rho(l)\left\{\boldsymbol{h}(k+n)[z(k+n)-\boldsymbol{h}^T(k+n)\hat{\boldsymbol{\theta}}(k-1)]+\left[\begin{array}{c|c}\sigma_w^2 I_{n_a} & \boldsymbol{O}\\ \hline \boldsymbol{O} & \sigma_s^2 I_{n_b}\end{array}\right]\hat{\boldsymbol{\theta}}(k-1)\right\}\\ &(k=1,n+2,2n+3,\cdots)\end{aligned} \tag{4.1.24}$$

可以证明上式算法是在均方意义下收敛到参数向量的真值的,即

$$\lim_{k\to\infty}\left\{\left[\boldsymbol{\theta}_0-\hat{\boldsymbol{\theta}}(k+n)\right]^T\left[\boldsymbol{\theta}_0-\hat{\boldsymbol{\theta}}(k+n)\right]\right\}=0 \tag{4.1.25}$$

而且,$\{\rho(l)\}$ 递减得越慢,可以导致越快的收敛。

4.1.3　随机牛顿法

(4.1.10)式可写成

$$\hat{\boldsymbol{\theta}}(k) = \hat{\boldsymbol{\theta}}(k-1) - \rho(k)\left[\frac{\partial J(\boldsymbol{\theta})}{\partial \boldsymbol{\theta}}\right]^T \Bigg|_{\hat{\boldsymbol{\theta}}(k-1)} \tag{4.1.26}$$

其实质是沿着目标函数的一阶负梯度方向去搜索极小点，但是当接近极小值点时，收敛速度就变得很慢。我们知道，对于确定性问题，“牛顿方向”对负梯度方向有着显著地改善。因此，有理由相信在随机逼近法中，也能得到类似地改善。可采用如下的牛顿算法

$$\hat{\boldsymbol{\theta}}(k) = \hat{\boldsymbol{\theta}}(k-1) - \left[\frac{\partial^2 J(\boldsymbol{\theta})}{\partial \boldsymbol{\theta}^2}\right]^{-1}\left[\frac{\partial J(\boldsymbol{\theta})}{\partial \boldsymbol{\theta}}\right]^T \Bigg|_{\hat{\boldsymbol{\theta}}(k-1)} \tag{4.1.27}$$

其中，$\frac{\partial^2 J(\boldsymbol{\theta})}{\partial \boldsymbol{\theta}^2}$称为 Hessian 矩阵，它是对称阵，难以求得。因为随机系统中的 $J(\boldsymbol{\theta})$一般不是确定性函数，而是回归函数，故(4.1.27)式的牛顿算法基本不能用，这就导致了随机牛顿法(SNA)

$$\hat{\boldsymbol{\theta}}(k) = \hat{\boldsymbol{\theta}}(k-1) + \rho(k)\boldsymbol{R}^{-1}(k)\boldsymbol{Q}(\boldsymbol{\theta},D^k) \Bigg|_{\hat{\boldsymbol{\theta}}(k-1)} \tag{4.1.28}$$

其中，$\boldsymbol{R}(k)$是 Hessian 矩阵在$\hat{\boldsymbol{\theta}}(k-1)$点上的估计量。

对于模型(4.1.11)，其目标函数取(4.1.12)式，则 Hessian 矩阵为

$$\frac{\partial^2 J(\boldsymbol{\theta})}{\partial \boldsymbol{\theta}^2} = E\{\boldsymbol{h}(k)\boldsymbol{h}^T(k)\} \tag{4.1.29}$$

设 $\boldsymbol{R}(k)$是 Hessian 矩阵在 k 时刻的估计量，则有

$$E\{\boldsymbol{h}(k)\boldsymbol{h}^T(k) - \boldsymbol{R}(k)\} = \boldsymbol{0} \tag{4.1.30}$$

根据 Robbins-Monro 的算法(4.1.3)式，得到 $\boldsymbol{R}(k)$的随机逼近公式如下

$$\boldsymbol{R}(k) = \boldsymbol{R}(k-1) + \rho(k)\left[\boldsymbol{h}(k)\boldsymbol{h}^T(k) - \boldsymbol{R}(k-1)\right] \tag{4.1.31}$$

又由(4.1.13)知

$$\boldsymbol{Q}(\boldsymbol{\theta},\boldsymbol{D}^k) = \boldsymbol{h}(k)\left[z(k) - \boldsymbol{h}^T(k)\boldsymbol{\theta}\right] \tag{4.1.32}$$

于是，模型(4.1.11)式的随机牛顿算法为

$$\hat{\boldsymbol{\theta}}(k) = \hat{\boldsymbol{\theta}}(k-1) + \rho(k)\boldsymbol{R}^{-1}(k)\boldsymbol{h}(k)\left[z(k) - \boldsymbol{h}^T(k)\hat{\boldsymbol{\theta}}(k-1)\right] \tag{4.1.33}$$

不难看出，当$\rho(k)=\frac{1}{k}$，$\boldsymbol{R}(k)=\frac{1}{k}\boldsymbol{P}^{-1}(k)$时，上式就变成最小二乘参数估计递推算法。可见，以 SNA 为基础，可以揭示许多辨识算法的内在联系。

4.2　系统辨识的极大似然法(ML)

最小二乘法本质上是一种“确定性”的算法，对于输出端叠加的噪声的概率性考虑，只是为了分析估计误差和评价估计算法的质量。由于观测数据和未知参数都具有随机本质，因此在参数估计领域内还以这种完全概率性的观点发展了一类称作概率性贝叶斯估计方法。其

中,极大似然法由 Fisher 提出,但其基本思想可以追溯到 Gauss(1808),它通常要求能够写出输出量的条件概率密度函数的先验知识。当噪声服从正态分布的条件下,极大似然法和最小二乘法完全等价。

4.2.1 极大似然原理

设随机变量 z 在参数 $\boldsymbol{\theta}$ 条件下的概率密度函数为 $p(z\mid\boldsymbol{\theta})$,则 L 个独立观测值 $\boldsymbol{z}_L=[z(1),z(2),\cdots z(L)]^T$ 的联合概率密度为

$$p(\boldsymbol{z}_L\mid\boldsymbol{\theta})=\prod_{k=1}^{L}p(z(k)\mid\boldsymbol{\theta}) \tag{4.2.1}$$

对一组确定的 $\boldsymbol{z}_L$,上式仅是 $\boldsymbol{\theta}$ 的函数,称 $p(\boldsymbol{z}_L\mid\boldsymbol{\theta})$ 为似然函数,记作

$$L(\boldsymbol{z}_L\mid\boldsymbol{\theta})\triangleq p(\boldsymbol{z}_L\mid\boldsymbol{\theta}) \tag{4.2.2}$$

如果对所有的 $\boldsymbol{\theta}$ 值,$L(\boldsymbol{z}_L\mid\hat{\boldsymbol{\theta}})$ 是最大值,那么 $\hat{\boldsymbol{\theta}}$ 是准确的参数值的可能性就最大。这时就称 $\hat{\boldsymbol{\theta}}$ 是 $\boldsymbol{\theta}$ 的极大似然估计,并记为 $\hat{\boldsymbol{\theta}}_{\mathrm{ML}}$。显然,由极值原理有

$$\left[\frac{\partial L(\boldsymbol{z}_l\mid\boldsymbol{\theta})}{\partial\boldsymbol{\theta}}\right]^T_{\hat{\boldsymbol{\theta}}_{\mathrm{ML}}}=\boldsymbol{0} \tag{4.2.3}$$

对数函数的单调性使得对数似然函数 $l(\boldsymbol{z}_L\mid\boldsymbol{\theta})\triangleq\log L(\boldsymbol{z}_L\mid\boldsymbol{\theta})$ 和 $L(\boldsymbol{z}_L\mid\boldsymbol{\theta})$ 在一个 $\hat{\boldsymbol{\theta}}_{\mathrm{ML}}$ 上同时取得极大值,所以(4.2.3)式的等价形式为

$$\left[\frac{\partial\log L(\boldsymbol{z}_L\mid\boldsymbol{\theta})}{\partial\boldsymbol{\theta}}\right]^T_{\hat{\boldsymbol{\theta}}_{\mathrm{ML}}}=\boldsymbol{0} \tag{4.2.4}$$

同时,上式就是求 $\hat{\boldsymbol{\theta}}_{\mathrm{ML}}$ 的方法。

且知平均对数似然函数为

$$\bar{l}(\boldsymbol{z}_L\mid\boldsymbol{\theta})=\frac{1}{L}\log L(\boldsymbol{z}_L\mid\boldsymbol{\theta})=\frac{1}{L}\sum_{R=1}^{L}\log p(z(k)\mid\boldsymbol{\theta})\xrightarrow[L\to\infty]{a.s.}E\{\log p(z\mid\boldsymbol{\theta})\} \tag{4.2.5}$$

同理

$$\bar{l}(\boldsymbol{z}_L\mid\boldsymbol{\theta}_0)\xrightarrow[L\to\infty]{a.s.}E\{\log p(z\mid\boldsymbol{\theta}_0)\}\qquad(\boldsymbol{\theta}_0\text{ 为参数真值}) \tag{4.2.6}$$

极大化 $l(\boldsymbol{z}_L\mid\boldsymbol{\theta})$ 与极大化 $E\{\log p(z\mid\boldsymbol{\theta})\}$ 是等效的。

由上述可知,极大似然法是根据对输出 z 的观测估计其总体分布函数中的未知参数的一种方法,它将参数估计问题归结为似然函数值的最大化问题。似然函数是在给定的观测量 z 和参数 $\boldsymbol{\theta}$ 下的观测量的联合概率密度函数,它是实验观测的样本数据 z 和参数 $\boldsymbol{\theta}$ 的函数。

例 4.2.1 设随机变量 $x\sim N(\mu,\sigma^2)$,观测序列 $\{x(k)\}$ 的长度为 L,试求 $\hat{\mu}_{\mathrm{ML}}$、$\hat{\sigma}^2_{\mathrm{ML}}$。

解 由题意知似然函数为

$$L(\boldsymbol{x}_L\mid\mu,\sigma^2)=\prod_{k=1}^{L}p(x(k)\mid\boldsymbol{\theta})=\prod_{k=1}^{L}\frac{1}{\sqrt{2\pi}\sigma}\exp\left[-\frac{(x(k)-\mu)^2}{2\sigma^2}\right]= \tag{4.2.7}$$

$$\left(\frac{1}{2\pi\sigma^2}\right)^{\frac{L}{2}}\cdot\exp\left[-\frac{\sum_{k=1}^{L}(x(k)-\mu)^2}{2\sigma^2}\right]$$

对应的对数似然函数为

$$l(\boldsymbol{x}_L \mid \mu, \sigma^2) = \log L(\boldsymbol{x}_L \mid \mu, \sigma^2) = -\frac{L}{2}\log 2\pi - \frac{L}{2}\log\sigma^2 - \frac{1}{2\sigma^2}\sum_{k=1}^{L}(x(k)-\mu)^2 \tag{4.2.8}$$

令

$$\frac{\partial l(\boldsymbol{x}_L \mid \hat{\mu}_{ML}, \hat{\sigma}_{ML}^2)}{\partial \mu} = \frac{1}{\hat{\sigma}_{ML}^2}\sum_{k=1}^{L}(x(k)-\hat{\mu}_{ML}) = 0 \tag{4.2.9}$$

$$\frac{\partial l(\boldsymbol{x}_L \mid \hat{\mu}_{ML}, \hat{\sigma}_{ML}^2)}{\partial \sigma^2} = -\frac{L}{2\hat{\sigma}_{ML}^2} + \frac{1}{2\hat{\sigma}_{ML}^4}\sum_{k=1}^{L}(x(k)-\hat{\mu}_{ML})^2 =$$

$$\frac{1}{2\hat{\sigma}_{ML}^4}\left[\sum_{k=1}^{L}(x(k)-\hat{\mu}_{ML})^2 - L\hat{\sigma}_{ML}^2\right] = 0 \tag{4.2.10}$$

由(4.2.9)式解得

$$\hat{\mu}_{ML} = \frac{1}{L}\sum_{k=1}^{L}x(k) \tag{4.2.11}$$

由(4.2.10)式解得

$$\hat{\sigma}_{ML}^2 = \frac{1}{L}\sum_{k=1}^{L}(x(k)-\hat{\mu}_{ML})^2 \tag{4.2.12}$$

一般来说,极大似然估计量是一致的,渐近有效的,但并非都是无偏的。

4.2.2 ML 估计和 LS 估计的关系

如图4.2.1,考虑一 SISO 系统模型

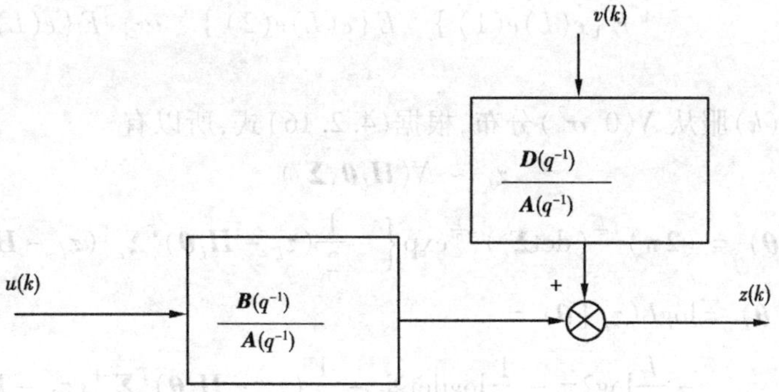

图4.2.1　SISO 动态过程模型

$$\begin{cases} A(q^{-1})z(k) = B(q^{-1})u(k) + e(k) \\ e(k) = D(q^{-1})v(k) \end{cases} \tag{4.2.13}$$

其中,$u(k)$、$z(k)$为系统的输入输出变量,$v(k)$是服从$N(0,\sigma_v^2)$分布的不相关随机噪声,有色噪声$e(k)$的协方差阵为$\boldsymbol{\Sigma}_e$,该过程是渐近稳定的,且

$$\begin{cases} A(q^{-1}) = 1 + a_1q^{-1} + a_2q^{-2} + \cdots + a_nq^{-n} \\ B(q^{-1}) = b_1q^{-1} + b_2q^{-2} + \cdots b_nq^{-n} \\ D(q^{-1}) = 1 + d_1q^{-1} + d_2q^{-2} + \cdots d_nq^{-n} \end{cases} \tag{4.2.14}$$

令

$$\begin{cases} \boldsymbol{z}_L = [z(1),z(2),\cdots,z(L)]^T \\ \boldsymbol{e}_L = [e(1),e(2),\cdots,e(L)]^T \\ \boldsymbol{\theta} = [a_1,a_2,\cdots,a_n,b_1,b_2,\cdots,b_n]^T \\ \boldsymbol{H}_L = \begin{bmatrix} -z(0) & \cdots & -z(1-n) & u(0) & \cdots & u(1-n) \\ -z(1) & \cdots & -z(2-n) & u(1) & \cdots & u(2-n) \\ \vdots & & \vdots & \vdots & & \vdots \\ -z(L-1) & \cdots & -z(L-n) & u(L-1) & \cdots & u(L-n) \end{bmatrix} \end{cases} \tag{4.2.15}$$

则模型可写成最小二乘形式

$$\boldsymbol{z}_L = \boldsymbol{H}_L\theta + \boldsymbol{e}_L \tag{4.2.16}$$

由(4.2.13)式的第2式及(4.2.14)式的第3式知

$$e(k) = v(k) + d_1v(k-1) + \cdots + d_nv(k-n) \tag{4.2.17}$$

则有

$$\begin{cases} E\{e(k)e(k-j)\} = \sum_{i=0}^{n} d_i d_{i-j}\sigma_v^2 \\ d_0 \triangleq 1; d_i = 0(i < 0 \text{ 或 } i > n) \end{cases} \tag{4.2.18}$$

$e(k)$的协方差阵为

$$\boldsymbol{\Sigma}_e = E\{\boldsymbol{e}_L\boldsymbol{e}_L^T\} = \begin{bmatrix} E\{e(1)e(1)\} & E\{e(1)e(2)\} & \cdots & E\{e(1)e(L)\} \\ E\{e(2)e(1)\} & E\{e(2)e(2)\} & \cdots & E\{e(2)e(L)\} \\ & & \cdots & \\ E\{e(L)e(1)\} & E\{e(L)e(2)\} & \cdots & E\{e(L)e(L)\} \end{bmatrix} \tag{4.2.19}$$

由条件知道$v(k)$服从$N(0,\sigma_v^2)$分布,根据(4.2.16)式,所以有

$$\boldsymbol{z}_L \sim N(\boldsymbol{H}_L\boldsymbol{\theta},\boldsymbol{\Sigma}_e) \tag{4.2.20}$$

故

$$L(\boldsymbol{z}_L \mid \boldsymbol{\theta}) = (2\pi)^{-\frac{L}{2}}(\det\boldsymbol{\Sigma}_e)^{-\frac{1}{2}}\exp\left\{-\frac{1}{2}(\boldsymbol{z}_L - \boldsymbol{H}_L\boldsymbol{\theta})^T\boldsymbol{\Sigma}_e^{-1}(\boldsymbol{z}_L - \boldsymbol{H}_L\boldsymbol{\theta})\right\} \tag{4.2.21}$$

则

$$l(\boldsymbol{z}_L \mid \boldsymbol{\theta}) = \log L(\boldsymbol{z}_L \mid \boldsymbol{\theta}) = -\frac{L}{2}\log 2\pi - \frac{1}{2}\log\det\boldsymbol{\Sigma}_e - \frac{1}{2}(\boldsymbol{z}_L - \boldsymbol{H}_L\boldsymbol{\theta})^T\boldsymbol{\Sigma}_e^{-1}(\boldsymbol{z}_L - \boldsymbol{H}_L\boldsymbol{\theta}) \tag{4.2.22}$$

令

$$\left[\frac{\partial l(\boldsymbol{z}_L \mid \boldsymbol{\theta})}{\partial \boldsymbol{\theta}}\right]_{\hat{\boldsymbol{\theta}}_{\text{ML}}} = 0 \tag{4.2.23}$$

解得

$$\hat{\boldsymbol{\theta}}_{\text{ML}} = (\boldsymbol{H}_L^T\boldsymbol{\Sigma}_e^{-1}\boldsymbol{H}_L)^{-1}\boldsymbol{H}_L^T\boldsymbol{\Sigma}_e^{-1}\boldsymbol{z}_L \tag{4.2.24}$$

可见,此时ML估计等价于Markov估计。若$\boldsymbol{\Sigma}_e = \sigma_e^2\boldsymbol{I}$,即$e(k)$是服从$N(0,\sigma_e^2)$分布的不相关随机噪声,则(4.2.24)式变为下式

$$\hat{\boldsymbol{\theta}}_{\text{ML}} = (\boldsymbol{H}_L^T\boldsymbol{H}_L)^{-1}\boldsymbol{H}_L^T\boldsymbol{z}_L = \hat{\boldsymbol{\theta}}_{\text{LS}} \tag{4.2.25}$$

此时ML估计等价于LS估计。

根据极大似然原理,不难求得σ_e^2的极大似然估计为$(\boldsymbol{z}_L - \boldsymbol{H}_L\hat{\boldsymbol{\theta}}_{\text{ML}})^T(\boldsymbol{z}_L - \boldsymbol{H}_L\hat{\boldsymbol{\theta}}_{\text{ML}})\Big/L$,而由

前面知识求得的 σ_e^2 的最小二乘估计为 $(z_L - \boldsymbol{H}_L \hat{\boldsymbol{\theta}}_{LS})^T (z_L - \boldsymbol{H}_L \hat{\boldsymbol{\theta}}_{LS} \Big/ (L - \dim\boldsymbol{\theta})$，可见噪声方差 σ_e^2 的这两种估计略有不同。当 L 充分大时，二者值接近。

4.2.3　极大似然估计的数值计算方法[2]

图 4.2.1 所示的模型中，若 $\boldsymbol{\Sigma}_e$ 未知，则令

$$\boldsymbol{\theta} = [a_1, a_2, \cdots, a_n, b_1, b_2, \cdots, b_n, d_1, d_2, \cdots, d_n]^T \tag{4.2.26}$$

下面给出似然函数，即在输入信号 $u(k), u(2), \cdots, u(L-1)$ 和给定的参数 $\boldsymbol{\theta}$ 的条件下，$z(1)$，$z(2), \cdots, z(L)$ 的联合条件概率密度函数为

$$\begin{aligned}
&p(z(1), z(2), \cdots, z(L) \mid u(1), u(2), \cdots, u(L-1), \boldsymbol{\theta}) = \\
&p(z(L) \mid z(1), z(2), \cdots, z(L-1), u(1), u(2), \cdots, u(L-1), \boldsymbol{\theta}) \\
&\cdot p(z(L-1) \mid z(1), z(2), \cdots, z(L-2), u(1), u(2), \cdots, u(L-2), \boldsymbol{\theta}) \\
&\cdots \\
&\cdot p(z(1)) \mid z(0), u(0), \boldsymbol{\theta}) = \\
&\prod_{k=1}^{L} p(z(k) \mid z(1), z(2), \cdots, z(k-1), u(1), u(2), \cdots, u(k-1), \boldsymbol{\theta})
\end{aligned} \tag{4.2.27}$$

由(4.2.13)式得

$$z(k) = -\sum_{i=1}^{n} a_i z(k-i) + \sum_{i=1}^{n} b_i u(k-i) + v(k) + \sum_{i=1}^{n} d_i v(k-i) \tag{4.2.28}$$

将(4.2.28)式代入(4.2.27)式得

$$\begin{aligned}
&p(z(1), z(2), \cdots, z(L) \mid u(1), u(2), \cdots, u(L-1), \boldsymbol{\theta}) = \\
&\prod_{k=1}^{L} p\Big(\Big[-\sum_{i=1}^{n} a_i z(k-i) + \sum_{i=1}^{n} b_i u(k-i) + v(k) + \sum_{i=1}^{n} d_i v(k-i) \Big] \mid \\
&z(1), z(2), \cdots, z(k-1), u(1), u(2), \cdots, u(k-1), \boldsymbol{\theta})
\end{aligned} \tag{4.2.29}$$

在 k 时刻，$(k-1)$ 时刻以前的 $z(\cdot)$、$u(\cdot)$、$v(\cdot)$ 都已确定，$v(k)$ 与 $z(1), z(2), \cdots, z(k-1)$，$u(1), u(2), \cdots, u(k-1)$ 及 $\boldsymbol{\theta}$ 不相关，故上式可写成

$$\begin{aligned}
&p(z(1), z(2), \cdots, z(L) \mid u(1), u(2), \cdots, u(L-1), \boldsymbol{\theta}) = \\
&\prod_{k=1}^{L} p(v(k)) + \text{const} = \\
&\prod_{k=1}^{L} (2\pi)^{-\frac{1}{2}} (\sigma_v^2)^{-\frac{1}{2}} \exp\Big(-\frac{1}{2\sigma_v^2} v^2(k) \Big) + \text{const} = \\
&(2\pi)^{-\frac{L}{2}} (\sigma_v^2)^{-\frac{L}{2}} \exp\Big(-\frac{1}{2\sigma_v^2} \sum_{k=1}^{L} v^2(k) \Big) + \text{const}
\end{aligned} \tag{4.2.30}$$

则对数似然函数为

$$\begin{aligned}
&l(z_L \mid \boldsymbol{u}_{L-1}, \boldsymbol{\theta}) = \log p(z_L \mid \boldsymbol{u}_{L-1}, \boldsymbol{\theta}) = \\
&\text{const} - \frac{L}{2}\log 2\pi - \frac{L}{2}\log\sigma_v^2 - \frac{1}{2\sigma_v^2} \sum_{k=1}^{L} v^2(k)
\end{aligned} \tag{4.2.31}$$

求极大似然估计 $\hat{\sigma}_v^2$：

令

$$\left.\frac{\partial l(\boldsymbol{z}_L \mid \boldsymbol{u}_{L-1},\boldsymbol{\theta})}{\partial \boldsymbol{\sigma}_v^2}\right|_{\hat{\sigma}_v^2} = 0 \tag{4.2.32}$$

解得

$$\hat{\sigma}_v^2 = \frac{1}{L}\sum_{k=1}^{L} v^2(k) \tag{4.2.33}$$

又由(4.2.31)式得

$$l(\boldsymbol{z}_L \mid \boldsymbol{u}_{L-1},\boldsymbol{\theta}) = \text{const} - \frac{L}{2}\log\boldsymbol{\sigma}_v^2 - \frac{1}{2\boldsymbol{\sigma}_V^2}\sum_{k=1}^{L} v^2(k) =$$

$$\text{const} - \frac{L}{2}\log\Big[\frac{1}{L}\sum_{k=1}^{L} v^2(k)\Big] - \frac{L}{2}\frac{1}{\sum_{k=1}^{L} v^2(k)}\cdot\sum_{k=1}^{L} v^2(k) =$$

$$\text{const} - \frac{L}{2}\log\Big[\frac{1}{L}\sum_{k=1}^{L} v^2(k)\Big] - \frac{L}{2} = \tag{4.2.34}$$

$$\text{const} - \frac{L}{2}\log\Big[\frac{1}{L}\sum_{k=1}^{L} v^2(k)\Big]$$

根据极大似然原理,因为 $l(z_L \mid \boldsymbol{u}_{L-1},\boldsymbol{\theta})\big|_{\hat{\boldsymbol{\theta}}_{\text{ML}}} = \max$,所以有

$$\left.\frac{L}{2}\log\Big[\frac{1}{L}\sum_{k=1}^{L} v^2(k)\Big]\right|_{\hat{\boldsymbol{\theta}}_{\text{ML}}} = \min \tag{4.2.35}$$

即

$$J(\hat{\boldsymbol{\theta}}_{\text{ML}}) \triangleq \left.\frac{1}{L}\sum_{k=1}^{L} v^2(k)\right|_{\hat{\boldsymbol{\theta}}_{\text{ML}}} = \min \tag{4.2.36}$$

且由(4.2.28)式得

$$v(k) = z(k) + \sum_{i=1}^{n} a_i z(k-i) - \sum_{i=1}^{n} b_i u(k-i) - \sum_{i=1}^{n} d_i v(k-i) \tag{4.2.37}$$

由上两式可看出,这是一个求带约束条件的极值问题。但是 $J(\boldsymbol{\theta})$ 关于 a_i、b_i 是线性的,而关于 d_i 却是非线性的,故 $\hat{\boldsymbol{\theta}}_{\text{ML}}$ 的解析解不可能得到,只有用数值计算方法来求解,这实际上是一种参数的搜索方法。

有许多解此最优化问题的算法,下面仅介绍 Newton-Raphson 方法[63]:

这是一种依每 L 次观测数据递推一次的算法。

选目标函数为

$$J(\boldsymbol{\theta}) = \frac{1}{2}\sum_{k=1}^{L} v^2(k) \tag{4.2.38}$$

设 $\hat{\boldsymbol{\theta}}_N$ 是利用第 N 批(长度为 L)的输入输出数据 $\{u(k), z(k); k=(N-1)L+1,\cdots,NL\}$ 求得的 ML 估计值,它使得

$$J_N(\boldsymbol{\theta}) = \frac{1}{2}\sum_{k=(N-1)L+1}^{NL} v^2(k) \tag{4.2.39}$$

达到最小值。又设 $\hat{\boldsymbol{\theta}}_{N+1}$ 是利用第 $N+1$ 批(长度为 L)的输入输出数据 $\{u(k), z(k); k=NL+1,\cdots,(N+1)L\}$ 求得的 ML 估计值,它使得

$$J_{N+1}(\boldsymbol{\theta}) = \frac{1}{2}\sum_{k=NL+1}^{(N+1)L} v^2(k) \tag{4.2.40}$$

达到最小。

根据非线性稳态系统参数估计的优化(迭代)算法之一的 Newton-Raphson 算法原理,有下列递推公式

$$\hat{\boldsymbol{\theta}}_{N+1} = \hat{\boldsymbol{\theta}}_N - \left[\frac{\partial^2 J_{N+1}(\boldsymbol{\theta})}{\partial \boldsymbol{\theta}^2}\right]_{\hat{\theta}_N}^{-1} \left[\frac{\partial J_{N+1}(\boldsymbol{\theta})}{\partial \boldsymbol{\theta}}\right]_{\hat{\theta}_N}^{T} \tag{4.2.41}$$

其中,$\dfrac{\partial^2 J_{N+1}(\boldsymbol{\theta})}{\partial \boldsymbol{\theta}^2}$为 Hessian 矩阵。

(4.2.40)式可写成递推的形式

$$J_{N+1}(\boldsymbol{\theta},k) = J_{N+1}(\boldsymbol{\theta},k-1) + \frac{1}{2}v^2(k) \tag{4.2.42}$$

则

$$\begin{aligned}\frac{\partial J_{N+1}(\boldsymbol{\theta},k)}{\partial \boldsymbol{\theta}} &= \frac{\partial J_{N+1}(\boldsymbol{\theta},k-1)}{\partial \boldsymbol{\theta}} + v(k)\frac{\partial v(k)}{\partial \boldsymbol{\theta}} = \\ &\frac{\partial J_{N+1}(\boldsymbol{\theta},k-2)}{\partial \boldsymbol{\theta}} + \sum_{k=(N+1)L-1}^{(N+1)L} v(k)\frac{\partial v(k)}{\partial \boldsymbol{\theta}} = \cdots = \\ &\sum_{k=NL+1}^{(N+1)L} v(k)\frac{\partial v(k)}{\partial \boldsymbol{\theta}}\end{aligned} \tag{4.2.43}$$

$$\begin{aligned}\frac{\partial^2 J_{N+1}(\boldsymbol{\theta},k)}{\partial \boldsymbol{\theta}^2} &= \frac{\partial^2 J_{N+1}(\boldsymbol{\theta},k-1)}{\partial \boldsymbol{\theta}^2} + \left[\frac{\partial v(k)}{\partial \boldsymbol{\theta}}\right]^T\left[\frac{\partial v(k)}{\partial \boldsymbol{\theta}}\right] + v(k)\frac{\partial^2 v(k)}{\partial \boldsymbol{\theta}^2} \approx \\ &\frac{\partial^2 J_{N+1}(\boldsymbol{\theta},k-1)}{\partial \boldsymbol{\theta}^2} + \left[\frac{\partial v(k)}{\partial \boldsymbol{\theta}}\right]^T\left[\frac{\partial v(k)}{\partial \boldsymbol{\theta}}\right] \approx \\ &\sum_{k=NL+1}^{(N+1)L}\left[\frac{\partial v(k)}{\partial \boldsymbol{\theta}}\right]^T\left[\frac{\partial v(k)}{\partial \boldsymbol{\theta}}\right]\end{aligned} \tag{4.2.44}$$

所以

$$\begin{cases}\left[\dfrac{\partial J_{N+1}(\boldsymbol{\theta})}{\partial \boldsymbol{\theta}}\right]_{\hat{\theta}_N}^T = \displaystyle\sum_{k=NL+1}^{(N+1)L} v(k)\left[\frac{\partial v(k)}{\partial \boldsymbol{\theta}}\right]^T\Bigg|_{\hat{\theta}_N} \\ \dfrac{\partial^2 J_{N+1}(\boldsymbol{\theta})}{\partial \boldsymbol{\theta}^2}\Bigg|_{\hat{\theta}_N} \approx \displaystyle\sum_{k=NL+1}^{(N+1)L}\left[\frac{\partial v(k)}{\partial(\boldsymbol{\theta})}\right]^T\left[\frac{\partial v(k)}{\partial \boldsymbol{\theta}}\right]\Bigg|_{\hat{\theta}_N}\end{cases} \tag{4.2.45}$$

其中

$$\begin{cases}\dfrac{\partial v(k)}{\partial \boldsymbol{\theta}}\Bigg|_{\hat{\theta}_N} = \left[\dfrac{\partial v(k)}{\partial a_1},\cdots,\dfrac{\partial v(k)}{\partial a_n},\dfrac{\partial v(k)}{\partial b_1},\cdots,\dfrac{\partial v(k)}{\partial b_n},\dfrac{\partial v(k)}{\partial d_1},\cdots,\dfrac{\partial v(k)}{\partial d_n}\right]\Bigg|_{\hat{\theta}_N} \\ \dfrac{\partial v(k)}{\partial a_j}\Bigg|_{\hat{\theta}_N} = z(k-j) - \displaystyle\sum_{i=1}^n d_i\frac{\partial v(k-i)}{\partial a_j}\Bigg|_{\hat{\theta}_N} \\ \dfrac{\partial v(k)}{\partial b_j}\Bigg|_{\hat{\theta}_N} = -u(k-j) - \displaystyle\sum_{i=1}^n d_i\frac{\partial v(k-i)}{\partial b_j}\Bigg|_{\hat{\theta}_N} \\ \dfrac{\partial v(k)}{\partial d_j}\Bigg|_{\hat{\theta}_N} = -\hat{v}(k-j) - \displaystyle\sum_{i=1}^n d_i\frac{\partial v(k-i)}{\partial d_j}\Bigg|_{\hat{\theta}_N} \\ k = NL+n+1,\cdots,(N+1)L;j = 1,2,\cdots,n\end{cases} \tag{4.2.46}$$

Newton-Raphson 法迭代计算具体步骤如下:

①先采集一批$\{u(k),z(k)\}$，求$\hat{\boldsymbol{\theta}}_{LS}$，让$\hat{\boldsymbol{\theta}}_N=\hat{\boldsymbol{\theta}}_{LS}$，$(N=0)$；

②再采集一批数据长度为L的$\{u(k),z(k);k=1,2,\cdots,L\}$。同时取初始值

$$\hat{v}(k)=0,\left.\frac{\partial v(k)}{\partial\boldsymbol{\theta}}\right|_{\hat{\theta}_N}=\mathbf{0},(k=1,2,\cdots,n);$$

③根据(4.2.37)式，计算$\hat{v}(k)$，$k=NL+1,\cdots,(N+1)L$；

④根据(4.2.46)式，计算$\left.\frac{\partial v(k)}{\partial\boldsymbol{\theta}}\right|_{\hat{\theta}_N}$，$k=NL+1,\cdots,(N+1)L$；

⑤根据(4.2.45)式，计算$J_{N+1}(\boldsymbol{\theta})$关于参数$\boldsymbol{\theta}$的梯度和Hessian矩阵；

⑥根据(4.2.41)式，求$\hat{\boldsymbol{\theta}}_{N+1}$；

⑦取最后n个$\hat{v}(k)$和$\left.\frac{\partial v(k)}{\partial\boldsymbol{\theta}}\right|_{\hat{\theta}_N}$值，作为下一次迭代计算的初始值。取$N=N+1$，返回第③步，当$\left|\hat{\boldsymbol{\theta}}_{N+1}-\hat{\boldsymbol{\theta}}_N\right|\leqslant\varepsilon$，($\varepsilon$为指定的正小数向量)，则迭代结束。

4.2.4 近似递推极大似然法(RML)

前面的Newton-Raphson算法是一种递推算法，但要求Hessian矩阵的逆阵，计算很繁。ML的递推算法很多，这里介绍一种通过梯度法的简化而得到的递推算法，每观测一次数据就递推计算一次参数估计值。[64]

SISO模型同图4.2.1，有

$$\begin{cases}A(q^{-1})z(k)=B(q^{-1})u(k)+D(q^{-1})v(k)\\A(q^{-1})=1+a_1q^{-1}+a_2q^{-2}+\cdots+a_{n_a}q^{-n_a}\\B(q^{-1})=b_1q^{-1}+b_2q^{-2}+\cdots+b_{n_b}q^{-n_b}\\D(q^{-1})=1+d_1q^{-1}+d_2q^{-2}+\cdots+d_{n_d}q^{-n_d}\end{cases}\tag{4.2.47}$$

令

$$\boldsymbol{\theta}=\left[a_1,a_2,\cdots a_{n_a},b_1,b_2,\cdots,b_{n_b},d_1,d_2,\cdots,d_{n_d}\right]^T\tag{4.2.48}$$

根据极大似然原理，选择目标函数满足下式

$$\left.J(\boldsymbol{\theta})\right|_{\hat{\theta}_{ML}}=\left.\sum_{k=1}^{L}v^2(k)\right|_{\hat{\theta}_{ML}}=\min\tag{4.2.49}$$

由(4.2.47)式的第一式推得

$$v(k)=\left[D(q^{-1})\right]^{-1}\left[A(q^{-1})z(k)-B(q^{-1})u(k)\right]\tag{4.2.50}$$

且$v(k)$在$\hat{\boldsymbol{\theta}}_{ML}$点上的近似泰勒展开式为

$$v(k)\approx\left.v(k)\right|_{\hat{\theta}_{ML}}+\left.\frac{\partial v(k)}{\partial\boldsymbol{\theta}}\right|_{\hat{\theta}_{ML}}(\boldsymbol{\theta}-\hat{\boldsymbol{\theta}}_{ML})\tag{4.2.51}$$

令

$$\boldsymbol{h}_f(k)\triangleq-\left.\left[\frac{\partial v(k)}{\partial\boldsymbol{\theta}}\right]^T\right|_{\hat{\theta}_{ML}}=$$

$$-\left.\left[\frac{\partial v(k)}{\partial a_1},\cdots,\frac{\partial v(k)}{\partial a_{n_a}},\frac{\partial v(k)}{\partial b_1},\cdots,\frac{\partial v(k)}{\partial b_{n_b}},\frac{\partial v(k)}{\partial d_1},\cdots,\frac{\partial v(k)}{\partial d_{n_d}}\right]^T\right|_{\hat{\theta}_{ML}}\tag{4.2.52}$$

由(4.2.50)式推得

$$
\begin{cases}
\left.\dfrac{\partial v(k)}{\partial a_j}\right|_{\hat{\boldsymbol{\theta}}_{\mathrm{ML}}} = [\hat{D}(q^{-1})]^{-1}q^{-j}z(k) \triangleq q^{-j}z_f(k) \\
\left.\dfrac{\partial v(k)}{\partial b_j}\right|_{\hat{\boldsymbol{\theta}}_{\mathrm{ML}}} = -[\hat{D}(q^{-1})]^{-1}q^{-j}u(k) \triangleq -q^{-j}u_f(k) \\
\left.\dfrac{\partial v(k)}{\partial d_j}\right|_{\hat{\boldsymbol{\theta}}_{\mathrm{ML}}} = -[\hat{D}(q^{-1})]^{-2}q^{-j}[\hat{A}(q^{-1})z(k) - \hat{B}(q^{-1})u(k)] = \\
\qquad -[\hat{D}(q^{-1})]^{-2}q^{-j}\hat{D}(q^{-1})\hat{v}(k) = -[\hat{D}(q^{-1})]^{-1}q^{-j}\hat{v}(k) \triangleq -q^{-j}\hat{v}_f(k)
\end{cases}
\tag{4.2.53}
$$

上式中
$$z_f(k) = [\hat{D}(q^{-1})]^{-1}z(k) \tag{4.2.54}$$
则
$$\hat{D}(q^{-1})z_f(k) = z_f(k) + \hat{d}_1 z_f(k-1) + \cdots + \hat{d}_{n_d} z_f(k-n_d) = z(k) \tag{4.2.55}$$
得
$$z_f(k) = z(k) - \hat{d}_1 z_f(k-1) \cdots - \hat{d}_{n_d} z_f(k-n_d) \tag{4.2.56}$$

同理有
$$
\begin{cases}
u_f(k) = u(k) - \hat{d}_1 u_f(k-1) \cdots - \hat{d}_{n_d} u_f(k-n_d) \\
\hat{v}_f(k) = \hat{v}(k) - \hat{d}_1 \hat{v}_f(k-1) \cdots - \hat{d}_{n_d} \hat{v}_f(k-n_d)
\end{cases}
\tag{4.2.57}
$$

显然，$z_f(k)$、$u_f(k)$和$\hat{v}_f(k)$是用噪声系统的参数估计值对系统的输入输出序列、噪声的估计值序列进行滤波的结果。把(4.2.53)式代入(4.2.52)式得
$$
\boldsymbol{h}_f(k) = [-z_f(k-1), \cdots, -z_f(k-n_a), u_f(k-1), \cdots, u_f(k-n_b), \hat{v}_f(k-1), \cdots, \hat{v}_f(k-n_d)]^T \tag{4.2.58}
$$

由(4.2.49)式知目标函数 $J(\boldsymbol{\theta})$ 的递推形式为
$$J(\boldsymbol{\theta},k) = J(\boldsymbol{\theta},k-1) + v^2(k) \tag{4.2.59}$$
现在用$\boldsymbol{\theta}$的二次函数来近似 $J(\boldsymbol{\theta},k-1)$，即假定存在$\hat{\boldsymbol{\theta}}(k-1)$、$\boldsymbol{P}^{-1}(k-1)$和余项 $\eta(k-1)$ 使得
$$
J(\boldsymbol{\theta},k-1) \approx [\boldsymbol{\theta} - \hat{\boldsymbol{\theta}}(k-1)]^T \boldsymbol{P}^{-1}(k-1)[\boldsymbol{\theta} - \hat{\boldsymbol{\theta}}(k-1)] + \eta(k-1) \tag{4.2.60}
$$
其中，$\boldsymbol{P}^{-1}(k-1) = \left.\dfrac{\partial^2 J(\boldsymbol{\theta},k-1)}{\partial \boldsymbol{\theta}^2}\right|_{\hat{\boldsymbol{\theta}}(k-1)}$，$\eta(k-1)$是 $J(\boldsymbol{\theta},k-1)$泰勒展开时的残差项。则由(4.2.60)，(4.2.51)，(4.2.52)式代入(4.2.59)式得
$$
\begin{aligned}
J(\boldsymbol{\theta},k) \approx {} & \{[\hat{\boldsymbol{\theta}} - \hat{\boldsymbol{\theta}}(k-1)]^T \boldsymbol{P}^{-1}(k-1)[\hat{\boldsymbol{\theta}} - \hat{\boldsymbol{\theta}}(k-1)] + \eta(k-1)\} + v^2(k) \approx \\
& \{[\hat{\boldsymbol{\theta}} - \hat{\boldsymbol{\theta}}(k-1)]^T \boldsymbol{P}^{-1}(k-1)[\hat{\boldsymbol{\theta}} - \hat{\boldsymbol{\theta}}(k-1)] + \eta(k-1)\} + \\
& \left\{ v(k)\Big|_{\hat{\boldsymbol{\theta}}(k-1)} + \left.\frac{\partial v(k)}{\partial \boldsymbol{\theta}}\right|_{\hat{\boldsymbol{\theta}}(k-1)} [\boldsymbol{\theta} - \hat{\boldsymbol{\theta}}(k-1)] \right\}^2 =
\end{aligned}
\tag{4.2.61}
$$
$$
[\tilde{\boldsymbol{\theta}}^T(k-1)\boldsymbol{P}^{-1}(k-1)\tilde{\boldsymbol{\theta}}(k-1) + \eta(k-1)\} + \left\{ v(k)\Big|_{\hat{\boldsymbol{\theta}}(k-1)} - \boldsymbol{h}_f^T(k)\tilde{\boldsymbol{\theta}}(k-1) \right\}^2 =
$$
$$
\tilde{\boldsymbol{\theta}}^T(k-1)\boldsymbol{P}^{-1}(k-1)\tilde{\boldsymbol{\theta}}(k-1) + v^2(k)\Big|_{\hat{\boldsymbol{\theta}}(k-1)} - 2v(k)\Big|_{\hat{\boldsymbol{\theta}}(k-1)} \boldsymbol{h}_f^T(k)\tilde{\boldsymbol{\theta}}(k-1) + \eta(k)
$$
上式配成二次型，得

$$J(\boldsymbol{\theta},k) \approx [\tilde{\boldsymbol{\theta}}(k-1)-\boldsymbol{r}(k)]^T\boldsymbol{P}^{-1}(k)[\tilde{\boldsymbol{\theta}}(k-1)-\boldsymbol{r}(k)]+\eta*(k) \tag{4.2.62}$$

其中

$$\begin{cases} \boldsymbol{P}^{-1}(k) = \boldsymbol{P}^{-1}(k-1)+\boldsymbol{h}_f(k)\boldsymbol{h}_f^T(k) & (4.2.63) \\ \boldsymbol{r}(k) = \boldsymbol{P}(k)\boldsymbol{h}_f(k)v(k)\Big|_{\hat{\boldsymbol{\theta}}(k-1)} \triangleq \boldsymbol{K}(k)\hat{v}(k) & (4.2.64) \end{cases}$$

显然,$\eta^*(k)$和J都是大于零的,故由(4.2.62)式知,下式

$$\tilde{\boldsymbol{\theta}}(k-1)-\boldsymbol{r}(k)=0 \tag{4.2.65}$$

即
$$\tilde{\boldsymbol{\theta}}(k-1)\Big|_{\boldsymbol{\theta}=\hat{\boldsymbol{\theta}}(k)} = \boldsymbol{r}(k) = \boldsymbol{K}(k)\hat{v}(k) \tag{4.2.66}$$

成立时,$J(\boldsymbol{\theta},k)$达到最小值。

由(4.2.66)式知

$$\hat{\boldsymbol{\theta}}(k)-\hat{\boldsymbol{\theta}}(k-1)=\boldsymbol{K}(k)\hat{v}(k) \tag{4.2.67}$$

可推得
$$\hat{\boldsymbol{\theta}}(k)=\hat{\boldsymbol{\theta}}(k-1)+\boldsymbol{K}(k)\hat{v}(k) \tag{4.2.68}$$

因为矩阵反演公式为

$$(\boldsymbol{E}+\boldsymbol{F}\boldsymbol{G})^{-1}=\boldsymbol{E}^{-1}-\boldsymbol{E}^{-1}\boldsymbol{F}(\boldsymbol{I}+\boldsymbol{G}\boldsymbol{E}^{-1}\boldsymbol{F})^{-1}\boldsymbol{G}\boldsymbol{E}^{-1} \tag{4.2.69}$$

故由(4.2.63)式求得

$$\boldsymbol{P}(k)=\boldsymbol{P}(k-1)-\frac{\boldsymbol{P}(k-1)\boldsymbol{h}_f(k)\boldsymbol{h}_f^T(k)\boldsymbol{P}(k-1)}{1+\boldsymbol{h}_f^T(k)\boldsymbol{P}(k-1)\boldsymbol{h}_f(k)} \tag{4.2.70}$$

而且不难求出增益矩阵的递推公式为

$$\boldsymbol{K}(k)=\boldsymbol{P}(k-1)\boldsymbol{h}_f(k)\left[1+\boldsymbol{h}_f^T(k)\boldsymbol{P}(k-1)\boldsymbol{h}_f(k)\right]^{-1} \tag{4.2.71}$$

则(4.2.70)变形为

$$\boldsymbol{P}(k)=\left[\boldsymbol{I}-\boldsymbol{K}(k)\boldsymbol{h}_f^T(k)\right]\boldsymbol{P}(k-1) \tag{4.2.72}$$

由(4.2.37)式推得

$$\hat{v}(k)=z(k)-\boldsymbol{h}^T(k)\hat{\boldsymbol{\theta}}(k-1) \tag{4.2.73}$$

其中

$$\boldsymbol{h}(k)=\left[-z(k-1),\cdots,-z(k-n_a),u(k-1),\cdots,u(k-n_b),\hat{v}(k-1),\cdots,\hat{v}(k-n_d)\right]^T \tag{4.2.74}$$

如果定义$\hat{d}_i(k)=0,(i>n_d)$,则(4.2.58)式可写成$\boldsymbol{h}_f(k)$的递推公式

$$
\boldsymbol{h}_f(k+1)=\left[\begin{array}{ccc:ccc:ccc}
-d_1(k) & \cdots & -d_{n_a}(k) & & & & & & \\
1 & & \mathbf{0} & & \mathbf{0} & & & \mathbf{0} & \\
 & \ddots & & & & & & & \\
\mathbf{0} & 1 & 0 & & & & & & \\
\hdashline
 & & & -d_1(k) & \cdots & -d_{n_b}(k) & & & \\
 & \mathbf{0} & & 1 & & \mathbf{0} & & \mathbf{0} & \\
 & & & & \ddots & & & & \\
 & & & \mathbf{0} & 1 & 0 & & & \\
\hdashline
 & & & & & & -d_1(k) & \cdots & -d_{n_d}(k) \\
 & \mathbf{0} & & & \mathbf{0} & & 1 & & \mathbf{0} \\
 & & & & & & & \ddots & \\
 & & & & & & \mathbf{0} & 1 & 0
\end{array}\right]\boldsymbol{h}_f(k)
+\left[\begin{array}{c}
-z(k) \\ \mathbf{0} \\ \hdashline u(k) \\ \mathbf{0} \\ \hdashline \hat{v}(k) \\ \mathbf{0}
\end{array}\right] \tag{4.2.75}
$$

把(4.2.68)、(4.2.71)、(4.2.72)、(4.2.73)、(4.2.74)、(4.2.58)、(4.2.56)、(4.2.57)这几个公式统称为RML算法。它与RELS类似，只是向量$\boldsymbol{h}_f(k)$的构造不一样。RML算法的程序流程图如图4.2.2所示。

例4.2.2　仿真模型为

$$
\begin{aligned}
& z(k)-z(k-1)+0.21z(k-2)= \\
& u(k-1)+0.5u(k-2)+v(k)-0.6v(k-1)+0.05v(k-2)
\end{aligned} \tag{4.2.76}
$$

其中，$v(k)$是服从$N(0,1)$分布的独立噪声序列，$u(k)$是幅度为1的伪随机码，利用RML算法，可得参数的估计结果如表4.2.1所示。

表4.2.1　RML算法辨识结果

参数估计值	$\hat{a}_1$	$\hat{a}_2$	$\hat{b}_1$	$\hat{b}_2$	$\hat{d}_1$	$\hat{d}_2$
真值 \ k	−1.0	0.21	1.0	0.5	−0.6	0.05
50	−0.990	0.189	0.942	0.515	−0.128	——
100	−1.023	0.219	0.950	0.536	−0.405	——
400	−1.013	0.222	1.001	0.494	−0.502	0.011
600	−1.003	0.216	1.007	0.503	−0.506	0.04
1 000	−1.003	0.212	1.001	0.505	−0.52	0.042

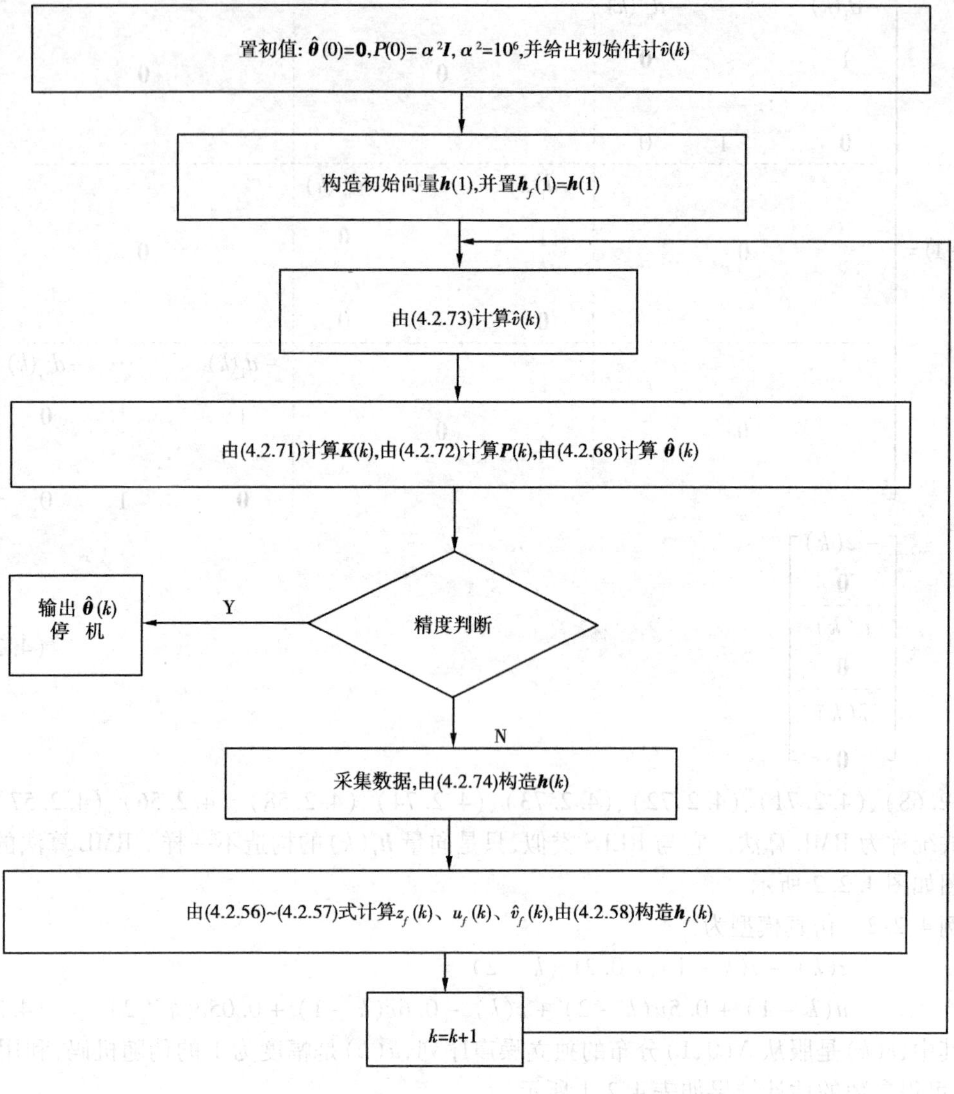

图 4.2.2　RML 算法的程序流程图

Ljung 研究表明,RML 比 RELS 有更好的收敛性质,同时证明了它以概率 1 收敛到估计准则的一个局部极小值。它具有与离线预报误差法一样好的收敛性,因此是一个比较好的方法。

4.3　系统辨识的预报误差法(PE)

极大似然法要求输出量的概率分布是已知的,才能构造似然函数,然而,关于条件概率密度的验前信息并不总是具备的,这时可采用一种比极大似然辨识算法更为一般化的预报误差辨识算法。极大似然法和最小二乘法都可以看成是它的一种特殊情况。当数据的概率分布服从正态分布时,预报误差法等价于极大似然法。

4.3.1　预报误差原理[2]

所谓“预报误差法”，它是利用 k 时刻以前的输入、输出信号来计算 $(k+1)\cdots$ 将来时刻的输出的一种方法，它是在给定了观测量 $z(k)$ 后，调整参数 $\boldsymbol{\theta}$ 值使预报的均方误差达最小的参数估计法。它和最小二乘法一样不要求任何关于概率分布的统计假设为前提。

引入一个更加一般的 MIMO 模型

$$\begin{aligned}\boldsymbol{z}(k) &= \boldsymbol{f}[\boldsymbol{z}(k-1),\cdots,\boldsymbol{z}(1),\boldsymbol{z}(0),\boldsymbol{u}(k-1),\cdots,\boldsymbol{u}(1),\boldsymbol{\theta}] + \boldsymbol{e}(k) = \\ &\quad \boldsymbol{f}[\boldsymbol{z}^{(k-1)},\boldsymbol{u}^{(k-1)},\boldsymbol{\theta}] + \boldsymbol{e}(k)\end{aligned} \tag{4.3.1}$$

其中，$\boldsymbol{z}(k)$ 为 m 维的输出向量，$\boldsymbol{z}(0)$ 为初态；$\boldsymbol{u}(k)$ 为 r 维的输入向量；$\boldsymbol{\theta}$ 为模型的参数向量；$\boldsymbol{e}(k)$ 是零均值，协方差阵为 $\boldsymbol{\Sigma}_e$ 的噪声值。显然，$\boldsymbol{z}(k)$ 的条件数学期望就是它的“最佳”预报，即有

$$\hat{\boldsymbol{z}}(k\mid\boldsymbol{\theta}) = E\{\boldsymbol{z}(k)\mid\boldsymbol{z}^{(k-1)},\boldsymbol{u}^{(k-1)},\boldsymbol{\theta}\} \tag{4.3.2}$$

一个好的模型应该具有比较小的预报误差，故

$$E\left\{\left\|\boldsymbol{z}(k)-\hat{\boldsymbol{z}}(k\mid\boldsymbol{\theta})\right\|^2\,\middle|\,\boldsymbol{z}^{(k-1)},\boldsymbol{u}^{(k-1)},\boldsymbol{\theta}\right\} = \min \tag{4.3.3}$$

一般常用的预报误差目标函数（正标量函数）有如下两种

$$\begin{cases} J_1(\boldsymbol{\theta}) = Tr[\boldsymbol{\Lambda}\boldsymbol{D}(\boldsymbol{\theta})] \\ J_2(\boldsymbol{\theta}) = \log\det\boldsymbol{D}(\boldsymbol{\theta}) \end{cases} \tag{4.3.4}$$

其中

$$\begin{cases} \boldsymbol{D}(\boldsymbol{\theta}) = \dfrac{1}{L}\sum\limits_{k=1}^{L}\boldsymbol{e}(k)\boldsymbol{e}^T(k) \\ \boldsymbol{e}(k) = \boldsymbol{z}(k) - \boldsymbol{f}[\boldsymbol{z}^{(k-1)},\boldsymbol{u}^{(k-1)},\boldsymbol{\theta}] \end{cases} \tag{4.3.5}$$

且 $\boldsymbol{\Lambda}$ 是预先选定的正定阵，$\lim\limits_{L\to\infty}\boldsymbol{D}(\boldsymbol{\theta})\to\boldsymbol{\Sigma}_e$。则把极小化 $J_1(\boldsymbol{\theta})$ 或 $J_2(\boldsymbol{\theta})$ 得到的 $\hat{\boldsymbol{\theta}}$ 称为预报误差估计量。

4.3.2　预报误差法与极大似然法的关系

如果 $\boldsymbol{e}(k)$ 是不相关的随机向量，$\boldsymbol{u}(k)$、$\boldsymbol{z}(k)$ 是统计独立的，根据 Bayes 公式，可得 $\boldsymbol{z}^{(L)}$ 的似然函数为

$$L(\boldsymbol{z}^{(L)}\mid\boldsymbol{u}^{(L)},\boldsymbol{\theta}) = \prod_{k=1}^{L}p(\boldsymbol{z}(k)\mid\boldsymbol{z}^{(k-1)},\boldsymbol{u}^{(k-1)},\boldsymbol{\theta}) \tag{4.3.6}$$

根据随机变量变换规则，可以把 $\boldsymbol{z}(k)$ 和 $\boldsymbol{e}(k)$ 的分布联系起来，即有

$$p(\boldsymbol{z}(k)\mid\boldsymbol{z}^{(k-1)},\boldsymbol{u}^{(k-1)},\boldsymbol{\theta}) = p(\boldsymbol{e}(k)\mid\boldsymbol{z}^{(k-1)},\boldsymbol{u}^{(k-1)},\boldsymbol{\theta})\left|\det\frac{\partial\boldsymbol{e}(k)}{\partial\boldsymbol{z}(k)}\right| \tag{4.3.7}$$

这里，Jacobi 矩阵行列式的绝对值 $\left|\det\dfrac{\partial\boldsymbol{e}(k)}{\partial\boldsymbol{z}(k)}\right|=1$。故最终的似然函数可以表为

$$L(\boldsymbol{z}^{(L)}\,\middle|\,\boldsymbol{u}^{(L)},\boldsymbol{\theta}) = \prod_{k=1}^{L}p(\boldsymbol{e}(k)\,\middle|\,\boldsymbol{z}^{(k-1)},\boldsymbol{u}^{(k-1)},\boldsymbol{\theta}) \tag{4.3.8}$$

如果 $\boldsymbol{e}(k)\sim N(\boldsymbol{0},\boldsymbol{\Sigma}_e)$，则上式可写成

$$L(\boldsymbol{z}^{(L)}\mid\boldsymbol{u}^{(L)},\boldsymbol{\theta}) = (2\pi)^{-\frac{mL}{2}}(\det\boldsymbol{\Sigma}_e)^{-\frac{L}{2}}\exp\left\{-\frac{1}{2}\sum_{k=1}^{L}\boldsymbol{e}^T(k)\boldsymbol{\Sigma}_e^{-1}\boldsymbol{e}(k)\right\} \tag{4.3.9}$$

现在分两种情况进行讨论：

(1) $\boldsymbol{\Sigma}_e$ 为已知时

极大化似然函数(4.3.9)式等价于下式的极小化

$$J(\boldsymbol{\theta}) = \sum_{k=1}^{L} \boldsymbol{e}^T(k) \sum\nolimits_e^{-1} \boldsymbol{e}(k) \tag{4.3.10}$$

因为

$$\boldsymbol{x}^T \boldsymbol{A} \boldsymbol{x} = Tr\left[\boldsymbol{A}\boldsymbol{x}\boldsymbol{x}^T\right] \tag{4.3.11}$$

所以

$$J(\boldsymbol{\theta}) = Tr\left[\sum_{k=1}^{L} \boldsymbol{\Sigma}_e^{-1} \boldsymbol{e}(k)\boldsymbol{e}^T(k)\right] = Tr\left[L\boldsymbol{\Sigma}_e^{-1}\boldsymbol{D}(\boldsymbol{\theta})\right] \tag{4.3.12}$$

当取 $\boldsymbol{\Lambda} = L\boldsymbol{\Sigma}_e^{-1}$ 时，上式变为

$$J(\boldsymbol{\theta}) = Tr\left[\boldsymbol{\Lambda}\boldsymbol{D}(\boldsymbol{\theta})\right] = J_1(\boldsymbol{\theta}) \tag{4.3.13}$$

(2) $\boldsymbol{\Sigma}_e$ 为未知时

极大化似然函数(4.3.9)式等价于负对数似然函数的极小化

$$J(\boldsymbol{\theta},\boldsymbol{\Sigma}_e) \triangleq -l(\boldsymbol{\theta},\boldsymbol{\Sigma}_e) = \frac{mL}{2}\log(2\pi) + \frac{L}{2}\log\det\boldsymbol{\Sigma}_e + \frac{1}{2}\sum_{k=1}^{L}\boldsymbol{e}^T(k)\boldsymbol{\Sigma}_e^{-1}\boldsymbol{e}(k) \tag{4.3.14}$$

根据(4.3.11)式及下面的矩阵迹的微分运算规则

$$\begin{cases} \dfrac{\partial}{\partial \boldsymbol{A}}\log\det\boldsymbol{A} = (\boldsymbol{A}^{-1})^T \\ \dfrac{\partial}{\partial x}Tr\left[\boldsymbol{A}\boldsymbol{x}^{-1}\boldsymbol{B}\right] = -(\boldsymbol{x}^{-1}\boldsymbol{B}\boldsymbol{A}\boldsymbol{x}^{-1})^T \end{cases} \tag{4.3.15}$$

有

$$\frac{\partial}{\partial \boldsymbol{\Sigma}_e}\left(\frac{L}{2}\log\det\boldsymbol{\Sigma}_e\right) = \frac{L}{2}\boldsymbol{\Sigma}_e^{-1} \tag{4.3.16}$$

及

$$\frac{\partial}{\partial \boldsymbol{\Sigma}_e}\left[\frac{1}{2}\sum_{k=1}^{L}\boldsymbol{e}^T(k)\boldsymbol{\Sigma}_e^{-1}\boldsymbol{e}(k)\right] = \frac{\partial}{\partial \boldsymbol{\Sigma}_e}\left\{\frac{1}{2}Tr\left[\sum_{k=1}^{L}\boldsymbol{\Sigma}_e^{-1}\boldsymbol{e}(k)\boldsymbol{e}^T(k)\right]\right\} = -\frac{1}{2}\boldsymbol{\Sigma}_e^{-1}\left[\sum_{k=1}^{L}\boldsymbol{e}(k)\boldsymbol{e}^T(k)\right]\boldsymbol{\Sigma}_e^{-1} \tag{4.3.17}$$

由(4.3.14)、(4.3.16)及(4.3.17)式知

$$\frac{\partial J(\boldsymbol{\theta},\boldsymbol{\Sigma}_e)}{\partial \boldsymbol{\Sigma}_e} = \frac{L}{2}\boldsymbol{\Sigma}_e^{-1} - \frac{1}{2}\boldsymbol{\Sigma}_e^{-1}\left[\sum_{k=1}^{L}\boldsymbol{e}(k)\boldsymbol{e}^T(k)\right]\boldsymbol{\Sigma}_e^{-1} \tag{4.3.18}$$

则 $\boldsymbol{\Sigma}_e$ 的极大似然估计值为

$$\hat{\boldsymbol{\Sigma}}_e = \frac{1}{L}\sum_{k=1}^{L}\boldsymbol{e}(k)\boldsymbol{e}^T(k) = \boldsymbol{D}(\boldsymbol{\theta}) \tag{4.3.19}$$

把(4.3.19)式代入(4.3.14)式得

$$J(\boldsymbol{\theta},\hat{\boldsymbol{\Sigma}}_e) = \frac{mL}{2}\log(2\pi) + \frac{L}{2}\log\det\boldsymbol{D}(\boldsymbol{\theta}) + \frac{1}{2}\sum_{k=1}^{L}\boldsymbol{e}^T(k)\boldsymbol{D}^{-1}(\boldsymbol{\theta})\boldsymbol{e}(k) \tag{4.3.20}$$

上式等号右边第三项可以化成$\frac{mL}{2}$，则

$$J(\boldsymbol{\theta},\hat{\boldsymbol{\Sigma}}_e) = \frac{mL}{2}(\log 2\pi + 1) + \frac{L}{2}\log\det\boldsymbol{D}(\boldsymbol{\theta}) \tag{4.3.21}$$

故上式的极小化又等价于下式的极小化

$$J(\boldsymbol{\theta}) = \log\det\boldsymbol{D}(\boldsymbol{\theta}) = J_2(\boldsymbol{\theta}) \tag{4.3.22}$$

综上分析，当 $\boldsymbol{e}(k)$ 是服从正态分布的不相关随机向量时，极大化似然函数 $L(\boldsymbol{z}^{(L)} \mid \boldsymbol{u}^{(L)}, \boldsymbol{\theta})$ 等价于极小化预报误差目标函数 $J_1(\boldsymbol{\theta})$ 或 $J_2(\boldsymbol{\theta})$，即表明极大似然法和预报误差法在此时是等价的。

4.3.3　预报误差参数估计方法(最优化算法)[2]

目标函数 $J_1(\boldsymbol{\theta})$ 或 $J_1(\boldsymbol{\theta})$ 可以通过标准的函数最优化方法来求极小值，因此可以用梯度法、Newton-Raphson 法等非线性稳态系统模型参数估计的最优化方法来计算。

下面主要介绍一下 Newton-Raphson 法。根据 Newton-Raphson 原理，有迭代公式

$$\hat{\boldsymbol{\theta}}_{n+1} = \hat{\boldsymbol{\theta}}_n - h_n\left[\frac{\partial^2 J_l(\boldsymbol{\theta})}{\partial \boldsymbol{\theta}^2}\right]^{-1}\left[\frac{\partial J_l(\boldsymbol{\theta})}{\partial(\boldsymbol{\theta})}\right]^T\Bigg|_{\hat{\theta}_n} \tag{4.3.23}$$

其中，$\hat{\boldsymbol{\theta}}_n$ 表示第 n 次迭代的参数估计值；$J_l(\boldsymbol{\theta})$，$(l=1,2)$；$\frac{\partial J_l(\boldsymbol{\theta})}{\partial \boldsymbol{\theta}}$ 是 $J_l(\boldsymbol{\theta})$ 关于 $\boldsymbol{\theta}$ 的梯度；$\frac{\partial^2 J_l(\boldsymbol{\theta})}{\partial \boldsymbol{\theta}^2}$ 为 Hessian 矩阵；h_n 为迭代步长，它使得

$$J_l(\hat{\boldsymbol{\theta}}_{n+1}) = \min \tag{4.3.24}$$

根据(4.3.11)、(4.3.15)式及下面的公式

$$\begin{cases} \sum_{i=1}^{m}\sum_{j=1}^{m} a_{ij}b_{ij} = T_r\,[\boldsymbol{A}^T\boldsymbol{B}] \\ \frac{\partial}{\partial x}\boldsymbol{x}^T\boldsymbol{A}\boldsymbol{x} = 2\boldsymbol{x}^T\boldsymbol{A}, \boldsymbol{A}\text{ 为对称阵} \end{cases} \tag{4.3.25}$$

计算 $\frac{\partial J_l(\boldsymbol{\theta})}{\partial \boldsymbol{\theta}}$：向量 $\frac{\partial J_l(\boldsymbol{\theta})}{\partial \boldsymbol{\theta}}$ 的第 i 个元素为

$$\begin{aligned} \frac{\partial J_l(\boldsymbol{\theta})}{\partial \boldsymbol{\theta}_i} &= \frac{\partial}{\partial \boldsymbol{\theta}_i} Tr\,[\boldsymbol{\Lambda}\boldsymbol{D}(\boldsymbol{\theta})] = \\ &\frac{\partial}{\partial \theta_i} Tr\left[\boldsymbol{\Lambda}\,\frac{1}{L}\sum_{k=1}^{L}\boldsymbol{e}(k)\boldsymbol{e}^T(k)\right] = \\ &\frac{1}{L}\sum_{k=1}^{L}\frac{\partial}{\partial \theta_i}\boldsymbol{e}^T(k)\boldsymbol{\Lambda}\boldsymbol{e}(k) = \\ &\frac{2}{L}\sum_{k=1}^{L}\boldsymbol{e}^T(k)\boldsymbol{\Lambda}\,\frac{\partial \boldsymbol{e}(k)}{\partial \theta_i} \end{aligned} \tag{4.3.26}$$

$$\begin{aligned} \frac{\partial J_2(\boldsymbol{\theta})}{\partial \theta_i} &= \frac{\partial}{\partial \theta_i}\log\,\det\boldsymbol{D}(\boldsymbol{\theta}) = \\ &\sum_{p=1}^{m}\sum_{q=1}^{m}\frac{\partial}{\partial d_{pq}}\log\,\det\boldsymbol{D}(\boldsymbol{\theta})\,\frac{\partial d_{pq}}{\partial \theta_i} = \\ &Tr\left[\left(\frac{\partial}{\partial \boldsymbol{D}(\boldsymbol{\theta})}\log\,\det\boldsymbol{D}(\boldsymbol{\theta})\right)^T\frac{\partial \boldsymbol{D}(\boldsymbol{\theta})}{\partial \theta_i}\right] = \\ &Tr\left[\boldsymbol{D}^{-1}(\boldsymbol{\theta})\cdot\frac{2}{L}\sum_{k=1}^{L}\frac{\partial \boldsymbol{e}(k)}{\partial \theta_i}\boldsymbol{e}^T(k)\right] = \end{aligned}$$

$$\frac{2}{L}\sum_{k=1}^{L}\boldsymbol{e}^T(k)\boldsymbol{D}^{-1}(\boldsymbol{\theta})\frac{\partial \boldsymbol{e}(k)}{\partial \theta_i} \tag{4.3.27}$$

计算 Hessian 矩阵：矩阵$\frac{\partial^2 J_l(\boldsymbol{\theta})}{\partial \boldsymbol{\theta}^2}$的第 i 行第 j 列元素为

$$\frac{\partial^2 J_1(\boldsymbol{\theta})}{\partial \theta_j \partial \theta_i} = \frac{\partial}{\partial \theta_j}\Big[\frac{2}{L}\sum_{k=1}^{L}\boldsymbol{e}^T(k)\boldsymbol{\Lambda}\frac{\partial \boldsymbol{e}(k)}{\partial_i}\Big] =$$

$$\frac{2}{L}\sum_{k=1}^{L}\Big\{\Big[\frac{\partial \boldsymbol{e}(k)}{\partial \theta_j}\Big]^T\boldsymbol{\Lambda}\Big[\frac{\partial \boldsymbol{e}(k)}{\partial \theta_i}\Big] + \boldsymbol{e}^T(k)\boldsymbol{\Lambda}\frac{\partial^2 \boldsymbol{e}(k)}{\partial \theta_j \partial \theta_j}\Big\} \approx$$

$$\frac{2}{L}\sum_{k=1}^{L}\Big[\frac{\partial \boldsymbol{e}(k)}{\partial \theta_j}\Big]^T\boldsymbol{D}^{-1}(\theta)\Big[\frac{\partial \boldsymbol{e}(k)}{\partial \theta_i}\Big] \tag{4.3.28}$$

$$\frac{\partial^2 J_2(\boldsymbol{\theta})}{\partial \theta_j \partial \theta_i} \approx \frac{2}{L}\sum_{k=1}^{L}\Big[\frac{\partial \boldsymbol{e}(k)}{\partial \theta_j}\Big]^T\boldsymbol{D}^{-1}(\boldsymbol{\theta})\Big[\frac{\partial \boldsymbol{e}(k)}{\partial \theta_i}\Big] \tag{4.3.29}$$

其中，$i,j=1,2,\cdots,N$，N 是参数 $\boldsymbol{\theta}$ 的维数，即待辨识的参数个数。且由(4.3.5)式中的第 2 式得

$$\frac{\partial \boldsymbol{e}(k)}{\partial \theta_i} = -\frac{\partial}{\partial \theta_i}\boldsymbol{f}(\boldsymbol{z}^{(k-1)},\boldsymbol{u}^{(k-1)},\boldsymbol{\theta}) \tag{4.3.30}$$

(4.3.28)、(4.3.29)式中忽略了 $\boldsymbol{e}(k)$ 关于 $\boldsymbol{\theta}$ 的二阶导数项，这种简化一是为了计算简单，二是为了保证 Hessian 矩阵的正定性。

上述求$\hat{\boldsymbol{\theta}}$步骤归纳如下：

①给定初值$\hat{\boldsymbol{\theta}}_n$ 和 h_n；

②根据(4.3.5)式计算 $\boldsymbol{e}(k)\Big|_{\hat{\theta}_n}$、$\boldsymbol{D}(\hat{\boldsymbol{\theta}}_n)$，再根据(4.3.30)式计算$\frac{\partial \boldsymbol{e}(k)}{\partial \boldsymbol{\theta}}\Big|_{\hat{\theta}_n}$，$(k=1,\cdots,L)$；

③根据(4.3.26)、(4.3.27)式计算$\frac{\partial J_l(\boldsymbol{\theta})}{\partial \boldsymbol{\theta}}\Big|_{\hat{\theta}_n}$，再根据(4.3.28)、(4.3.29)式计算$\frac{\partial^2 J_l(\boldsymbol{\theta})}{\partial \boldsymbol{\theta}^2}\Big|_{\hat{\theta}_n}$；

④进行一维寻优找得迭代步长 h_n，使得

$$J_l\Big(\hat{\boldsymbol{\theta}}_n - h_n\Big[\frac{\partial^2 J_l(\boldsymbol{\theta})}{\partial \boldsymbol{\theta}^2}\Big]^{-1}\Big[\frac{\partial J_l(\boldsymbol{\theta})}{\partial \boldsymbol{\theta}}\Big]^T\Big|_{\hat{\theta}_n}\Big) = \min \tag{4.3.31}$$

⑤根据(4.3.23)式计算出$\hat{\boldsymbol{\theta}}_{n+1}$；

⑥判断估计精度是否已满足要求，若已满足则停止，否则令 $n=n+1$，转向②。

上述的简单方法在实际中已取得满意的效果。预报误差法得到的参数估计量具有优良的渐近性质。

第 5 章 数学模型的结构辨识

前面几章论述了模型参数估计的多种算法,它都假定系统数学模型的阶次是已知的。实际上,我们对阶次并不知道,只是一种必需的假定而已。实践表明,如果假定的模型阶次不合适,则系统的数学模型就不准确,进而就会在控制系统的分析和设计中产生不良后果。

SISO 系统的结构辨识问题相对简单,可归结为确定阶次 n 和时滞 d。而 MIMO 系统由于没有惟一的规范型表示,其结构由一组结构不变量确定,故在理论和实践上,MIMO 系统的模型结构辨识问题较为复杂。

本章主要讨论 SISO 系统数学模型的几种常用的结构辨识方法。

5.1 根据汉格尔矩阵估计模型的阶次

设一个可观可控的 SISO 过程的脉冲响应序列为 $\{g(1),g(2),\cdots,g(L)\}$,可以通过汉格尔(Hankel)矩阵的秩来确定系统的阶次。

令 Hankel 阵为

$$\boldsymbol{H}(l,k) \triangleq \begin{bmatrix} g(k) & g(k+1) & \cdots & g(k+l-1) \\ g(k+1) & g(k+2) & \cdots & g(k+l) \\ \vdots & \vdots & & \vdots \\ g(k+l-1) & g(k+1) & \cdots & g(k+2l-2) \end{bmatrix} \tag{5.1.1}$$

其中,l 决定 $\boldsymbol{H}(l,k)$ 阵的维数,k 可在 1 至$(L-2l+2)$间任意选择。则有

$$\text{rank}\left[\boldsymbol{H}(l,k)\right] = n_0, l \geqslant n_0, \forall k \tag{5.1.2}$$

也就是说,如果 $l \geqslant n_0$(过程的真实阶次),那么 Hankel 阵的秩等于 n_0。因此,可以利用 $\boldsymbol{H}(l,k)$ 的奇异性来确定系统的阶次 n_0。下面就过程的噪声性质分 3 种情况来讨论。

5.1.1 无噪声情况

对所有 k,当 $l=\hat{n}+1$ 时,有

$$\det\left[\boldsymbol{H}(l,k)\right] = 0 \tag{5.1.3}$$

则 $\hat{n}$ 即为过程的真实阶次 n_0。

5.1.2　弱噪声情况

实际上,由于噪声的污染,$\det\left[\boldsymbol{H}(l,k)\right]\neq 0$,因此,可采用行列式比检验法。当噪声较小时,定义 Hankel 矩阵行列式的平均比值 D_l 如下

$$D_l \triangleq \frac{\dfrac{1}{L-2l+2}\sum_{k=1}^{L-2l+2}\det\left[\boldsymbol{H}(l,k)\right]}{\dfrac{1}{L-2l}\sum_{k=1}^{L-2l}\det\left[\boldsymbol{H}(l+1,k)\right]} \tag{5.1.4}$$

如图 5.1.1 绘出 $D_l \sim l$ 曲线,当 D_l 为峰值时,对应的 l 值即为 n_0。

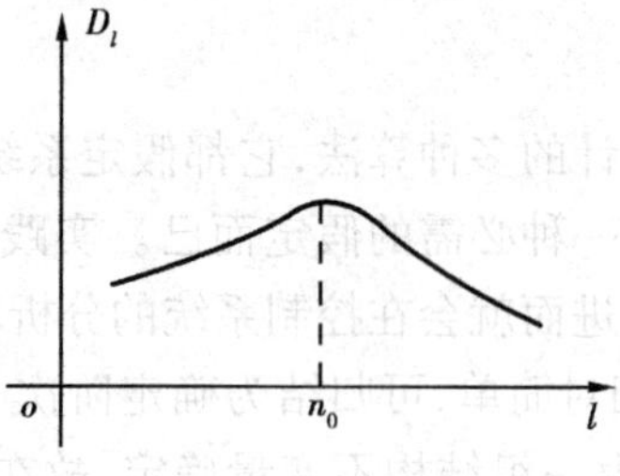

图 5.1.1　$D_l \sim l$ 曲线

5.1.3　强噪声情况

当噪声较大时,上图中的尖峰很难看出来。此时可采用相关法来定阶。即令

$$\begin{cases}\rho(k) = \dfrac{R_g(k)}{R_g(o)} \\ R_g(k) = \dfrac{1}{L-k}\displaystyle\sum_{i=1}^{L-k} g(i)g(i+k)\end{cases} \tag{5.1.5}$$

然后构造 Hankel 阵如下

$$\boldsymbol{H}(l,k) = \begin{bmatrix} \rho(k) & \rho(k+1) & \cdots & \rho(k+l-1) \\ \rho(k+1) & \rho(k+2) & \cdots & \rho(k+l) \\ \vdots & \vdots & \cdots & \vdots \\ \rho(k+l-1) & \rho(k+l) & \cdots & \rho(k+2l-2) \end{bmatrix} \tag{5.1.6}$$

同理,可用类似于上述的行列式比检验法(5.1.4)式来确定阶次。因为相关法采用的是平均值,所以在有噪声情况下它比较好。

5.2 根据积矩矩阵估计模型的阶次

与 5.1 中 Hankel 矩阵定阶法不同的是，本节是利用输入输出数据来构造数据矩阵，然后再利用它的积矩矩阵的行列式比来定阶。根据噪声性质，下面也分 3 种情况来讨论。

5.2.1 无噪声情况

考虑如下过程模型

$$y(k) + \sum_{i=1}^{n} a_i y(k-i) = \sum_{i=1}^{n} b_i u(k-i) \tag{5.2.1}$$

其中，$u(k)$、$y(k)$ 为过程的输入输出变量。

令

$$\boldsymbol{H}_n = \left[\begin{array}{cccc:cccc} y(n) & y(n-1) & \cdots & y(1) & u(n) & u(n-1) & \cdots & u(1) \\ y(n+1) & y(n) & \cdots & y(2) & u(n+1) & u(n) & \cdots & u(2) \\ \vdots & \vdots & & \vdots & \vdots & \vdots & & \vdots \\ y(n+L-1) & y(n+L-2) & \cdots & y(L) & u(n+L-1) & u(n+L-2) & \cdots & u(L) \end{array}\right] \tag{5.2.2}$$

其中，L 为数据长度。

设 n_0 为过程模型的真实阶次，$\hat{n}$ 为模型的阶次估计值，积矩矩阵 $\boldsymbol{H}(\hat{n}) = \frac{1}{L}\boldsymbol{H}_n^T\boldsymbol{H}_n$ 有如下性质

$$\det\left[\boldsymbol{H}(\hat{n})\right] = \begin{cases} >0, & \hat{n} \leqslant n_0 \\ =0, & \hat{n} > n_0 \end{cases} \tag{5.2.3}$$

但是，由于计算误差等因素，真正让 $\det[\boldsymbol{H}(\hat{n})]=0$ （$\hat{n}>n_0$ 时）是比较困难的。类似上一节的定阶思想，可定义如下的行列式比

$$DR(\hat{n}) = \frac{\det\left[\boldsymbol{H}(\hat{n})\right]}{\det\left[\boldsymbol{H}(\hat{n}+1)\right]} \tag{5.2.4}$$

如图 5.2.1 中绘出 $DR(\hat{n}) \sim \hat{n}$ 曲线，当 $\hat{n}$ 从 1 开始逐一增加，若 $DR(\hat{n})$ 较 $DR(\hat{n}-1)$ 有显著增加，则此时 $n_0=\hat{n}$。

5.2.2 白噪声情况

考虑如下过程模型

$$z(k) + \sum_{i=1}^{n} a_i z(k-i) = \sum_{i=1}^{n} b_i u(k-i) + v(k) \tag{5.2.5}$$

其中，$u(k)$、$y(k)$ 为过程的输入输出变量，$v(k)$ 是白噪声。令

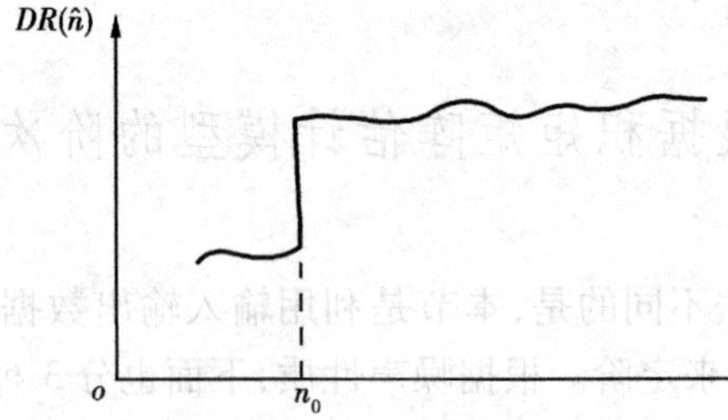

图 5.2.1　$DR(\hat{n})\sim\hat{n}$曲线

$$
\boldsymbol{H}_{\hat{n}}^{*}=\left[\begin{array}{ccc|cccc}
z(\hat{n}) & z(\hat{n}-1) & z(1) & u(\hat{n}) & u(\hat{n}-1) & \cdots & u(1)\\
z(\hat{n}+1) & z(\hat{n}) & z(2) & u(\hat{n}+1) & u(\hat{n}) & \cdots & u(2)\\
\vdots & \vdots & \vdots & \vdots & \vdots & & \vdots\\
z(\hat{n}+L-1) & z(\hat{n}+L-2) & z(L) & u(\hat{n}+1) & u(\hat{n}+L-2) & \cdots & u(L)
\end{array}\right]
\triangleq\left[\boldsymbol{Z}\hat{n} \;\middle|\; \boldsymbol{U}\hat{n}\right] \tag{5.2.6}
$$

其中,L 为数据长度。

利用积矩矩阵　$\boldsymbol{H}^{*}(\hat{n})=\frac{1}{L}\boldsymbol{H}_{\hat{n}}^{*T}\boldsymbol{H}_{\hat{n}}^{*}$,可定义如下的行列式比

$$
DR^{*}(\hat{n})=\frac{\det\left[\boldsymbol{H}^{*}(\hat{n})\right]}{\det\left[\boldsymbol{H}^{*}(\hat{n}+1)\right]} \tag{5.2.7}
$$

当$\hat{n}$从 1 开始逐一增加,若 $DR^{*}(\hat{n})$较 $DR^{*}(\hat{n}-1)$有显著增加,则此时 $n_0=\hat{n}$。

5.2.3　有色噪声情况[2]

考虑如下过程模型

$$
\begin{cases}
z(k)+\sum\limits_{i=1}^{n}a_i z(k-i)=\sum\limits_{i=1}^{n}b_i u(k-i)+e(k)\\
e(k)+\sum\limits_{i=1}^{m}c_i e(k-i)=v(k)+\sum\limits_{i=1}^{m}d_i v(k-i)
\end{cases} \tag{5.2.8}
$$

其中,$u(k)$、$z(k)$为过程的输入输出变量,$v(k)$是白噪声,$e(k)$为有色噪声。这里需要确定过程模型阶次 n 和噪声模型阶次 m。

根据(5.2.8)式,$e(k)$、$v(k)$的估计值$\hat{e}(k)$、$\hat{v}(k)$可按下式计算

$$
\begin{cases}
\hat{e}(k)=z(k)+\boldsymbol{z}^{T}(k)\,\hat{\boldsymbol{a}}-\boldsymbol{u}^{T}(k)\,\hat{\boldsymbol{b}}\\
\hat{v}(k)=\hat{e}(k)+\hat{\boldsymbol{e}}^{T}(k)\,\hat{\boldsymbol{c}}-\hat{\boldsymbol{v}}^{T}(k)\,\hat{\boldsymbol{d}}
\end{cases} \tag{5.2.9}
$$

其中

$$
\begin{cases}
\hat{\boldsymbol{a}} = \left[\hat{a}_1, \hat{a}_2, \cdots \hat{a}_n\right]^T \\
\hat{\boldsymbol{b}} = \left[\hat{b}_1, \hat{b}_2, \cdots, \hat{b}_n\right]^T \\
\hat{\boldsymbol{c}} = \left[\hat{c}_1, \hat{c}_2, \cdots, \hat{c}_m\right]^T \\
\hat{\boldsymbol{d}} = \left[\hat{d}_1, \hat{d}_2, \cdots, \hat{d}_m\right]^T \\
\boldsymbol{z}(k) = \left[z(k-1), z(k-2), \cdots, z(k-n)\right]^T \\
\boldsymbol{u}(k) = \left[u(k-1), u(k-2), \cdots, u(k-n)\right]^T \\
\hat{\boldsymbol{e}}(k) = \left[\hat{e}(k-1), \hat{e}(k-2), \cdots, \hat{e}(k-m)\right]^T \\
\hat{\boldsymbol{v}}(k) = \left[\hat{v}(k-1), \hat{v}(k-2), \cdots, \hat{v}(k-m)\right]^T
\end{cases}
\tag{5.2.10}
$$

可见,计算$\hat{e}(k)$、$\hat{v}(k)$时要用到参数 $\boldsymbol{\theta} = \left[-\boldsymbol{a}^T, \boldsymbol{b}^T, -\boldsymbol{c}^T, \boldsymbol{d}^T\right]$的估计值(直接利用最小二乘法获得$\hat{\boldsymbol{\theta}}_{LS}$),而计算$\hat{\boldsymbol{\theta}}_{LS}$时又要已知$\hat{e}(K)$、$\hat{v}(k)$,故$\hat{\boldsymbol{\theta}}_{LS}$和(5.2.9)式的计算只能迭代进行。

令

$$
\boldsymbol{H}_{n,m} \triangleq \left[\boldsymbol{Z}_n \,\vdots\, \boldsymbol{U}_n \,\vdots\, \hat{\boldsymbol{E}}_m \,\vdots\, \hat{\boldsymbol{V}}_m\right]
\tag{5.2.11}
$$

其中

$$
\begin{cases}
\boldsymbol{Z}_n = \begin{bmatrix} z(n) & z(n-1) & \cdots & z(1) \\ z(n+1) & z(n) & \cdots & z(2) \\ \vdots & \vdots & & \vdots \\ z(n+L-1) & z(n+L-2) & \cdots & z(L) \end{bmatrix} \\
\boldsymbol{U}_n = \begin{bmatrix} u(n) & u(n-1) & \cdots & u(1) \\ u(n+1) & u(n) & \cdots & u(2) \\ \vdots & \vdots & & \vdots \\ u(n+L-1) & u(n+L-2) & \cdots & u(L) \end{bmatrix} \\
\hat{\boldsymbol{E}}_m = \begin{bmatrix} \hat{e}(n) & \hat{e}(n-1) & \cdots & \hat{e}(n-m+1) \\ \hat{e}(n+1) & \hat{e}(n) & \cdots & \hat{e}(n-m+2) \\ \vdots & \vdots & & \vdots \\ \hat{e}(n+L-1) & \hat{e}(n+L-2) & \cdots & \hat{e}(n-m+L) \end{bmatrix} \\
\hat{\boldsymbol{V}}_m = \begin{bmatrix} \hat{v}(n) & \hat{v}(n-1) & \cdots & \hat{v}(n-m+1) \\ \hat{v}(n+1) & \hat{v}(n) & \cdots & \hat{v}(n-m+2) \\ \vdots & \vdots & & \vdots \\ \hat{v}(n+L-1) & \hat{v}(n+L-2) & \cdots & \hat{v}(n-m+L) \end{bmatrix}
\end{cases}
\tag{5.2.12}
$$

上式中,L 为数据长度。

定义积矩矩阵如下

$$\boldsymbol{H}(n,m) = \frac{1}{L}\boldsymbol{H}_{n,m}^{T}\boldsymbol{H}_{n,m} \triangleq \left[\begin{array}{c:c} \boldsymbol{H}_{11}(n) & \boldsymbol{H}_{12} \\ \hdashline \boldsymbol{H}_{21} & \boldsymbol{H}_{22}(m) \end{array}\right] \tag{5.2.13}$$

则可定义如下的行列式比

$$\begin{cases} DR^{**}(\hat{n}) = \dfrac{\det\left[\boldsymbol{H}_{11}(\hat{n})\right]}{\det\left[\boldsymbol{H}_{11}(\hat{n}+1)\right]} \\ DR^{**}(\hat{m}) = \dfrac{\det\left[\boldsymbol{H}_{22}(\hat{m})\right]}{\det\left[\boldsymbol{H}_{22}(\hat{m}+1)\right]} \end{cases} \tag{5.2.14}$$

那么 n、m 的定阶方法是:先固定$\hat{m}$,逐一增加$\hat{n}$,若 $DR^{**}(\hat{n})$较 $DR^{**}(\hat{n}-1)$有显著增加,则此时 $n_0=\hat{n}$;同理,固定$\hat{n}$,逐一增加$\hat{m}$,若 $DR^{**}(\hat{m})$较 $DR^{**}(\hat{m}-1)$有显著增加,则此时$m_0=\hat{m}$。

5.3 根据残差平方和估计模型的阶次

这里指的是用残差平方和(作为损失函数)达最小值的直接法和 F 检验法来定阶的一种方法,也叫损失函数法,它和参数辨识方法是密切相关的。

5.3.1 损失函数法原理

对于一个辨识对象模型,利用输入输出数据,在假定不同阶次的情况下,进行最小二乘拟合,比较不同的阶次模型和输入、输出数据间拟合的好坏,衡量拟合好坏的标准之一是残差平方和函数 J。

设 SISO 差分方程模型的输出残差为 $\tilde{z}(k)$,数据长度为 L,$\boldsymbol{H}_{\hat{n}}$为$\hat{n}$阶时的数据矩阵,$\hat{\boldsymbol{\theta}}_{\hat{n}}$为$\hat{n}$阶时的参数的估计量,$\hat{n}$为模型阶次估计值,$n_0$ 为真实阶次,则有

$$\begin{aligned} J(\hat{n}) &\triangleq \frac{1}{L}\tilde{\boldsymbol{z}}_{\hat{n}}^{T}\tilde{\boldsymbol{z}}_{\hat{n}} = \\ &\frac{1}{L}(\boldsymbol{z}_{n_0} - \boldsymbol{H}_{\hat{n}}\hat{\boldsymbol{\theta}}_{\hat{n}})^{T}(\boldsymbol{z}_{n_0} - \boldsymbol{H}_{\hat{n}}\hat{\boldsymbol{\theta}}_{\hat{n}}) = \\ &\frac{1}{L}\sum_{k=n+1}^{n+L}\tilde{z}^{2}(k) \end{aligned} \tag{5.3.1}$$

可见,残差平方和是模型参数和阶次的函数,又称为损失函数,它是模型精度的一种度量。

残差平方和有这样的性质,即当 L 足够大时,随着$\hat{n}$增加,$J(\hat{n})$先是显著地下降,当$\hat{n}>n_0$时,$J(\hat{n})$值显著下降的现象就中止。这就是损失函数法来定阶的原理。

定阶的步骤首先是辨识不同阶次下的模型参数估计量$\hat{\theta}_1,\hat{\theta}_2,\cdots$,然后计算 $J(1),J(2),\cdots$,再做出 $J(\hat{n})\sim\hat{n}$ 曲线,按上述原理即可找到 n_0。

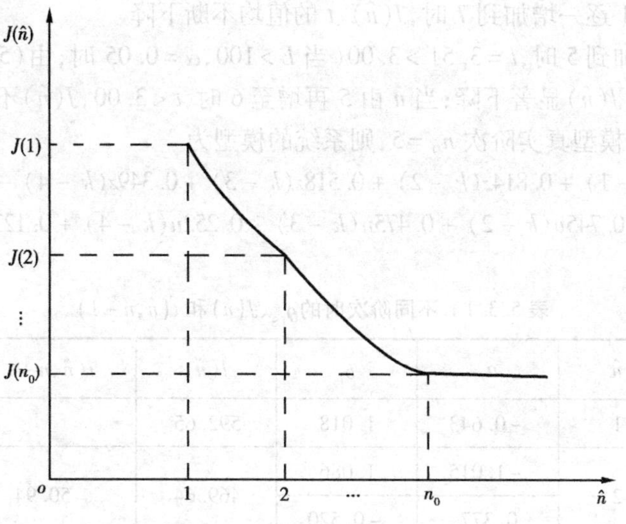

图 5.3.1　损失函数法原理图

5.3.2　*F* 检验法

上述的损失函数法是直接的，但比较粗糙。因为在不同阶数就对应的损失函数是否有显著的差别，有时往往不易判断。这时即可采用数理统计学中的 F 检验法来定阶。

对此，Astrom 等人提出证明，若噪声 $v(k)$ 是服从正态分布 $N(0,\sigma_v^2)$ 的随机变量，如果零假设 $H_0: \hat{n}_2 > \hat{n}_1 \geqslant n_0$ 成立，当 L 充分大时，可引入一个统计量 t 作为检验的准则

$$t(\hat{n}_1,\hat{n}_2) = \frac{J(\hat{n}_1) - J(\hat{n}_2)}{J(\hat{n}_2)} \cdot \frac{L - 2\hat{n}_2}{2(\hat{n}_2 - \hat{n}_1)} \sim F(2\hat{n}_2 - 2\hat{n}_1, L - 2\hat{n}_2) \tag{5.3.2}$$

对于 SISO 系统，$\hat{n}_2 = \hat{n}_1 + 1$ 则上式可写为

$$t(\hat{n},\hat{n}+1) = \frac{J(\hat{n}) - J(\hat{n}+1)}{J(\hat{n}+1)} \cdot \frac{L - 2\hat{n} - 2}{2} \sim F(2, L - 2\hat{n} - 2) \tag{5.3.3}$$

F 检验又称显著性检验，就是在一定的风险水平 α（或置信度 $1-\alpha$）的前提下，确定阶的变化是否会显著地影响 $J(\hat{n})$。显然，当零假设成立时，$J(\hat{n}+1)$ 较 $J(\hat{n})$ 不会有显著下降，即 t 应该较小；否则，$J(\hat{n}+1)$ 较 $J(\hat{n})$ 有显著下降，即 t 应该较大。当 L 很大时，具体的 F 检验法定阶问题可表述成：若

$$\begin{cases} t(\hat{n},\hat{n}+1) > t_\alpha, \text{拒绝 } H_0: \hat{n} \geqslant n_0 \\ t(\hat{n}+1,\hat{n}+2) \leqslant t_\alpha, \text{接受 } H_0: \hat{n}+1 \geqslant n_0 \end{cases} \tag{5.3.4}$$

且

$$t_\alpha = F_\alpha(2, L) \tag{5.3.5}$$

则 $n_0 = \hat{n} + 1$。

例 5.3.1　采集得到某 SISO 线性定常系统的输入输出数据 $\{u(k), z(k); k = 1,2,\cdots,600\}$，若以随机差分方程描述该系统，试用 F 检验法来确定模型的阶次。

解　设模型的阶次 $\hat{n} = 1,2,\cdots,7$ 时，计算参数估计 $\hat{\boldsymbol{\theta}}_{\mathrm{LS}} = \left[\hat{a}_1, \hat{a}_2, \cdots, \hat{a}_{\hat{n}}, \hat{b}_1, \hat{b}_2, \cdots, \hat{b}_{\hat{n}}\right]^{\mathrm{T}}$ 以及相应的损失函数值 $J(\hat{n})$ 和统计量 t，内容见表 5.3.1。显然：

①当阶次 $\hat{n}$ 由 1 逐一增加到 7 时，$J(\hat{n})$、t 的值均不断下降。

②当 $\hat{n}$ 由 4 增加到 5 时，$t=3.51>3.00$（当 $L>100$，$\alpha=0.05$ 时，由(5.3.5)式可得 $t_{0.05}=F_{0.05}(2,L)=3.00$），$J(\hat{n})$ 显著下降；当 $\hat{n}$ 由 5 再增至 6 时，$t<3.00$，$J(\hat{n})$ 不再显著下降。

综合以上分析，模型真实阶次 $n_0=5$，则系统的模型为

$$z(k)-1.185z(k-1)+0.814z(k-2)+0.518z(k-3)+0.349z(k-4)-0.117z(k-5)=1.080u(k-1)-0.745u(k-2)+0.475u(k-3)-0.252u(k-4)+0.123u(k-5)+v(k) \tag{5.3.6}$$

表 5.3.1　不同阶次时的 $\hat{\boldsymbol{\theta}}_{\text{LS}}$、$J(\hat{n})$ 和 $t(\hat{n},\hat{n}+1)$

$\hat{n}$	$\hat{a}_i$	$\hat{b}_i$	$J(\hat{n})$	$t(\hat{n},n+1)$
1	−0.643	1.018	592.65	
2	−1.015	1.086	469.64	50.94
	0.377	−0.520		
3	−1.118	1.115	447.25	9.67
	0.642	−0.660		
	−0.178	0.263		
4	−1.157	1.085	426.40	9.43
	0.756	−0.733		
	−0.412	0.409		
	0.187	−0.146		
5	−1.185	1.080	<u>418.76</u>	<u>3.51</u>
	0.814	−0.745		
	0.518	0.475		
	0.349	−0.252		
	−0.117	0.123		
6	1.195	1.079	416.55	0.99
	0.339	−0.751		
	−0.555	0.487		
	0.410	−0.290		
	−0.208	0.183		
	0.061	−0.080		
7			414.62	0.89

需要说明的是，本节没有考虑噪声模型的定阶问题。另外，应尽量避免做小样本检验，且 α 的人为选择应合适（一般 $\alpha=0.01\sim0.10$）。

5.4　根据信息的准则估计模型的阶次

1974 年,Akaike 提出了一个基于 Kullback-Leible 信息量判据来定阶的赤池信息准则 AIC (Akaike Information Criterion 方法,即

$$\mathrm{AIC}(\hat{n}) \triangleq -2\log L(\hat{\boldsymbol{\theta}}_{\mathrm{ML}}) + 2\hat{n} \tag{5.4.1}$$

其中,$L(\hat{\boldsymbol{\theta}}_{\mathrm{ML}})$为在$\hat{\boldsymbol{\theta}}_{\mathrm{ML}}$条件下的似然函数,它反映了拟合精度;$\hat{n}$ 是模型阶次或独立参数个数的估计值,它反映了模型复杂程度。Akaike 证明了,使 $\mathrm{AIC}(\hat{n})$达到最小值的 $\hat{n}$ 作为模型的最佳阶数。

5.4.1　AIC 准则意义

AIC 准则通过权衡拟合精度和模型复杂程度而去找到一个合适的模型。直观来看,设系统的真实阶次为 n_0,从 $\hat{n}=1$ 开始计算 $\mathrm{AIC}(\hat{n})$,开始时 $\hat{n}$ 小,而 $-2\log L(\hat{\boldsymbol{\theta}}_{\mathrm{ML}})$数值大,起主导作用。随着 $\hat{n}$ 增大接近 n_0 时,$-2\log L(\hat{\boldsymbol{\theta}}_{\mathrm{ML}})$逐渐变小,而 $2\hat{n}$ 项随 $\hat{n}$ 增加而变大,在 $\mathrm{AIC}(\hat{n})$中起主导作用。因此 $\mathrm{AIC}(\hat{n})$在 n_0 处形成了一个最小值,如图 5.4.1 所示。

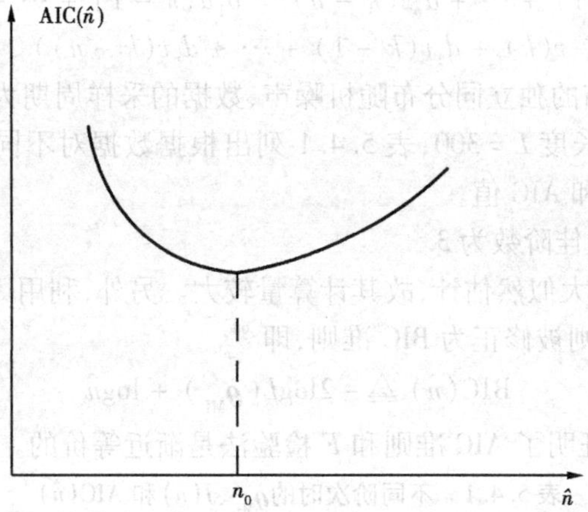

图 5.4.1　$\mathrm{AIC}(\hat{n})\sim\hat{n}$ 图

5.4.2　AIC 法确定线性定常系统的阶

考虑如下模型

$$z(k) + \sum_{i=1}^{n} a_i z(k-i) = \sum_{i=1}^{n} b_i u(k-i) + v(k) \tag{5.4.2}$$

其中,$u(k)$、$z(k)$为系统的输入、输出变量,$v(k)$是服从 $N(0,\sigma_v^2)$分布的不相关随机噪声,上述模型可写成最小二乘矩阵格式

$$\boldsymbol{z}_n = \boldsymbol{H}_n\boldsymbol{\theta}_n + \boldsymbol{V}_n \tag{5.4.3}$$

则有

$$L(\boldsymbol{\theta}_n) = (2\pi\sigma_v^2)^{-\frac{L}{2}}\exp\left\{-\frac{1}{2\sigma_v^2}(\boldsymbol{z}_n - \boldsymbol{H}_n\boldsymbol{\theta}_n)^T(\boldsymbol{z}_n - \boldsymbol{H}_n\boldsymbol{\theta}_n)\right\} \tag{5.4.4}$$

故

$$\log L(\boldsymbol{\theta}_n) = -\frac{L}{2}\log 2\pi - \frac{L}{2}\log\sigma_v^2 - \frac{1}{2\sigma_v^2}(z_n - \boldsymbol{H}_n\boldsymbol{\theta}_n)^T(z_n - \boldsymbol{H}_n\boldsymbol{\theta}_n) \tag{5.4.5}$$

式中，L 为数据长度。根据 ML 原理，有

$$\begin{cases}\hat{\boldsymbol{\theta}}_{ML} = (\boldsymbol{H}_n^T\boldsymbol{H}_n)^{-1}\boldsymbol{H}_n^T z_n \\ \hat{\sigma}_v^2 = \frac{1}{L}(z_n - \boldsymbol{H}_n\hat{\boldsymbol{\theta}}_{ML})^T(z_n - \boldsymbol{H}_n\hat{\boldsymbol{\theta}}_{ML})\end{cases} \tag{5.4.6}$$

将上式代入(5.4.5)式中得

$$\log L(\hat{\boldsymbol{\theta}}_{ML}) = \text{const} - \frac{L}{2}\log\hat{\sigma}_v^2 \tag{5.4.7}$$

故

$$\text{AIC}(\hat{n}) = -2\text{const} + L\log\hat{\boldsymbol{\sigma}}_v^2 + 4\hat{n} \qquad (\text{参数个数} = 2n) \tag{5.4.8}$$

其等价式为

$$\text{AIC}(\hat{n}) = L\log\hat{\boldsymbol{\sigma}}_v^2 + 4\hat{n} \tag{5.4.9}$$

具体的定阶用法是：对不同阶次首先用极大似然法估计参数，然后计算似然函数值及 AIC($\hat{n}$)值，找到使 AIC($\hat{n}$) = min 的 $\hat{n}$ 作为 n_0。

例 5.4.1　用 AIC 准则确定如下某模型的阶次

$$z(k) + a_1 z(k-1) + \cdots + a_n z(k-n) = b_1 u(k-1) + \cdots + b_n u(k-n) + v(k) + d_1 v(k-1) + \cdots + d_n v(k-n)) \tag{5.4.10}$$

其中，$v(k)$ 是 $N(0,1)$ 分布的独立同分布随机噪声，数据的采样周期为 0.1s，输入信号 $u(k)$ 为伪随机二位式信号，数据长度 $L = 300$，表 5.4.1 列出根据数据对不同阶次的模型所计算出的参数估计值、损失函数值和 AIC 值。

由表中看出该系统最佳阶数为 3。

AIC 准则由于用到极大似然估计，故其计算量较大。另外，利用 AIC 方法所选出的模型阶次是偏高的，后来 AIC 准则被修正为 BIC 准则，即[68]

$$\text{BIC}(\hat{n}) \triangleq -2\log L(\hat{\boldsymbol{\theta}}_{ML}) + \log\hat{n} \tag{5.4.11}$$

1977 年，Soderstrom 证明了 AIC 准则和 F 检验法是渐近等价的。

表 5.4.1　不同阶次时的 $\hat{\boldsymbol{\theta}}_{ML}$、$J(\hat{n})$ 和 AIC($\hat{n}$)

$\hat{n}$	$\hat{a}_i$	$\hat{b}_i$	$\hat{d}_i$	$J(\hat{n})$	AIC($\hat{n}$)
1	-0.995	62.10	1.00	4872	3786
2	-1.979	4.90	1.66	3456	1597
	0.985	4.37	0.97		
3	-2.851	1.06	0.72	<u>278.6</u>	<u>847</u>
	2.717	0.81	0.20		
	-0.865	1.05	0.03		
4	-2.278	1.08	1.31	276.0	850
	1.080	1.49	0.65		
	0.697	1.51	0.21		
	-0.498	0.47	0.09		

第6章 闭环系统的辨识

前面几章介绍了开环系统的辨识问题，但是人们发现在实际情况中，如社会系统、经济系统、生物系统及很多工业系统（如自校正控制系统）都是常常运行于闭环状态，反馈明显或隐含地成为这些系统的固定组成部分，这使得系统的输入信号与输出噪声相关，并且通常噪声又是不可测量的，而且还发现用闭环条件下的观测数据来辨识系统，却可能得不到正确的结果。那么在闭环条件下，系统是否可以辨识，有哪些辨识的方法，已有的多种开环辨识方法能否用于闭环系统等颇多问题都是值得讨论的，只有弄清这些问题，辨识理论才具有真正的现实意义。

6.1 闭环系统的可辨识性

现实情况下，系统往往是在闭环下工作的，能否根据所采集的生产数据或在实验条件下辨识闭环系统的结构，开环系统的辨识方法能否用在闭环辨识中等等，这些问题都是值得研究的。

6.1.1 闭环系统的可辨识问题

（1）闭环辨识的必要性

主要表现如下：

第一，对于许多工业对象，辨识试验只能在闭环条件下进行，才能保证生产的正常和安全，这是因为：①过程可能是开环不稳定的，或存在常值干扰和输出漂移；②设备必须在小范围内运转；③为了跟踪伺服输入；④为了实现自适应控制。

第二，许多辨识对象固有反馈结构，不允许或不可能断开闭环。如经济系统不允许断开闭环，生物系统不可能断开闭环。

第三，在闭环条件下，有可能得到比开环辨识更高的估计精度。

（2）闭环可辨识性问题

闭环可辨识性问题是指当观测的输入输出数据个数不断增加时，能否可以得到被识过程的开环特性。这个任务比开环辨识困难得多，这是因为：

①反馈使得一个稳定的闭环系统对不同的输入常产生差不多相同的输出,故观测的输入输出数据所载有的过程信息比开环辨识少得多。

②在闭环状态下,输入信号总是与输出噪声通过反馈而相关,因此无法用常规开环辨识方法得到一致性估计。所以首先要判断系统是否存在反馈,这可用谱因子分解法、似然比检验法来分析。

③闭环辨识还需要有系统阶次作为验前知识。这个事实能用下面的例子予以说明。

例 6.1.1 考虑如下系统

$$A(q^{-1})z(k) = B(q^{-1})u(k) + D(q^{-1})v(k) \tag{6.1.1}$$

设调节器为

$$P(q^{-1})u(k) = -Q(q^{-1})z(k) \tag{6.1.2}$$

其中,$u(k)$、$z(k)$分别是输入输出变量,$v(k)$是白噪声,$A(q^{-1})$,$B(q^{-1})$,$D(q^{-1})$,$P(q^{-1})$,$Q(q^{-1})$为系数多项式。

相应的闭环方程为

$$\left[A(q^{-1})P(q^{-1}) + B(q^{-1})Q(q^{-1})\right]z(k) = D(q^{-1})P(q^{-1})v(k) \tag{6.1.3}$$

现用任意多项式$L(q^{-1})$乘(6.1.2)式等号两边,再与(6.1.1)式相加,得

$$\left[A(q^{-1}) - L(q^{-1})Q(q^{-1})\right]z(k) = \left[B(q^{-1}) + L(q^{-1})P(q^{-1})\right]u(k) + D(q^{-1})v(k) \tag{6.1.4}$$

与(6.1.1)式比较,可知两者阶次不同,故(6.1.4)式是一个新的被辨识系统。但是,对此新系统采用调节器(6.1.2)式,所得的闭环方程仍为(6.1.3)式。这意味着,在闭环条件下,对于阶次不同的两个被辨识系统,可能得到相同的闭环输入和输出试验数据。

④在闭环条件下,即使已知系统的阶次,用开环辨识方法,系统的参数有时也是不可惟一地辨识的。可用下例说明。

例 6.1.2 设受辨系统为

$$z(k) + az(k-1) = bu(k-1) + v(k) \tag{6.1.5}$$

其中 $u(k)$、$z(k)$、$v(k)$定义同例6.1.1。反馈控制器为

$$u(k) = qz(k) \tag{6.1.6}$$

式中 q为已知常数。求$\hat{\boldsymbol{\theta}}_{\mathrm{LS}} = \left[\hat{a}, \hat{b}\right]^T$。

解 数据长度取L,则开环的最小二乘式为

$$\boldsymbol{z}_L = \boldsymbol{H}_L\boldsymbol{\theta} + \boldsymbol{v}_L \tag{6.1.7}$$

其中

$$\begin{cases} \boldsymbol{z}_L = \left[z(1), z(2), \cdots, z(L)\right]^T \\ \boldsymbol{H}_L = \begin{bmatrix} -z(0) & u(0) \\ \vdots & \vdots \\ -z(L-1) & u(L-1) \end{bmatrix} \\ \boldsymbol{v}_L = \left[v(1), v(2), \cdots, v(L)\right]^T \end{cases} \tag{6.1.8}$$

则

$$\hat{\boldsymbol{\theta}}_{\mathrm{LS}} = (\boldsymbol{H}_L^T\boldsymbol{H}_L)^{-1}\boldsymbol{H}_L^T\boldsymbol{z}_L \tag{6.1.9}$$

把(6.1.6)式、(6.1.8)第二式代入$\boldsymbol{H}_L^T\boldsymbol{H}_L$中,得

$$\boldsymbol{H}_L^T\boldsymbol{H}_L = \begin{bmatrix} \sum_{k=0}^{L-1} z^2(k) & -\sum_{k=0}^{L-1} z(k)u(k) \\ -\sum_{k=0}^{L-1} z(k)u(k) & \sum_{k=0}^{L-1} u^2(k) \end{bmatrix} = \tag{6.1.10}$$

$$\begin{bmatrix} \sum_{k=0}^{L-1} z^2(k) & -q\sum_{k=0}^{L-1} z^2(k) \\ -q\sum_{k=0}^{L-1} z^2(k) & q^2\sum_{k=0}^{L-1} z^2(k) \end{bmatrix} = \begin{bmatrix} 1 & -q \\ -q & q^2 \end{bmatrix} \sum_{k=0}^{L-1} z^2(k)$$

显然,$\boldsymbol{H}_L^T\boldsymbol{H}_L$ 为奇异阵,则通过(6.1.9)式无法惟一确定$\hat{\boldsymbol{\theta}}_{\text{LS}}$,因而不能估计参数 a 和 b。

如果把反馈控制器改为

$$u(k) = qz(k-1) \tag{6.1.11}$$

或

$$u(k) = q_1 z(k) + q_2 z(k-1) \tag{6.1.12}$$

则系统是可辨识的。

6.1.2 闭环系统的可辨识概念

常常将可辨识性与参数估计值$\hat{\boldsymbol{\theta}}(N)$的一致性联系起来。如果估计值序列$\hat{\boldsymbol{\theta}}(N)$按某种随机的意义收敛于参数的真值 $\boldsymbol{\theta}_0$,则称 $\boldsymbol{\theta}_0$ 是可辨识的。下面采用 Ljung 等人提出的一种较为严格的定义。

一般来说,影响辨识结果的因素有:

①所要辨识的对象,即系统,记作 $S(\boldsymbol{\theta}_0)$,$\boldsymbol{\theta}_0$ 为辨识对象的真实参数。

②所用的模型结构,或称为模型类,记作 $M(\boldsymbol{\theta})$,$\boldsymbol{\theta}$ 为模型参数。

③所用的辨识方法,记作 I。

④所用的实验条件,记作 X。它是指输入信号、采样周期和数据长度等的确定方式,其中以输入信号的确定方式最为重要。

用$\hat{\boldsymbol{\theta}}(L,S,M,I,X)$表示在 M,I,X 和数据长度 L 条件下,对系统 S 的辨识结果。设$\hat{G}(q^{-1})$、$\hat{N}(q^{-1})$分别为前向通道中过程和噪声的估计模型,$G_0(q^{-1})$、$N_{v0}(q^{-1})$分别为它们的真实模型,$D_T(S,M)$是使 $\hat{G}(q^{-1}) \overset{a.s.}{=\!=} G_0(q^{-1})$ 且 $\hat{N}(q^{-1}) \overset{a.s.}{=\!=} N_{v0}(q^{-1})$ 的所有参数估计值$\hat{\boldsymbol{\theta}}$的集合,即可表示为

$$D_T(S,M) = \{\hat{\boldsymbol{\theta}} \,|\, \hat{G}(q^{-1}) = G_0(q^{-1}), \hat{N}(q^{-1}) = N_{v0}(q^{-1}), a.s.\} \tag{6.1.13}$$

于是,Ljung 等人给出如下的可辨识性定义:

定义 6.1.1 只要当 $L\to\infty$ 时,$\hat{\boldsymbol{\theta}}(L,S,M,I,X)$ 依概率 1 收敛于 $D_T(S,M)$,即

$$\hat{\boldsymbol{\theta}}(L,S,M,I,X) \xrightarrow[L\to\infty]{W.P.1} D_T(S,M) \tag{6.1.14}$$

则系统 S 称为在 M,I,X 下是系统可辨识的,记作 SI(M,I,X)。

定义 6.1.2 只要对所有的模型 M,S 是系统可辨识的,且 $D_T(S,M)$ 为非空集合,则系统 S 称为在 I、X 下是强系统可辨识的,记作 SSI(I,X)。

定义 6.1.3　只要 S 是系统可辨识的,且 $D_T(S,M)$ 仅包含一个元素,则系统 S 称为在 M,I,X 下是参数可辨识的,记作 PI(M,I,X)。

可用下面的例子来说明可辨识性概念。

例 6.1.3　已知系统 S 为

$$z(k) = bu(k-1) + v(k) \tag{6.1.15}$$

反馈控制器为

$$u(k) = qz(k) \tag{6.1.16}$$

(1)实验条件为 X_1 时

①若选用如下 M_1 模型结构

$$z(k) = \hat{b}u(k-1) + e(k) \tag{6.1.17}$$

其中,$\hat{b}$为待估参数。当采用 LS 法(记为 I_{LS})估计参数时,显然$\hat{b}$将收敛于 b。因此,S 是 SI 的,即 SI(M_1,I_{LS},X_1),同时 S 也是 PI 的,即 PI(M_1,I_{LS},X_1)。

②若选用另一类模型结构 M_2 为

$$z(k) + \hat{a}z(k-1) = \hat{b}u(k-1) + e(k) \tag{6.1.18}$$

将(6.1.16)式代入上式,得

$$z(k) + (\hat{a} - q\hat{b})z(k-1) = e(k) \tag{6.1.19}$$

这样,所有满足式

$$\hat{a} - q\hat{b} = -qb \tag{6.1.20}$$

的 $\hat{a}$ 和$\hat{b}$,都是所形成的闭环系统的正确描述。

然而,在 M_2 中,令

$$\hat{a} = 1, \hat{b} = b + 1/q \tag{6.1.21}$$

可满足(6.1.20)式,但这样得到的模型并不是 S 的正确描述。所以对 M_2 来说,S 既不是 SI(M_2,I_{LS},X_1),也不是 PI(M_2,I_{LS},X_1)的。尤其是,在所采取的反馈控制器作为实验结构下,S 也不是 SSI(I_{LS},X_1)的。

(2)实验条件为 X_2 时

即输入为白噪声,它与$\{v(k)\}$不相关,这就是说,此时系统运行于开环状态,再选 M_3 如下

$$z(k) + \hat{a}z(k-1) = \hat{b}_1u(k-1) + \hat{b}_2u(k-2) + \omega(k) + \hat{d}\omega(k-1) \tag{6.1.22}$$

采用极大似然法 I_{ML}来估计 $\hat{a}$,$\hat{b}_1$,$\hat{b}_2$,$\hat{d}$。可以证明,这种方法给出的$\hat{\boldsymbol{\theta}}_{ML}$是收敛的,并满足下列等式

$$\hat{a} = \lambda, \hat{b}_1 = b, \hat{b}_2 = \lambda b, \hat{d} = \lambda \tag{6.1.23}$$

这里的 λ 是一个任意值。因此,S 不是 PI(M_3,I_{ML},X_2)的。然而,对于任何 λ 值来说,由$\hat{\boldsymbol{\theta}}_{ML}$所规定的传递函数却是正确的。故,$S$ 是 SI(M_3,I_{ML},X_2)且 SSI(I_{ML},X_2)的。

需要注意的是,若 $D_T(S,M)$ 仅包含一点,则 SI 也就包含了 PI,对于 $D_T(S,M)$ 这样的条件,不涉及 I 和 X。故可以分别对不同的 X、I 和 M,通过考虑 SI(M,I,X)来研究系统的可辨识问题。

若仅仅是为了综合控制器或是仿真而进行辨识,则只要是 SI 即可满足,且对 M 的必要条

件是$D_T(S,M)$非空。模型集合不宜过大,增加模型集合的灵活性可能会失去系统的可辨识性 SI。

6.2 闭环辨识方法和可辨识条件

闭环辨识的前提是必须分析系统是否满足可辨识性条件。闭环辨识方法可粗略分为时域法和频域法,时域法又分为直接辨识法、间接辨识法和联合输入-输出过程法,频域法是在联合输入-输出过程法的基础上发展起来的一种对输入-输出联合功率谱密度进行分解的方法。

设辨识对象如图 6.2.1 所示。$G(q^{-1})$为前向通道上过程传函;$R(q^{-1})$为反馈通道上控制器传函;$N_v(q^{-1})$、$N_\omega(q^{-1})$分别为前向通道噪声$v(k)$和反馈通道噪声$\omega(k)$的滤波器,$N_p(q^{-1})$为摄动信号$p(k)$的滤波器;$v(k)$和$\omega(k)$都是零均值,方差分别为σ_v^2和σ_ω^2的互不相关平稳随机噪声;$p(k)$是可测的;通常,令设定值信号$r(k)=0$。

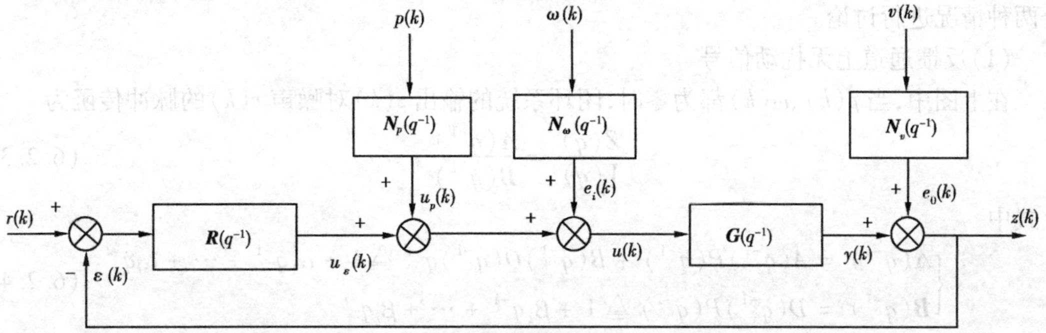

图 6.2.1 闭环辨识对象

若令

$$\begin{cases} A(q^{-1}) = 1 + a_1 q^{-1} + \cdots + a_{n_a} q^{-n_a} \\ B(q^{-1}) = b_1 q^{-1} + \cdots + b_{n_b} q^{-n_b} \\ D(q^{-1}) = 1 + d_1 q^{-1} + \cdots + d_{n_d} q^{-n_d} \\ P(q^{-1}) = 1 + p_1 q^{-1} + \cdots + p_{n_p} q^{-n_p} \\ Q(q^{-1}) = q_0 + q_1 q^{-1} + \cdots + q_{n_q} q^{-n_q} \\ F(q^{-1}) = 1 + f_1 q^{-1} + \cdots + f_{n_f} q^{-n_f} \\ E(q^{-1}) = 1 + e_1 q^{-1} + \cdots + e_{n_e} q^{-n_e} \end{cases} \tag{6.2.1}$$

各传递函数

$$\begin{cases} G(q^{-1}) = \dfrac{B(q^{-1})}{A(q^{-1})}q^{-d} \\ R(q^{-1}) = \dfrac{Q(q^{-1})}{P(q^{-1})} \\ N_v(q^{-1}) = \dfrac{D(q^{-1})}{A(q^{-1})} \\ N_\omega(q^{-1}) = \dfrac{F(q^{-1})}{P(q^{-1})} \\ N_p(q^{-1}) = \dfrac{E(q^{-1})}{P(q^{-1})} \end{cases} \tag{6.2.2}$$

以下将主要结合间接辨识法和直接辨识法来讨论闭环可辨识性条件。

6.2.1 间接辨识方法[8][2]

间接辨识法是先获得闭环系统模型,再利用反馈控制器的模型,导出前向通道模型。下面分两种情况进行讨论。

(1)反馈通道上无扰动信号

在上图中,当 $p(k)$、$\omega(k)$ 都为零时,闭环系统的输出 $z(k)$ 对噪声 $v(k)$ 的脉冲传函为

$$\frac{Z(q)}{V(q)} = \frac{\mathbf{A}(q^{-1})}{\mathbf{B}(q^{-1})} \tag{6.2.3}$$

上式中

$$\begin{cases} \mathbf{A}(q^{-1}) = A(q^{-1})P(q^{-1}) + B(q^{-1})Q(q^{-1})q^{-d} \triangleq 1 + \alpha_1 q^{-1} + \cdots + \alpha_l q^{-l} \\ \mathbf{B}(q^{-1}) = D(q^{-1})P(q^{-1}) \triangleq 1 + \beta_1 q^{-1} + \cdots + \beta_r q^{-r} \end{cases} \tag{6.2.4}$$

显然有

$$r = n_d + n_p, l = \max(n_a + n_p, n_b + n_q + d) \tag{6.2.5}$$

由(6.2.3)式知道,闭环输出 $z(k)$ 可描述成由白噪声 $v(k)$ 驱动的 ARMA 过程

$$\mathbf{A}(q^{-1})z(k) = \mathbf{B}(q^{-1})v(k) \tag{6.2.6}$$

令

$$\boldsymbol{\theta}_c \triangleq \left[\alpha_1, \alpha_2, \cdots, \alpha_l, \beta_1, \beta_2, \cdots, \beta_r\right]^T \tag{6.2.7}$$

只要(6.2.6)式对应的过程稳定,即 $\mathbf{A}(q^{-1}) = 0$ 的所有根位于单位圆内,且 $D(q^{-1})$ 与 $\mathbf{A}(q^{-1})$ 无公因子相消,则可由数据 $\{z(k)\}$ 利用一些开环辨识方法(如 ELS、ML 等)来获得 $\hat{\boldsymbol{\theta}}_c$。

若令

$$\boldsymbol{\theta} = \left[a_1, \cdots, a_{n_a}, b_1, \cdots, b_{n_b}, d_1, \cdots, d_{n_d}\right]^T \tag{6.2.8}$$

如果(6.2.1)式中 p_i, q_i 已知,且下面定理 6.2.1 中的可辨识性条件成立,则由 $\hat{\boldsymbol{\theta}}_c$ 可求得参数 $\boldsymbol{\theta}$ 的惟一解。

定理 6.2.1 如图 6.2.1 所示的闭环系统,若反馈通道上无扰动信号(即 $p(k) = \omega(k) = 0$),且 $D(q^{-1})$ 与 $\mathbf{A}(q^{-1})$ 无公因子相消,利用间接辨识法估计 $G(q^{-1})$ 和 $N_v(q^{-1})$ 的可辨识性条件为

$$n_p \geqslant n_b \text{ 或 } n_q \geqslant n_a - d \tag{6.2.9}$$

则存在一组模型类 $M(\boldsymbol{\theta})$ 使系统是 SI 也是 PI 的。

证明：

(a)$N_v(q^{-1})$的辨识

由(6.2.4)式的第2式，比较 q^{-i}系数可得

$$\boldsymbol{\beta} = \boldsymbol{P}_p \cdot \boldsymbol{\theta}_d \tag{6.2.10}$$

其中，$\boldsymbol{\theta}_d \triangleq \left[d_1, d_2, \cdots, d_{n_d} \right]^T$，$\boldsymbol{\beta} \triangleq \left[\beta_1 - p_1, \cdots, \beta_{n_p} - p_{n_p}, \beta_{n_p+1}, \cdots, \beta_{n_p+n_d} \right]^T$，$\boldsymbol{P}_p \in R^{r \times n_d}$（略）。显然，$\boldsymbol{P}_p$ 是长方阵，且为列满秩矩阵，有左广义逆，故

$$\hat{\boldsymbol{\theta}}_d = (\boldsymbol{P}_p^T \boldsymbol{P}_p)^{-1} \boldsymbol{P}_p^T \hat{\boldsymbol{\beta}} \tag{6.2.11}$$

其中，$\hat{\beta}$中元素$\hat{\beta}_i$ 取自闭环(6.2.6)式辨识出的$\hat{\boldsymbol{\theta}}_c$。

可见，当反馈通道控制器 $R(q^{-1})$的参数及$\hat{\boldsymbol{\theta}}_c$ 已定，则不需要附加任何条件，前向通道上的噪声模型 $N_v(q^{-1})$的参数具有惟一解。

(b)$G(q^{-1})$的辨识

再由(6.2.4)式的第1式，比较 q^{-i}系数，分析下面两种情况：

第1种情况是：在(6.2.5)式的 l 中，若 $n_p + n_a \geqslant n_b + n_q + d$，则得到一个比较后的系数矩阵方程为

$$\boldsymbol{\alpha}_p = \boldsymbol{P}_{p,q} \cdot \boldsymbol{\theta}_{a,b} \tag{6.2.12}$$

其中

$$\begin{cases} \boldsymbol{\alpha}_p \triangleq \left[\alpha_1 - p_1, \alpha_2 - p_2, \cdots, \alpha_{n_p} - p_{n_p}, \alpha_{n_p+1} \cdots, \alpha_{n_p+n_a} \right]^T \in R^{(n_p+n_a) \times 1} \\ \boldsymbol{\theta}_{a,b} \triangleq \left[a_1, \cdots, a_{n_a}, b_1, \cdots, b_{n_b} \right]^T \in R^{(n_a+n_b) \times 1} \\ \boldsymbol{P}_{p,q} \in R^{(n_p+n_a) \times (n_a+n_b)} \quad (\text{略}) \end{cases} \tag{6.2.13}$$

显然，(6.2.12)式中包含的方程个数必须要不少于 $\boldsymbol{\theta}_{a,b}$ 中待辨识的参数个数，即为了使 $\boldsymbol{\theta}_{a,b}$有惟一解，必须有 $n_p + n_a \geqslant n_a + n_b$，亦即当

$$n_p \geqslant n_b \tag{6.2.14}$$

时，有

$$\hat{\boldsymbol{\theta}}_{a,b} = (\boldsymbol{P}_{p,q}{}^T \boldsymbol{P}_{p,q})^{-1} \boldsymbol{P}_{p,q}{}^T \hat{\boldsymbol{\alpha}}_p \tag{6.2.15}$$

其中，$\boldsymbol{P}_{p,q}$阵由 $R(q^{-1})$的参数决定，$\hat{\boldsymbol{\alpha}}_p$ 中元素$\hat{\alpha}_i$ 取自$\hat{\boldsymbol{\theta}}_c$。

第2种情况是：在(6.2.5)式的 l 中，若 $n_p + n_a < n_b + n_q + d$，则得到另一个比较后的系数矩阵方程为

$$\boldsymbol{\alpha}_q = \boldsymbol{P}_{q,p} \cdot \boldsymbol{\theta}_{a,b} \tag{6.2.16}$$

其中

$$\begin{cases} \boldsymbol{\alpha}_q \triangleq \left[\alpha_1 - p_1, \alpha_2 - p_2, \cdots, \alpha_{n_p} - p_{n_p}, \alpha_{n_p+1}, \cdots, \alpha_{n_q+n_b+d} \right]^T \in R^{(n_q+n_b+d) \times 1} \\ \boldsymbol{\theta}_{a,b} \ \text{定义同(6.2.13)式} \\ \boldsymbol{P}_{q,p} \in R^{(n_q+n_b+d) \times (n_a+n_b)} \ (\text{略}) \end{cases} \tag{6.2.17}$$

与第1种情况同理，根据(6.2.16)式，为了使 $\boldsymbol{\theta}_{a,b}$有惟一解，必须有 $n_q + n_b + d \geqslant n_a + n_b$，即当

$$n_q \geqslant n_a - d \tag{6.2.18}$$

时，有

$$\hat{\boldsymbol{\theta}}_{a,b} = (\boldsymbol{P}_{q,p}{}^T \boldsymbol{P}_{q,p})^{-1} \boldsymbol{P}_{q,p}^T \hat{\boldsymbol{\alpha}}_q \tag{6.2.19}$$

其中，$\boldsymbol{P}_{q,p}$阵由 $R(q^{-1})$的参数决定，$\hat{\boldsymbol{\alpha}}_q$ 中元素$\hat{\boldsymbol{\alpha}}_i$ 取自$\hat{\boldsymbol{\theta}}_c$。（证毕）

综上所述，如果 $R(q^{-1})$模型已知，则由(6.2.11)、(6.2.15)及(6.2.19)式给出了闭环系统的间接辨识公式，而由(6.2.14)及(6.2.18)式给出了可辨识性条件。

例 6.2.1　设受辨系统同例 6.1.2 的(6.1.5)式。其中，$\boldsymbol{\theta}_{a,b} = [a, b]^T$，阶次 $n_a = n_b = 1$，纯延迟 $d = 0$。下面分析一下不同条件下的系统辨识情况。

①反馈控制器为比例作用，即

$$u(k) = -q_0 z(k) \tag{6.2.20}$$

则阶次 $n_p = n_q = 0$。

由上式得 $u(k-1) = -q_0 z(k-1)$，将它代入(6.1.5)式得

$$z(k) + \alpha z(k-1) = v(k) \tag{6.2.21}$$

其中

$$\alpha = a + bq_0 \tag{6.2.22}$$

尽管$\hat{\alpha}$可由(6.2.21)式所对应的 ARMA 模型闭环辨识出，但 $\hat{a}$、$\hat{b}$不能由上式惟一确定。也可由定理 6.2.1 分析，因$(n_p + n_a = 1) = (n_b + n_q + d = 1)$，且有 $n_p < n_b$，所以不满足可辨识性条件，则系统是不可辨识的。

②设反馈控制器为比例＋微分作用，即

$$u(k) = -q_0 z(k) - q_1 z(k-1) \tag{6.2.23}$$

则阶次 $n_p = 0, n_q = 1$。

由上式得 $u(k-1) = -q_0 z(k-1) - q_1 z(k-2)$，将它代入(6.1.5)式得

$$z(k) + \alpha_1 z(k-1) + \alpha_2 z(k-2) = v(k) \tag{6.2.24}$$

其中，$\hat{\alpha}_1$、$\hat{\alpha}_2$ 可由上式所对应的 ARMA 模型闭环辨识出，则$\hat{\boldsymbol{\theta}}_{a,b}$可由

$$\begin{cases} \hat{\alpha}_1 = \hat{a} + \hat{b} q_0 \\ \hat{\alpha}_2 = \hat{b} q_1 \end{cases} \tag{6.2.25}$$

解出。也因为$(n_p + n_a = 1) < (n_b + n_q + d = 2)$，且有 $n_q = n_a$，所以满足可辨识性条件，则系统是可辨识的。

(2)反馈通道上有扰动信号

在图 6.2.1 中，当 $p(k) \neq 0$ 或 $\omega(k) \neq 0$ 时，前向通道过程和噪声模型也可由间接法辨识出来，其可辨识性条件仍如定理 6.2.1 所述。但这种情况下采用间接法没有什么优点可取。

综上所述，间接法是一种较直观的方法，但若 ARMA 过程式(6.2.6)的阶次较高时，将直接影响该法的收敛速度。故低阶系统宜用此法，而高阶系统宜用下面将要讨论的直接辨识法。

6.2.2　直接辨识方法[2][8]

直接辨识法是利用前向通道的输入输出数据，直接建立前向通道的数学模型，而无需反馈控制器的验前信息。下面仍分两种情况进行讨论。

(1)反馈通道上无扰动信号

在图6.2.1中,$p(k)$、$\omega(k)$都为零,且前向通道输入$u(k)$、输出$z(k)$是可测的。知道前向通道模型为

$$A(q^{-1})z(k) = q^{-d}B(q^{-1})u(k) + D(q^{-1})v(k) \tag{6.2.26}$$

令

$$\begin{cases} \boldsymbol{h}(k) = \Big[-z(k-1),\cdots,-z(k-n_a),u(k-d-1),\cdots,u(k-d-n_b), \\ \quad \hat{v}(k-1),\cdots,\hat{v}(k-n_d)\Big]^T \\ \boldsymbol{\theta} = \Big[a_1,\cdots,a_{n_a},b_1,\cdots,b_{n_b},d_1,\cdots,d_{n_d}\Big]^T \end{cases} \tag{6.2.27}$$

由(6.2.26)式得

$$\hat{v}(k) = z(k) - \boldsymbol{h}^T(k)\hat{\boldsymbol{\theta}}(k-1) \tag{6.2.28}$$

其中,$\hat{\boldsymbol{\theta}}(k-1)$为$k-1$时刻的参数估计值,由于$u(k)$、$z(k)$可测,则$\hat{\boldsymbol{\theta}}$可用开环辨识中的LS,ML,IV以及COR-LS等方法来辨识。

反馈使得$u(k)$,$z(k)$有如下关系

$$u(k) = -z(k)R(q^{-1}) = -z(k)\frac{Q(q^{-1})}{P(q^{-1})} \tag{6.2.29}$$

则有

$$u(k-d-1) = -z(k-d-1)\frac{Q(q^{-1})}{P(q^{-1})} \tag{6.2.30}$$

即

$$\begin{aligned} u(k-d-1) = &-p_1u(k-d-2) - \cdots - p_{n_p}u(k-d-n_p-1) - \\ &q_0z(k-d-1) - \cdots - q_{n_q}z(k-d-n_q-1) \end{aligned} \tag{6.2.31}$$

比较(6.2.27)、(6.2.31)两式可知,当

$$k-d-n_p-1 \geqslant k-d-n_b \quad 及 \quad k-d-n_q-1 \geqslant k-n_a \tag{6.2.32}$$

即

$$n_p \leqslant n_b - 1 \quad 及 \quad n_q \leqslant n_a - d - 1 \tag{6.2.33}$$

时,$u(k-d-1)$必是$\boldsymbol{h}(k)$中$-z(k-1),\cdots,-z(k-n_a),u(k-d-2),\cdots,u(k-d-n_b)$等元素的线性组合,从而破坏了$\boldsymbol{h}(k)$向量中各元素间的独立性,使得开环辨识方法不能直接应用,也就是说$\hat{\boldsymbol{\theta}}$不能惟一确定,前面讲过这个道理。故只有当

$$n_p \geqslant n_b \quad 及 \quad n_q \geqslant n_a - d \tag{6.2.34}$$

时,这种线性关系才消失,这也就是可辨识性条件。可见,这里直接辨识和间接辨识的可辨识性条件是等价的。

(2)反馈通道上有扰动信号

当$p(k)\neq 0$或$\omega(k)\neq 0$,且$u(k)$、$z(k)$可测时,开环辨识方法可以直接应用。这时,系统总是可辨识的,称为结构可辨识,它不再受定理6.2.1的可辨识性条件的约束。

6.2.3 闭环可辨识性条件[2]

经过上面分析可知,决定闭环可辨识性的因素较多,如下几个结论可以供工程实践中

使用。

①当反馈通道是线性非时变的,无扰动信号,且给定值恒定时,闭环可辨识性条件为,反馈通道模型阶次不能低于前向通道的模型阶次,闭环传函也不能有零极点相消现象。若前向通道或反馈通道存在纯延迟环节,则对辨识更有利。

②若反馈通道上有足够阶次的持续激励信号,且与前向通道上的噪声不相关,则闭环是结构性可辨识的。

③若反馈控制器能在几种调节规律之间切换,或者反馈控制器是非线性或时变的,则闭环也是结构性可辨识的。

6.3 最小二乘法和辅助变量法在闭环辨识中的应用

从上节可知,对可辨识的闭环系统,可以直接采用开环的一些辨识方法,本节将做一简单介绍。

6.3.1 最小二乘法[8][2]

考虑 SISO 闭环系统如图所示。前向通道模型为

$$z(k) = -\sum_{j=1}^{n_a} a_j z(k-j) + \sum_{j=d}^{n_b} b_j u(k-j) + v(k) \tag{6.3.1}$$

反馈通道模型为

$$u(k) = -\sum_{j=1}^{n_a} p_j u(k-j) - \sum_{j=c}^{n_b} q_j z(k-j) + \omega(k) \tag{6.3.2}$$

其中,$v(k)$、$w(k)$是互不相关的白噪声,d、c 分别为前向和反馈通道的纯延迟。

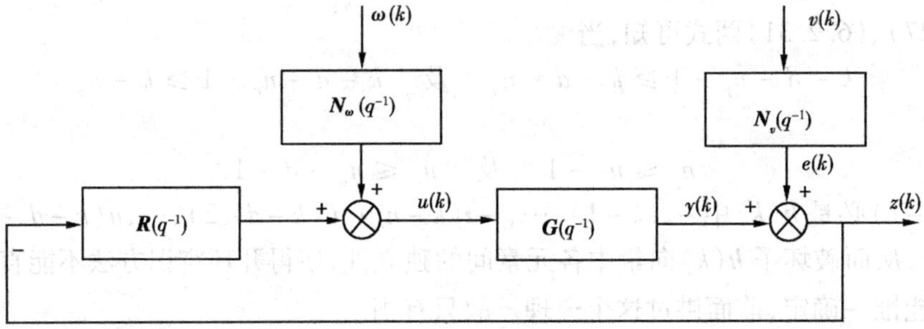

图 6.3.1 SISO 闭环系统

令

$$\begin{cases} \boldsymbol{\theta} = \left[-a_1, \cdots, -a_{n_a}, b_1, \cdots, b_{n_b}\right]^T \\ \boldsymbol{H}^T(k) = \left[\boldsymbol{h}(k), \boldsymbol{h}(k+1), \cdots, \boldsymbol{h}(k+L-1)\right] (L \text{ 为数据长度}) \\ \boldsymbol{h}(k) = \left[z(k-1), \cdots, z(k-n_a), u(k-d), u(k-d-1), \cdots, u(k-n_b)\right]^T \\ \boldsymbol{v}(k) = \left[v(k), v(k+1), \cdots, v(k+L-1)\right]^T \\ \boldsymbol{z}(k) = \left[z(k), z(k+1), \cdots, z(k+L-1)\right]^T = \boldsymbol{H}(k)\boldsymbol{\theta} + \boldsymbol{v}(k) \end{cases} \tag{6.3.3}$$

则有

$$\hat{\boldsymbol{\theta}}_{LS} = \left[\boldsymbol{H}^T(k)\boldsymbol{H}(k)\right]^{-1}\boldsymbol{H}^T(k)\boldsymbol{z}(k) \tag{6.3.4}$$

因为$v(k)$是白噪声,对开环而言,$\hat{\boldsymbol{\theta}}_{LS}$是无偏一致的。但对闭环辨识来说,可以分析知道:当反馈通道上存在噪声,则闭环系统前向通道模型参数估计有惟一解;若反馈通道上无噪声,而反馈通道的模型阶次不低于前向通道的模型阶次,$\hat{\boldsymbol{\theta}}$亦有惟一解。若闭环系统是稳定、可辨识的,且前向或反馈通道上至少有一个存在纯延迟,则$\hat{\boldsymbol{\theta}}$是一致收敛的。

例 6.3.1 设某 SISO 闭环系统的前向通道模型为:

$$z(k) = -1.4z(k-1) - 0.45z(k-2) + u(k-1) + 0.7u(k-2) + v(k) \tag{6.3.5}$$

反馈控制器的参数见表 6.3.1 所示。采用 LS 法直接辨识前向通道的模型参数,迭代2000次后的结果见表 6.3.1。$v(k)$、$\omega(k)$是服从标准正态分布的白噪声。$n_a = n_b = 2, d = 0$。

(1)当$\omega(k) \neq 0$时,故表中第 1、3 种情况中,$\hat{\boldsymbol{\theta}}_{a,b}$有惟一解,且是一致的。

(2)当$\omega(k) = 0$时:

①表中第 2 种情况中,$(n_q = 2) = (n_a - d = 2)$,故$\hat{\boldsymbol{\theta}}_{a,b}$有惟一解,且是一致的。

②表中第 4 种情况中,$(n_q = 1) < (n_a - d = 2)$,故$\boldsymbol{\theta}_{a,b}$不可辨识。

图 6.3.2 是表 6.3.1 中第 1 种情况的估计值对于迭代次数的变化过程。迭代 1000 次后,估计值逐渐收敛于真值。

表 6.3.1 模拟结果(2000 次)

	真 值	a_1	a_2	b_1	b_2
		−1.4	−0.45	1.0	0.7
1	$u(k) = 0.33z(k) + 0.033z(k-1) - 0.4z(k-2)$ $\omega(k) \neq 0$	−1.4014	−0.4481	0.9857	0.7147
2	$u(k) = 0.33z(k) + 0.033z(k-1) - -0.4z(k-2)$ $\omega(k) = 0$	−1.4213	−0.4709	1.0288	0.7297
3	$u(k) = z(k) + 0.2z(k-1)$ $\omega(k) \neq 0$	−1.4117	−0.4790	0.9982	0.7294

续表

		a_1	a_2	b_1	b_2
	真　值	-1.4	-0.45	1.0	0.7
4	$u(k)=z(k)+0.2z(k-1)$ $\omega(k)=0$	-0.1408	0.1920	-0.3214	0.6827

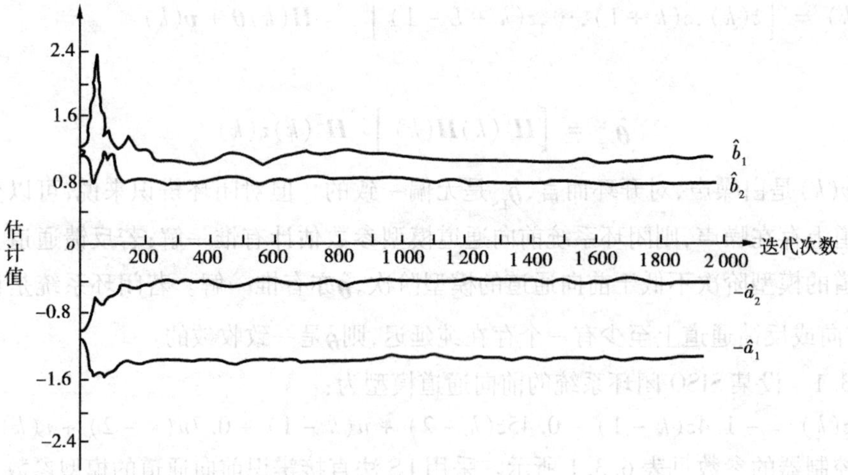

图 6.3.2　$\hat{\boldsymbol{\theta}}_{a,b}$ 的辨识曲线

6.3.2　辅助变量法[8][2]

辅助变量法是解决闭环前向通道噪声是有色噪声时的一种较好的辨识方法。

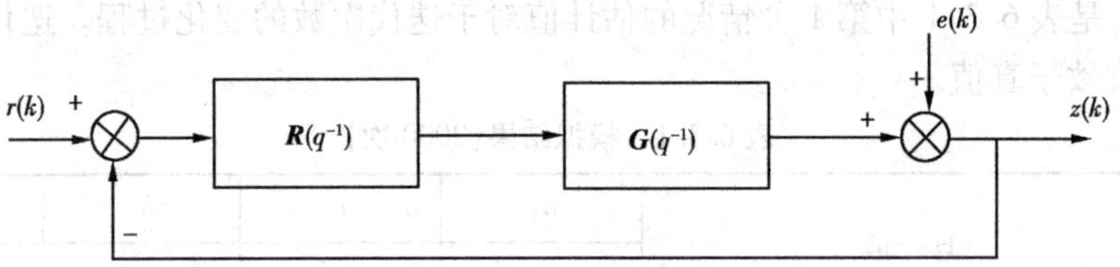

图 6.3.3　SISO 闭环系统

受辨系统如图 6.3.3 所示。前向通道模型为

$$z(k) = -\sum_{j=1}^{n_a} a_j z(k-j) + \sum_{j=d}^{n_b} b_j u(k-j) + e(k) \tag{6.3.6}$$

反馈通道模型为

$$u(k) = -\sum_{j=1}^{n_p} p_j u(k-j) - \sum_{j=c}^{n_q} q_j z(k-j) \tag{6.3.7}$$

(6.3.6)式中，$e(k)$是零均值的有色噪声，若采用最小二乘法，在这里就不能获得 $\boldsymbol{\theta}$ 的无偏一致估计，因为 $u(k)$与 $e(k)$的现在值和过去值都相关。只有解除这种相关性，才能获得良好的

参数估计值。可在给定端也加入 M 序列作为激励信号，将系统输入输出量分解成

$$\begin{cases} u(k) = u_e(k) + u_r(k) \\ z(k) = z_e(k) + z_r(k) \end{cases} \tag{6.3.8}$$

下标“e”、“r”表示相应变量是由 $e(k)$ 和 $r(k)$ 激励生成。显然分量 $u_r(k)$、$z_r(k)$ 与 $e(k)$ 无关。构造一个辅助矩阵

$$\boldsymbol{H}_r^T(k) \triangleq \left[\boldsymbol{h}_r(k), \boldsymbol{h}_r(k+1), \cdots, \boldsymbol{h}_r(k+L-1)\right] \tag{6.3.9}$$

其中

$$\boldsymbol{h}_r(k) = \left[z_r(k-1), \cdots, z_r(k-n_a), u_r(k-d), \cdots, u_r(k-n_b)\right]^T \tag{6.3.10}$$

可得

$$\hat{\boldsymbol{\theta}}_{\mathrm{IV}} = \left[\boldsymbol{H}_r^T(k)\boldsymbol{H}(k)\right]^{-1}\boldsymbol{H}_r^T(k)\boldsymbol{z}(k) \tag{6.3.11}$$

上式中，$\boldsymbol{\theta}$ 和 $\boldsymbol{z}(k)$ 定义同(6.3.3)式。由于 $\boldsymbol{H}_r(k)$ 与 $e(k)$ 无关，故 $\hat{\boldsymbol{\theta}}_{\mathrm{IV}}$ 是无偏一致的。因 $r(k)$ 是可测的，$G(q^{-1})$ 可用 $\hat{G}(q^{-1})$ 代替，则根据图6.3.3，有

$$\begin{cases} u_r(k) = \dfrac{R(q^{-1})}{1 + R(q^{-1})\hat{G}(q^{-1})} r(k) \\ z_r(k) = \dfrac{R(q^{-1})\hat{G}(q^{-1})}{1 + R(q^{-1})\hat{G}(q^{-1})} r(k) \end{cases} \tag{6.3.12}$$

所以，可以利用(6.3.11)、(6.3.12)式迭代计算 $\hat{\boldsymbol{\theta}}_{\mathrm{IV}}$。

不管是采用LS法，还是采用IV法，阶次总是闭环辨识的验前知识。从模型的等效变换而言，若反馈控制器模型需要而且可以辨识时，不妨先设定该模型具有略高的阶次，而后在前向通道模型的选择中，使其阶次满足可辨识性条件即可。

第 7 章 系统辨识的发展及在生产实际中的应用

近20年来,系统辨识和参数估计理论获得了迅速的发展,已成为自动控制理论的一个十分活跃而又重要的分支。这是由于系统辨识和参数估计是建立被控系统数学模型的重要途径之一,许多问题在做出决策之前都需要寻找描述该问题的数学模型,因而,模型化方法是进行系统分析、设计、预测、控制、决策的前提和基础,形成了与辨识技术紧密结合的综合新技术——如自适应控制、自适应预报、自适应滤波、自适应信号处理等。

随着控制理论的发展与应用面的扩大,系统辨识除自身发展之外,与其他技术的联系也更加密切,如与模糊方法的结合形成的模糊自适应;与神经网络技术相结合形成的神经网络自适应;与人工智能技术相结合形成的智能自适应技术;与故障诊断技术相结合形成的自适应故障诊断技术等等。

为使读者对这方面的发展有一定了解,本章简要介绍系统辨识技术涉及模糊控制、预测预报和故障诊断方面的应用。

7.1 模糊关系模型辨识及应用

对一个复杂的被控对象或过程建立精确的数学模型一般是极为困难的。应用模糊集合理论,从系统输入和输出量测值来辨识系统的模糊模型,是系统辨识的另一有效途径。当然这种模糊模型与通常的精确模型相比显得粗糙,但是它也能对复杂系统的基本特征给出严格的定量描述。本节引入基于模糊关系模型的系统的系统辨识方法,并介绍一类基于"模糊控制"系统的模型预报的基本方法。以期使读者对基于模糊关系模型的系统辨识有一个初步认识。

7.1.1 模糊关系模型的基本概念[77]

对于SISO系统,设系统的输入空间 U 和输出空间 Y 分别由 m 个点 $u_1,u_2,\cdots,u_m$ 和 n 个点 $y_1,y_2,\cdots,y_n$ 构成;用 $B_1,B_2,\cdots,B_m$ 和 $C_1,C_2,\cdots,C_n$。分别表达 U 和 Y 空间中的模糊集合。则模糊模型是描述系统特性的一组模糊条件语句,即

$$\text{if } u(t-d) = B' \text{or } B'' \text{ and } y(t-l) = C' \text{ or } C'' \text{ then } y(t) = E \tag{7.1.1}$$

$$\cdots$$

其中，B'和B''为U中的模糊集合，C'、C''和E为Y中的模糊集合，且E即为模糊实施控制规则。式(7.1.1)中的每一条模糊条件语句为一条模糊规则，式(7.1.1)中一组描述系统特性的模糊条件语句称为模糊算法，这个算法表达的意义是根据$(t-k)$时刻的输入、输出的量测值来预测$(t-k+l)$时刻输出的量测值。

根据模糊集合运算规则，式(7.1.1)中的每一条规则可以写成如下形式

$$E = u(t_k) \circ \left[(B' + B'') \times E \right] \cdot y(t-l) \circ \left[(C' + C'') \times E \right] \tag{7.1.2}$$

根据每一条规则以及已知的$u(t-k)$和$y(t-1)$，可由式(7.1.2)计算出相应的模糊控制规则E。若系统的特性由p条规则描述，则模糊变量$y(t)$的值可以写为

$$y(t) = E_1 + E_2 + \cdots + E_{p_1} \tag{7.1.3}$$

式(7.1.2)及(7.1.3)中的符号"。"、"+"、"×"、"·"分别表示模糊集合的"合成"、"并"、"直积"及"交"运算。

例如，如果式(7.1.2)中的系统输入和系统输出的量测值分别为$u(t-k)=u_i$和$y(t-1)=y_i$，则它们的隶属函数值为

$$\begin{cases} \mu_{u(t-k)} = (0,\cdots,0,1,0,\cdots,) \\ \qquad\qquad \cdots i \cdots \\ \mu_{y(t-l)} = (0,\cdots,0,1,0,\cdots,) \\ \qquad\qquad \cdots j \cdots \end{cases} \tag{7.1.4}$$

利用式(7.1.4)可将式(7.1.2)加以简化，即

$$E = \min\left\{ \max\left[\mu_{B'}(i), \mu_{B''}(i) \right]; \max\left[\mu_{C'}(j), \mu_{C''}(j) \right]; \mu_E \right] \tag{7.1.5}$$

式中，$\mu(i)/\mu(j)$分别表示第i和第j个元素的隶属函数的值。

综上可知，建立模糊模型是根据系统的输入输出的量测值来构成一组描述系统特性的规则，而规则的多少反映了模糊算法的复杂程度。因此，式(7.1.3)中的规则条数p作为衡量模糊模型复杂程度的一个品质指标。而对于模糊模型精确性，可由量测值$y(t)$与输出预测$\hat{y}(t)$之差的均方值来衡量，即

$$\varepsilon = \frac{1}{L} \sum_{i=1}^{L} \left[y(t) - \hat{y}(t) \right]^2 \tag{7.1.6}$$

式中，L为总的量测次数。

显然，精确性ε与规则条数p之间存在矛盾，即选取规则条数多，则精确性好，但运算复杂；反之，则精确性差，但运算相对简单。

7.1.2　模糊关系模型的辨识

建立模糊关系模型主要涉及参数辨识、结构辨识与系统优化3个方面的工作：

①参数辨识：对系统输入输出量测值进行量化处理，建立输入和输出空间U和Y，选择U和Y中的模糊集合B_i和C_i，而B_i和C_i的隶属函数值主要由系统输入和输出量测值变化的特性确定。若$U=Y\in R$(实数域)且B_i与C_i的隶属函数的形式为

$$\mu(x) = \mathrm{e}^{-\left(\frac{x-a}{b}\right)} \tag{7.1.7}$$

称B_i和C_i为正态型模糊模型集合，式中参数a和b可通过对式(7.1.7)进行变化处理后，应

用各种辨识方法获得。

量化等级与模型精度的结构 $\left[u(t-k),y(t-l),y(t)\right]$，即确定 k 和 l。

②模糊模型的结构辨识：对系统输入和输出数据进行模糊化处理，构成输入和输出量测值的模糊集合。设输入的量测值 $u(t-k)$ 满足

$$\mu_B(u) = \max\left[\mu_{B_1}(u),\mu_{B_2}(u),\cdots,\mu_{B_m}(u)\right] \tag{7.1.8}$$

则模糊变量 $u(t-k)$ 的值取为 B_i。若输出量测值 $y(t-l)$ 或 $y(t)$ 满足

$$\mu_C(u) = \max\left[\mu_{C_1}(u),\mu_{C_2}(u),\cdots,\mu_{C_n}(u)\right] \tag{7.1.9}$$

则模糊变量 $y(t-l)$ 或 $y(t)$ 的值为 C_i。于是输入输出量测值

$$u(1),y(1);u(2),y(2);\cdots,u(i),y(i);\cdots$$

均变成模糊集合，即 $B_{i1},C_{i1};B_{i2},C_{i2};\cdots;B_{ii},C_{ii};\cdots$。

再根据上述模糊集合通过相关试验来确定模型的结构。

③建立并优化模糊关系模型：以一个较为简单的情况为例，设模型的结构已确定为 $\left[u(t-k),y(t-1),y(t)\right]$，模糊变量 $u(t-k)/y(t-l)$ 和 $y(t)$ 的值均一一对应一条规则，即

$$\begin{aligned}&\text{if } u(t-k) = B_{k1} \text{ and } y(t-l) = C_{l1} \text{ then } y(t) = C_{j1}\\&\text{if } u(t-k) = B_{k2} \text{ and } y(t-l) = C_{l2} \text{ then } y(t) = C_{j2}\\&\qquad\cdots\\&\text{if } u(t-k) = B_{ki} \text{ and } y(t-l) = C_{li} \text{ then } y(t) = C_{ji}\end{aligned} \tag{7.1.10}$$

对于式(7.1.10)描述的规则，一般要经过必要的化简处理，其规则为：

①对重复的规则，可保留一条，除去重复的其他条。如下述规则

$$\begin{aligned}&\text{if } u(t-k) = B_2 \text{ and } y(t-l) = C_2 \text{ then } y(t) = C_3\\&\qquad\cdots\\&\text{if } u(t-k) = B_2 \text{ and } y(t-l) = C_2 \text{ then } y(t) = C_3\end{aligned}$$

实际上是两条完全相同的规则，可删掉一条。

②对既不完全相同又不相矛盾的规则可以做适当的合并处理。如下述规则

$$\begin{aligned}&\text{if } u(t-k) = B_3 \text{ and } y(t-l) = C_3 \text{ then } y(t) = C_5\\&\text{if } u(t-k) = B_4 \text{ and } y(t-l) = C_4 \text{ then } y(t) = C_5\\&\text{if } u(t-k) = B_9 \text{ and } y(t-l) = C_9 \text{ then } y(t) = C_5\end{aligned}$$

可以合并成如下形式

$$\text{if } u(t-k) = B_3 \text{ or } B_4 \text{ or } B_9 \text{ and } y(t-l) = C_3 \text{ or } C_4 \text{ or } C_9 \text{ then } y(t) = C_5$$

③对于相互矛盾的规则要根据具体情况分别对待，例如，下列规则

$$\begin{aligned}&\text{(a) if } u(t-k) = B_5 \text{ and } y(t-l) = C_5 \text{ then } y(t) = C_6\\&\text{(b) if } u(t-k) = B_5 \text{ and } y(t-l) = C_5 \text{ then } y(t) = C_7\\&\text{(c) if } u(t-k) = B_5 \text{ and } y(t-l) = C_5 \text{ then } y(t) = C_8\end{aligned}$$

是 3 条相互矛盾的规则，不能简单地处理，要根据不同情况分别采取相应的处理方法。如果规则(a)的出现次数比(b)和(c)出现的次数都要多得多，则可以把(b)和(c)忽略不计，只选取(a)作为模型的一条规则。

如果上述 3 条规则出现的次数基本相同，忽略其中任何一条都会影响模糊的精度，这时可将 3 条规则合并为

if $u(t-k)=B_5$ and $y(t-l)=C_5$ then $y(t)=C_6$ or C_7 or C_8

输入空间 U 和输出空间 Y 中的模糊集合的总数分别为 m 和 n，可以把全部输入输出量测值转化成 $p\leqslant m\times n$ 经化简处理得到的 p 条规则即为系统的预测模糊模型。

根据输入输出量测值，可以由 p 条规则按式(7.1.5)和(7.1.3)计算出预测值 $y(t)$。如果事先对输入空间 U 和输出空间 Y 的不同点 u_i 和 y_i，用计算机计算出由 $u(t-k)$ 和 $y(t-1)$ 的测量值来预测 $y(t)$ 的表格，则可以把预测值的计算过程转化为查表过程。

7.1.3　多变量系统智能模糊决策模型辨识[86]

对于一个有 r 个输入 $u_i(k)(i=1,2,\cdots,r)$ 和 q 个输出 $y_j(k)(j=1,2,\cdots,q)$ 的模糊控制系统，k 时刻的控制输入 $u_i(k)$ 的取值可由 L 条模糊规则决定，这 L 条规则的集合构成该输入量的模糊决策模型，其中的第 l 条($l=1,2,\cdots,L$)规则 R^l 可描述为

$u_1(k-1)$ 是 A_1^{l1}，$u_1(k-2)$ 是 A_1^{l2}，$\cdots$，$u_1(k-n)$ 是 A_1^{ln}

$\vdots$

$u_r(k-1)$ 是 A_r^{l1}，$u_r(k-2)$ 是 A_r^{l2}，$\cdots$，$u_r(k-n)$ 是 A_r^{ln}

$y_1(k-1)$ 是 B_1^{l1}，$y_1(k-2)$ 是 B_1^{l2}，$\cdots$，$y_1(k-m)$ 是 B_1^{lm}

$\vdots$

$y_q(k-1)$ 是 B_q^{l1}，$y_q(k-2)$ 是 B_q^{l2}，$\cdots$，$y_q(k-m)$ 是 B_q^{lm}

则有

$$\begin{aligned}u_i^l(k) = & a_0^l + a_{11}^l u_1(k-1) + a_{12}^l u_1(k-2) + \cdots + a_{1n}^l u_1(k-n) + \\ & + a_{21}^l u_2(k-1) + a_{22}^l u_2(k-2) + \cdots + a_{2n}^l u_2(k-n) + \cdots + \\ & a_{r1}^l u_r(k-1) + a_{r2}^l u_r(k-2) + \cdots + a_{rn}^l u_r(k-n) + \\ & b_{11}^l y_1(k-1) + b_{12}^l y_1(k-2) + \cdots + b_{1m}^l y_1(k-m) + \cdots + \\ & b_{q1}^l y_q(k-1) + b_{q2}^l y_q(k-2) + \cdots + b_{qm}^l y_q(k-m) + \varepsilon^l(k)\end{aligned} \tag{7.1.11}$$

其中，$u_i(k)$ 和 $y_j(k)$ 分别是 u_i 和 y_j 在 k 时刻的值；$\varepsilon^l(k)$ 是实际输入量与规则所得输入量之差；$A_i^{l1\sim n}$、$B_j^{l1\sim m}$ 分别是 u_i、y_j 在输入、输出论域上定义的模糊子集。

这些模糊子集如图 7.1.1 所示，其隶属函数取为三角形凸函数；a_{ik}^l 和 b_{jk}^l 是待辨识的模型参数；$u_i^l(k)$ 是由第 l 条模糊控制规则决定的输入控制量；n、m 是待辨识的模型阶次，可通过对被辨识对象进行机理分析或根据生产实际操作经验确定。

若给定一组数据

$$\Big[u_1(k-1),u_2(k-2),\cdots,u_1(k-n),\cdots,u_r(k-1),u_r(k-2),\cdots,u_r(k-n),\cdots,$$
$$y_1(k-1),y_1(k-2),\cdots,y_1(k-m),\cdots,y_q(k-1),y_q(k-2),\cdots,y_q(k-m)\Big]$$

则可由 L 条决策规则决定的输入控制量 $u_i^l(k)$ 加权平均求得 k 时刻的输入控制量 $u_i(k)$ 为

$$u_i(k) = \sum_{l=1}^{L}\lambda_l u^l(k) \Big/ \sum_{l=1}^{L}\lambda_l \tag{7.1.12}$$

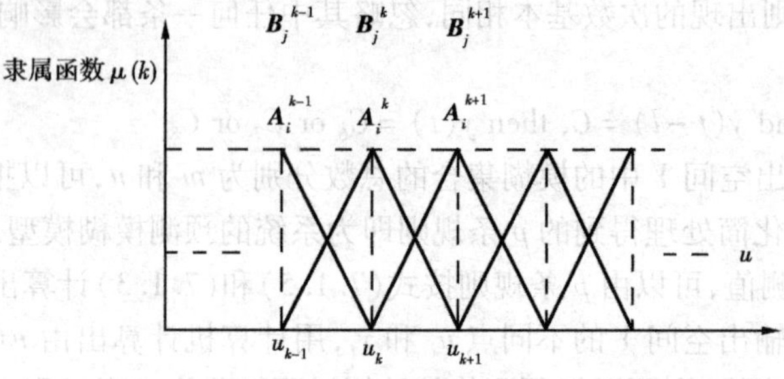

图 7.1.1　模糊子集 A_i、B_j

根据模糊定义，λ_l 可通过对有关各量的隶属函数值进行模糊"与"运算求得，即

$$\lambda_l = \bigcap_{i=1}^{r}\bigcap_{j=1}^{n} \mu_{A_i}^{lj}\left[u_i(k-j)\right] \bigcap \bigcap_{i=1}^{q}\bigcap_{j=1}^{m} \mu_{B_i}^{lj}\left[y_i(k-j)\right] \tag{7.1.13}$$

此处∩表示进行模糊逻辑"与"运算，即取极小运算；$\mu_{A_i}^{lj}\left[u_i(k-j)\right]$ 表示 $u_i(k-j)$ 对模糊子集 A_i^{lj} 的隶属函数值，$\mu_{B_i}^{lj}\left[y_i(k-j)\right]$ 的意义与之类似。

在 n、m 较小的情况下，则可直接用最小二乘法辨识算法求解模型系数，令

$$\begin{cases} \boldsymbol{\theta}_l = \left[a_0^l a_{11}^l a_{12}^l \cdots a_{1n}^l \cdots a_{r1}^l a_{r2}^l \cdots a_{rn}^l b_{11}^l b_{12}^l \cdots b_{1m}^l \cdots b_{q1}^l b_{q2}^l \cdots b_{qm}^l\right]^T \\ \boldsymbol{\varphi} = \left[1 u_1(k-1) u_1(k-2) \cdots u_1(k-n) \cdots u_r(k-1) u_r(k-2) \cdots u_r(k-n) = \right. \\ \qquad \left. y_1(k-1) y_1(k-2) \cdots y_1(k-m) \cdots y_q(k-1) y_q(k-2) \cdots y_q(k-m)\right] \end{cases} \tag{7.1.14}$$

由式(7.1.14)，将式(7.1.11)改写为最小二乘格式

$$u_i^l(k) = \boldsymbol{\varphi}^T \boldsymbol{\theta}_l + \varepsilon^l(k) \tag{7.1.15}$$

则输入量 $u_i(k)$ 的控制模型可表为

$$u_i(k) = \frac{\lambda_1}{\sum\limits_{l=1}^{L}\lambda_l}\boldsymbol{\varphi}^T\boldsymbol{\theta}_1 + \frac{\lambda_2}{\sum\limits_{l=1}^{L}\lambda_l}\boldsymbol{\varphi}^T\boldsymbol{\theta}_2 + \cdots + \frac{\lambda_L}{\sum\limits_{l=1}^{L}\lambda_l}\boldsymbol{\varphi}^T\boldsymbol{\theta}_L + \sum_{l=1}^{L}\lambda_l \varepsilon^l(k) \tag{7.1.16}$$

若令

$$\frac{\lambda_l}{\sum\limits_{l=1}^{L}\lambda_l}\boldsymbol{\varphi}^T = (\boldsymbol{\varphi}^l)^T \tag{7.1.17}$$

$\boldsymbol{\varphi}^l$ 为新息向量，$\boldsymbol{\varphi}^l$ 是由第 l 组数据经式(7.1.13)、式(7.1.17)、式(7.1.18)求得的常数向量，可表为

$$\boldsymbol{\varphi}^l = \left[\boldsymbol{\varphi}_1^T \boldsymbol{\varphi}_2^T \cdots \boldsymbol{\varphi}_L^T\right]^T \tag{7.1.18}$$

$\boldsymbol{\Phi}_i$ 为参数向量，可表为 $\boldsymbol{\Phi}_i = \left[\boldsymbol{\theta}_1 \boldsymbol{\theta}_2 \cdots \boldsymbol{\theta}_L\right]^T$，则误差为

$$\varepsilon_i(k) = \sum_{l=1}^{L}\lambda_l \varepsilon^l(k) \tag{7.1.19}$$

则式(7.1.16)也写为最小二乘格式：

$$u_i(k) = (\boldsymbol{\varphi}^l)^T \boldsymbol{\Phi}_i + \varepsilon_i(k) \tag{7.1.20}$$

对辨识对象,按控制目标选取适当的性能指标作为衡量实际生产数据优劣的标准,将满足规定性能指标的数据组称为优选数组。以优选数组为基础进行模型参数辨识,以使所得到规则为优化规则。为此,从实际生产数据中取 N 组不同的优选数据($N \geqslant$ 待辨识参数个数),利用式(7.1.13)、式(7.1.17)、式(7.1.18)可得新息向量 $\boldsymbol{\varphi}^1, \boldsymbol{\varphi}^2, \cdots, \boldsymbol{\varphi}^N$。将 N 组优选数据及 $\boldsymbol{\varphi}^1, \boldsymbol{\varphi}^2, \cdots, \boldsymbol{\varphi}^N$ 代入式(7.1.20)可得 N 个含参数向量 $\boldsymbol{\Phi}_i$ 的线性方程,这些方程可写做矩阵形式:

$$\left[u_i(k_1) u_i(k_2), \cdots, u_i(k_N)\right]^T = \left[(\varphi^1)^T (\varphi^2)^T, \cdots, (\varphi^N)^T\right]^T \boldsymbol{\Phi}_i + \boldsymbol{\varepsilon}(k) \tag{7.1.21}$$

其中 $\boldsymbol{\varepsilon}(k) = \left[\varepsilon_i(k_1) \varepsilon_i(k_2), \cdots, \varepsilon_i(k_N)\right]^T$,令

$$\boldsymbol{X}_i = \left[u_i(k_1) u_i(k_2), \cdots, u_i(k_N)\right]^T$$

$$\boldsymbol{\phi} = \left[(\boldsymbol{\varphi}^1)^T (\boldsymbol{\varphi}^2)^T, \cdots, (\boldsymbol{\varphi}^N)^T\right]^T$$

则式(7.1.20)可改写为:

$$u_i = \boldsymbol{\phi} \boldsymbol{\Phi}_i + \varepsilon(k) \tag{7.1.22}$$

利用参数辨识的最小二乘法可得 u_i 的模糊控制模型中待辨识的参数向量 $\boldsymbol{\Phi}_i$ 的估计值为:

$$\hat{\boldsymbol{\Phi}}_i = \left[\boldsymbol{\phi}^T \boldsymbol{\phi}\right]^{-1} \boldsymbol{\phi}^T u_i$$

7.2 应用辨识技术的故障检测及预报

系统的故障通常是由于组成系统的元部件的损坏失效或性能降低引起的,这些元部件的损坏或性能降低表现为描述这些元部件特性的物理参数的变化。而物理参数的变化必然引起模型参数发生相应的变化,即可以说模型参数中包含着物理元部件故障的信息。

一个实际的物理系统是由多个元部件组成的,定义描述元部件特征的参数为物理参数 P(如电路中的电阻、电容电感等)。通常描述控制系统的数学模型采用的微分方程或差分方程,方程的系数称为模型参数 $\boldsymbol{\theta}$。

模型参数描述系统的整体行为,物理参数描述组成系统的元部件的局部行为,它们以一定的函数关系联系在一起。定义联系模型参数 $\boldsymbol{\theta}$ 与物理参数 $\boldsymbol{P}$ 的关系方程 $\boldsymbol{\theta} = f(\boldsymbol{P})$ 为模型参数-物理参数关联方程。

因此,如果已知模型参数的变化,就能通过模型参数-物理参数关联方程确定物理参数的变化,从而确定故障的物理元部件及其故障的大小和程度。这就是基于参数估计的故障诊断方法——用有机理分析和过程的先验知识建立过程的微分方程(或差分方程)描述,得到正常的模型参数和物理元件参数值,并建立物理参数变化与故障的对应关系——故障模型。

7.2.1 引 言

进行故障分析的一般步骤如下:

①建立模型参数 $\boldsymbol{\theta}_i$ 与物理参数 P_i 的关联方程 $\boldsymbol{\theta}_i = f(P_i)$;

②由输入输出的量测信号进行参数估计,得到模型参数估计值 $\tilde{\boldsymbol{\theta}}_i$;

③计算实际物理参数 $\boldsymbol{P}=f^{-1}(\hat{\boldsymbol{\theta}})$;

④确定实际物理参数相对于标准物理参数值 P_0 的变化量 $\Delta\boldsymbol{P}$;

⑤根据物理参数变化与故障的对应关系——故障模型和物理参数的变化,进行故障决策,判断是否发生了故障;

⑥利用统计决策或假设检验,进行故障分离,判断故障发生的原因、大小、类型和位置。

从上面可看出,基于参数估计的故障诊断方法依赖于:①用分析方法建立过程的理论模型,建立物理参数变化与故障的对应关系——故障模型;②有效的快速实时参数估计方法;③故障决策方法。但是,在应用于实际时其的主要困难在于:

(a)模型参数—物理参数关联方程 $\boldsymbol{\theta}=f(\boldsymbol{P})$ 是非线性联立方程,由 $\boldsymbol{\theta}=f(\boldsymbol{P})$ 确定其反函数 $\boldsymbol{P}=f^{-1}(\hat{\boldsymbol{\theta}}$是非常困难的;

(b)由于系统故障出现的时间是随机的、不确定的,既有突发性的(如参数漂移性故障)。系统故障对应这模型参数的变化,这种变化可能发生得很快(如阶跃型故障发生在突发的瞬间),也可能发生的很缓慢(如参数漂移需要经过一定的时间后才能达到故障的程度),变化的幅度可能很大,也可能较小,对应的参数估计是一个不确定的时变系统的参数估计。

(c)系统的故障,有时不仅可能引起模型参数的变化,还可能引起模型结构(或阶次)的变化,因此故障诊断面临的参数估计是一种变结构变参数系统的参数估计。而常规的辨识方法在假定的模型结构下进行参数估计,根据估计的残差平方和进行结构检验,确定模型结构,这种确定模型的结构和参数的方法不能实时应用。

本节考虑一个相对较为简单的情况——铝电解过程,应用系统辨识方法,分析可能出现在铝电解过程中的系列电流异常、病槽、阳极效应等故障的诊断。

7.2.2 铝电解故障检测及预报方法[79]

铝电解过程中的系列电流异常、病槽、阳极效应等故障是经常发生的。通常的检测方法是通过可测量系列电流和槽电压来判断是否发生了故障。但是,往往有些故障一旦发生就会给生产带来影响或使整个系统瘫痪。此时,已直接影响生产,甚至造成严重损失。所以,需对故障进行预报。

一般情况下,故障都有一个发生、发展的演变过程,即在检测到故障之前,其动态过程会发生改变,只不过这种变化没有表现在可测量中。但是,某些过程内部不可测量参数可以反映故障信息,可根据模型参数的估计值和正常值的偏差来判断是否发生了故障,故障检测原理如图7.2.1所示。

(1)铝电解过程模型

1)模型结构辨识

模型结构,模型建立的准确与否是分析和预报故障的关键。根据铝电解过程的特点,其可测量系列电流和槽电压受电场、磁场、热场影响大,参数不稳定,所以,可以根据系列电流、槽电阻和槽反电动势,间接算出槽电阻数据。在电解过程中,槽电阻随时间逐渐增大,所以,可以建立反映槽电阻变化率的数学模型。槽电阻随时间的变化曲线如图7.2.2所示,k 时刻的槽电阻 $R(k)$ 可用 $f(k)$ 和白噪声 $\varepsilon(k)$ 来确定,即

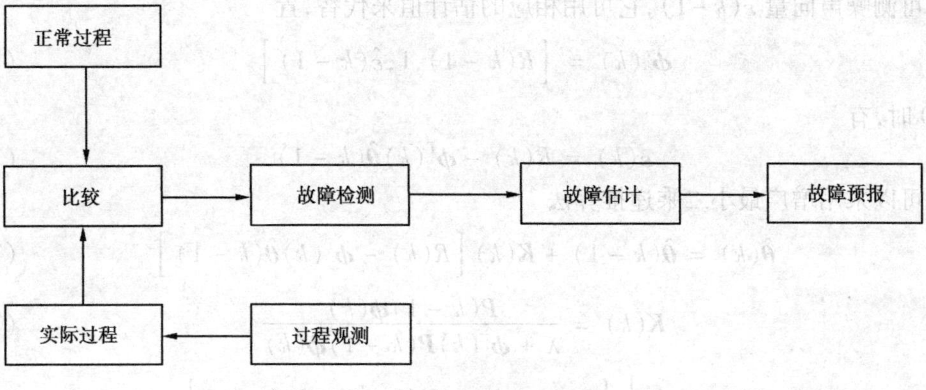

图 7.2.1　故障检测原理

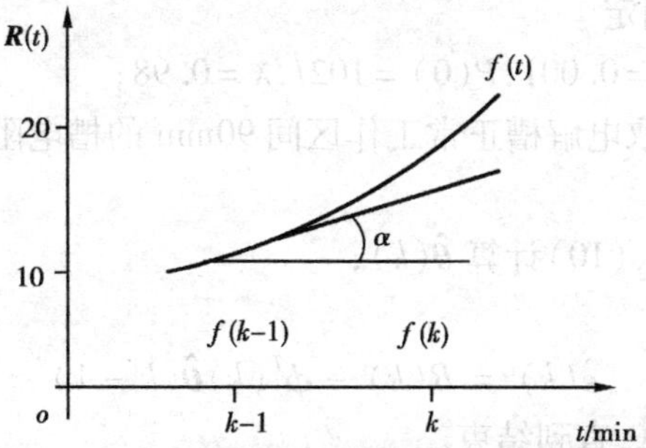

图 7.2.2　槽电阻随时间的变化曲线

$$R(k) = f(k) + \varepsilon(k) \tag{7.2.1}$$

$$f(k) - f(k-1) = [k-(k-1)]a = a \quad 故$$

$$f(k) = f(k-1) + a \tag{7.2.2}$$

将(7.2.2)式代入(7.2.1)式,得

$$R(k) = f(k-1) + a + \varepsilon(k) =$$

$$f(k-1) + \varepsilon(k-1) - \varepsilon(k-1) + \varepsilon(k) + a$$

则动态模型的一般形式为

$$R(k) = a_1 R(k-1) + a_2 + a_3 \varepsilon(k-1) + \varepsilon(k) \tag{7.2.3}$$

2)模型参数辨识

①辨识算法:将动态模型写成最小二乘形式

$$R(k) = \left[R(k-1), 1, \varepsilon(k-1)\right]\left[a_1, a_2, a_3\right]^T + \varepsilon(k) \tag{7.2.4}$$

即

$$R(k) = \boldsymbol{\phi}^T(k)\boldsymbol{\theta} + \varepsilon(k) \tag{7.2.5}$$

其中

$$\boldsymbol{\phi}^T(k) = \left[R(k-1), 1, \varepsilon(k-1)\right],$$

$$\boldsymbol{\theta} = \left[a_1, a_2, a_3\right]^T$$

因 $\varepsilon(k)$ 是白噪声,所以利用最小二乘法可获得参数 $\boldsymbol{\theta}$ 的无偏估计,但是数据向量 $\boldsymbol{\phi}^T(k)$

含有不可测噪声向量 $\varepsilon(k-1)$，它可用相应的估计值来代替，置

$$\boldsymbol{\phi}^{\tau}(k) = \left[R(k-1), 1, \hat{\varepsilon}(k-1)\right] \tag{7.2.6}$$

当 $k>0$ 时，有

$$\varepsilon(k) = R(k) - \boldsymbol{\phi}^{T}(k)\hat{\boldsymbol{\theta}}(k-1) \tag{7.2.7}$$

这样就可以采用增广最小二乘递推算法

$$\hat{\boldsymbol{\theta}}(k) = \hat{\boldsymbol{\theta}}(k-1) + \boldsymbol{K}(k)\left[R(k) - \boldsymbol{\phi}^{T}(k)\hat{\boldsymbol{\theta}}(k-1)\right] \tag{7.2.8}$$

$$\boldsymbol{K}(k) = \frac{\boldsymbol{P}(k-1)\boldsymbol{\phi}(k)}{\lambda + \boldsymbol{\phi}^{\tau}(k)\boldsymbol{P}(k-1)\boldsymbol{\phi}(k)} \tag{7.2.9}$$

$$\boldsymbol{P}(k) = \frac{1}{\lambda}\left[\boldsymbol{P}(k-1) - \boldsymbol{K}(k)\boldsymbol{\phi}^{T}(k)\boldsymbol{P}(k-1)\right] \tag{7.2.10}$$

3）辨识步聚及参数的确定

①给定初始条件：$\theta(0)=0.001, P(0)=102I, \lambda=0.98$；

②构造数据向量：其中取电解槽正常工作区间 90min 的槽电阻数据（采样间隔 15s），共有 360 个槽电阻数据；

③由递推公式(8)，(9)，(10)计算 $\hat{\boldsymbol{\theta}}(k)$；

④计算估计误差

$$\hat{\varepsilon}(k) = R(k) - \boldsymbol{\phi}^{T}(k)\hat{\boldsymbol{\theta}}(k-1) \tag{7.2.11}$$

⑤返回 2：进行迭代计算，直到结束。

由此求得 $a_1=0.972 \quad a_2=0.157 \quad a_3=-0.985$

则铝电解过程正常工作情况下动态模型为

$$R(k) = 0.972R(k-1) + 0.157 - 0.985\varepsilon(k-1) + \varepsilon(k) \tag{7.2.12}$$

4）模型检验

铝电解过程的动态模型是否能反映过程的基本特征，需首先对模型进行检验，常用的方法是通过模型与过程输出残差序列的噪声的白色性来判断模型的好坏。

取残差序列 $\varepsilon(1), \varepsilon(2), \varepsilon(3), \cdots, \varepsilon(l)$，$J$ 为数据长度，令 $\rho_{\varepsilon}(l)$ 为 $\varepsilon(l)$ 相关系数，定义 $\rho_{\varepsilon}(l)=R_{\varepsilon}(l)\big/R_{\varepsilon}(0)$。检验 $\{\varepsilon(k)\}$ 是白噪声序列，由下面二式检验

$$E\left\{\varepsilon(k)\right\} = \frac{1}{L}\sum_{h=1}^{L}\varepsilon(k) \approx 0 \tag{7.2.13}$$

$$\left|\rho_{\varepsilon}(l)\right| \leqslant 1.98\big/\sqrt{L} \tag{7.2.14}$$

若满足以上二式则 $\{\varepsilon(k)\}$ 是零均值的白噪声序列，模型是可靠的。

对铝电解正常工作情况下的动态模型进行检验

$$E\left\{\varepsilon(k)\right\} = \frac{1}{400}\sum_{h=1}^{400}\varepsilon(k) = 0.182, \qquad R_{\varepsilon}(0) = \frac{1}{400}\sum_{h=1}^{400}\varepsilon(k)\ \varepsilon(k) = 0.308$$

同理，$\hat{R}_{\varepsilon}(1)=0.026\,2, \hat{R}_{\varepsilon}(2)=0.015\,6, \hat{R}_{\varepsilon}(3)=0.062, \rho_{\varepsilon}(1)=\hat{R}_{\varepsilon}(1)\big/\hat{R}_{\varepsilon}(0)=0.069$

$\hat{\rho}_{\varepsilon}(2)=\hat{R}_{\varepsilon}(2)\big/\hat{R}_{\varepsilon}(0)=0.041\,2, \hat{\rho}_{\varepsilon}(3)=\hat{R}_{\varepsilon}(3)\big/\hat{R}_{\varepsilon}(0)=0.021\,5$。

计算结果表明，残差 $\{\varepsilon(k)\}$ 均值近似为零，$\hat{\rho}_{\varepsilon}(l)$ 满足上述条件，所以 $\{\varepsilon(k)\}$ 是零均值

的白噪声序列,模型是可靠的。

(2)故障检测与分析仿真研究

铝电解过程故障预报的方法为:将接受到的下位控制机传来的槽电阻数据放入数据存储。然后定时将数据库中的数据取出,启动参数辨识程序,检查动态模型参数 a_1,a_2,a_3 是否在正常范围内,若不在正常范围之内,则根据各参数变化特征,确定故障类型,发出故障报警信息。

下面的这个仿真结果表明,采用上述的故障检测方法,可以对有些故障提前预报。

图7.2.3(a)和图7.2.3(b)分别表示了故障发生前后模型参数变化情况。取槽电压、系列电流和槽电阻(由槽电压、系列电流和槽反电动势得到)90min 的数据,采样的数据间隔是15s,即每个量360个数据。

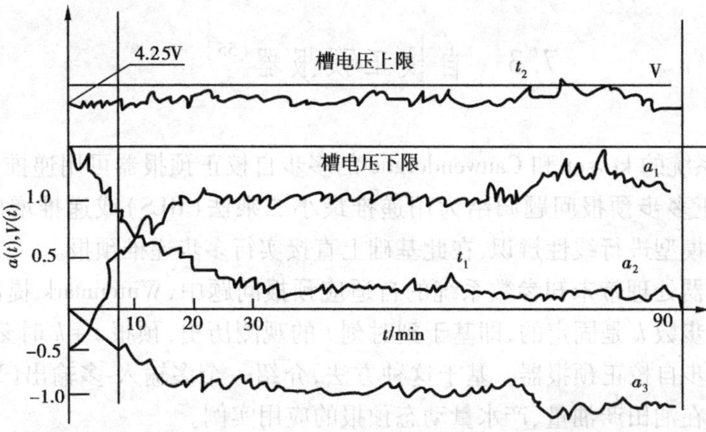

(a)

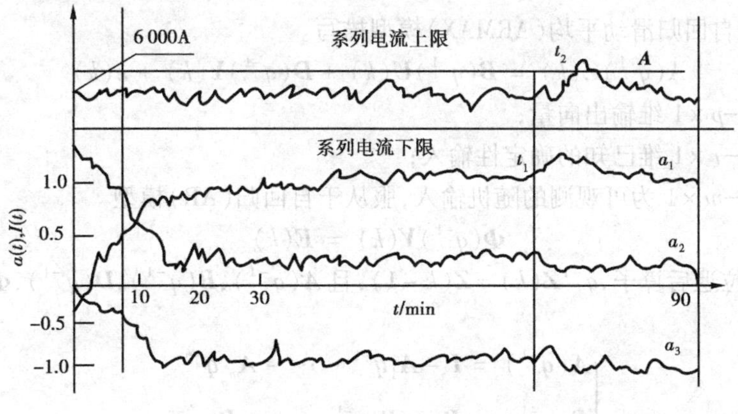

(b)

图7.2.3　故障发生前后模型参数变化情况

由7.2.3(a)可知,t_2 时刻后槽电压波动大,超出了正常的电压变化范围,这说明此时电解槽发生了故障(病槽)。对这种变化缓慢的故障,通过检测装置,可在 t_2 时刻发出故障报警信号,此时故障已发生了,这往往给铝电解生产带来损失,影响铝的产量和质量。

采用该故障检测方法则可以对故障提前预报。从仿真结果看,在 t_1 时刻后 a_1,a_2 和 a_3 参数开始变化,不仅偏离了模型参数变化的正常范围,而且参数变化速率加快,造成参数不稳定,说明将有故障发生，可根据其参数变化特征，预报将有病槽故障发生。

铝电解加工过程中，系列电流是可测量的，通常对系统电流异常的检测方法是设定系统电流极限值，当超出极限值时进行报警，在 t_2 时刻发出报警信号。由图 7.2.3(b)可知，在 t_1 时刻前，动态模型各参数较为稳定，电解槽处于正常的工作状态，在 $t_1 \sim t_2$ 之间系列电流并没有偏离正常的变化范围，所以不能断定是故障。但从模型参数 a_1, a_2, a_3 的变化情况看，t_1 时刻模型参数变化明显，a_1 变化很大，说明过程的动态规律发生改变，根据 a_1, a_2, a_3 参数变化特征，可以提前预报将出现系列电流异常，以便及时处理。

综上所述，应用系统辨识及参数估计理论进行故障分析预报是一种有效的方法。该方法不仅适用于铝电解过程，而且对工业过程控制具有同样的适应性。

7.3 自校正预报器[55]

改进的 SISO 系统的 keyser 和 Cauwenderghe 的多步自校正预报器可用递推方式解决多步预报问题，把自校正多步预报问题归结为用递推最小二乘法(RLS)或递推增广最小二乘法(RELS)，对系统的模型进行线性辨识，在此基础上直接实行多步递推预报。

用自校正预报器处理带未知参数系统的自适应预报问题中，Wittenmark 提出应用自校正预报器的超前预报步数 k 是固定的，即基于到时刻 t 的观测历史，预报 $t+k$ 时刻系统的状态，因此也称为超前 k 步自校正预报器。基于这种方法，介绍一个多输入-多输出(MIMO)系统的多步自校正预报器在油田产油量、产水量动态预报的应用实例。

7.3.1 多步自校正预报器

MIMO 系统自回归滑动平均(ARMAX)模型描写。

$$\boldsymbol{A}(q^{-1})\boldsymbol{Z}(k) = \boldsymbol{B}(q^{-1})\boldsymbol{U}(k) + \boldsymbol{D}(q^{-1})\boldsymbol{Y}(k) + \boldsymbol{\varepsilon}(k) \tag{7.3.1}$$

其中 $\boldsymbol{Z}(k)$——$p \times 1$ 维输出向量；

$\boldsymbol{U}(k)$——$r \times 1$ 维已知的确定性输入；

$\boldsymbol{Y}(k)$——$m \times 1$ 为可观测的随机输入，服从于自回归(AR)模型

$$\boldsymbol{\Phi}(q^{-1})\boldsymbol{Y}(k) = \boldsymbol{E}(k) \tag{7.3.2}$$

q^{-1}——单位迟后算子，$q^{-1}\boldsymbol{Z}(k) = \boldsymbol{Z}(k-1)$，且 $\boldsymbol{A}(q^{-1}), \boldsymbol{B}(q^{-1}), \boldsymbol{D}(q^{-1}), \boldsymbol{\Phi}(q^{-1})$ 为矩阵算子多项式，

$$\begin{cases} \boldsymbol{A}(\boldsymbol{q}^{-1}) = \boldsymbol{I} - \boldsymbol{A}_1\boldsymbol{q}^{-1} - \cdots - \boldsymbol{A}_{n_a}\boldsymbol{q}^{-n_a} \\ \boldsymbol{B}(\boldsymbol{q}^{-1}) = \boldsymbol{B}_0 + \boldsymbol{B}_1\boldsymbol{q}^{-1} + \cdots + \boldsymbol{B}_{n_b}\boldsymbol{q}^{-n_b} \\ \boldsymbol{D}(\boldsymbol{q}^{-1}) = \boldsymbol{D}_0 + \boldsymbol{D}_1\boldsymbol{q}^{-1} + \cdots + \boldsymbol{D}_{n_d}\boldsymbol{q}^{-n_d} \\ \boldsymbol{\Phi}(\boldsymbol{q}^{-1}) = \boldsymbol{I} - \boldsymbol{\Phi}_1\boldsymbol{q}^{-1} - \cdots - \boldsymbol{\Phi}_{n_\Phi}\boldsymbol{q}^{-n_\Phi} \end{cases} \tag{7.3.3}$$

其中，$\boldsymbol{I}$ 为单位阵；n_a, n_b, n_d, n_Φ 为模型的阶，$\boldsymbol{A}_i, \boldsymbol{B}_i, \boldsymbol{D}_i, \boldsymbol{\Phi}_i$ 为适当维的系数矩阵。$\boldsymbol{\varepsilon}(t)$ 和 $\boldsymbol{E}(k)$ 为零均值的相互独立的正态白噪声。

多步自校正预报问题是可表述为：当模型(7.3.1)，(7.3.2)的阶和系数阵未知时，根据时刻 k 的观测数据 $\{\boldsymbol{Z}(k), \boldsymbol{Z}(k-1), \cdots, \boldsymbol{Y}(k), \boldsymbol{Y}(k-1), \cdots\}$ 及已知的控制输入 $\{\boldsymbol{U}(k+l),$

$\boldsymbol{U}(k+l-1),\cdots\}$,求解 $\boldsymbol{Z}(k+l)$ 的多步最优(最小方差)的预报估值 $\hat{\boldsymbol{Z}}(k+l/k),l=1,2,\cdots,L$。

若模型(7.3.1),(7.3.2)的阶和参数阵是已知的,则最优预报器 $\hat{\boldsymbol{Z}}(k+l/k),\hat{\boldsymbol{Y}}(k+l/k)$ 分别是 $\boldsymbol{Z}(k+l),\boldsymbol{Y}(k+l)$ 在已知信息条件下的条件数学期望。因此,可在(7.3.1),(7.3.2)中把时刻 k 改为 $k+l$,并在等式两边取条件数学期望,可得最优递推预报器为

$$\begin{cases}\hat{\boldsymbol{Z}}(k+l/k)=\sum_{i=1}^{n_a}\boldsymbol{A}_i\hat{\boldsymbol{Z}}(k+l-i/k)+\sum_{i=0}^{n_b}\boldsymbol{B}_i\boldsymbol{U}(k+l-i)+\sum_{i=0}^{n_d}\boldsymbol{D}_i\hat{\boldsymbol{Y}}(k+l-i/k)\\ \hat{\boldsymbol{Y}}(k+l/k)=\sum_{i=1}^{n_\Phi}\boldsymbol{\Phi}_i\hat{\boldsymbol{Y}}(k+l-i/k),l=1,2,\cdots,L\end{cases} \tag{7.3.4}$$

其中,规定当 $t+k-i\leqslant t$ 时,$\hat{z}(t+k-i/t)=z(t+k-i),\hat{y}(t+k-i/t)=y(t+k-i)$。

对于自校正问题,需辨识模型(7.3.1),(7.3.2)的阶和参数后,再实行递推多步预报。确定阶的方法参见本书第 5 章内容。未知参数阵可用多变量递推最小二乘辨识方法估计。

记模型(7.3.1)的未知参数阵为 $\boldsymbol{\Theta}$ 阵,即

$$\boldsymbol{\Theta}=\left[\boldsymbol{A}_1,\cdots,\boldsymbol{A}_{n_a};\boldsymbol{B}_0,\cdots,\boldsymbol{B}_{n_b};\boldsymbol{D}_0,\cdots,\boldsymbol{D}_{n_d}\right]$$

定义向量 $\boldsymbol{X}(k)$ 为

$$\boldsymbol{X}^T(k)=\left[\boldsymbol{Z}^T(k-1),\cdots,\boldsymbol{Z}^T(k-n_a),\boldsymbol{U}^T(k),\cdots,\boldsymbol{U}^T(k-n_b),\boldsymbol{Y}^T(k),\cdots,\boldsymbol{Y}^T(k-n_d)\right]$$

k 时刻的 $\boldsymbol{\Theta}$ 阵的 RLS 估值 $\hat{\boldsymbol{\Theta}}(k)$ 为

$$\begin{cases}\hat{\boldsymbol{\Theta}}(k)=\hat{\boldsymbol{\Theta}}(k-1)+\left[\boldsymbol{Z}(k)-\hat{\boldsymbol{\Theta}}(k-1)\boldsymbol{X}(k)\right]\times\boldsymbol{X}^T(k)\boldsymbol{P}\\ \boldsymbol{P}(k)=\dfrac{1}{\mu}\left[\boldsymbol{P}(k-1)-\dfrac{\left[\boldsymbol{P}(k-1)\boldsymbol{X}(k)\right]\left[\boldsymbol{P}(k-1)\boldsymbol{X}(k)\right]^T}{\mu+\boldsymbol{X}^T(k)\boldsymbol{P}(k-1)\boldsymbol{X}(k)}\right]\end{cases} \tag{7.3.5}$$

$\mu(0<\mu\leqslant1)$ 是遗忘因子。初始值为 $\hat{\boldsymbol{\Theta}}(0)=\boldsymbol{\Theta}_0,\boldsymbol{P}(0)=\boldsymbol{P}_0$。在模型(7.3.2)中引入记号

$$\boldsymbol{\Theta}=\left[\boldsymbol{\Phi}_1,\cdots,\boldsymbol{\Phi}_{n_\Phi}\right],$$

$$\boldsymbol{X}^T(k)=\left[\boldsymbol{Y}^T(k-1),\cdots,\boldsymbol{Y}^T(k-n_\Phi)\right]$$

代入递推算法(7.3.5)可得 $\boldsymbol{\Phi}_i$ 的估值。

因此,多步自校正最优预报为将 k 时刻的未知参数阵的估值 $\hat{\boldsymbol{\Theta}}(k)$ 代入式(7.3.3)和式(7.3.4),可得多步自校正递推预报器为

$$\begin{cases}\hat{\boldsymbol{Z}}(k+l/k)=\sum_{i=1}^{n_a}\hat{\boldsymbol{A}}_i\hat{\boldsymbol{Z}}(k+l-i/k)+\sum_{i=0}^{n_b}\hat{\boldsymbol{B}}_i\boldsymbol{U}(k+l-i)+\sum_{i=0}^{n_d}\hat{\boldsymbol{D}}_i\hat{\boldsymbol{Y}}(k+l-i/k)\\ \hat{\boldsymbol{Y}}(k+l/k)=\sum_{i=1}^{n_\Phi}\hat{\boldsymbol{\Phi}}_i\hat{\boldsymbol{Y}}(k+l-i/k),l=1,2,\cdots,L\end{cases} \tag{7.3.6}$$

多步自校正最优预报的特性:

当(7.3.1),(7.3.2)式的未知参数阵是常数时,因 $\boldsymbol{\varepsilon}(t)$ 和 $\boldsymbol{E}(k)$ 是白噪声,则在很宽的条件下未知参数阵的 RLS 估值是无偏的和一致的,即当 $t\to\infty$ 时,$\hat{\boldsymbol{A}}_i(k)\to\boldsymbol{A}_i,\hat{\boldsymbol{B}}_i(k)\to\boldsymbol{B}_i,\hat{\boldsymbol{D}}_i(k)$

$\to \boldsymbol{D}_i, \hat{\boldsymbol{\Phi}}_i(k) \to \boldsymbol{\Phi}_i$。因而,多步自校正预报器(7.3.6)将收敛到最优预报器(7.3.4)这表明它具有渐近最优(自校正)性。

7.3.2 应用于石油产量动态预报

在石油生产中,为保证石油的稳产,须用一定的增产措施(例如打新井、压裂、注水等)来补偿原油产量的自然递减。图7.3.1表示的是某油田按月的平均原油产量 Q_k 的曲线,其中时间 k 以月份为单位,起点($k=0$)是1972年12月。图7.3.1也画出了以前一年末的原油产量按月的自然递减曲线,它是从 Q_k 中扣除(减去)相应月份的措施增产量 u_k 所构成的曲线。由于各种随机因素的影响,原油产量的自然递减过程是随机的,并带有局部的升降波动。各年的原油产量的自然递减曲线也是不同的。此外,油田按月的日平均产水量 f_k 对原油产量也有重要影响,如图7.3.2曲线所示。显然 f_k 具有指数增长趋势且带有局部随机波动。

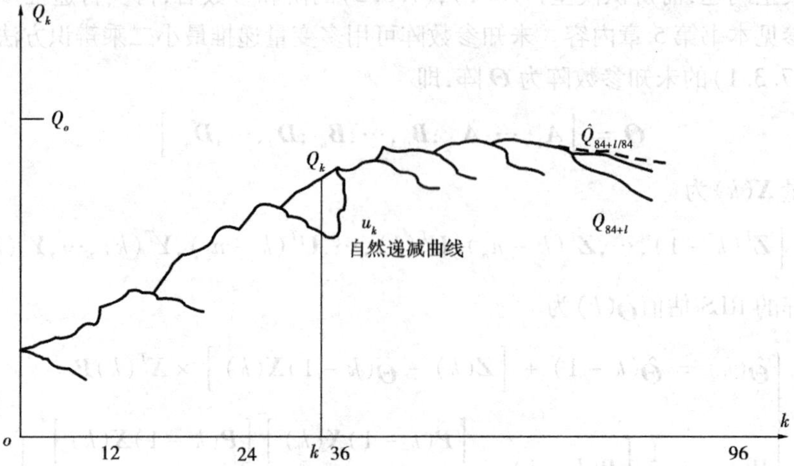

图7.3.1 前一年原油产量按月自然递减曲线

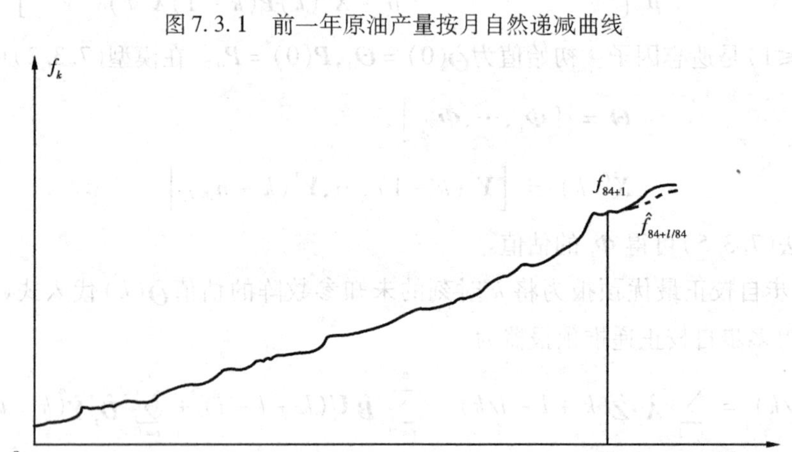

图7.3.2 日平均产水量 f_t 对原油产量的影响曲线

为制定下一年的稳产措施规划,必须要知道下一年在无增产措施时油田按月的日平均原油产量的自然递减规律。

例如,假定已知1979年12月($k=84$)以前按月的日平均原油产量 Q_k、措施增产 u_k,产水

f_k 的观测数据,要求预报 1980 年按月的原油产量自然递减规律 $Q_{84+l}, l=1,2,\cdots,12$。这就是要求 Q_{84+l} 的多步最优预报 $Q_{84+l}\Big|_{84}, l=1,2,\cdots,12$。这样,为使 1980 年按月的日平均原油产量稳定在 Q^* 水平上,应使 1980 年各月的日平均措施增产量为 $u_{84+l}=Q^*-Q_{84+l}\Big|_{84}, l=1,2,\cdots,12$。

对此建立了如下的多输入单输出(MISO)随机模型

$$Q_k = aQ_{T-1} + b\nabla u_k + c\nabla f_k + \varepsilon_k \tag{7.3.7}$$

其中,∇u_k 为月措施增量,$\nabla u_k = u_k - u_{k-1}$;月产水波动 $\nabla f_k = f_k - f_{k-1}$;$\varepsilon_k$ 是零均值的白噪声。参数 a 的物理意义是按月的原油产量的自然递降系数($a<1$),参数 b,c 分别为措施增量和产水波动对原油产量的影响系数。

参见如图 7.3.2,产水时间序列 f_k 是非平稳的,且有指数增长趋势。可用一阶非平稳 AR 模型描写。

$$f_k = \beta f_{k-1} + e_k \tag{7.3.8}$$

其中,参数 $\beta>1$(非平稳性)。β 是产水的月递增倍数。残差 e_k 是零均值的白噪声。

在模型(7.3.7)中,∇u_k 是确定性输入,∇f_k 是可观测的随机输入。因为,参数 a,b,c,β 是未知的,于是需用多步自校正递推预报器解决多步最优预报问题。

由于要求预报 1980 年原油产量的自然递减规律,于是当 $84<k\leqslant 96$ 时,$u_k=0$,从而 $\nabla u_k=0$。由(7.3.7)式由原油产量的多步最优递推预报器为

$$\begin{cases} \hat{Q}_{k-1/k} = aQ_k + c\nabla\hat{f}_{k+1/k} \\ \hat{Q}_{k+l/k} = a\hat{Q}_{k+l-1} + c\nabla\hat{f}_{k+l/k} \end{cases} \tag{7.3.9}$$

其中,$k=84, l=1,2,\cdots,12$。$\hat{f}_{k+l/k}$ 是基于观测 $f_k, f_{k-1},\cdots$,对 f_{k+l} 的最优预报,$\nabla\hat{f}_{k+1/k} = f_{k+1/k} - f_k$,$\nabla\hat{f}_{k+1/k} = f_{k+1/k} - f_{k+l-1/k}$。

由(7.3.8)式知

$$\hat{f}_{k+1/k} = \beta^l f_k \tag{7.3.10}$$

利用 RLS 算法,可求得在时刻 k 的未知参数估值 $\hat{a}(k),\hat{b}(k),\hat{c}(k),\hat{\beta}(k)$,把它们代入式(7.3.9)和式(7.3.10)可得产水量、产油量的多步自校正递推预报器

$$\begin{cases} \hat{f}_{k+1/k} = \left[\hat{\beta}(k)\right]^l f_k \\ \hat{Q}_{k+1/k} = \hat{a}(k)Q_k + \hat{c}(k)\left[(\hat{\beta}(k) - 1\right]f_k \\ \hat{Q}_{k+l/k} = \hat{a}(k)\hat{Q}_{k+l-1/k} + \hat{c}(k)\left\{\left[\hat{\beta}(k)\right]^l - \left[\hat{\beta}(k)\right]^{l-1}\right\}f_k \end{cases}$$

其中,$k=84, l=1,2,\cdots,12$。

第2部分 自适应控制

第8章 自适应控制概论

8.1 什么是自适应控制系统

8.1.1 系统与控制

说到控制,就不能不提到系统。在人们的日常生活中,到处可以碰到"系统"。在自然界中,小到一个细胞,甚至构成细胞的分子、原子,大到茫茫无垠的宇宙,都是一些复杂程度不同的系统。在现代社会领域中,小到一个企业,科研机构,大到一个国民经济的部门,甚至整个国民经济总体也都是一些系统。

虽然各种系统千差万别,但它们都有3个共同的特征:即它们都是由若干部分以一定的结构相互联系而成的有机整体;这些相互联系的整体可以分解为若干基本部分;这一整体具有不同于各组成部分的新的功能。称这种由相互作用和依赖的若干部分组成的具有确定功能的有机整体为系统。为了对系统进行深入的研究,人们往往根据不同的需要,从不同的角度,对客观存在着的各种不同形态的系统进行分类。但是,不管分为多少类型或什么样的类型,作为系统的共同特征,系统遵循的基本规律是不会改变的。正因如此,系统概念才有普遍的意义。

在运用系统理论分析研究各种现实问题过程中,一般遵循 4 条基本原则。

1)整体性原则:整体性是系统、要素及环境之间的辩证统一。它包括过程,联系和转化。具体可从 3 方面来理解整体性。

第一,系统的性质和规律,只有从整体上才能显示出来,它的各个要素是不具备的。比如汽车作为一个整体是一种运输工具,但单把发动机、方向盘或轮胎取下来,则不具备运输工具的功能。

第二,系统内各部分的性质和行为,都会影响到整体的性质和行为。一块手表中有一个零件出了毛病,就会使手表走时不准或停走,这是人所共知的事实。

第三,系统内各个要素或部分的性质和行为,依赖于其他要素或部分的性质和行为。例如,人的心脏的性质和行为,就依赖于肺脏的性质和行为。消化器官也制约着肌肉的功能,等等。

总之,系统之所以保持整体性,是因为系统与要素、要素与要素、系统与环境之间存在着有机联系。所谓整体性原则,就是将各种研究对象作为一个有机相关的整体,从整体出发研究整体与要素、要素与要素,以及整体与环境之间的关系,从而揭示研究对象的运动变化规律。

2)结构功能原则:系统的结构是指系统内各组成要素之间的有机联系和相互作用方式。结构具有稳定性、多层次性、相对性和变异性等。而系统的功能,则是指系统与外部环境的相互作用、相互联系的效应和能力。功能也是多样可变的。结构和功能的关系是多方面的。

第一,结构是功能的基础。什么样的结构决定什么样的功能。

第二,异构同功,即结构不同,要素不同,但可获得相同的功能。

第三,同一结构可能有多种功能,比如一副中药就有多种功能疗效。所谓结构功能原理,就是依据结构、功能的性质及其相互关系,分析研究各种系统,进行结构的复制或功能的模拟,把握结构和功能的辩证发展规律。

3)目的性原则:从现代科学技术的观点看来,世界上存在 3 种目的性。

一是人类的目的性,它是人类自觉的有意识的追求或行为,

二是动物的目的性,它是动植物机体对环境的一种适应性;

三是无机自然物的目的性,它是在反馈机制作用下,维持或趋向一个特定稳定状态,以保持关系内部与环境协调的特性,这里讲的目的性主要是指这种目的性。

所谓目的性原则,就是研究任何一个系统,要了解和掌握它所趋向或追求的目标,并采取相应的手段的方法。

4)最优化原则:所谓最优化原则,就是在给定条件下,利用各种手段和方法,促使系统实现最理想的目标。这是系统科学的基本出发点和归宿。

讲到的控制都是围绕着系统的观点,或者说是基于系统上进行的,即控制是对系统的控制。控制中所讲的系统,是指在错综复杂、相互联系的一事物中,作为研究对象而相对孤立出来的那一部分事物。例如,把一个工厂作为一个系统来进行控制和管理时,每个车间可看成一个子系统,而如果把整个车间看做一个系统来进行控制和管理时,每台机器就是它的子系统。

用这种系统的方法来研究和处理事物,能在复杂的事物中弄清各事物间的相互关系,抓住主要矛盾,使问题得以顺利解决。

所谓"控制",是一个有组织的系统根据内部外部的各种变化进行调整,不断克服系统的不确定性,使系统保持某种特点的状态。例如一个人要在复杂的环境中生存下去就必须根据身体内部的特点与外部环境的变化不断进行调整和控制。控制是一个动态过程,它存在于开放性系统之中,一切能够相互联系、构成整体的事物都存在这种过程。如在工程技术系统、军事系统、生物系统、社会系统、思维系统中都普遍存在着控制的过程。作为一个系统,总是存在一些不确定性,使系统不能稳定地保持和达到所需的状态,而要消除系统的不确定性,就必须进行控制。

控制的过程就是针对预先确定系统目标,选择并运用适当的、可以操纵的系统输入(或称控制量),驾驭或强迫系统输出(或称被控制量)达到或趋近向预先确定目标的过程。控制过程实质上是一种联系和调节。其中,控制与被控制、施控与受控是控制过程中的基本矛盾。运用"控制"这一思想来解决问题、处理事物的方法就叫控制方法。具体说来就是:通过信息处理的能动过程,解决控制与被控制的矛盾,使系统运行于最佳状态或保持系统的稳定性,借以实现人们事先对系统所规定的功能目标。

在控制中,反馈原理占有重要地位。所谓反馈,简单地说,就是系统输送出的信息作用于被控制的对象而产生的后果再输送回来。反馈是系统调节控制的基本形式。人类认识过程就是一个反馈调节的过程。控制论研究一个系统的调节,不可能通过一次反馈调节就获得成功,往往要通过多次的反馈调节,才能达到预期的控制目的。

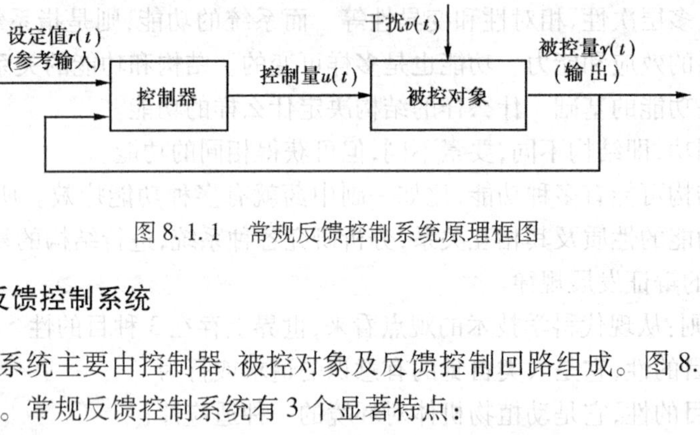

图 8.1.1　常规反馈控制系统原理框图

8.1.2　常规反馈控制系统

常规反馈控制系统主要由控制器、被控对象及反馈控制回路组成。图 8.1.1 是常规反馈控制系统原理框图。常规反馈控制系统有 3 个显著特点:

①控制器是固定的

控制器的作用就是比较系统设定值(或称参考输入)和被控量(或称系统的输出),以确定或计算出适当的控制量,使其尽可能接近。控制器的结构和参数一旦设计好,在控制的过程中一般就不再更改或变动。

②已知数学模型

按照常规反馈控制系统的设计方法,控制器的设计一般要基于已知的被控对象数学模型。

③有一定的克服对象特性变化的能力

被控对象特性变化发生在反馈控制回路内,而负反馈控制回路对回路内部的变化或干扰有一定的抑制作用。因此,对于一定范围内的被控对象特性变化,常规反馈控制系统有一定的克服能力。

例 8.1.1　加热炉温度控制系统设计

被控对象：$C\dfrac{\mathrm{d}y}{\mathrm{d}t}=q-q_s$　(8.1.1)

其物理意义为：单位时间内炉温升高所用的热量等于单位时间内流入炉子热量与流出炉子热量之差。

式中 C——炉子热容量；

y——炉温；

q_s——单位时间内流出炉子的热量。且有 $q_s=\alpha y$　(8.1.2)

α——散热系数；

q——单位时间内流入炉子的热量；

设 $q=K_1 u$　(8.1.3)

u——控制量(如电加热炉的加热功率)

其中

K_1——系数，于是有：

$$C\frac{\mathrm{d}y}{\mathrm{d}t}=K_1 u-\alpha y \tag{8.1.4}$$

令 $T_p=\dfrac{C}{\alpha}$(时间常数)　$K_p=\dfrac{K_1}{\alpha}$(对象增益)　(8.1.5)

则

$$T_p\frac{\mathrm{d}y}{\mathrm{d}t}+y=K_p u \tag{8.1.6}$$

加热炉传递函数：

$$G_p(s)=\frac{Y(s)}{U(s)}=\frac{K_p}{1+T_p s} \tag{8.1.7}$$

如果对加热炉温度控制的设计目标是使闭环系统的理想闭环传递函数为：

$$G_m(s)=\frac{Y(s)}{R(s)}=\frac{1}{1+T_m s}\qquad T_m\neq 0 \tag{8.1.8}$$

控制器设计中，选择控制器的结构为 PI 控制器：

$$G_c(s)=\frac{U(s)}{E(s)}=K\left(1+\frac{1}{T_i s}\right) \tag{8.1.9}$$

于是，控制系统的开环传递函数为：

$$G_o(s)=\frac{Y(s)}{E(s)}=G_c(s)G_p(s)=\frac{KK_p(1+T_i s)}{T_i s(1+T_p s)} \tag{8.1.10}$$

取

$$T_i=T_p \tag{8.1.11}$$

则

$$G_o(s)=\frac{KK_p}{T_p s} \tag{8.1.12}$$

其闭环传递函数为：

$$G(s)=\frac{G_o(s)}{1+G_o(s)}=\frac{1}{1+\dfrac{1}{G_o(s)}}=\frac{1}{1+\dfrac{T_p}{KK_p}s} \tag{8.1.13}$$

比较(8.1.8)和(8.1.13)式，有：

$$K = \frac{T_p}{T_m K_p} \tag{8.1.14}$$

可从(8.1.11)和(8.1.14)式求出控制器参数,控制器设计完成。

8.1.3 什么是“自适应控制”

“自适应控制”至今尚没有得到公认的统一定义。一般认为,“自适应”(Adaptive)最初应来源于生物系统。在人们的日常语言中,“自适应”是指生物变更自己的习性以适应新的环境的一种特征。韦氏(Webster)字典指出:“适应指去改变其自身,使得其行为适合于新的或者已经改变了的环境”。按此理解,人体的许多生理系统就是比较典型的自适应系统,例如体温,血压等系统。

前苏联学者切普金(a · Z · Tsypkin)在《学习系统的理论基础》一书中引用了马克 · 吐温的一段话来说明自适应:“一只猫在烧热的灶上烫了一次,这只猫再也不敢在灶上坐了,即使这只灶是冷的”。切普金的解释仅仅强调了自适应过程的机械性。

“自适应控制”这个名词,至少在20世纪50年代初就开始运用了,如1950年Aldwell的自适应调节器。多年来,许多学者都在尝试定义自适应控制,如Truxal(1964)、Saridis、Mendel和Nikolic(1973)。1961年的一次讨论会提出如下定义:“自适应系统是按照某种自适应观点设计的任何一种物理系统”,但未得到公认。

直观地讲,自适应控制器是这样一种控制器,它能修正自己的特性以响应过程和扰动的动力学特性的变化。事实上,要从自适应这个词的意义上去定义自适应控制是相当困难的。如果从自适应控制所解决的问题以及它与一般反馈控制系统的比较来看,就可以在一定程度上弄清和体会其本质所在。

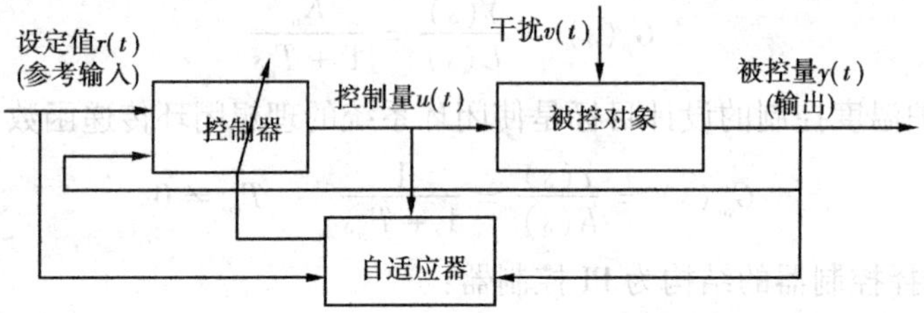

图8.1.2 自适应控制系统原理框图

自适应控制系统主要由控制器、被控对象、自适应器及反馈控制回路和自适应回路组成。图8.1.2是自适应控制系统原理框图。与常规反馈控制系统比较,自适应控制系统有3个显著特点:

1)控制器可调

相对于常规反馈控制器固定的结构和参数,自适应控制系统的控制器在控制的过程中一般是根据一定的自适应规则,不断更改或变动着的,即自适应控制器在控制的过程中是可调的。

2)增加了自适应回路

自适应控制系统在常规反馈控制系统基础上增加了自适应回路(或称自适应外环),它的主要作用就是根据系统运行情况,自动调整控制器,以适应被控对象特性的变化。

3)适用对象

自适应控制适用于被控对象特性未知或时变的系统，设计时不需要完全知道被控对象的数学模型。

例 8.1.2　加热炉温度自适应控制

例 8.1.1 中，要得到被控对象数学模型参数 T_p 和 K_p 是困难的。同时，T_p 和 K_p 也不可能完全不变，如热容量 C 与炉内工件的多少有关，散热系数 α 与环境温度有关，所以，T_p 和 K_p 也是随环境、工况和炉温的变化而变化的。在 T_p 和 K_p 变化后，例 1.1 中根据固定的 T_p 和 K_p 设计的控制器显然会使控制系统性能下降。

于是，可以考虑通过控制量 $u(t)$ 和被控量 $y(t)$ 来估计 T_p 和 K_p。对(8.1.6)式两边积分：

$$T_p[y(b)-y(a)]+\int_a^b y(t)\,\mathrm{d}t=K_p\int_a^b u(t)\,\mathrm{d}t \tag{8.1.15}$$

以采样周期 h 对 $u(t)$，$y(t)$ 采样，当 h 相对于 T_p 足够小时：

$$T_p[y(b)-y(a)]+h\sum_{i=a}^{b}y(ih)=K_p h\sum_{i=a}^{b}u(ih) \tag{8.1.16}$$

式中，$\sum_{i=a}^{b}y(ih)$ ——时刻 a 至时刻 b 所有输出采样数据之和；

$\sum_{i=a}^{b}u(ih)$ ——时刻 a 至时刻 b 所有控制量采样数据之和。

同理，用时刻 b 至时刻 a 区间的采样数据，有：

$$T_p[y(c)-y(b)]+h\sum_{i=b}^{c}y(ih)=K_p h\sum_{i=b}^{c}u(ih) \tag{8.1.17}$$

从(8.1.16)和(8.1.17)可解出 T_p 和 K_p 的估计值 $\hat{T}_p$ 和 $\hat{K}_p$。于是，可取控制器参数：

$$T_i=\hat{T}_p \tag{8.1.18}$$

$$K=\frac{\hat{T}_p}{T_m\hat{K}_p} \tag{8.1.19}$$

(8.1.16) ~ (8.1.19)式构成了炉温控制系统的“自适应器”。

计算机控制的过程：

(a)开机，施加一定的控制(恒值 PI，或手动控制)，检测 $u(ih)$ 和 $y(ih)$，以构造(8.1.16)和(8.1.17)式；

(b)解(8.1.16)和(8.1.17)式，得 $\hat{T}_p$ 和 $\hat{K}_p$，进而由(8.1.18)和(8.1.19)式获得控制器参数 T_i 和 K；

(c)将控制器参数调整为 T_i 和 K，并投入运行。

为跟踪对象特性的变化，可继续用以后采样的数据构造新的(8.1.16)和(8.1.17)式，求出新的控制器参数，并将控制器参数调整到新值。

8.2 为什么需要自适应控制

8.2.1 常规控制不能满足某些问题的要求

常规控制理论主要用于处理具有定常参数的线性系统,对于在固定运行点处进行调节的系统,通常可以获得良好的结果。在扰动适量的情况下,一个优质的控制系统能使偏差非常小,以致采用线性近似就完全足够了。

而运行条件变化时,对系统的特性产生了影响,线性定常系统的近似处理方法就未必都能令人满意。自适应控制的目的之一就是补偿系统特性(或过程参数)的变化,以获得比常规控制更好的控制性能,满足一些控制问题的要求。

那么可否将运行条件变化看做是对控制系统的干扰,而通过闭环系统自身的调节性能对其进行补偿?如在某些系统中可以将控制器增益设计得高,但将对系统的稳定性构成威胁,控制器的增益设计必须考虑稳定裕量。

例 8.2.1 非线性阀的影响。

一个具有非线性阀的简单反馈回路,阀的静态特性为 $v=f(u)=u^4 \quad u \geqslant 0$

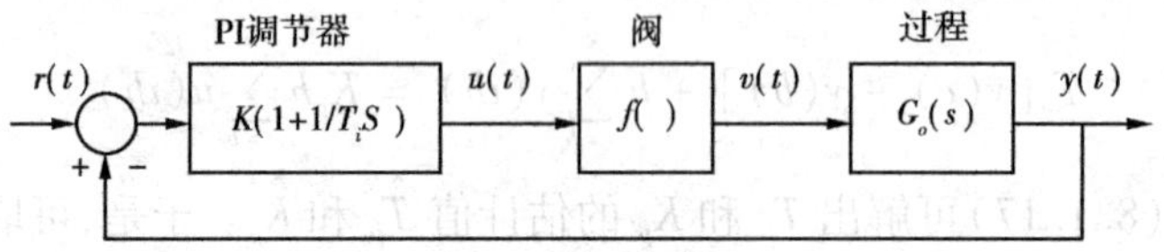

图 8.2.1 具有非线性阀的常规反馈系统原理框图

在某一稳态运行点线性化这个系统后发现,系统回路增益正比于 $f'(u)$。由此可知,该系统在一个运行点工作良好,而在另一个运行点就会很差。若

$$G_0(s)=\frac{1}{(s+1)^3} \tag{8.2.1}$$

且 PI 调节器参数 $K=0.15, T_i=1$。在不同的工作点,同样做幅度为 0.1 的阶跃扰动。系统阶跃响应特性可以说明上述问题。

例 8.2.2 两轴机器人臂的角速度伺服系统。

为简单,设为二自由度,且假定 θ 为常值,只考虑垂直轴的控制,从而惯性矩 J 也为常量。机器人臂的转矩平衡关系为:

$$J\frac{\mathrm{d}\omega}{\mathrm{d}t}=T_e \tag{8.2.2}$$

其中,T_e 为电机转矩。电机为具有电流反馈的直流电机:$T_e=k_m I$,I 为转子电流。若控制器为常规 PI 控制器:

$$I=K\left[\alpha\omega_r-\omega+\frac{1}{T_i}\int_0^t(\omega_r-\omega)\mathrm{d}\tau\right] \tag{8.2.3}$$

式中,α 为用于调整阶跃响应的超调量。考虑上述 3 式,可得系统方程为:

$$J\frac{\mathrm{d}^2\omega}{\mathrm{d}t^2}+k_m K\frac{\mathrm{d}\omega}{\mathrm{d}t}+\frac{k_m K}{T_i}\omega=\alpha k_m K\frac{\mathrm{d}\omega_r}{\mathrm{d}t}+\frac{k_m K}{T_i}\omega_r \tag{8.2.4}$$

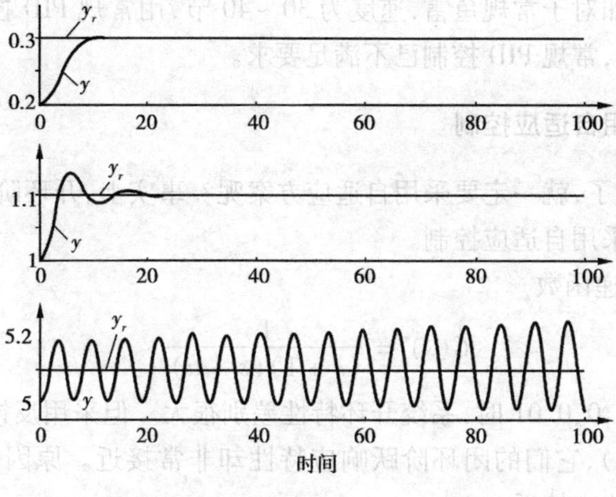

图 8.2.2　具有非线性阀的常规反馈系统在不同工作点的阶跃响应特性

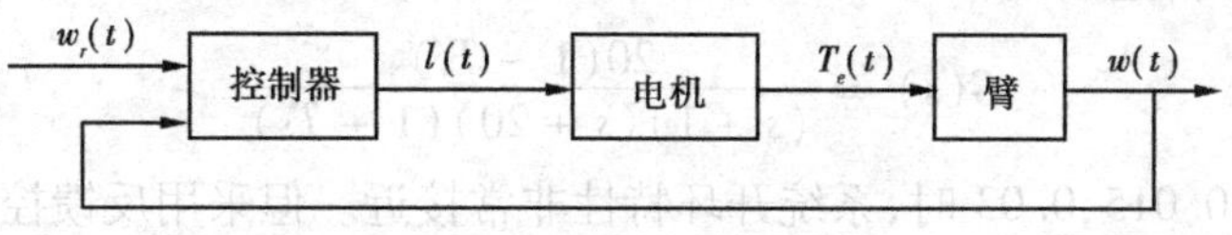

图 8.2.3　两轴机器人臂的角速度伺服系统原理框图

如果控制器参数选择为：$K=\dfrac{2\xi_0\omega_0 J}{k_m}$，$T_i=\dfrac{2\xi_0}{\omega_0}$，则传递函数为：

$$G(s)=\frac{\omega(s)}{\omega_r(s)}=\frac{2\alpha\xi_0\omega_0 s+\omega_0^2}{s^2+2\xi_0\omega_0 s+\omega_0^2} \tag{8.2.5}$$

若控制器按额定惯性矩 J_{nom} 设计，并用于惯性矩为 J 的机器人，那么特征方程变为：

$$s^2+2\xi_0\frac{J_{\text{nom}}}{J}\omega_0 s+\frac{J_{\text{nom}}}{J}\omega_0^2=0 \tag{8.2.6}$$

式中，阻尼系数为 $\xi=\xi_0\sqrt{\dfrac{J_{\text{nom}}}{J}}$，如果 $\xi_0=0.707$，那么：惯性矩 J 下降一半，ξ 增加到 1；惯性矩 J 增加一倍，ξ 下降到 0.5。

当惯性矩变化在 1∶4 之内时，常规 PI 控制器给出的响应特性是可用的。但若惯性矩变化更多，就不适宜了。

而一般在现代工业机器人中，惯性矩的变化通常在 1∶5 以上，有时可达 1∶50。所以常规方法很难满足控制要求，必须采用更高级的控制方案。

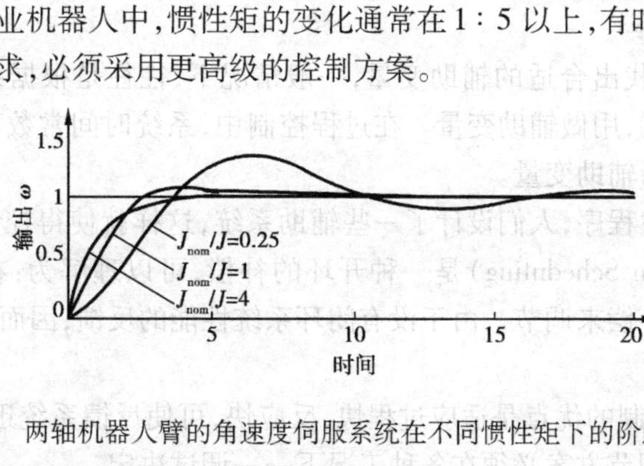

图 8.2.4　两轴机器人臂的角速度伺服系统在不同惯性矩下的阶跃响应特性

类似的例子很多,如对于常规鱼雷,速度为 30 ~ 40 节,用常规 PID 控制可以满足要求;但新型鱼雷的速度高得多,常规 PID 控制已不满足要求。

8.2.2 什么时候用自适应控制

是否系统特性变化了,就一定要采用自适应方案呢? 事实上,开环阶跃特性即使有相当大的变化,也未必就需要采用自适应控制。

例 8.2.3 开环传递函数

$$G(s)=\frac{1}{(s+1)(s+a)} \tag{8.2.7}$$

当 a 分别为 $-0.01,0,0.01$ 时,系统开环特性差别很大。但采用反馈控制 $u=r-y$ 时(即增益为 1 的比例控制器),它们的闭环阶跃响应特性却非常接近。原因是它们具有不同的低频特性,但剪切频率却非常接近。

例 8.2.4 开环传递函数

$$G(s)=\frac{20(1-Ts)}{(s+1)(s+20)(1+Ts)} \tag{8.2.8}$$

当 T 分别为 $0,0.015,0.03$ 时,系统开环特性非常接近。但采用反馈控制 $u=20(r-y)$ 时(即增益为 20 的比例控制器),它们的闭环阶跃响应特性变化却非常大。原因是低频特性相似,高频特性却差异很大。

因此,重要的是希望知道剪切频率附近的频率响应特性,以便判断过程参数变化对闭环系统性能有多大影响,再决定选择什么控制方案。

8.3 自适应控制的方案

8.3.1 增益程序(调度)控制(Gain Scheduling)

增益程序(调度)控制的概念与飞行控制系统的发展密切联系在一起。一般情况下,飞行控制系统的过程特性与某些辅助变量有关,如果存在着与过程动力学特性密切关联的可测量辅助变量,则可用于改变调节器参数。由于最初用于适应过程增益变化,故名增益程序(调度)控制(Gain Scheduling)。

系统设计的关键是找出合适的辅助变量,一般情况下,往往是根据系统的物理知识来确定,如马赫数和动压可测,用做辅助变量。在过程控制中,系统时间常数和时滞通常反比于生产速度,可选择后者作为辅助变量。

有时,为了获得增益程序,人们设计了一些辅助系统,这样就使得控制系统变得复杂。增益程序(调度)控制(Gain Scheduling)是一种开环的补偿,可以理解为:在一个反馈控制系统中,反馈的增益用前馈补偿来调节。由于没有闭环系统性能的反馈,因而无法补偿错误的调度或不正常的情况。

增益程序(调度)控制的优点是适应过程快,反应快,可使反馈系统迅速响应过程的变化。缺点是设计费时,参数调节方案必须在各种工况下一一调试决定。

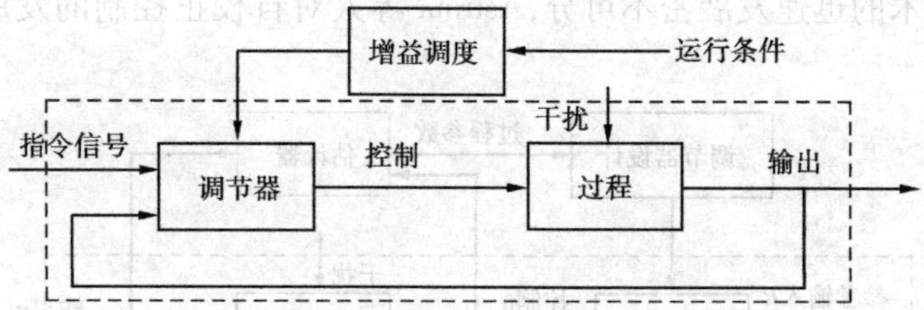

图 8.3.1　增益程序(调度)控制原理框图

由于增益程序(调度)控制自身的特点,能否称为自适应控制尚有争议。

8.3.2　模型参考自适应控制系统 MRAS(Model Reference Adaptive Control System)

模型参考自适应控制系统 MRAS 基本思想是使过程的输出与某个模型的输出一致。应该指出的是,虽然参考模型体现了设计的指标,但此时参考模型已是控制系统的一个组成部分。

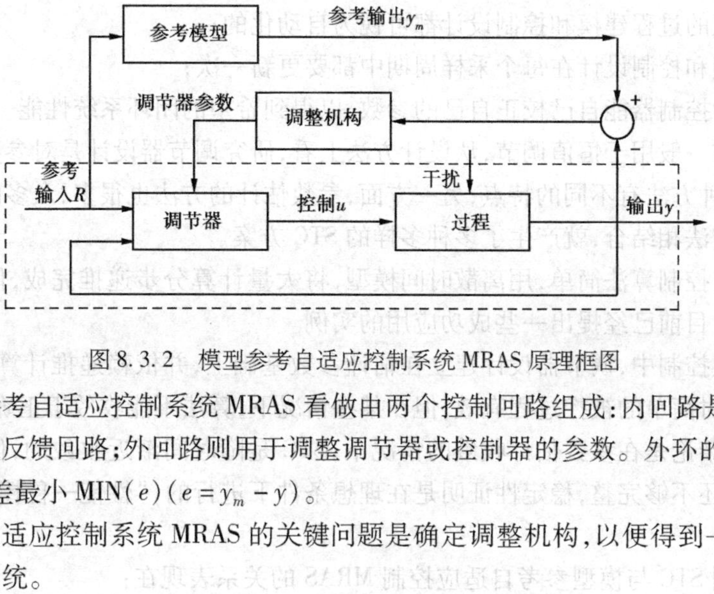

图 8.3.2　模型参考自适应控制系统 MRAS 原理框图

可将模型参考自适应控制系统 MRAS 看做由两个控制回路组成:内回路是由过程和调节器所组成的普通反馈回路;外回路则用于调整调节器或控制器的参数。外环的调整原则:使 y 与 y_m 之间的误差最小 MIN(e)($e=y_m-y$)。

模型参考自适应控制系统 MRAS 的关键问题是确定调整机构,以便得到一个使误差 e 趋向于零的稳定系统。

模型参考自适应控制系统 MRAS 的主要特点:

①通过输出误差信号 $e(e=y_0-y)$ 可以直接表达控制的性能和质量;

②自适应机构不是明显地去获得控制 u 驱动被控过程,而是通过获得一组控制器可调参数去驱动;

③设计主要针对输出跟踪问题。

模型参考自适应控制系统 MRAS 的主要优缺点:

优点:通常用模拟元件实现,速度快,实用价值明显。

缺点:理论基础尚不完善(假设条件太强),考虑稳定性的方法很多,但不明确哪种更好。

8.3.3　自校正控制 STC(Slef-Tuning Control)

自校正调节器最早是由 Kalman 在 1958 年首先提出的,其主要发展发生在 1973 年以后,这与当时计算机技术的迅速发展密不可分，Astrom 等人对自校正控制的发展作出了突破性的贡献。

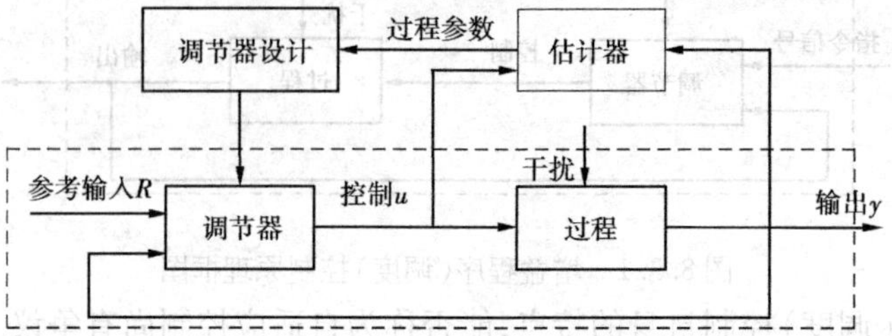

图 8.3.3　自校正控制系统 STC 原理框图

自校正控制也可看做由两个控制回路组成：内回路是常规线性反馈回路；外回路负责调整调节器参数。由参数估计器和调节器设计计算两部分组成，前者执行过程参数的递推估计任务，后者则根据前者的结果和一定的规则进行在线设计计算。

值得注意的是自校正控制的主要特点：

①这种系统的过程建模和控制设计都可视为自动化的；

②过程模型和控制设计在每个采样周期中都要更新一次；

③强调这种控制器能自己校正自己的参数，以得到希望的闭环系统性能。

自校正控制一般用于恒值调节，从设计方法上看，研究调节器设计是对参数已知系统的控制设计问题，各种方法有不同的特点；另一方面，参数估计的方法也很多，众多的调节器控制设计和参数估计方法相结合，就产生了多种多样的 STC 方案。

由于自校正控制算法简单，用离散时间模型，将大量计算分步递推完成，使其具有重要的工程实用价值。目前已经提出一些成功应用的实例。

由于自校正控制中，调节器设计建立在估计参数基础上，并依赖递推计算，因而也可能带来一些问题：①对简单的被控过程有效，但在某些情况下，算法不能收敛于正确的控制率；②收敛问题：已有的结论是在参数估计收敛的情况下，STC 是随时间渐近收敛的，但未提及收敛速率；③理论结论还不够完整，稳定性证明是在理想条件下进行的，“性能—鲁棒性”之间的矛盾尚未很好解决。

自校正控制 STC 与模型参考自适应控制 MRAS 的关系表现在：

①都有两个回路：内回路—常规控制；外回路—自适应；

②MRAS 源于确定性的伺服问题；STC 源于随机调节问题；

③内环外环的设计方法不同：如 MRAS 中调节器参数是直接更新，而 STC 中调节器参数是经由参数估计和控制设计计算间接更新。

8.3.4　自整定 PID（PID Auto-tuner）

多年来，PID 控制器由于其简单、直观，控制性能和鲁棒性良好，在工业控制领域得到了广泛的应用，目前大多数工业控制回路均采用 PID 控制。传统的 PID 控制器整定方法是采用简单的试验，加上一些直观的经验法则，结合控制结果进行参数调整和试凑。由于 PID 控制器结构简单，现场控制工程师对 PID 控制器已经非常熟悉，在参数整定方面积累了大量的实际经验。

随着现代工业生产的工艺过程日趋复杂,控制系统中的控制回路越来越多,对控制器参数整定的要求也越来越高,传统的 PID 控制器整定方法在整定大规模和高精度的控制系统时,由于整定工作非常复杂烦琐,已经越来越不适应实际工作的要求。因此,将现代自适应技术应用于 PID 控制器,实现 PID 控制器参数的自动整定,已经成为 PID 控制和自适应控制发展的重要方向。

很多自适应技术都能用于自整定 PID 控制器,其采用的基本思路和方法大致可分为两类:一类是以试验信号加经验法则的传统的 PID 控制器整定方法为基础,结合计算机自动整定的功能需求加以改进而形成的,其特点是和传统的 PID 控制器整定方法结合紧密,容易为现场的控制工程师熟悉和掌握。另一类是自校正控制算法为基础,通过在线辨识实现 PID 控制器参数的自校正,其特点是和自校正控制算法结合密切,可以看成自校正控制算法的特例,对现场的控制工程师而言,其直观性稍差。

8.4　自适应控制的设计和理论问题

8.4.1　对控制器设计的基本要求

稳定性对任何控制器设计是首要要求,不稳定或不能保证控制系统稳定的控制器设计不符合控制系统设计的基本要求。这里所讲的稳定性是广义的,包括系统输入、输出及状态的有界性,在线辨识算法的收敛性,控制算法的收敛性。

对控制器设计的另一个要求是控制系统的动态性能,有时也称为调节跟踪性能。调节性能一般针对恒值控制系统,主要指标有上升时间、稳定时间和超调量等;跟踪性能一般针对随动系统,表达了控制系统再现预期输出的能力。

鲁棒性是对系统抗干扰能力的一种刻画,要求在大范围对象变化和噪声干扰下,保证闭环系统稳定。

最后,控制器的设计还有经济性的要求。通常,高性能的控制器虽然可以带来更好的控制性能,但同时也伴随着更大的经济投入。因此,经济性的要求也就是要在控制器设计时,充分考虑经济性和系统性能的折中。

8.4.2　自适应控制器设计的主要内容

对自适应控制器设计,必须首先明确对控制器或控制系统性能指标的描述,可以表达为系统闭环响应特性或者是系统设计规范的描述。例如,对于模型参考自适应控制系统,对系统性能的描述通常表达为参考模型的具体结构和参数。

其次,要选择好具有可调参数的控制律,它是实现自适应控制所必须具备的。针对不同控制系统特点,可以选择不同的控制律。

第三,要选择好基于测量的参数更新方法,通常是系统辨识算法。不同控制律和辨识算法的选择和配合,使自适应控制器的设计结果丰富多彩,也体现出设计者的设计技巧。

最后,要决定所设计控制律的实现方法。通常,自适应控制器的实现都是基于数字或模拟计算机的。例如,可以用硬件实现,也可以用软件实现,还可以用软硬件相结合的方式实现。

随着计算机技术和电子技术,特别大规模集成电路技术的迅速发展,自适应控制器的实现手段必将越来越丰富,反过来也将促进自适应控制技术的进一步发展。

8.4.3 对自适应控制的理解及主要理论问题

根据前面的讨论,可以对自适应控制有一个比较实际的理解。从理论上看,它是一种变通的线性控制方案,当最优控制不能达到时,自适应控制可给出某种可达的性能指标,得到某种可能的次最优,如果能得到动态系统不确定系数的真实值,就可以获得最优。

由于自适应控制通常研究的是随机动态系统的控制问题,所以,这里提到的最优控制也都是随机系统的最优控制,简称随机最优控制。

(1)随机最优控制

自适应控制基于非线性随机被控过程的线性化,相对于“最优控制”而言是一种“次优”的控制。这一方面是由于最优控制要求的条件太高,实际应用中往往难以达到,另一方面也由于对于一类实际的过程而言,用自适应控制的方法可以给出充分接近“最优”的控制性能。

设被控过程的数学模型用随机离散-时间方程表示为:

$$\begin{cases} x(k+1) = G_1[x(k),u(k),v(k),k] \\ y(k) = G_2[x(k),\omega(k),k] \end{cases} \tag{8.4.1}$$

(8.4.1)式中的第1式说明,状态变量 x(可以是 n 维向量)如何在输入控制变量 u(可以是 m 维向量)和随机干扰变量 v(可以是 n 维随机向量)的影响下,随时间 k(整数)变化。(8.4.1)式中的第2式说明,输出变量 y(可以是 p 维向量)如何取决于状态变量 x 和随机观测误差变量 ω(可以是 p 维向量)。向量函数 G 的自变量包括时间 k,表明函数可能是时变的。噪声变量设定为“白色的”,即它们在任意时间点上的值与任意其他时间的值是独立的。

根据随机最优控制理论,要求出一个控制律使得它最小化下列损失函数:

$$I(k_1) = \sum_{i=k_1}^{k_2} H[x(i+1),u(i),i] \tag{8.4.2}$$

其中,$H(i)$ 为标量函数,表示在每一时刻 i 所形成的损失,$I(k_1)$ 称为损失函数或目标函数。随机最优问题就是在动态方程(8.4.1)的约束下,最小化目标函数(8.4.2)。

由于随机变量的存在,使得状态变量 x 的当前值和未来值不确定,从而 $H(i)$ 的当前值和未来值也不确定,不适宜直接用 $I(k_1)$ 作为最优判据。所以在处理这一问题时,人们常用一个非随机的准则 J 来代替目标函数(8.4.2)。

$$J = E[J] \tag{8.4.3}$$

因为 G_1, G_2 不一定是线性的,所以这是一个非线性随机最优控制问题。非线性随机最优控制问题十分困难,至今尚没有系统的、完整的解决方法。当前的研究结果仅能对特定的控制系统求解,即(8.4.1),(8.4.2)满足条件:

①G_1, G_2 都是线性函数;

②I 是二次型目标函数;

③v, ω 都是高斯分布的随机向量序列。

这时,(8.4.1)式和(8.4.2)式表达的随机最优控制问题称为LQG问题(Linear Quadratic Gaussian)。这是因为LQG问题是可分离的、确定性等价的。

可分离性的定义为:如果(8.4.1),(8.4.2)表达的随机最优控制问题的最优控制律具有

$u(k)=f[\hat{x}(k)]$的形式,那么称这个随机最优控制问题是可分离的。这里$\hat{x}(k)$为$x(k)$的估计值。一个随机最优控制问题是可分离的,意味着当需要状态$x(k)$来确定控制时,只需要传送当前状态的瞬态估计值$\hat{x}(k)$,而不要求精确的信息。这时,最优控制律与一般控制律的不同仅在于将估计的状态信息用于控制律。

确定性等价的定义为:如果(8.4.1),(8.4.2)表达的随机最优控制问题的最优控制律具有$u(k)=f[\hat{x}(k)]$的形式,f为确定性函数,那么称这个随机最优控制问题是确定性等价的。确定性等价问题意味着可以在不考虑任何随机影响的情况下设计控制律。

但是,实际的控制问题通常是非 LQG 型的,即使被控过程本身可以用线性系统来描述,一个自适应控制问题也不满足 LQG 条件。

例如一阶线性系统

$$y(k)+ay(k-1)=bu(k-1)+v(k)+cv(k-1)+d \tag{8.4.4}$$

4 个状态变量用 4 个不确定系数a,b,c,d表示,且$x_1=-c,x_2=b,x_3=c-a,x_4=d$。第 5 个状态变量为$x_5=y-\xi$。

把上述状态变量代入(8.4.4)式,可以得到一个非线性状态方程

$$x_5(k+1)=x_1(k)x_5(k)+x_2(k)u(k)+x_3(k)y(k)+x_4(k) \tag{8.4.5}$$

由此,将使自适应控制律的设计成为非线性问题。

(2)对自适应控制的理解

根据上述讨论,对自适应控制可以有如下的基本认识:

①假设模型是自适应控制的基础;

②总是与假设模型的系数的不确定性有关;

③是一种次最优的方法。

为了进一步理解自适应控制,应用 L·Ljung1983 年的描述:控制论的任务是找出符合人们需要的控制器。若S表示被控系统的集合,R表示控制器的集合,则控制器的设计问题可以看做是S到R的映射$S\to R$。

设O空间是由所有观测值组成的观测空间,那么从O空间到S空间的映射$O\to S$可以称为系统辨识。

而自适应控制则可以理解为从O空间到R空间的映射$O\to R$。因此,可以认为,自适应控制蕴涵了系统辨识$O\to S$和控制器设计$S\to R$两项主要任务。

(3)自适应控制的理论问题

主要包括 3 个方面,即稳定性、参数收敛性和鲁棒性。

①稳定性:稳定性是对控制系统的基本要求。在分析自适应系统的稳定性方面,人们已经做了许多工作。稳定性理论已成为研究设计模型参考自适应系统的主要理论基础。现在已经证明,在一定条件下,某些自适应控制系统是稳定的。然而,这里需要的条件比较强,有些条件的物理意义也不够明确。因此,能否减弱条件,获得更好的稳定性结果,仍然是自适应控制研究的重要课题。

自适应控制系统在本质上是一类非线性系统。自适应控制系统的非线性性质对自适应控制系统的稳定性有相当深远的影响。我们知道,非线性微分方程的稳定性概念是针对一个特解的稳定性而言的。因此,有可能发生一个解稳定,而另一个解不稳定的现象。这样,我们就

只能在一些特定的情况下才能谈论一个非线性系统的稳定性，对这样的问题既然通常得不到全局结果，所以有局部结果一般就很满意了。

②参数收敛性

由于自校正控制依赖于在线参数辨识，因此，在自校正控制的研究中，对参数估计的收敛性及确定其工作条件的研究和探讨是十分自然的。

参数递推估计的收敛常常需要对系统的持续激励，或者输入信号的变化足够。这些要求本身会对系统的控制性能造成一定的影响，这是因为自适应控制的目标是要使系统控制的性能尽可能好。于是，就需要研究如何折中两者之间的矛盾。

此外，由于自校正控制总是工作在闭环条件下的，对参数估计收敛性的研究还有闭环条件下的系统可辨识性问题。

③鲁棒性

在自适应控制中，模型总是过程的一种近似，因此，过程中包含了未建模的动态（或特性）。这种未建模动态（或特性）在一定的情况下可能会破坏自适应系统的正常工作，所以研究对未建模动态（或特性）有较强不灵敏性的自适应控制策略——自适应鲁棒控制策略是一个重要的理论问题。

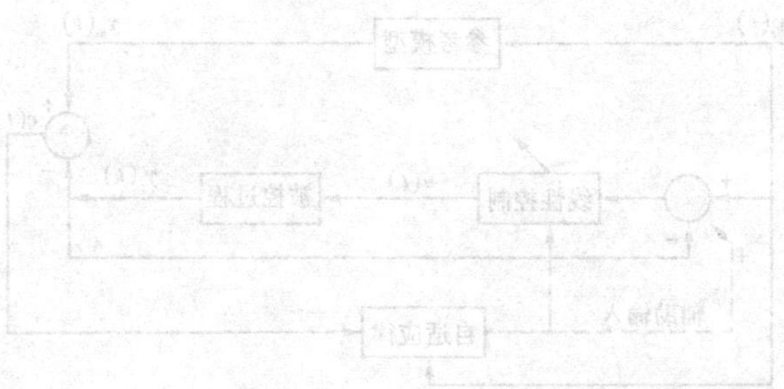

第 9 章 模型参考自适应控制

模型参考自适应控制(Model Reference Adaptive Control,简称 MRAC)系统是比较常用的自适应系统,是目前解决自适应控制问题的主要方法之一。已经提出多种设计方法,有的比较成熟,有的正在发展完善过程。这种控制系统在第 8 章已论述了它的基本概念,本章主要讨论其设计及应用问题。

9.1 模型参考自适应控制引言

9.1.1 模型参考自适应控制的概念

模型参考自适应控制系统将对控制系统的要求用一个模型来体现。这个模型给出了对指令信号的希望响应性能,模型的输出(或状态)就是理想的响应(或状态),这个模型称为参考模型。系统在运行中总是力求使被控制过程的动态与参考模型的动态相一致。比较参考模型和实际过程的输出或状态,并通过自适应控制器(或称自适应律)去调整线性控制器的某些参数,或产生一个辅助输入,以使在某种意义下实际输出(或状态)与参考模型输出(或状态)之间的偏差尽可能的小。

从工程实际的观点出发,希望设计出的系统能较好地处理良好的系统特性和控制系统复杂性之间的矛盾,在两者之间取得折中。为了简化系统,希望所确定的自适应律,不需要直接求解线性或非线性方程。因此,可把模型参考自适应系统的设计问题,看做是系统的参数或状态偏离其平衡位置而进行自动调整的问题。典型的结构框图如图 9.1.1 所示。

系统结构由 3 部分组成:反馈控制系统、参考模型和控制器参数自动调整回路。用参考模型的输出 $y_m(t)$ 直接表示系统希望的动态响应,因此参考模型实际上相当于输出响应的一个样板。用一个参考模型来体现和概括控制的要求是一种有效的途径,可以解决用某一个控制指标难以准确体现工程要求的困难,对某些生产实际的控制系统是很直观,方便的。系统的工作概念可做如下叙述。

设参考模型的状态方程为:

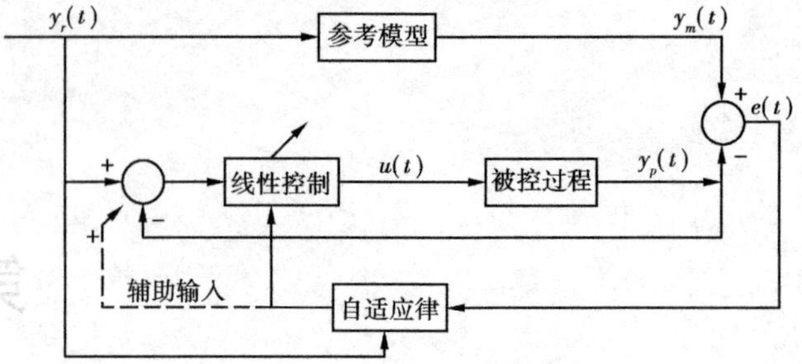

图 9.1.1　模型参考自适应控制系统的典型结构

$$\begin{cases} \dot{x}_m = \boldsymbol{A}_m x_m + \boldsymbol{B}_m y_r \\ y_m = \boldsymbol{C} x_m \end{cases} \tag{9.1.1}$$

实际被控过程的状态方程为：

$$\begin{cases} \dot{x}_p = \boldsymbol{A}_p(t) x_p + \boldsymbol{B}_p(t) y_r \\ y_p = \boldsymbol{C} x_p \end{cases} \tag{9.1.2}$$

其中，x_m 和 x_p 为模型和过程的 n 维向量，y_m 和 y_p 为对应的 m 维输出向量，y_r 为 r 维输入向量，$\boldsymbol{A}_m$ 和 $\boldsymbol{B}_m$ 是模型相应维数的常数矩阵；$\boldsymbol{A}_p$ 和 $\boldsymbol{B}_p$ 中有些元素是时变的，并且是可调矩阵。引入定义：

输出广义误差：
$$e \triangleq y_m - y_p \tag{9.1.3}$$

或状态广义误差：
$$e \triangleq x_m - x_p \tag{9.1.4}$$

控制系统性能可用一个与广义误差 e 有关的指标来表示，例如使

$$J = \int_0^t e^T(\tau) e(\tau) \mathrm{d}\tau \tag{9.1.5}$$

为最小，或
$$\lim_{\tau \to \infty} e(\tau) = 0 \tag{9.1.6}$$

对这种系统的关键在于设计自适应律，以使指标达到最小，并分析可调受控闭环系统的性质。通过修正参数表执行自适应控制律，称为参数自适应型的；通过产生一个辅助输入来实现自适应控制律，称为信号综合型的。

本质是使受控闭环系统的特性和参考模型的特性一致，因而常常需要在受控系统的闭环回路内实现零极点的对消，因此这类系统通常只能适用逆稳定系统。

9.1.2　模型参考自适应控制系统的设计

模型参考自适应控制系统有两类自适应律的设计方法：一类是参数最优化方法，利用最优化技术搜索到一组控制器参数，使得预定的性能指标达到最小，优点是其实现相对比较简单，缺点是不能确保所设计的控制系统是全局渐进稳定的。另一类是基于稳定性理论的设计方法，基本思想是保证控制器参数的自适应调整过程是稳定的，然后再使这个调整过程尽可能地收敛快一些，李亚普诺夫稳定性理论和波波夫超稳定性理论都是有效工具，这种方法不仅保证系统的稳定性，而且常常可以获得自适应律较大的选择范围，缺点是动态性能可能不是很好。

模型参考自适应控制系统的设计问题可以总结为：

①按希望的性能指标选择参考模型及其参数；

②根据设计要求选择一个合适的自适应机构；

③采用已有的设计方法设计自适应律；

④以适当的手段实现参考模型和自适应律。

9.1.3　模型参考自适应控制的应用

在具体讨论模型参考自适应控制系统的设计以前，对其应用情况做一简单的叙述。可以认为，MRAC 最成功的应用领域之一是电力传动领域。原因是电力传动系统的模型较易获得，时间常数小，系统的大多数物理变量容易测量，且描述系统动态特性的模型阶数较低。例如，最典型的应用是对可控硅供电的直流电机系统进行自适应控制。这种系统由于存在不可预估、不可测量的惯性矩和励磁电流的变化。而且低速时具有非线性，使用常规的 PI 调节器进行速度反馈控制不能保证要求的高性能指标，采用自适应控制方案，将被控过程近似为二阶系统，且只调两个参数，就能保证在过程参数变化时性能指标不变，并能克服电机速度过零时，PI 调节器不能解决的死区问题。

MRAC 已用于光学跟踪望远镜的伺服系统，将被控过程当做一阶系统，使用模拟计算机和望远镜机构的驱动电机及各传感器连接，通过自适应控制补偿了望远镜装置中的惯量变化、静摩擦和其他无规律现象的影响，改善了望远镜的动态跟踪精度，使位置误差精度提高几倍，并克服了静摩擦产生的死区，达到了常规控制不能达到的控制效果。

MRAC 在工业机器人控制领域中的应用也很活跃。基于稳定性理论设计的模型参考自适应控制系统在机器人控制中的应用，受到广泛的重视，这些应用主要解决机器人的非线性和自由度之间的干扰问题。

MRAC 技术在船舶自动驾驶方面的应用也获得了成功。已经报导了将非线性过程模型简化为一阶线性模型，当外界环境（风力、波浪、水流等）变化，船舶的动特性随吃水差、负载和水深改变时，采用自适应控制的自动驾驶仪达到了要求的性能，操作安全可靠，与 PID 控制器相比可节省油耗 5%。在船舶方面还有一些其他应用。

文献报导了 MRAC 在四辊可逆冷轧机液压弯辊伺服系统上工作的试验。结果表明，当将液压伺服系统近似成一阶和二阶时，都能得到较好的跟踪效果，且当人为改变液压伺服系统的参数，模拟环境变化（油温、阀的磨损等）时，得到的跟踪性能基本不变，而用常规 PID 控制不能达到要求。

从上面列举的应用实例中可以看出，当被控过程受外部环境影响而导致参数变化，以及由于系统本身的非线性影响参数不准确时，采用 MRAC 方案能够达到常规 PID 控制所不能达到的性能指标。同时还应看到应用 MRAC 时，常将复杂的非线性模型简化为一阶或二阶线性模型，很少应用三阶以上，主要是当 MRAC 超过三阶时，复杂程度会成倍增加，较难实现。

总的来说，尽管应用性文献并不少见，但试验结果多于有成效的工业应用。原因是多方面的：首先是 MRAC 的假设条件太强，工业实际中的过程很少有能满足的。现有的一些应用试验也都是近似的，一般难以完全满足这些严格的假设条件，也就是说需要开发密切联系实际的 MRAC 理论；其次是 MRAC 本质上是非线性时变系统，比常规控制器要复杂得多；第三是目前实际工业系统的设计还较保守，对性能指标要求不高，用简单的常规控制器可以满足要求，没有使用自适应控制的紧迫感；最后是由于在工程技术人员中还未普及现代控制理论，导致对 MRAC 技术的认识不足，从而限制了它的应用。众所周知，任何一种技术，只能在不断应用的过程中，才能逐步完善，迅速发展。

9.2 基于局部参数最优化理论的设计方法

利用这种方法设计自适应控制系统的内容较多，本节只介绍具有一个可调增益的简单系统，该系统是1958年由美国麻省理工学院仪表实验室提出的著名“MIT”方案。

这种MARC系统实际上包含有若干个可调参数，如可调增益、反馈补偿网络中的可调参数等。MRAC的目标是使过程的输出与参考模型的输出一致，当被控过程的特性由于外界环境的改变或其他干扰的影响而发生变化时，则自适应机构即对这些参数进行调整，补偿外界环境或其他干扰对其他系统的影响。因此，可以用参考模型的输出和被控过程的输出之间的广义误差构成的性能指标$(IP)_{RM}$，它既是广义误差的函数，也间接地依赖于可调参数θ。因此，可将性能指标看做为参数空间中的一个超曲面，即$(IP)_{RM}=f(\theta)$。局部参数最优化理论的方法是用非线性规划中的有关算法，在这个超曲面上寻求最优参数θ，使得$(IP)_{RM}$达到最小值，或使它处在最小值的某个邻域之中。最常用的局部参数最优化方法有梯度法、牛顿—拉夫森法、共轭梯度法等。本节主要采用梯度法。

9.2.1 梯度法的基本原理

用梯度法实现系统可调参数的调整，其几何示意图如图9.2.1所示。

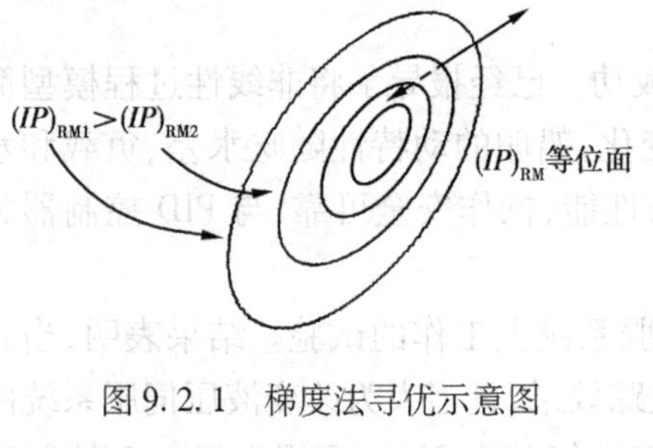

图9.2.1 梯度法寻优示意图

图9.2.1中，闭合线表示$(IP)_{RM}$的等位曲线（超曲面），闭合线上的实直线箭头表示性能指标泛函在参数空间变化率最大的方向，称为$(IP)_{RM}$的梯度，用$\mathrm{grad}(IP)_{RM}$表示。由图可知，使$(IP)_{RM}$下降的方向是它的负梯度方向，因此，用梯度法来实现可调参数的调整，其调整量如图中闭合线上的虚直线箭头所示，可表示：

$$\Delta\theta=-\lambda\,\mathrm{grad}(IP)_{RM},\lambda>0_{RM} \qquad (9.2.1)$$

其中，λ为调整量步长。以式(9.2.1)式为基础即可导出调整参数的自适应律。

梯度法的主要特点是：

①定义参考模型与可调系统之间状态（或参数）距离的二次型性能指标(IP)；

②在额定点（(IP)最小）的邻域内，在参数空间中定义(IP)=常数的超曲面；

③使用最优化技术改变参数，使(IP)从高的到低的超曲面过度。

9.2.2 具有可调增益的MRAC

具有可调增益的模型参考自适应系统的结构如图9.2.2所示。

图中虚线框内为被控过程，系统中具有一个可调整的增益K_c，理想（参考）模型的增益K_m是常数。当被控过程增益K_v受环境条件的改变或其他干扰的影响而发生变化（漂移）时，将会使被控过程的动态特性与参考模型的动态特性之间产生偏差。为了克服K_v的漂移所造成的影响，就由自适应机构来调节可调增益K_c，使得K_c与K_v的乘积始终与模型的增益K_m相一致。

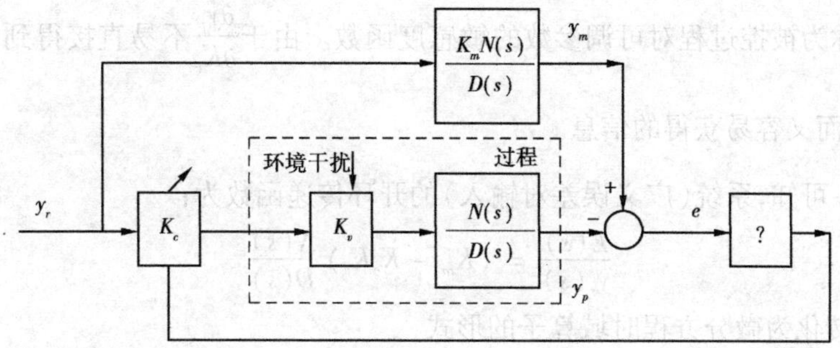

图 9.2.2　具有可调增益的自适应系统

设参考模型的传递函数为：

$$G_M(s) = \frac{K_m N(s)}{D(s)} \tag{9.2.2}$$

被控过程的传递函数为：

$$G_p(s) = \frac{K_v N(s)}{D(s)} \tag{9.2.3}$$

广义误差为：$e = y_m - y_p$

其中，y_m 为模型输出，y_p 为被控过程的输出。广义误差 e 表示输入信号为 $y_r(t)$ 时，被控过程的响应与参考模型的响应之间的偏差。

为了定量地导出自适应律，假设环境干扰引起被控过程参数 K_v 的变化，相对于自适应调节的速度要慢得多，即在讨论的时间间隔内，系统参数的改变完全是由自适应机构调节作用的结果。设所选性能指标泛函为

$$(IP)_{\mathrm{RM}} = \frac{1}{2}\int_{t_0}^{t} e^2(\tau)\,\mathrm{d}t \tag{9.2.4}$$

现用梯度法寻优，调整可调增益 K_c 使 $(IP)_{\mathrm{RM}}$ 到达最小。首先求出 $(IP)_{\mathrm{RM}}$ 对 K_c 的梯度

$$\frac{\partial (IP)_{\mathrm{RM}}}{\partial K_c} = \int_{t_0}^{t} e\frac{\partial e}{\partial K_c}\mathrm{d}\tau \tag{9.2.5}$$

根据梯度法可知，使 $(IP)_{\mathrm{RM}}$ 下降的方向是它的负梯度方向，因此，新的参数

$$K_c = -\lambda\frac{\partial (IP)_{\mathrm{RM}}}{\partial K_c} + K_{c0} = -\lambda\int_{t_0}^{t} e\frac{\partial e}{\partial K_c}\mathrm{d}\tau + K_{c0},\ \lambda > 0 \tag{9.2.6}$$

式中，K_{c0} 为可调增益的初始值。将(9.2.6)式两边对时间求导，就得到

$$\dot{K}_c = -\lambda e\frac{\partial e}{\partial K_c} \tag{9.2.7}$$

上式即表示可调增益 K_c 的自适应调整规律。

为了实现(9.2.7)式所示的自适应律，必须计算 $\frac{\partial e}{\partial K_c}$。考虑到 $e = y_m - y_p$，有

$$\frac{\partial e}{\partial K_c} = \frac{\partial y_m}{\partial K_c} - \frac{\partial y_p}{\partial K_c} = -\frac{\partial y_p}{\partial K_c} \tag{9.2.8}$$

将(9.2.8)式代入(9.2.7)式，可得

$$\dot{K}_c = \lambda e\frac{\partial y_p}{\partial K_c} \tag{9.2.9}$$

式中，$\frac{\partial y_p}{\partial K_c}$称为被控过程对可调参数的敏感度函数。由于$\frac{\partial y_p}{\partial K_c}$不易直接得到，因此，需要寻找与$\frac{\partial y_p}{\partial K_c}$相等效而又容易获得的信息。

由图 9.2.2 可知，系统（广义误差对输入）的开环传递函数为：

$$\frac{E(s)}{y_r(s)} = (K_m - K_c K_v)\frac{N(s)}{D(s)} \tag{9.2.10}$$

把式(9.2.10)转化为微分方程时域算子的形式

$$D(p)e(t) = (K_m - K_c K_v)N(p)y_r(t) \tag{9.2.11}$$

式中，$p=\frac{d}{dt}$。将式(9.2.11)两边对 K_c 求偏导，得

$$D(p)\frac{\partial e(t)}{\partial K_c} = -K_v N(p)y_r(t) \text{ 或 } D(p)\frac{\partial y_p(t)}{\partial K_c} = -K_v N(p)y_r(t) \tag{9.2.12}$$

另一方面，根据参考模型的传递函数，可得到模型微分方程时域算子形式的方程

$$D(p)y_m(t) = K_m N(p)y_r(t) \tag{9.2.13}$$

比较(9.2.13)式和(9.2.14)式可知

$$\frac{\partial y_p(t)}{\partial K_c} = \frac{K_v}{K_m}y_m(t) \tag{9.2.14}$$

将(9.2.14)式代入(9.2.9)式，得

$$\dot{K}_c = \lambda\frac{K_v}{K_m}ey_m = \mu e y_m, \left(\mu = \lambda\frac{K_v}{K_m}\right) \tag{9.2.15}$$

(9.2.15)式即为可调增益 K_c 的调节规律，亦即系统的自适应律，又称 MIT 自适应规则，这种自适应机构由一个乘法器和一个积分器所组成，具体结构如图 9.2.3 所示。

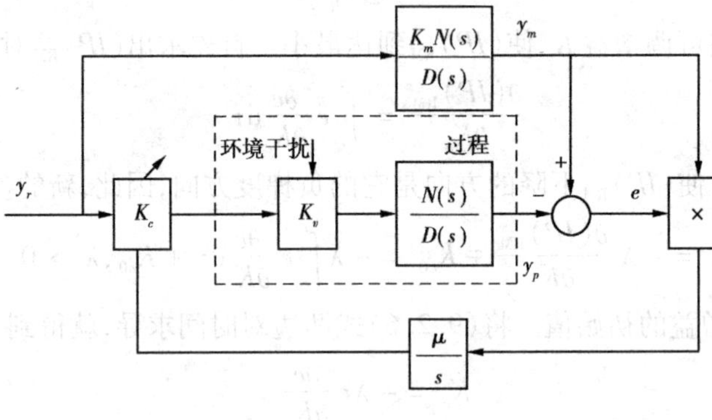

图 9.2.3　MIT 可调增益自适应系统

按 MIT 自适应规则，综合出来的自适应系统的数学模型可归纳为下列一组方程：

$$\begin{cases} D(p)e(t) = (K_m - K_c K_v)N(p)y_r(t) \\ D(p)y_m(t) = K_m N(p)y_r(t) \\ \dot{K}_c = \mu e y_m \end{cases} \tag{9.2.16}$$

其中，第 1 式为开环广义误差方程，第 2 式为参考模型方程，第 3 式为参数调节方程（自适应律）。

凡是用可调增益来构成自适应系统,都可套用上述数学模型。用MIT规则设计的自适应系统,其缺点是在设计过程中未考虑稳定性问题,因此,求得自适应律后,尚需进行稳定性校验,以确保广义误差 e 在闭环回路中能收敛于某一允许的数值。

因此,可以补充假设:①参考模型与可调系统的初始偏差比较小;②自适应速度不能太快(即 μ 不能过大)。

例9.2.1 设有二阶系统

$$D(s) = a_2p^2 + a_1p + 1 \quad N(s) = 1 \tag{9.2.17}$$

那么参考模型的微分算子方程为

$$(a_2p^2 + a_1p + 1)y_m(t) = K_my_r(t) \tag{9.2.18}$$

并联可调增益系统的微分算子方程为

$$(a_2p^2 + a_1p + 1)y_p(t) = K_cK_vy_r(t) \tag{9.2.19}$$

按MIT规则,可直接套用(9.2.16)式,得数学模型:

$$\begin{cases} a_2\ddot{e} + a_1\dot{e} + e = (K_m - K_cK_v)y_r(t) \\ a_2\ddot{y}_m + a_1\dot{y}_m + y_m = K_my_r(t) \\ \dot{K}_c = \mu ey_m \end{cases} \tag{9.2.20}$$

为了验证上述自适应系统的稳定性,由数学模型可求得闭环自适应回路的广义误差微分方程。根据假设,认为此时 y_r 不变。

$$a_2\dddot{e} + a_1\ddot{e} + \dot{e} = -K_v\mu ey_my_r \tag{9.2.21}$$

由于参考模型是稳定的,则 y_m 收敛于 K_my_r。将收敛值代入(9.2.21)式,得

$$a_2\dddot{e} + a_1\ddot{e} + \dot{e} + K_v\mu K_mey_r^2 = 0 \tag{9.2.22}$$

根据Huwitz稳定判局的条件,上述方程满足稳定的充要条件必须是

$$a_1 > a_2K_v\mu K_my_r^2 \text{ 或 } \frac{a_1}{a_2} > \mu K_vK_my_r^2 \tag{9.2.23}$$

由上式显见,如果输入 y_r 或自适应增益 μ 足够大,都可能使系统不稳定,为此,必须限制输入信号的有界范围,同时,自适应增益也不能选得过大,从而将导致自适应速度偏低。

图9.2.4为上述模型参考自适应系统在 $a_1 = a_2 = 1, K_m = 1, \mu = 0.1$ 时的仿真结果,其中,y_r 分别为幅值 ±0.1, ±1.0, ±3.5 的方波。

9.2.3 修正方案

下面介绍一种修正的梯度法,使参数调整速率与输入信号幅值无关。

为此,将(9.2.15)式改写为

$$\dot{K}_c = -\lambda\frac{e\dfrac{\partial e}{\partial K_c}}{\alpha + \left(\dfrac{\partial e}{\partial K_c}\right)^T\left(\dfrac{\partial e}{\partial K_c}\right)} \tag{9.2.24}$$

引入参数 α 是为了避免零除现象($\alpha > 0$)。

由于存在测量噪声,所以在输入 y_r 较小时,使参数调整率取决于输入 y_r 的幅值可能是有益的。作为附加的预防措施,引入一双向限幅特性,以保证参数调整率小于一给定界限。

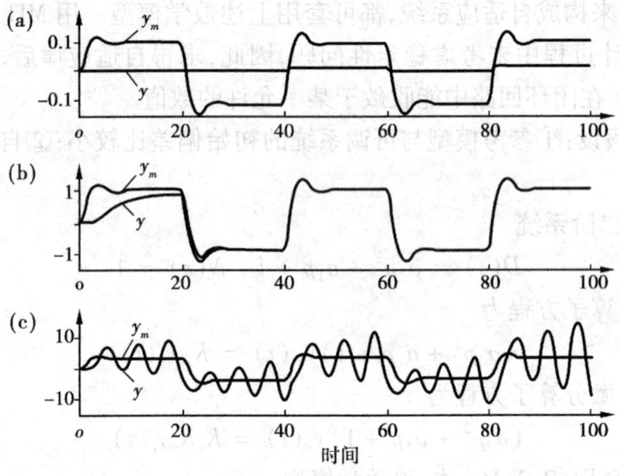

图9.2.4　例9.2.1模型参考自适应系统的仿真结果

$$\dot{K}_c = -\lambda \operatorname{sat}\left(\frac{e\dfrac{\partial e}{\partial K_c}}{\alpha + \left(\dfrac{\partial e}{\partial K_c}\right)^T\left(\dfrac{\partial e}{\partial K_c}\right)}, \beta'\right) \tag{9.2.25}$$

根据式(9.2.8)和式(9.2.14)，有

$$\frac{\partial e}{\partial K_c} = -\frac{\partial y_p}{\partial K_c} = -\frac{K_v}{K_m} y_m(t) \tag{9.2.26}$$

所以

$$\dot{K}_c = \mu \operatorname{sat}\left(\frac{e y_m}{\alpha + \left(\dfrac{K_v}{K_m}\right)^2 y_m^2}, \beta\right) \tag{9.2.27}$$

$$\beta = -\beta' \frac{K_m}{K_v}$$

式中

$$\operatorname{sat}(x, \beta) = \begin{cases} -\beta, & x < -\beta \\ x, & |x| \leqslant \beta \\ \beta, & x > \beta \end{cases} \tag{9.2.28}$$

式(9.2.27)的算法也称为归一化算法。

例9.2.2　对例9.2.1的系统，取 $a_1 = a_2 = 1, K_m = 1, \alpha = 0.01, \beta = 2, \mu = 0.1$。

$$\dot{K}_c = \mu \operatorname{sat}\left(\frac{e y_m}{\alpha + y_m^2}, \beta\right) \tag{9.2.29}$$

y_r 分别为幅值 ±0.1，±1.0，±3.5 的方波时的仿真结果见图9.2.5。

仿真结果表明，该自适应调整律在 y_r 幅值变化很大时，仍然工作良好。此时，稳定性主要受 μ 的影响。

用其他给予局部参数最优化方法设计出的MRAC也同样存在稳定性问题，这就使得这种方法在实际应用中受到很大的局限。

梯度法是设计MRAC参数调整律的一种简单方法，能用于结构不同的控制系统，关键是灵敏度导数及其有关的近似计算。若自适应增益 μ 选择足够小，参数 k 初值又对应于一个稳

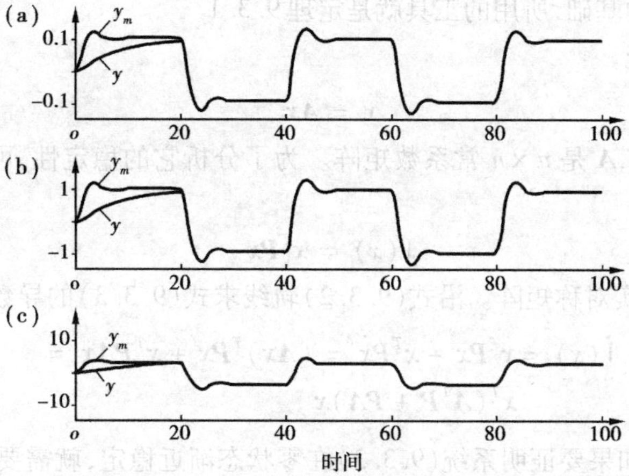

图 9.2.5　例 9.2.2 模型参考自适应系统的仿真结果

定的闭环系统，则梯度法就能够正常工作。MIT 律是梯度法的一个例子，其特殊性是收敛率取决于输入信号的幅值，若不希望有这样的特征，可进行修正。

9.3　基于李雅普诺夫稳定性理论设计模型参考自适应控制系统

一个满意的模型参考自适应控制系统，应具有的首要品质是系统必须是全局稳定的。上节的局部参数最优化法推导的思路是采用在直观上看来合理的方法，为此，采用局部参数最优化方法的设计结果，还需要进行稳定性证明或检验，但是经验证明，许多实际的 MRAC 是无法用解析法检验其全局稳定性的。为了克服上述缺点，在 20 世纪 60 年代中期开始提出了以稳定性理论为基础的设计方法。这方面的工作，最先是由 Parks 于 1966 年提出采用李雅普诺夫(Lyapunov)第二法推导出自适应算法，以保证自适应系统的全局渐近稳定。

9.3.1　李雅普诺夫稳定性定理

首先不加证明地介绍用李雅普诺夫第二方法进行稳定性分析的主要定理。

定理 9.3.1　假设系统的状态方程

$$\dot{x} = f(x,t) \tag{9.3.1}$$

零状态为其平衡状态，即 $f(0,t) = 0 \quad t > t_0$。如果存在一个具有连续的一阶偏导数的标量函数 $\dot{V}(x,t)$，并且满足下述条件：

①$V(x,t)$是正定的；

②沿方程(9.3.1)轨线的 $\dot{V}(x,t)$是负定的。

则在原点 $x=0$ 处的平衡状态是渐近稳定的。

定理中的 $V(x,t)$一般称为李雅普诺夫函数，它是动态系统稳定性的度量，可视为能量函数。其物理意义是动态系统总能量(正值)随时间的变化率是负数，因而是一耗能系统，最终回到最小储能位置，故为稳定系统。

讨论一种简单而又重要的线性定常系统，因为对这一类系统的稳定性分析是下面设计稳定的自适应控制系统的基础，所用的工具就是定理9.3.1。

考虑定常线性系统

$$\dot{\boldsymbol{x}} = \boldsymbol{A}\boldsymbol{x} \tag{9.3.2}$$

$\boldsymbol{x}$ 是 n 维状态向量，$\boldsymbol{A}$ 是 $n \times n$ 常系数矩阵。为了分析它的稳定性，可取一个李雅普诺夫函数

$$V(x) = \boldsymbol{x}^T\boldsymbol{P}\boldsymbol{x} \tag{9.3.3}$$

其中，$\boldsymbol{P}$ 是一个正定的实对称矩阵。沿式(9.3.2)轨线求式(9.3.3)的导数，得

$$\dot{V}(x) = \dot{\boldsymbol{x}}^T\boldsymbol{P}\boldsymbol{x} + \boldsymbol{x}^T\boldsymbol{P}\dot{\boldsymbol{x}} = (\boldsymbol{A}\boldsymbol{x})^T\boldsymbol{P}\boldsymbol{x} + \boldsymbol{x}^T\boldsymbol{P}\boldsymbol{A}\boldsymbol{x} = \boldsymbol{x}^T(\boldsymbol{A}^T\boldsymbol{P} + \boldsymbol{P}\boldsymbol{A})\boldsymbol{x}$$

按照定理9.3.1，如果要证明系统(9.3.3)在零状态渐近稳定，就需要 $V(x)$ 正定，$\dot{V}(x)$ 负定，即有 $\dot{V}(x) = \boldsymbol{x}^T\boldsymbol{Q}\boldsymbol{x}$，$\boldsymbol{Q}$ 是正定的，而且

$$\boldsymbol{A}^T\boldsymbol{P} + \boldsymbol{P}\boldsymbol{A} = -\boldsymbol{Q} \tag{9.3.4}$$

因此，反过来考虑，如果对某一给定的正定矩阵 $\boldsymbol{Q}$，从矩阵方程(9.3.4)可以解出正定的线性矩阵 $\boldsymbol{P}$，则系统(9.3.2)渐近稳定。式(9.3.4)称为李雅普诺夫矩阵方程。

当然，也可取一个对称正定矩阵 $\boldsymbol{P}$，然后解出 $\boldsymbol{Q}$，验证其是否正定。这样可得如下另一种描述形式的李雅普诺夫稳定性定理：

定理9.3.2　系统(9.3.2)的平衡状态 $\boldsymbol{x} = \boldsymbol{0}$，在大范围内渐近稳定的充分必要条件是：对一个给定的实对称正定矩阵 $\boldsymbol{Q}$，李雅普诺夫矩阵方程(9.3.4)存在一个正实对称矩阵解 $\boldsymbol{P}$。

9.3.2　自适应律的设计

下面讨论用被控过程的输入输出构成自适应律的设计方法。

用可调系统的状态变量构成自适应律，需要准确获得可调系统的全部状态变量信息，这对许多实际系统往往是不易实现的。因此，按照被控过程的输入输出构成自适应律，受到人们的重视。研究工作沿着两个方向进行：一种是根据被控过程的输入输出或系统的输出广义误差向量，设计一个自适应律，调节某一特定结构控制器的可调参数，使得由控制器和被控过程所组成的可调系统，其传递函数与参考模型的传递函数相匹配，这种方法可称为直接法。另一种方法是利用过程的输入输出设计一个自适应观测器，实时地给出过程的未知参数和状态估计，然后利用这些估值来构成自适应律，使可调系统的传递函数或动态特性与参考模型相一致，可称为间接法。本节主要介绍直接法。

(1)具有可调增益的一阶线性系统

可调增益自适应系统仍如图9.2.2所示。实际的被控过程在受干扰后，增益 K_cK_v 要偏离理想的 K_m，而这种偏离影响表现在输出的广义误差 e 上。

为了说明如何用李雅普诺夫第二法设计稳定的自适应控制系统，先从最简单的情况开始。设数学模型为：

$$\begin{cases} D(s) = 1 + Ts \\ N(s) = 1 \end{cases} \tag{9.3.5}$$

令 y_r 为输入设定值，已知系统的广义误差方程为 $e = y_m - y_p$，则可得

$$\begin{cases} E(s) = y_m(s) - y_p(s) = \left(\dfrac{K_mN(s)}{D(s)} - \dfrac{K_cK_vN(s)}{D(s)}\right)y_r(s) \\ D(s)E(s) = N(s)(K_m - K_cK_v)y_r(s) \\ T\dot{e} + e = (K_m - K_cK_v)y_r(t) = K(t)y_r(t) \end{cases} \tag{9.3.6}$$

假定初始时刻 $K_m = K_cK_v$,令 $K(t) = K_m - K_cK_v$。按李雅普诺夫稳定性理论,如果能找到一个正定的李雅普诺夫函数 $V(e)$,使得它沿式(9.3.3)的轨线的导数 $\dot{V}(e)$ 是负定的,则该系统就能渐近稳定。

为此,试取李雅普诺夫函数:

$$V(e) = e^2 + \lambda K^2(t) \quad (\lambda > 0) \tag{9.3.7}$$

根据式(9.3.7),$V(e)$是正定的。而

$$\frac{\mathrm{d}V}{\mathrm{d}t} = 2e\dot{e} + 2\lambda K\dot{K} \tag{9.3.8}$$

由式(9.3.7)可得

$$\dot{e} = -\frac{e}{T} + \frac{Ky_r(t)}{T} \tag{9.3.9}$$

将式(9.3.9)代入式(9.3.8),得

$$\begin{aligned} \frac{\mathrm{d}V}{\mathrm{d}t} &= 2e\left(-\frac{e}{T} + \frac{Ky_r(t)}{T}\right) + 2\lambda K\dot{K} = \\ &-\frac{2}{T}e^2 + \frac{2}{T}Key_r(t) + 2\lambda K\dot{K} \end{aligned} \tag{9.3.10}$$

显然,上式右端第一项是恒为负的,所以要使 $\dot{V}(e)$ 负定的一种简便办法是使后面两项之和恒为零,即

$$\frac{2}{T}Key_r(t) + 2\lambda K\dot{K} = 0$$

所以

$$\dot{K} = -\frac{1}{\lambda T}ey_r \tag{9.3.11}$$

又因为 $K(t) = K_m - K_cK_v$

所以

$$\dot{K}(t) = -K_v\dot{K}_c \tag{9.3.12}$$

比较(9.3.11)和(9.3.12)两式,可得

$$\dot{K}_c = \mu ey_r(t) \tag{9.3.13}$$

式中 $\mu = \dfrac{1}{\lambda TK_v}$,最后得到闭环自适应控制系统

$$\begin{cases} T\dot{e} + e = (K_m - K_cK_v)y_r(t) \\ \dot{K}_c = \mu ey_r(t) \end{cases} \tag{9.3.14}$$

系统结构如图9.3.1所示。

(2)具有可调增益的二阶线性系统

设数学模型为:

$$\begin{cases} D(s) = s^2 + a_1s + a_2 \quad a_1, a_2 > 0 \\ N(s) = 1 \end{cases} \tag{9.3.15}$$

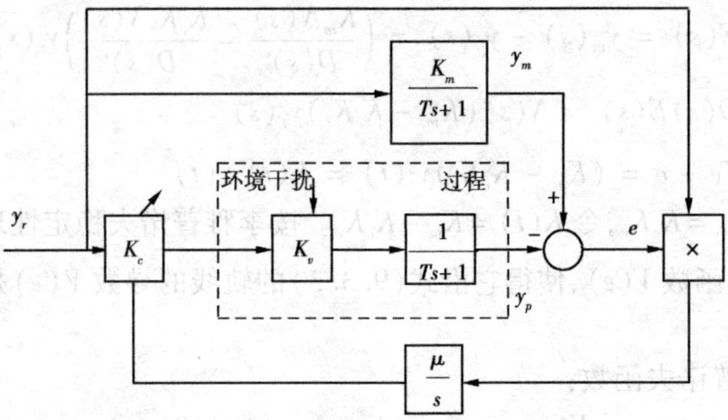

图 9.3.1　具有可调增益的一阶自适应系统

类似于一阶系统

$$\ddot{e} + a_1\dot{e} + a_2 e = K y_r(t) \tag{9.3.16}$$

试取李雅普诺夫函数：

$$V(e,\dot{e}) = a_1 a_2 e^2 + a_1 \dot{e}^2 + \lambda K^2(t) \quad (\lambda > 0) \tag{9.3.17}$$

$$\frac{\mathrm{d}V}{\mathrm{d}t} = 2a_1 a_2 e\dot{e} + 2a_1\dot{e}\ddot{e} + 2\lambda K\dot{K} \tag{9.3.18}$$

将式(9.3.16) $\ddot{e} = -(a_1\dot{e} + a_2 e) + K y_r$ 代入式(9.3.18)得

$$\frac{\mathrm{d}V}{\mathrm{d}t} = 2a_1 a_2 e\dot{e} - 2a_1\dot{e}(a_1\dot{e} + a_2 e - K y_r) + 2\lambda K\dot{K} =$$

$$-2a_1^2\dot{e}^2 + 2\lambda K\dot{K} + 2a_1\dot{e}K y_r$$

要使 $\dot{V}(e)$ 负定，一种简便办法是使后面两项之和恒为零，即

$$2\lambda K\dot{K} = -2a_1\dot{e}K y_r \tag{9.3.19}$$

式中　$\dot{K} = -\frac{a_1}{\lambda} y_r \dot{e}$，$\dot{K}_c = \beta y_r \dot{e}$，且 $\beta = \frac{a_1}{\lambda K_v}$。

与一阶系统比较，$\dot{K}_c$ 的调整规律类似，但 e 变为了 $\dot{e}$。由此，可以看出基于李雅普诺夫稳定性理论设计模型参考自适应控制系统的基本思路：

①系统必须稳定；

②一定可以找出李雅普诺夫函数；

③以该函数为约束条件或出发点，导出自适应律。

(3)一般 n 阶定常线性系统

设理想的模型传递函数是 $K_m\frac{N(s)}{D(s)}$。且有

$$\begin{cases} D(s) = s^n + a_1 s^{n-1} + \cdots + a_{n-1}s + a_n \\ N(s) = b_1 s^{n-1} + \cdots + b_{n-1}s + b_n \end{cases} \tag{9.3.20}$$

假定 $D(s)$ 的根均在左半复平面，因此输出广义误差 $e = y_m - y_p$ 满足微分方程

$$e^{(n)} + a_1 e^{(n-1)} + \cdots + a_{n-1}\dot{e} + a_n e = K(b_n y_r^{n-1} + \cdots + b_n y_r) \tag{9.3.21}$$

其中　$K = K_m - K_c K_v$，如果选择如下的状态变量：

$$\begin{cases} x_1 = e \\ x_2 = \dot{x}_1 - \beta_1 y_r \\ x_3 = \dot{x}_2 - \beta_2 y_r \\ \cdots \\ x_n = \dot{x}_{n-1} - \beta_{n-1} y_r \end{cases}$$

则式(9.3.21)可变成为等价的状态方程和输出方程

$$\begin{cases} \dot{\boldsymbol{X}} = \boldsymbol{AX} + K\boldsymbol{B}y_r(t) \\ e = \boldsymbol{CX} \end{cases} \tag{9.3.22}$$

其中

$$\boldsymbol{X} = \begin{bmatrix} x_1 \\ x_2 \\ \vdots \\ x_n \end{bmatrix} \quad \boldsymbol{A} = \begin{bmatrix} 0 & & & \\ \vdots & & I_{n-1} & \\ 0 & & & \\ -a_n & -a_{n-1} & \cdots & -a_1 \end{bmatrix}$$

$$\boldsymbol{B} = \begin{bmatrix} \beta_1 \\ \beta_2 \\ \vdots \\ \beta_n \end{bmatrix} = \begin{bmatrix} 1 & & & & \\ a_1 & 1 & & 0 & \\ a_2 & a_1 & \ddots & & \\ \vdots & \vdots & \ddots & \ddots & \\ a_{n-1} & a_{n-2} & \cdots & n_1 & 1 \end{bmatrix}^{-1} \begin{bmatrix} b_1 \\ b_2 \\ b_3 \\ \vdots \\ b_n \end{bmatrix}$$

$$\boldsymbol{C} = (1 \quad 0 \quad \cdots \quad 0) \qquad K = K_m - K_c K_v$$

和上面讨论的一二阶系统的特殊情况一样,要设计一个稳定的自适应系统,就要找出一个适当的李雅普诺夫函数,然后以它为基础,综合出自适应律。试取

$$V(e) = \boldsymbol{X}^T\boldsymbol{PX} + \lambda K^2 \quad \lambda > 0 \tag{9.3.23}$$

其中 $\boldsymbol{P}$ 是正定对称矩阵,因而 V 是正定的。沿式(9.3.23)的轨迹对 t 求导,得

$$\frac{\mathrm{d}V}{\mathrm{d}t} = \dot{\boldsymbol{X}}^T\boldsymbol{PX} + \boldsymbol{X}^T\boldsymbol{P}\dot{\boldsymbol{X}} + 2\lambda K\dot{K} =$$

$$\boldsymbol{X}^T(\boldsymbol{PA} + \boldsymbol{A}^T\boldsymbol{P})\dot{\boldsymbol{X}} + 2\boldsymbol{X}^T\boldsymbol{PB}Ky_r + 2\lambda K\dot{K}$$

为了使 $\dot{V} < 0$,用以综合自适应律,在上式中可以取:①第一项 $\boldsymbol{X}^T(\boldsymbol{PA} + \boldsymbol{A}^T\boldsymbol{P})\dot{\boldsymbol{X}}$ 负定;②后两项之和 $2\boldsymbol{X}^T\boldsymbol{PB}Ky_r + 2\lambda K\dot{K}$ 为零。由条件②可得出自适应控制律为:

$$\dot{K} = -\frac{1}{\lambda}\boldsymbol{X}^T\boldsymbol{PB}y_r \tag{9.3.24}$$

或

$$\dot{K}_c = \frac{1}{\lambda K_v}\boldsymbol{X}^T\boldsymbol{PB}y_r \tag{9.3.25}$$

由条件①的要求,$\boldsymbol{PA} + \boldsymbol{A}^T\boldsymbol{P} = -\boldsymbol{Q}$,$\boldsymbol{Q}$ 为正定矩阵。式中 $\boldsymbol{A}$ 是稳定的。

对式(9.3.25)分析,并由上述状态向量的构成可知,这时得到的自适应律依赖于整个状态向量 $\boldsymbol{X}(t)$,也就是说,自适应控制律不仅与广义误差 $e(t)$ 有关,而且与 $e(t)$ 的各阶导数 $\dot{e}$,$\ddot{e}$,…,e^{n-1} 有关。这种依赖于各阶导数的要求,为自适应律的实现带来了极大的不便。因为,通常广义误差 $e(t)$ 是可以测量的,而它的各阶导数则要增加滤波器、观测器等设备才能实现

或产生，大大增加了系统的复杂性，也受到噪声等影响，带来误差。

因此，希望能够综合出只与广义误差 $e(t)$ 有关的自适应律。自然地，对选择李雅普诺夫函数提出如下要求（即增加一个约束条件）：

$$\boldsymbol{PB} = (\alpha, 0, 0, \cdots, 0)^T \tag{9.3.26}$$

这时综合出来的自适应律就只与 $e(t)$ 有关，而与 $e(t)$ 的其他各阶导数无关，亦即自适应律简化为

$$\dot{K}_c = \mu e y_r \tag{9.3.27}$$

其中 $\mu = \dfrac{\alpha}{\lambda K_v}$，实现这种自适应律的闭环控制系统如图 9.3.2 所示。

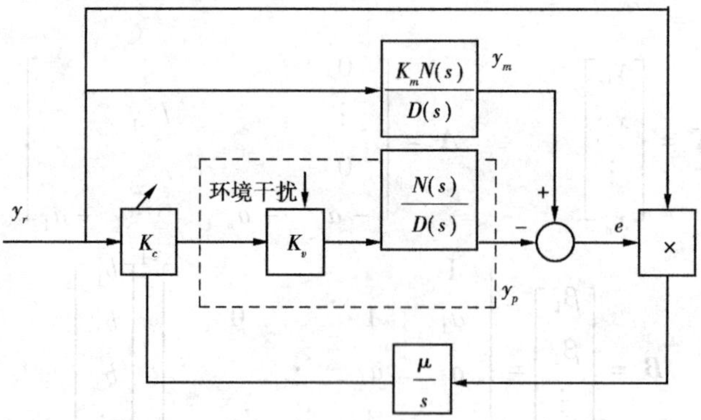

图 9.3.2 n 阶稳定可调增益自适应控制系统

基于李雅普诺夫稳定性理论设计模型参考自适应控制系统需要注意：

①能找到李雅普诺夫函数是充分条件，但一时找不到并不说明系统不稳定；

②该方法的困难在于如何扩大李雅普诺夫函数类，关键是如何猜出适当的李雅普诺夫函数；

③自适应律不仅与 $e(t)$ 有关，还常常与其各阶导数有关。虽然可以找到与 $e(t)$ 的导数无关的自适应律，但条件的限制使寻找李雅普诺夫函数更加困难。

第10章 自校正控制(一)

自校正控制系统是用电子数字计算机来实现的。它的一个主要特点是具有对象数学模型的在线辨识环节。在每个控制周期,计算机首先对被控对象进行辨识,然后根据辨识得到的模型参数和事先指定的性能指标,在线综合出控制作用。因此,自校正控制系统是一种把参数的在线辨识与控制器的在线设计有机结合在一起的控制系统。通常这类控制系统在设计辨识算法和控制算法时考虑了随机干扰的影响,因此,属于随机自适应控制系统。

10.1 自校正控制概述

自校正控制系统的框图如图 10.1.1 所示。图中,$y(k)$ 为输出,$u(k)$ 为控制量,$r(k)$ 为参考输入(给定值),$v(k)$ 为随机干扰。图中的"被控对象"为考虑了采样器和零阶保持器在内的离散化了的离散时间系统。图中,其余虚线框内各部分实际上均为计算机的程序。由图可见,自校正控制系统是在常规反馈控制(称为内环)的基础上增加了一个由"参数估计器"和"控制器参数计算"两框所组成的外环而构成的。正是这一外环的存在,使系统具有了自适应能力。

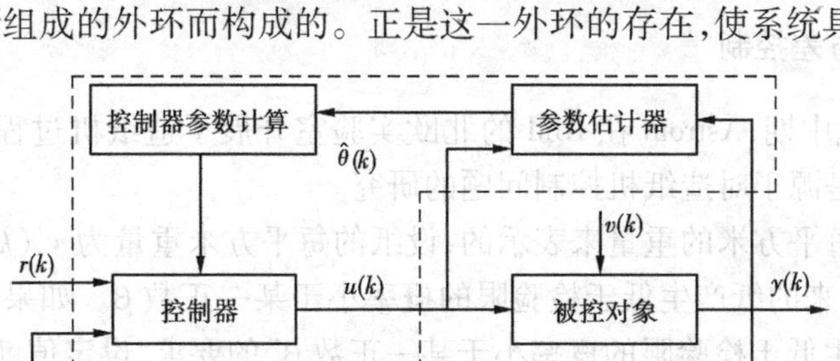

图 10.1.1　自校正控制系统框图

"参数估计器"根据输入、输出得到对象模型未知参数的估计值 $\hat{\boldsymbol{\theta}}(k)$,"控制器参数计算"根据 $\hat{\boldsymbol{\theta}}(k)$ 值计算控制器参数。"控制器"再用新的控制参数计算控制量。系统开始运行时,由于参数估计值 $\hat{\boldsymbol{\theta}}(k)$ 与其真值 $\boldsymbol{\theta}(k)$ 的差别可能很大,控制效果可能很差。但随着过程的进行,参数估计值会越来越精确,控制效果也会越来越好。当对象特性发生变化时,$\hat{\boldsymbol{\theta}}(k)$ 会发生相应的改变。从而使控制器参数也发生相应的变化,自动适应变化了的对象。

自校正控制系统的设计通常采用了确定性等价原理,即认为对象的所有未知参数用它们的相应的估计值代替后,其控制规律(即计算 $u(k)$ 的函数式)的形式恰好与对象参数已知时的随机最优控制规律的形式相同。因此,在设计控制器的时候,先假设被控对象的所有参数是已知的,并且根据给定的性能指标综合出控制律,然后将控制律中的未知参数用它们的估计值来代替。显然,这里没有考虑参数估计精度的影响,因此一般来讲,这时的自校正控制律不一定是渐近最优的。

自校正控制系统可分为显式(间接)自校正控制系统和隐式(直接)自校正控制系统两类。图 10.1.1 所示为显式自校正控制系统。若“参数辨识器”直接估计控制器参数,则可省去“控制器参数计算”这一框,这时就成了隐式自校正控制系统。显然,显式算法的计算量比隐式算法大。

自校正控制系统中的参数辨识方法有多种,控制器的设计方法也有多种,不同的辨识器与控制器结合,可以构成多种多样的自校正控制算法。

第一个把最小二乘辨识与控制结合起来的是 Kalman(1958)。1970 年 Peterka 重新研究了这个问题。1973 年 Astrom 和 Wittenmark 发展了 Peterka 的工作,证明了自校正调节器在一定条件下收敛到某种意义最优的控制器,为自校正调节器奠定了理论基础。从此,自校正控制系统成为自适应控制中蓬勃发展的一个分枝。

本章仅就几种常用的自校正控制系统加以介绍。

10.2 单步输出预测自校正控制

单步输出预测(简称单步预测)自校正控制是自校正控制中最基本、最简单的一种。整个算法的关键是预测。本节首先介绍最小方差控制的基本概念,然后推导被控对象的预测模型,在此基础上得到预测控制律,然后讨论对象参数不确定时的自校正算法。

10.2.1 最小方差控制

20 世纪 60 年代中期,Astrom 在 IBM 的北欧实验室开展了造纸机过程控制的研究。最小方差控制的提出就是源于对造纸机控制问题的研究。

纸的质量是用每平方米的重量来表示的,设纸的每平方米重量为 $y'(k)$,则造纸机的设定值应在 y_0,使得造出来的纸产生低于检验限的概率小于某一正数 β。如果 $y'(k)$ 的方差大,那么,为了满足“纸产生低于检验限的概率小于某一正数 β”的要求,设定值就应该定在远离检验限的地方(见图 10.2.1)。这时,所用的原材料(纸浆)多,能耗也大。如果 $y'(k)$ 的方差很小,那么可以把 $y'(k)$ 的设定值 y'_0 定在接近检验限的地方,这时所用的纸浆少,能耗低,且能获得高的经济效益。

因此,减小 $y'(k)$ 的方差可以降低每平方米纸的重量,以此为目标,也即提高了系统控制的品质。自然地,提出了以输出方差最小为性能指标,设计最小方差控制系统的要求。

由于是线性系统,为了讨论问题方便,将 $y'(k)$ 以 y_0 为设定值的恒值控制问题,转化为 $y(k)=y'(k)-y_0$ 以 0 为设定值的恒值控制问题,即转化为调节器的设计问题。

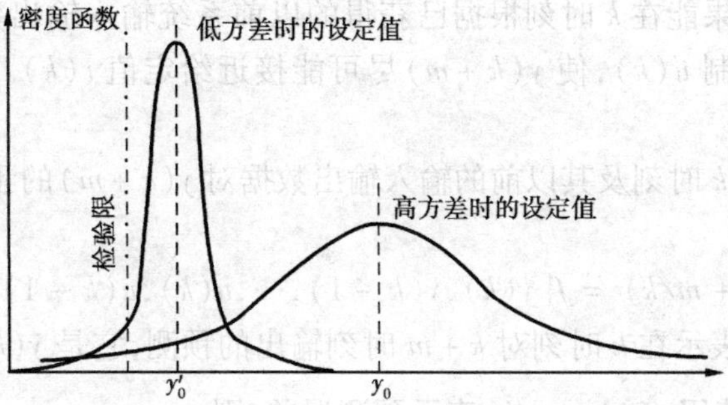

图 10.2.1　方差与设定值的关系

假设 $y(k)$ 是下列系统的输出：

$$y(k)-1.7y(k-1)+0.7y(k-2)=u(k-1)+0.5u(k-2)+e_w(k)$$

要设计系统的最小方差控制器。

由过程模型可知，$y(k)$ 与 $e_w(k)$，$e_w(k-1)$，$e_w(k-2)$，…相关，且 $y(k)$ 与 $e_w(k+1)$ 无关(或独立)。于是，上式可改写为：

$$y(k)=1.7y(k-1)-0.7y(k-2)+u(k-1)+0.5u(k-2)+e_w(k)$$

因此，方差为

$$E[y(k)]^2=E[1.7y(k-1)-0.7y(k-2)+u(k-1)+0.5u(k-2)]^2+E[e_w(k)]^2$$

$$E[y(k)]^2\geqslant E[e_w(k)]^2$$

上述不等式中的等号只有在

$$1.7y(k-1)-0.7y(k-2)+u(k-1)+0.5u(k-2)=0$$

时成立。由此，可得最小方差控制律

$$u(k-1)=-1.7y(k-1)+0.7y(k-2)-0.5u(k-2)$$

即
$$u(k)=-1.7y(k)+0.7y(k-1)-0.5u(k-1)$$

推广一下，对于系统 $A(q^{-1})y(k)=B(q^{-1})u(k)+e_w(k)$，这时可用上述方法来解，使 $u(k)$ 满足

$$[1-A(q^{-1})]y(k)+B(q^{-1})u(k)=0$$

如果考虑一般的随机线性系统

$$A(q)^{-1}y(k)=q^{-m}B(q^{-1})u(k)+\eta(k)$$

问题就要复杂一些。

10.2.2　单步预测控制的基本思想

设对象用线性差分模型描述：

$$A(q^{-1})y(k+m)=B(q^{-1})u(k)+\eta(k+m) \tag{10.2.1}$$

式中

$$\begin{cases}A(q^{-1})=1+a_1q^{-1}+\cdots+a_{n_A}+q^{-n_A}\\B(q^{-1})=b_0+b_1q^{-1}+\cdots+b_{n_B}q^{-n_B}\end{cases}$$

$m\geqslant1$ 为延时，$\eta(k+m)$ 为干扰。

由于系统输出响应存在 m 步滞后，即 k 时刻施加的控制量只能在 $k+m$ 时刻才开始对输

出产生影响。因此,如果能在 k 时刻根据已获得的以前系统输入输出数据预测 $k+m$ 时刻的输出,则可适当施加控制 $u(k)$,使 $y(k+m)$ 尽可能接近给定值 $r(k)$。这一点再进一步解释如下。

根据上述思想,由 k 时刻及其以前的输入输出数据对 $y(k+m)$ 的预测律(预测器)可以表示为:

$$\hat{y}(k+m/k) = f[y(k),y(k-1),\cdots,u(k),u(k-1),\cdots] \tag{10.2.2}$$

其中,$\hat{y}(k+m/k)$ 表示在 k 时刻对 $k+m$ 时刻输出的预测,它是 $y(k),y(k-1),\cdots,u(k),u(k-1),\cdots$ 的函数。若用 $\tilde{y}(k+m/k)$ 表示预测误差,则:

$$y(k+m) = \hat{y}(k+m/k) + \tilde{y}(k+m/k) \tag{10.2.3}$$

该式即为对象的预测模型。

由于在 k 时刻采样后,$y(k)$ 已知,$[y(k-1),y(k-2),\cdots,u(k-1),u(k-2),\cdots]$ 为过去的输入输出数据已知,这样,式(10.2.2)中只有 $u(k)$ 未知。从而根据控制的要求,可以令 $\hat{y}(k+m/k)=r(k)$,由此,可以解出 k 时刻的控制量 $u(k)$。$u(k)$ 是 $[y(k),y(k-1),\cdots,u(k-1),u(k-2),\cdots]$ 的函数,该函数式即为控制律。

在 $u(k)$ 的控制作用下,$k+m$ 时刻的输出 $y(k+m)$ 与给定值 $r(k)$ 之差即为预测误差:

$$y(k+m) - r(k) = \tilde{y}(k+m/k)$$

由此可见,控制效果的好坏关键在于预测是否精确,即式(10.2.2)的模型是否精确。

10.2.3 被控对象的预测模型

下面根据给定的多项式

$$T(q^{-1}) = 1 + t_1 q^{-1} + \cdots + t_{n_T} q^{-n_T}$$

来求预测模型的一般形式。$T(q^{-1})$ 代表了关于噪声的先验知识,称为滤波多项式,又叫观测多项式,预测模型的品质依赖于 $T(q^{-1})$ 的选取。又设

$$E(q^{-1}) = 1 + e_1 q^{-1} + \cdots + e_{m-1} q^{-(m-1)} \tag{10.2.4}$$

为 $\dfrac{T(q^{-1})}{A(q^{-1})}$ 的 $m-1$ 阶商($n_E = m-1$)

$$\begin{aligned} q^{-m}F(q^{-1}) &= q^{-m}(f_0 + f_1 q^{-1} + \cdots + f_{n_A-1} q^{-(n_A-1)}) = \\ &f_0 q^{-m} + f_1 q^{-(m+1)} + \cdots + f_{n_A-1} q^{-(n_A+m-1)} \end{aligned} \tag{10.2.5}$$

为 $\dfrac{T(q^{-1})}{A(q^{-1})}$ 的余式($n_F = n_A - 1$),则得恒等式

$$\frac{T(q^{-1})}{A(q^{-1})} = E(q^{-1}) + \frac{q^{-m}F(q^{-1})}{A(q^{-1})} \tag{10.2.6(a)}$$

或
$$T(q^{-1}) = A(q^{-1})E(q^{-1}) + q^{-m}F(q^{-1}) \tag{10.2.6(b)}$$

这类恒等式在自校正控制中非常重要,常称 Diophantine 方程。

将 $\dfrac{T(q^{-1})}{A(q^{-1})}$ 分解为 $E(q^{-1}) + \dfrac{q^{-m}F(q^{-1})}{A(q^{-1})}$ 两个部分的目的是:把 $\dfrac{T(q^{-1})}{A(q^{-1})}e_w(k+m)$ 分解成与 $[y(k),y(k-1),y(k-2),\cdots,\cdots]$ 独立和与 $[y(k),y(k-1),y(k-2),\cdots,\cdots]$ 不独立的两个部分。而独立部分

$$E(q^{-1})e_w(k+m) \Rightarrow [e_w(k+m), e_w(k+m-1), \cdots, e_w(k+1)]$$

不独立的部分

$$\frac{q^{-m}F(q^{-1})}{A(q^{-1})}e_w(k+m) \Rightarrow [e_w(k), e_w(k-1), e_w(k-2), \cdots, \cdots]$$

多项式 $E(q^{-1})$ 和 $F(q^{-1})$ 可以通过长除法得到,也可以通过解恒等式(10.2.6(b)),即令等式量边 q^{-1} 的同次幂的系数相等,然后解线性方程组而求得。

例 10.2.1　设 $A(q^{-1}) = 1 - 1.2q^{-1} + 0.3q^{-2}$, $T(q^{-1}) = 1 + 1.5q^{-1} + 0.6q^{-2}$, $m = 2$,求 $E(q^{-1})$, $F(q^{-1})$。

解　$n_E = m - 1 = 1$, $n_F = n_A - 1 = 1$

①用长除法

$$\begin{array}{r|l} & 1+2.7q^{-1} \\ \hline 1-1.2q^{-1}+0.3q^{-2} & 1+1.5q^{-1}+0.6q^{-2} \\ & \underline{1-1.2q^{-1}+0.3q^{-2}\ (-} \\ & 2.7q^{-1}+0.3q^{-2} \\ & \underline{2.7q^{-1}-3.24q^{-2}+0.81q^{-3}\ (-} \\ & 3.54q^{-2}-0.81q^{-3} \end{array}$$

$E(q^{-1}) = 1 + 2.7q^{-1}$

$F(q^{-1}) = 3.54 - 0.81q^{-1}$

②解 Diophantine 方程

$$1 + 1.5q^{-1} + 0.6q^{-2} = (1 - 1.2q^{-1} + 0.3q^{-2})(1 + e_1q^{-1}) + q^{-2}(f_0 + f_1q^{-1}) =$$
$$1 + (e_1 - 1.2)q^{-1} + (-1.2e_1 + f_0 + 0.3)q^{-2} + (0.3e_1 + f_1)q^{-3}$$

比较方程两边 q^{-1} 的同次幂的系数,有

$$\begin{cases} e_1 - 1.2 = 1.5 \\ -1.2e_1 + f_0 + 0.3 = 0.6 \\ 0.3e_1 + f_1 = 0 \end{cases}$$

解此方程组,得

$$\begin{cases} e_1 = 2.7 \\ f_0 = 3.54 \\ f_1 = -0.81 \end{cases}$$

所以有, $E(q^{-1}) = 1 + 2.7q^{-1}$, $F(q^{-1}) = 3.54 - 0.81q^{-1}$。

在引入了多项式 $T(q^{-1})$、$E(q^{-1})$、$F(q^{-1})$ 以后,就可以导出对象的预测模型:

用 $E(q^{-1})$ 乘式(10.2.1)两边,得

$$E(q^{-1})A(q^{-1})y(k+m) = E(q^{-1})B(q^{-1})u(k) + E(q^{-1})\eta(k+m)$$

将 $E(q^{-1})A(q^{-1})$ 用式(10.2.6(b))的 Diophantine 方程代入,得

$$[T(q^{-1}) - q^{-m}F(q^{-1})]y(k+m) = E(q^{-1})B(q^{-1})u(k) + E(q^{-1})\eta(k+m)$$

于是有:

$$T(q^{-1})y(k+m) = F(y^{-1})y(k) + E(q^{-1})B(q^{-1})u(k) + E(q^{-1})\eta(k+m)$$

令 $G(q^{-1}) = E(q^{-1})B(q^{-1})$, $y'(k) = y(k)/T(q^{-1})$ 和 $u'(k) = u(k)/T(q^{-1})$,则上式化为:

$$y(k+m)=F(q^{-1})y'(k)+G(q^{-1})u'(k)+E(q^{-1})\eta(k+m)/T(q^{-1}) \tag{10.2.7}$$

上式中，$y'(k)$和$u'(k)$分别为$y(k)$和$u(k)$经过线性系统$1/T(q^{-1})$滤波后的值，称为滤波数据。

式(10.2.7)称为对象的m步超前预测模型，预测律为

$$\hat{y}(k+m/k)=F(q^{-1})y'(k)+G(q^{-1})u'(k) \tag{10.2.8}$$

预测误差为：

$$\tilde{y}(k+m/k)=E(q^{-1})\eta(k+m)/T(q^{-1}) \tag{10.2.9}$$

前面曾提到，$T(q^{-1})$的选择将决定预测模型的品质。下面将看到，若对象用 CAMRA 模型描述，即$\eta(k+m)=C(q^{-1})e_w(k+m)$：

$$A(q^{-1})y(k+m)=B(q^{-1})u(k)+C(q^{-1})e_w(k+m) \tag{10.2.10}$$

$$C(q^{-1})=1+c_1q^{-1}+\cdots+c_{n_c}q^{-n_c}$$

$e_w(k)$为零均值白噪声，方差为σ_w^2。则当取$T(q^{-1})=C(q^{-1})$时，便得到最小方差预测，即预测误差的方差最小。下面分析为什么这时预测误差的方差最小。

由式(10.2.7)的预测模型，有

$$y(k+m)=F(q^{-1})y'(k)+G(q^{-1})u'(k)+E(q^{-1})e_w(k+m) \tag{10.2.11}$$

其中 $y'(k)=y(k)/T(q^{-1})$，$u'(k)=u(k)/T(q^{-1})$。设k时刻对$k+m$时刻输出的预测为$\hat{y}(k+m/k)$，则预测误差的方差为：

$$E[y(k+m)-\hat{y}(k+m/k)]^2=$$
$$E[F(q^{-1})y'(k)+G(q^{-1})u'(k)+E(q^{-1})e_w(k+m)-\hat{y}(k+m/k)]^2$$

式中，$F(q^{-1})y'(k)+G(q^{-1})u'(k)-\hat{y}(k+m/k)$由$k$时刻以前(包括$k$时刻)的输入输出数据组成，而$E(q^{-1})e_w(k+m)$由$k+1$时刻到$k+m$时刻的白噪声组成，这两部分是统计独立的。且$E(q^{-1})e_w(k+m)$具有零均值即$E[E(q^{-1})e_w(k+m)]=0$，因此

$$E[F(q^{-1})y'(k)+G(q^{-1})u'(k)-\hat{y}(k+m/k)]\cdot E[E(q^{-1})e_w(k+m)]=0$$

于是有

$$E[y(k+m)-\hat{y}(k+m/k)]^2=$$
$$E[F(q^{-1})y'(k)+G(q^{-1})u'(k)+E(q^{-1})e_w(k+m)-\hat{y}(k+m/k)]^2=$$
$$E[F(q^{-1})y'(k)+G(q^{-1})u'(k)-\hat{y}(k+m/k)]^2+E[E(q^{-1})e_w(k+m)]^2$$

由于$\hat{y}(k+m/k)$由k时刻以前(包括k时刻)的输入，输出数据组成，而上式中的第2项决定于未来时刻的白噪声干扰，与$\hat{y}(k+m/k)$无关，因此当

$$F(q^{-1})y'(k)+G(q^{-1})u'(k)-\hat{y}(k+m/k)=0$$

时，$E[y(k-m)-y(k+m/k)]^2$最小，即预测误差的方差最小。从而最优预测律也就是最小方差预测律，最小方差预测模型为：

$$\hat{y}^*(k+m/k)=F(q^{-1})y'(k)+G(q^{-1})u'(k) \tag{10.2.12}$$

预测误差为：

$$\begin{aligned}\tilde{y}^*(k+m/k)&=E(q^{-1})e_w(k+m)=\\&e_w(k+m)+e_1e_w(k+m-1)+\cdots+e_{m-1}e_w(k+1)\end{aligned} \tag{10.2.13}$$

为未来 $m-1$ 阶白噪声的移动平均。预测误差的方差为：

$$\sigma^2 = E[E(q^{-1})e_w(k+m)]^2 = (1+e_1^2+e_2^2+\cdots+e_{m-1}^2)\sigma_w^2 \qquad (10.2.14)$$

从式(10.2.14)可以看出,由于其由未来的白噪声组成,不可控制,因而这时的预测为最小方差预测。当噪声 $\eta(k)$ 不能写成 $C(q^{-1})e_w(k)$ 时,$y(k+m)$ 的预测律(10.2.12)不是最优的,但还是比较好的。

例 10.2.2　已知动态系统模型为

$$y(k)-0.8y(k-1)+0.2y(k-2) = u(k-2)+0.2u(k-3)+e_w(k)$$

求最小方差预测模型及预测误差方差。$e_w(k)$ 为零均值白噪声,$\sigma_w^2=1$。

解　$A(q^{-1})=1-0.8q^{-1}+0.2q^{-2}$

$B(q^{-1})=1+0.5q^{-1}$

$C(q^{-1})=1$

$m=2, n_E=m-1=1, n_F=n_A-1=1$

先求 $E(q^{-1})$ 和 $F(q^{-1})$

$$\begin{array}{r|l} & 1+0.8q^{-1} \\ 1-0.8q^{-1}+0.2q^{-2} & 1 \\ & \underline{1-0.8q^{-1}+0.2q^{-2}\ (-} \\ & 0.8q^{-1}-0.2q^{-2} \\ & \underline{0.8q^{-1}-0.64q^{-2}+0.16q^{-3}\ (-} \\ & 0.44q^{-2}-0.16q^{-3} \end{array}$$

所以有 $E(q^{-1})=1+0.8q^{-1}$

$F(q^{-1})=0.44-0.16q^{-1}$

$G(q^{-1})=B(q^{-1})E(q^{-1})=(1+0.5z^{-1})(1+0.8z^{-1})=1+1.3q^{-1}+0.4q^{-2}$

最小方差预测模型为

$$\begin{aligned} y(k+2) &= F(q^{-1})y'(k)+G(q^{-1})u'(k)+E(q^{-1})C(q^{-1})e_w(k+2)/T(q^{-1}) = \\ &(0.44-0.16q^{-1})y(k)+(1+1.3q^{-1}+0.4q^{-2})u(k)+ \\ &(1+0.8q^{-1})e_w(k+2) = \\ &0.44y(k)-0.16y(k-1)+u(k)+1.3u(k-1)+ \\ &0.4u(k-2)+e_w(k+2)+0.8e_w(k+1) \end{aligned}$$

预测误差方差为　　$\sigma^2=1+0.8^2=1.64$

事实上,对于噪声项为白噪声(即 $C(q^{-1})=1$)的对象模型,可以直接经过简单的推导,得到最小方差预测模型。以本题为例:

$$y(k+2) = 0.8y(k+1)-0.2y(k)+u(k)+0.5u(k-1)+e_w(k+2)$$

$$y(k+1) = 0.8y(k)-0.2y(k-1)+u(k-1)+0.5u(k-2)+e_w(k+1)$$

合并两式,可消去 $y(k+1)$,即得

$$\begin{aligned} y(k+2) = {} & 0.44y(k)-0.16y(k-1)+u(k)+1.3u(k-1)+ \\ & 0.4u(k-2)+e_w(k+2)+0.8e_w(k+1) \end{aligned}$$

例 10.2.3　已知动态系统模型为

$$y(k)-0.8y(k-1)+0.2y(k-2) = u(k-2)+0.5u(k-3)+e_w(k)+0.7e_w(k-1)$$

求 $T(q^{-1})=C(q^{-1})$ 及 $T(q^{-1})=1$ 时的预测模型及预测误差方差。$e_w(k)$ 为零均值白噪声，$\sigma_w^2=1$。

解 $A(q^{-1})=1-0.8q^{-1}+0.2q^{-2}$

$B(q^{-1})=1+0.5q^{-1}$

$C(q^{-1})=1+0.7q^{-1}$

$m=2, n_E=m-1=1, n_F=n_A-1=1$

①$T(q^{-1})=C(q^{-1})$ 时，为最小方差预测。先求 $E(q^{-1})$ 和 $F(q^{-1})$

$$
\begin{array}{r|l}
 & 1+1.5q^{-1} \\
\hline
1-0.8q^{-1}+0.2q^{-2} & 1+0.7q^{-1} \\
 & 1-0.8q^{-1}+0.2q^{-2}\;(- \\
\cline{2-2}
 & 1.5q^{-1}-0.2q^{-2} \\
 & 1.5q^{-1}-1.2q^{-2}+0.3q^{-3}\;(- \\
\cline{2-2}
 & q^{-2}-0.3q^{-3}
\end{array}
$$

所以有 $E(q^{-1})=1+0.5q^{-1}$

$F(q^{-1})=1-0.13q^{-1}$

$G(q^{-1})=B(q^{-1})E(q^{-1})=(1+0.5z^{-1})(1+1.5z^{-1})=1+2.0q^{-1}+0.75q^{-2}$

预测模型为

$$
\begin{aligned}
y(k+2)=&(1-0.3q^{-1})y'(k)+(1+2.0q^{-1}+0.75q^{-2})u'(k)+\\
&(1+1.5q^{-1})e_w(k+2)
\end{aligned}
$$

$$y'(k)=\frac{1}{1+0.7q^{-1}}y(k)$$

$$u'(k)=\frac{1}{1+0.7q^{-1}}u(k)$$

或 $$y'(k)=y(k)-0.7y'(k-1),\ u'(k)=u(k)-0.7u'(k-1)$$

预测误差方差为

$$\sigma^2=1+1.5^2=3.25$$

②$T(q^{-1})=1$ 时，$y'(k)=y(k)$，$u'(k)=u(k)$。先求 $E(q^{-1})$ 和 $F(q^{-1})$

$$
\begin{array}{r|l}
 & 1+0.8q^{-1} \\
\hline
1-0.8q^{-1}+0.2q^{-2} & 1 \\
 & 1-0.8q^{-1}+0.2q^{-2}\;(- \\
\cline{2-2}
 & 0.8q^{-1}-0.2q^{-2} \\
 & 0.8q^{-1}-0.64q^{-2}+0.16q^{-3}\;(- \\
\cline{2-2}
 & 0.44q^{-2}-0.16q^{-3}
\end{array}
$$

所以有 $E(q^{-1})=1+0.8q^{-1}$

$F(q^{-1})=0.44-0.16q^{-1}$

$G(q^{-1})=B(q^{-1})E(q^{-1})=(1+0.5z^{-1})(1+0.8z^{-1})=1+1.3q^{-1}+0.4q^{-2}$

预测模型为

$$
\begin{aligned}
y(k+2)=&F(q^{-1})y'(k)+G(q^{-1})u'(k)+E(q^{-1})C(q^{-1})e_w(k+2)/T(q^{-1})=\\
&(0.44-0.16q^{-1})y'(k)+(1+1.3q^{-1}+0.4q^{-2})u'(k)+
\end{aligned}
$$

$$(1+0.8q^{-1})(1+0.7q^{-1})e_w(k+2)=$$
$$0.44y(k)-0.16y(k-1)+u(k)+1.3u(k-1)+0.4u(k-2)+$$
$$e_w(k+2)+1.5e_w(k+1)+0.56e_w(k)$$

预测误差方差

$$\sigma^2=1+1.5^2+0.56^2=3.56$$

比较 $T(q^{-1})=C(q^{-1})$ 及 $T(q^{-1})=1$ 时的预测误差方差可见,当取 $T(q^{-1})=1$ 预测误差方差更大。其原因在于预测模型的误差项中,含有与 $y(k)$ 相关的项 $e_w(k)$,即 $y(k)$ 中含有 $e_w(k)$ 的信息。$e_w(k)$ 对 $y(k+2)$ 的影响本来是可以预测的,但由于 $T(q^{-1})$ 选为1,就未能对这一影响作出预测。

10.2.4 单步预测控制律

根据控制系统的要求,令预测值等于给定值即可解得控制律。对于一般 m 步预测模型(10.2.8),令 $\hat{y}(k+m/k)=r(k)$,得:

$$\hat{y}(k+m/k)=F(q^{-1})y'(k)+G(q^{-1})u'(k)=r(k)$$

或
$$\frac{F(q^{-1})}{T(q^{-1})}y(k)+\frac{G(q^{-1})}{T(q^{-1})}u(k)=r(k)$$

于是控制律为

$$u(k)=\frac{T(q^{-1})}{G(q^{-1})}r(k)-\frac{F(q^{-1})}{G(q^{-1})}y(k) \tag{10.2.15}$$

此时,闭环系统的输出误差即等于预测误差

$$\tilde{y}(k+m/k)=y(k+m)-r(k)=E(q^{-1})\eta(k+m)/T(q^{-1})$$

如果被控对象可以表达为式(10.2.10)的CARMA模型,取 $T(q^{-1})=C(q^{-1})$,则可令式(10.2.12)的最小方差预测等于 $r(k)$

$$\hat{y}^*(k+m/k)=F(q^{-1})y'(k)+G(q^{-1})u'(k)=r(k)$$

得最小方差控制律:

$$u(k)=\frac{C(q^{-1})}{G(q^{-1})}r(k)-\frac{F(q^{-1})}{G(q^{-1})}y(k) \tag{10.2.16}$$

这时,闭环系统输出误差等于最小方差预测的预测误差:

$$\hat{y}^*(k+m/k)=E(q^{-1})e_w(k+m)=$$
$$e_w(k+m)+e_1e_w(k+m-1)+\cdots+e_{m-1}e_w(k+1)$$

为 $m-1$ 阶未来时刻的白噪声的移动平均。输出误差方差等于最小方差预测的预测误差方差:

$$E[\hat{y}^*(k+m/k)]^2=(1+e_1^2+e_2^2+\cdots+e_{m-1}^2)\sigma_w^2$$

由于预测误差 $\hat{y}^*(k+m/k)$ 由未来的白噪声组成,故与 $u(k)$ 无关,是不可控制的,因而这时输出误差的方差最小。

在(10.2.16)中,若 $r(k)=0$,则转化为给定值为零的调节问题,得最小方差调节器

$$u(k)=-\frac{F(q^{-1})}{G(q^{-1})}y(k) \tag{10.2.17}$$

例10.2.4 设动态系统模型为

$$y(k)-1.5y(k-1)+0.7y(k-2)=u(k-1)+0.5u(k-2)+e_w(k)$$

求最小方差控制律。$e_w(k)$为零均值白噪声,$\sigma_w^2=1$。

解 $A(q^{-1})=1-1.5q^{-1}+0.7q^{-2}$

$B(q^{-1})=1+0.5q^{-1}$

$C(q^{-1})=1$

$m=1, n_E=m-1=0, n_F=n_A-1=1$

由式(10.2.6),$C(q^{-1})=A(q^{-1})E(q^{-1})+q^{-m}F(q^{-1})$。于是有

$$1=(1-1.5q^{-1}+0.7q^{-2})+q^{-1}(f_0+f_1q^{-1})$$

比较方程两边q^{-1}的同次幂的系数,有

$$\begin{cases}f_0=1.5\\f_1=-0.7\end{cases}$$

$$E(q^{-1})=1$$

$$F(q^{-1})=1.5-0.7q^{-1}$$

$$G(q^{-1})=B(q^{-1})E(q^{-1})=1+0.5q^{-1}$$

最小方差控制律为

$$u(k)=\frac{C(q^{-1})}{G(q^{-1})}r(k)-\frac{F(q^{-1})}{G(q^{-1})}y(k)=\frac{r(k)-(1.5-0.7q^{-1})y(k)}{1+0.5q^{-1}}$$

或 $$u(k)=r(k)-1.5y(k)+0.7y(k-1)-0.5u(k-1)$$

事实上,由于该例对象没有纯延迟,可以直接从对象模型得到最小方差控制律。将被控对象模型改写为:

$$y(k+1)=1.5y(k)-0.7y(k-1)+u(k)+0.5u(k-1)+e_w(k+1)$$

由于$e_w(k+1)$为未来的白噪声,与$u(k)$无关,不可控制,故当

$$1.5y(k)-0.7y(k-1)+u(k)+0.5u(k-1)=r(k)$$

时,输出误差方差$E[y(k+1)-r(k)]^2=E[e_w(k+1)]^2$为最小,于是控制律为

$$u(k)=r(k)-1.5y(k)+0.7y(k-1)-0.5u(k-1)$$

例 10.2.5 当例 10.2.4 中

$$C(q^{-1})=1+1.5q^{-1}+0.9q^{-2}$$

时,观察不同纯时延$m=1$和$m=3$下,最小方差控制器的效果。

解 ①$m=1$时,由式(10.2.6),$C(q^{-1})=A(q^{-1})E(q^{-1})+q^{-m}F(q^{-1})$。于是有

$$1+1.5q^{-1}+0.9q^{-2}=(1-1.5q^{-1}+0.7q^{-2})+q^{-1}(f_0+f_1q^{-1})$$

比较方程两边q^{-1}的同次幂的系数,有

$$\begin{cases}f_0=3\\f_1=0.2\end{cases}$$

$$E(q^{-1})=1$$

$$F(q^{-1})=3+0.2q^{-1}$$

$$G(q^{-1})=B(q^{-1})E(q^{-1})=1+0.5q^{-1}$$

最小方差控制律为

$$u(k)=\frac{C(q^{-1})}{G(q^{-1})}r(k)-\frac{F(q^{-1})}{G(q^{-1})}y(k)=\frac{(1+1.5q^{-1}+0.9q^{-2})r(k)-(3+0.2q^{-1})y(k)}{1+0.5q^{-1}}$$

或 $u(k)=r(k)+1.5r(k-1)+0.9r(k-2)-3y(k)-0.2y(k-1)-0.5u(k-1)$

输出控制误差为:

$$\tilde{y}(k+1)=E(q^{-1})e_w(k+1)=e_w(k+1)$$

输出误差的最小方差为

$$E[\tilde{y}(k+1)]^2=1$$

②$m=3$ 时,$n_E=m-1=2$,$n_F=n_A-1=1$,由式(10.2.6),$C(q^{-1})=A(q^{-1})E(q^{-1})+q^{-m}F(q^{-1})$。于是有

$$\begin{cases}e_1-1.5=1.5\\0.7-1.5e_1+e_2=0.9\\0.7e_1+f_0-1.5e_2=0\\f_1+0.7e_2=0\end{cases}$$

由此解得

$$\begin{cases}e_1=3\\e_2=4.7\\f_0=4.95\\f_1=-3.29\end{cases}$$

$$E(q^{-1})=1+3q^{-1}+4.7q^{-2}$$

$$F(q^{-1})=4.95-3.29q^{-1}$$

$$G(q^{-1})=(1+0.5q^{-1})(1+3q^{-1}+4.7q^{-2})=1+3.5q^{-1}+6.2q^{-2}+2.35q^{-3}$$

最小方差控制律为

$$u(k)=\frac{C(q^{-1})}{G(q^{-1})}r(k)-\frac{F(q^{-1})}{G(q^{-1})}y(k)=\frac{(1+1.5q^{-1}+0.9q^{-2})r(k)-(4.95-3.29q^{-1})y(k)}{1+3.5q^{-1}+6.2q^{-2}+2.35q^{-3}}$$

或 $u(k)=r(k)+1.5r(k-1)+0.9r(k-2)-4.95y(k)+3.29y(k-1)-3.5u(k-1)-6.2u(k-2)-2.35u(k-3)$

输出控制误差为:

$$\tilde{y}(k+3)=E(q^{-1})e_w(k+3)=e_w(k+3)+3e_w(k+2)+4.7e_w(k+1)$$

输出误差的最小方差为

$$E[\tilde{y}(k+1)]^2=(1^2+3^2+4.7^2)E[e_w(k+3)]^2=32.09$$

该例表明,随着系统纯时延 m 的增大,输出误差的最小方差将大幅度增大。这是因为 m 的增大导致了 $y(k+m)$ 中不可控的 $E(q^{-1})e_w(k+m)$ 项数增多的原因。

下面我们来看最小方差系统的闭环特性和局限性。最小方差控制系统的闭环框图如图10.2.2所示。

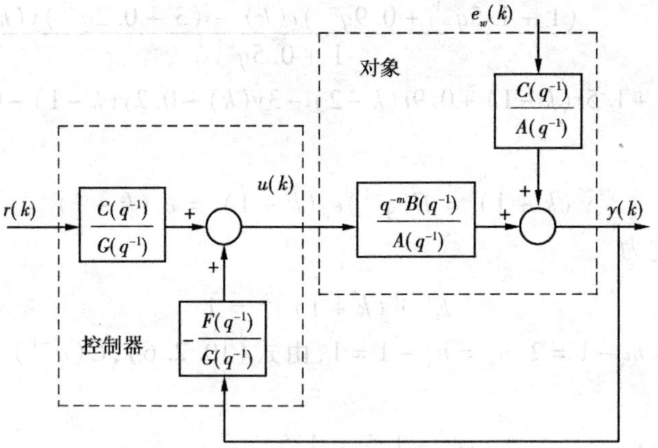

图 10.2.2　最小方差控制系统闭环框图

从干扰到输出的闭环传递函数

$$\frac{Y(q^{-1})}{E_w(q^{-1})}=\frac{\dfrac{C(q^{-1})}{A(q^{-1})}}{1+\dfrac{q^{-m}B(q^{-1})F(q^{-1})}{A(q^{-1})G(q^{-1})}}=\frac{\dfrac{C(q^{-1})}{A(q^{-1})}}{1+\dfrac{q^{-m}F(q^{-1})}{A(q^{-1})E(q^{-1})}}=$$

$$\frac{C(q^{-1})E(q^{-1})}{A(q^{-1})E(q^{-1})+q^{-m}F(q^{-1})}=\frac{C(q^{-1})E(q^{-1})}{C(q^{-1})}=E(q^{-1})$$

即 $y(k)=E(q^{-1})e_w(k)$。从输入到输出的闭环传递函数为

$$\frac{Y(q^{-1})}{R(q^{-1})}=\frac{\dfrac{q^{-m}B(q^{-1})C(q^{-1})}{A(q^{-1})G(q^{-1})}}{1+\dfrac{q^{-m}B(q^{-1})F(q^{-1})}{A(q^{-1})G(q^{-1})}}=\frac{\dfrac{q^{-m}C(q^{-1})}{A(q^{-1})E(q^{-1})}}{1+\dfrac{q^{-m}F(q^{-1})}{A(q^{-1})E(q^{-1})}}=$$

$$\frac{q^{-m}C(q^{-1})}{A(q^{-1})E(q^{-1})+q^{-m}F(q^{-1})}=\frac{q^{-m}C(q^{-1})}{C(q^{-1})}=q^{-m}$$

即 $y(k)=q^{-m}r(k)$。

由上述传递函数可以看出,最小方差闭环控制系统的最优性能:其输出误差为 $m-1$ 阶白噪声的移动平均,且方差最小;输出在 m 步后就立刻跟上参考输入(给定值)。

但最小方差控制也有它的不足:

①不适用于非最小相位系统

如果 $B(q^{-1})$ 有单位圆外的零点,则被控对象称为非最小相位系统。由于最小方差控制器传递函数分母 $G(q^{-1})$ 含有因子 $B(q^{-1})$,因此对于非最小相位系统,控制器不稳定。

另一方面,在闭环传递函数推导中,控制器的不稳定极点和对象的非最小相位零点进行了对消。实现这种极零点相消,要求控制律必须按系统的精确模型导出。然而绝对精确的数学模型实际上是得不到的;即使能得到精确的数学模型,系统的参数也不可能总保持不变。所以控制器与对象之间精确地实现极零点相消是不可能的。对于最小相位系统,这种不完全的极零点相消是可行的;但对于非最小相位系统,闭环系统理论上是稳定的,但由于控制器的不稳定极点和对象的非最小相位零点对消不完全,因此 $u(k)$ 中指数增长的不稳定分量仍旧会传递到输出,造成输出或整个系统不稳定。

②由于最小方差控制器对控制量未加任何约束,所以,$u(k)$ 的变化幅度会很大,这在有些实际系统中是不允许的。

10.2.5 单步预测自校正控制算法

当模型参数已知时,可以直接使用前述方法来设计控制律(或最小方差控制器),即设定一个多项式 $T(q^{-1})$,可以通过解 Diophantine 方程,求得多项式 $E(q^{-1})$,$F(q^{-1})$ 和 $G(q^{-1})$,然后由式(10.15)得到控制律,计算控制量。当对象用 CARMA 模型描述时,选择 $T(q^{-1})=C(q^{-1})$,则由式(10.2.16)得到最小方差控制律。

当对象模型参数不确定(未知或者时变)时,可以用递推辨识的方法来估计这些参数,然后根据确定性等价原理,获得自校正控制算法。

自校正算法的基本思想是:用递推(实时)最小二乘法在线估计预测模型(10.2.7)中 $F(q^{-1})$ 和 $G(q^{-1})$ 的系数,得到 $\hat{F}(q^{-1})$ 和 $\hat{G}(q^{-1})$,然后用 $\hat{F}(q^{-1})$ 和 $\hat{G}(q^{-1})$ 代替(10.15)中的 $F(q^{-1})$ 和 $G(q^{-1})$,则得到自校正控制器

$$u(k)=\frac{T(q^{-1})}{\hat{G}(q^{-1})}r(k)-\frac{\hat{F}(q^{-1})}{\hat{G}(q^{-1})}y(k) \tag{10.2.18}$$

如果给定值 $r(k)\equiv 0$,则得自校正调节器

$$u(k)=-\frac{\hat{F}(q^{-1})}{\hat{G}(q^{-1})}y(k) \tag{10.2.19}$$

下面讨论上述问题中的参数估计。预测模型(10.2.7)

$$y(k+m)=F(q^{-1})y'(k)+G(q^{-1})u'(k)+E(q^{-1})\eta(k+m)/T(q^{-1})$$

可以改写为

$$y(k)=\boldsymbol{\varphi}^T\boldsymbol{\theta}+\varepsilon(k) \tag{10.2.20}$$

式中

$$\begin{cases}\boldsymbol{\varphi}^T=[y'(k-m),y'(k-m-1),\cdots,y'(k-m-n_F),u'(k-m),\\ \qquad u'(k-m-1),\cdots,u'(k-m-n_G)]\\ \boldsymbol{\theta}^T=[f_0,f_1,\cdots,f_{n_F},g_0,g_1,\cdots,g_{n_G}]\end{cases} \tag{10.2.21}$$

$\varepsilon(k)=E(q^{-1})\eta(k)/T(q^{-1})$ 为残差,即预测模型的预测误差。

式(10.2.20)为一个最小二乘估计(简称 LSE 模型),可以用最小二乘估计算法直接估计控制器参数,因而这是一种隐式算法。采用这种自校正算法必须事先确定预测模型的结构,即时滞 m,阶 n_F 和 n_G。若已知对象的线性差分模型的结构,即已知 m,n_A 和 n_B,则 n_F 和 n_G 也可以确定:

$$n_F=n_A-1,n_G=n_B+n_E=m+n_B-1 \tag{10.2.22}$$

滤波多项式 $T(q^{-1})$ 也要事先选定,通常选 $T(q^{-1})$ 使 $1/T(q^{-1})$ 成为一低通滤波器。对于多数实际应用,$T(q^{-1})$ 为一阶多项式就够了,即

$$T(q^{-1}) = 1 + t_1 q^{-1}$$

式中 $t_1 = -\left(1 - \frac{h}{T_d}\right)$，$h$ 为采样周期，T_d 为过程阶跃响应达到 63.2% 的时间。由于自校正控制器运行在系统闭环的条件下，还必须考虑闭环可辨识问题。根据可辨识条件有

$n_G > n_B$，而这里 $n_G = n_B + m - 1$，所以在 $m > 1$ 时条件成立；

$n_F > n_A - m$，而这里 $n_F = n_A - 1$，所以在 $m > 1$ 时条件成立。

故 $m > 1$ 时闭环可辨识条件满足。$m = 1$ 时则必须先固定某个参数。

对于自校正调节器：

$$u(k) = -\frac{\hat{F}(q^{-1})}{\hat{G}(q^{-1})} y(k)$$

可以看出，上式右边的分子分母同乘以一常数，$u(k)$ 不变。因而，$\hat{F}(q^{-1})$ 和 $\hat{G}(q^{-1})$ 的估计值可以不惟一，参数估计值位于线性流线上，可能会过大或过小，产生数值问题。

解决的办法可以是先固定一个参数，让其不参加辨识。如令 $g_0 = b_0$，则控制器的收敛速度与 $b_0/\hat{b}_0$ 成正比。若 $\hat{b}_0$ 太小，则 $u(k)$ 增大。可以证明，b_0 选择为何值并不十分重要。

整个自校正控制算法的计算过程如下：

1）获取 $N_0 = m + \max(n_G, n_F)$ 个时刻的输入、输出数据，

$$\{y(k), y(k-1), \cdots, y(k-N_0+1), u(k), u(k-1), \cdots, u(k-N_0+1)\}$$

分别填入 y, u 数据区 $[y(k), y(k-1), \cdots, y(k-N_0+1)]$、$[u(k), u(k-1), \cdots, u(k-N_0+1)]$，并将 y, u 的滤波数据 y', u' 分别填入 y', u' 数据区 $[y'(k), y'(k-1), \cdots, y'(k-N_0+1)]$、$[u'(k), u'(k-1), \cdots, u'(k-N_0+1)]$。

这些输入、输出数据的获取，一般是采用常规控制手段（如二位式控制、PID 控制等）控制 N_0 步后得到的。获取这些数据的目的是为了在第一步参数估计递推时能构造数据向量 $\boldsymbol{\varphi}^T$，也是为了在第一步实施自校正控制时能够计算出控制量。y, u 的滤波值由

$$\begin{cases} y'(k) = y(k)/T(q^{-1}) \\ u'(k) = u(k)/T(q^{-1}) \end{cases}$$

即

$$\begin{cases} y'(k) = y(k) - t_1 y'(k-1) - t_2 y'(k-2) - \cdots t_{n_T} y'(k-n_T) \\ u'(k) = u(k) - t_1 u'(k-1) - t_2 u'(k-2) - \cdots - t_{n_T} u'(k-n_T) \end{cases}$$

求出。初值 $y'(k-1), y'(k-N_0-1), \cdots, u'(k-1), u'(k-N_0-1), \cdots$，取为 0。

2）置参数向量初值 $\hat{\boldsymbol{\theta}}_0$，$\boldsymbol{P}$ 矩阵初值 $\boldsymbol{P}_0$。

3）y, u, y', u' 数据区的数据右移一位，即原来 k 时刻的数据变成 $k-1$ 时刻的数据，$k-1$ 时刻的数据变成 $k-2$ 时刻的数据……。

4）采样，得 $y(k)$，并填入 y 数据区。

5）计算滤波值 $y'(k) = y(k)/y(q^{-1})$，并填入 y' 区。

6）按式（10.2.21）构造数据向量 $\boldsymbol{\varphi}^T(k)$。

7）依据递推最小二乘法公式，计算 $\hat{\boldsymbol{\theta}}(k)$ 和 $\boldsymbol{P}(k)$

8）由式（10.2.18）计算控制量：

$$u(k) = \frac{T(q^{-1})}{\hat{G}(q^{-1})} r(k) - \frac{\hat{F}(q^{-1})}{\hat{G}(q^{-1})} y(k) =$$

$$[r(k)+t_1r(k-1)+\cdots+t_{n_T}r(k-n_T)-\hat{f}_0y(k)-\hat{f}_1y(k-1)-\cdots-$$
$$\hat{f}_{n_F}y(k-n_F)-\hat{g}_1u(k-1)-\cdots-\hat{g}_{n_G}u(k-n_G)]/\hat{g}_0$$

输出 $u(k)$,计算 $u'(k)$,将 $u(k)$、$u'(k)$分别放入 u、u'数据区。

9)采样周期结束,转到(3)继续下一个采样周期,直到结束。

若取 $T(q^{-1})=1$,则数据向量直接由输入、输出数据组成,不需要滤波,式(10.2.21)变成

$$\boldsymbol{\varphi}^T=[y(k-m),y(k-m-1),\cdots,y(k-m-n_F),\\u(k-m),u(k-m-1),\cdots,u(k-m-n_G)] \tag{10.2.23}$$

自校正控制器(10.2.18)变为:

$$u(k)=\frac{r(k)-\hat{F}(q^{-1})y(k)}{\hat{G}(q^{-1})} \tag{10.2.24}$$

而自校正调节器(10.2.19)不变。

Astrom 曾从理论上证明,若对象用 CARMA 模型描述(即 $\eta(k)=C(q^{-1})e_w(k)$),则在参数估计收敛,$F(q^{-1})$和 $G(q^{-1})$没有公因子,$y(k)$的二阶矩遍历的条件下,即使 $C(q^{-1})$不知道也不估计,取 $T(q^{-1})=1$ 时的自校正调节器(10.2.19),当 $k\to\infty$ 时将收敛到参数已知时的最小方差调节器(10.2.17)。因此,常常把 $T(q^{-1})=1$ 时的自校正调节器称做最小方差自校正器。

如前所述,最小方差控制系统的输出误差为 $m-1$ 阶白噪声的移动平均,即

$$\tilde{y}(k+m)=e_w(k+m)+e_1e_w(k+m-1)+\cdots+e_{m-1}e_w(k+1)$$

输出误差的相关函数为

$$\phi_{\tilde{y}\tilde{y}}(n)=E[\tilde{y}(k+n)\tilde{y}(k)]=\\E\{[e_w(k+n)+e_1e_w(k+n-1)+\cdots+e_{m-1}e_w(k+n-m+1)]\cdot\\[e_w(k)+e_1e_w(k-1)+\cdots+e_{m-1}e_w(k-m+1)]\}$$

可见,当 $n\geqslant m$ 时,$\phi_{\tilde{y}\tilde{y}}(n)=0$,可以利用这一特征来检验自校正控制系统是否收敛到了最小方差。

虽然取 $T(q^{-1})=1$ 时的自校正调节器在一定条件下能收敛到最小方差调节器,然而,实践表明,在许多情况下,适当选择 $T(q^{-1})\neq1$,将获得更好的鲁棒性和抗负载扰动性能。

例 10.2.6 设对象用下面的 CARMA 模型描述:

$$y(k)+a_1y(k-1)+a_2y(k-2)=b_0u(k-2)+b_1u(k-3)+e_w(k)+\\c_1e_w(k-1)+e_2e_w(k-2)$$

式中 $e_w(k)$是方差为 σ_w^2 的零均值白噪声,a_1,a_2,b_0,b_0,c_1,c_2 未知并有缓慢时变,试设计一个最小方差控制器。

解

①预测模型

$$m=2,n_A=2,n_B=1,n_F=n_A-1=1,n_G=n_B+m-1=2$$

$$y(k+2)=F(q^{-1})y(k)+G(q^{-1})u(k)+\varepsilon(k+2)=\\f_0y(k)+f_1y(k-1)+g_0u(k)+g_1u(k-1)+$$

$$g_2u(k-2)+\varepsilon(k+2)$$

②LSE 模型

$$y(k)=f_0y(k-2)+f_1y(k-3)+g_0u(k-2)+g_1u(k-3)+$$
$$g_2u(k-4)+\varepsilon(k)=\boldsymbol{\varphi}^T\boldsymbol{\theta}+\varepsilon(k)$$
$$\boldsymbol{\varphi}^T=[y(k-2),y(k-3),u(k-2),u(k-3),u(k-4)]$$
$$\boldsymbol{\theta}=[f_0,f_1,g_0,g_1,g_2]^T$$

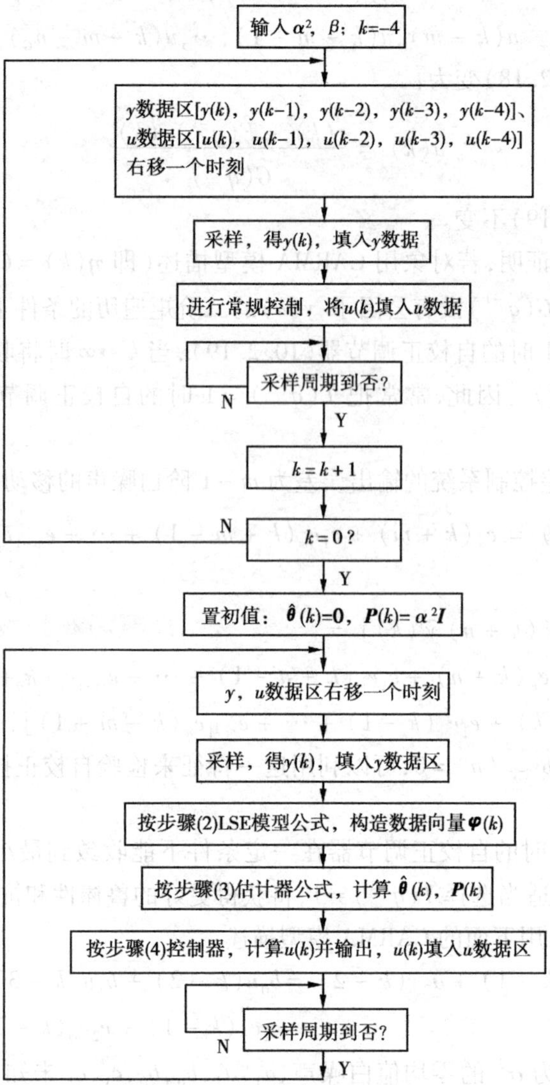

图 10.2.3　程序框图

③估计器

$$\hat{\boldsymbol{\theta}}(0)=\mathbf{0},\boldsymbol{P}(0)=\alpha^2I$$

$$\hat{\boldsymbol{\theta}}(k) = \hat{\boldsymbol{\theta}}(k-1) + \frac{\boldsymbol{P}(k-1)\boldsymbol{\varphi}(k)}{\beta + \boldsymbol{\varphi}^T(k)\boldsymbol{P}(k-1)\boldsymbol{\varphi}(k)}[y(k) - \boldsymbol{\varphi}^T(k)\hat{\boldsymbol{\theta}}(k-1)]$$

$$\boldsymbol{P}(k) = \left[\boldsymbol{P}(k-1) - \frac{\boldsymbol{P}(k-1)\boldsymbol{\varphi}(k)\boldsymbol{\varphi}^T(k)\boldsymbol{P}(k-1)}{\beta + \boldsymbol{\varphi}^T(k)\boldsymbol{P}(k-1)\boldsymbol{\varphi}(k)}\right] \Big/ \beta$$

④控制器

$$u(k) = \frac{r(k) - \hat{F}(q^{-1})y(k)}{\hat{G}(q^{-1})} =$$

$$[r(k) - \hat{f}_0 y(k) - \hat{f}_1 y(k-1) - \hat{g}_1 u(k-1) - \hat{g}_2 u(k-2)]/\hat{g}_0$$

⑤程序框图如图10.2.3。

10.3　控制加权自校正控制

前面讲的单步预测自校正器不能用于非最小相位系统，同时控制量的波动幅度也较大，本节介绍一种更具有一般性的自校正控制算法—控制加权自校正控制算法，它不仅能控制非最小相位对象，而且还能限制控制量的波动幅度。

10.3.1　辅助预测模型

辅助预测是指对辅助变量

$$\psi(k+m) = P(q^{-1})y(k+m) = \frac{P_n(q^{-1})}{P_d(q^{-1})}y(k+m) \tag{10.3.1}$$

进行预测。即预测 $y(k+m)$ 经线性系统 $\frac{P_n(q^{-1})}{P_d(q^{-1})}$ 滤波后的输出。给定滤波多项式 $T(q^{-1}) = 1 + t_1 q^{-1} + t_2 q^{-2} + \cdots + t_{n_T} q^{-n_T}$，并令 $\frac{T(q^{-1})P(q^{-1})}{A(q^{-1})} = \frac{T(q^{-1})P_n(q^{-1})}{A(q^{-1})P_d(q^{-1})}$ 式的 $m-1$ 阶商为 $E(q^{-1})$，余式为 $q^{-m}F(q^{-1})$，$F(q^{-1})$ 的阶为 $n_A + n_{P_d}$，则得恒等式

$$T(q^{-1})P_n(q^{-1}) = E(q^{-1})A(q^{-1})P_d(q^{-1}) + q^{-m}F(q^{-1}) \tag{10.3.2a}$$

用 $E(q^{-1})P_d(q^{-1})$ 乘以对象一般模型 $A(q^{-1})y(k+m) = B(q^{-1})u(k) + \eta(k+m)$，得

$$\begin{aligned} E(q^{-1})A(q^{-1})P_d(q^{-1})y(k+m) = & E(q^{-1})P_d(q^{-1})B(q^{-1})u(k) + \\ & E(q^{-1})P_d(q^{-1})\eta(k+m) \end{aligned} \tag{10.3.2b}$$

将式(10.3.2a)代入式(10.3.2b)，得

$$\begin{aligned} [T(q^{-1})P_n(q^{-1}) - q^{-m}F(q^{-1})]y(k+m) = & E(q^{-1})P_d(q^{-1})B(q^{-1})u(k) + \\ & E(q^{-1})P_d(q^{-1})\eta(k+m) \end{aligned}$$

令 $G(q^{-1}) = E(q^{-1})B(q^{-1})$，有

$$\begin{aligned} T(q^{-1})P_n(q^{-1})y(k+m) = & F(q^{-1})y(k) + G(q^{-1})P_d(q^{-1})u(k) + \\ & E(q^{-1})P_d(q^{-1})\eta(k+m) \end{aligned}$$

两边同时除以 $T(q^{-1})P_d(q^{-1})$，且由 $\psi(k+m) = P(q^{-1})y(k+m)$，得

$$\psi(k+m) = F(q^{-1})y(k)/[P_d(q^{-1})T(q^{-1})] + G(q^{-1})u(k)/T(q^{-1}) +$$

$$E(q^{-1})\eta(k+m)/T(q^{-1})$$

记 $y''(k)=y(k)/[T(q^{-1})P_d(q^{-1})]$，$u'(k)=u(k)/T(q^{-1})$，得

$$\begin{aligned}\psi(k+m) &= F(q^{-1})y''(k)+G(q^{-1})u'(k)+\\ &\quad E(q^{-1})\eta(k+m)/T(q^{-1}) =\\ &\quad \hat{\psi}(k+m/k)+\tilde{\psi}(k+m/k)\end{aligned} \tag{10.3.3}$$

式中
$$\hat{\psi}(k+m/k) = F(q^{-1})y''(k)+G(q^{-1})u'(k) \tag{10.3.4}$$

$$\tilde{\psi}(k+m) = E(q^{-1})\eta(k+m)/T(q^{-1}) \tag{10.3.5}$$

式(10.3.3)称为对象的辅助预测模型，式(10.3.4)为辅助预测，式(10.3.5)为辅助预测误差。当干扰项 $\eta(k)=C(q^{-1})e_w(k)$ 时，可选择 $T(q^{-1})=C(q^{-1})$，于是预测误差为

$$\tilde{\psi}^*(k+m) = E(q^{-1})e_w(k+m) \tag{10.3.6}$$

即未来白噪声的 $m-1$ 阶移动平均，它与 k 时刻以前的输入、输出数据统计独立，因而这时的辅助预测为最优预测(最小方差预测)：

$$\hat{\psi}^*(k+m/k) = F(q^{-1})y''(k)+G(q^{-1})u'(k) \tag{10.3.7}$$

式中
$$\begin{aligned}y''(k) &= y(k)/[C(q^{-1})P_d(q^{-1})]\\ u'(k) &= u(k)/C(q^{-1})\\ G(q^{-1}) &= E(q^{-1})B(q^{-1})\end{aligned}$$

且 $E(q^{-1})$ 和 $F(q^{-1})$ 满足恒等式

$$C(q^{-1})P_n(q^{-1}) = E(q^{-1})A(q^{-1})P_d(q^{-1}) + q^{-m}F(q^{-1})$$

因此，下式称为最小方差预测模型

$$\begin{aligned}\psi(k+m) &= F(q^{-1})y''(k)+G(q^{-1})u'(k)+E(q^{-1})e_w(k+m) =\\ &\quad \hat{\psi}^*(k+m/k)+\tilde{\psi}^*(k+m/k)\end{aligned} \tag{10.3.8}$$

10.3.2 控制加权控制规律

控制加权控制规律是建立在辅助预测模型基础上的。它要求 m 步之后的辅助预测输出与设定值之差等于控制量的某种加权，而不是像单步预测那样要求在 m 步后的系统输出立即等于设定值 $r(k)$。其控制规律由

$$Q(q^{-1})u(k) = [r(k)-\hat{\psi}(k+m/k)] \tag{10.3.9}$$

给出。$Q(q^{-1})$ 为控制加权多项式或有理分式。将式(10.3.4)代入式(10.3.9)，得控制规律为：

$$\begin{aligned}u(k) &= \frac{r(k)-\hat{\psi}(k+m/k)}{Q(q^{-1})} =\\ &\quad \frac{r(k)-\dfrac{F(q^{-1})}{T(q^{-1})P_d(q^{-1})}y(k)}{Q(q^{-1})+\dfrac{G(q^{-1})}{T(q^{-1})}}\end{aligned} \tag{10.3.10}$$

系统输出为

$$y(k)=\frac{B(q^{-1})}{P(q^{-1})B(q^{-1})+Q(q^{-1})A(q^{-1})}r(k-m)+$$
$$\frac{E(q^{-1})B(q^{-1})+Q(q^{-1})T(q^{-1})}{P(q^{-1})B(q^{-1})+Q(q^{-1})A(q^{-1})}\cdot\frac{\eta(k)}{T(q^{-1})} \tag{10.3.11}$$

在上式推导中,没有消去 $B(q^{-1})$,因此该控制器可用于最小相位对象。在式(10.3.11)中,若置 $Q(q^{-1})=0$ 就会消去 $B(q^{-1})$,这时控制加权律式(10.3.10)就退化为模型跟随控制律。

从式(10.3.11)可见,闭环系统的特征方程为:

$$P(q^{-1})B(q^{-1})+Q(q^{-1})A(q^{-1})=0 \tag{10.3.12}$$

闭环极点不仅决定于对象动态特性 $A(q^{-1})$ 和 $B(q^{-1})$,还依赖于辅助输出传递函数有理分式与加权有理分式 $Q(q^{-1})$ 的选择。为了分析简单起见,现以 $P(q^{-1})=1, Q(q^{-1})=\lambda$ 为例来说明 $Q(q^{-1})$ 的引入对闭环稳定性的影响。这时式(10.3.12)变为

$$B(q^{-1})+\lambda A(q^{-1})=0$$

适当选择 λ 可以影响闭环极点的位置。对于大的 λ,$A(q^{-1})$ 对闭环极点影响大,对于小的 λ 值,$B(q^{-1})$ 对闭环极点的影响大。因此,对于开环稳定的非最小相位对象(即对象的极点全部在单位圆内,而有零点在单位圆外),适当增大 λ,闭环稳定。对于开环不稳定的最小相位对象(即对象零点全部在单位圆内,而有极点在单位圆外),适当减小 λ,闭环稳定。由此可见,控制加权控制规律具有比较广的适应性。

如果对象用 CARMA 模型描述,即 $\eta(k)=C(q^{-1})e_w(k)$,且取滤波多项式 $T(q^{-1})=C(q^{-1})$,则加权控制律变为:

$$u(k)=\frac{r(k)-\hat{\psi}^*(k+m/k)}{Q(q^{-1})}=$$
$$\left[r(k)-\frac{F(q^{-1})}{C(q^{-1})P_d(q^{-1})}y(k)\right]\Big/\left[Q(q^{-1})+\frac{G(q^{-1})}{C(q^{-1})}\right] \tag{10.3.13}$$

通常称式(10.3.13)为广义最小方差控制律。我们知道,最小方差控制律极小化目标函数为

$$J_1=E[y(k+m)-r(k)]^2$$

下面将证明控制加权控制律的极小化目标函数为

$$J_2=E\left\{[P(q^{-1})y(k+m)-r(k)]^2+\frac{g_0}{q_0}[Q(q^{-1})u(k)]^2\right\} \tag{10.3.14}$$

式中 q_0 和 g_0 分别是 $Q(q^{-1})$ 和 $G(q^{-1})=E(q^{-1})B(q^{-1})$ 的首项。推导过程如下:

将辅助预测模型式(10.3.8)代入式(10.3.14),得:

$$J_2=E\left\{[\psi(k+m)-r(k)]^2+\frac{g_0}{q_0}[Q(q^{-1})u(k)]^2\right\}=$$
$$E\left\{[\hat{\psi}^*(k+m/k)+\tilde{\psi}^*(k+m/k)-r(k)]^2+\frac{g_0}{q_0}[Q(q^{-1})u(k)]^2\right\}=$$
$$E\left\{[\hat{\psi}^*(k+m/k)-r(k)]^2+\frac{g_0}{q_0}[Q(q^{-1})u(k)]^2\right\}+$$
$$E\left\{2[\hat{\psi}^*(k+m/k)-r(k)]\tilde{\psi}^*(k+m/k)+[\tilde{\psi}^*(k+m/k)]^2\right\}$$

由于 $\hat{\psi}(k+m/k)$ 是到 k 时刻为止的输入、输出数据的线性组合,而 $\tilde{\psi}(k+m/k)=E(q^{-1})e_w(k+m)$ 为 $k+1$ 到 $k+m$ 时刻的白噪声的线性组合,从而 $\hat{\psi}^*(k+m/k)$ 与 $\tilde{\psi}^*(k+m/k)$ 统计独立,加之 $\tilde{\psi}^*(k+m/k)$ 具有零均值,因此,上式最后一项的数学期望值为 0。

又由于在 J_2 表达式中的倒数第 2 项与 $u(k)$ 无关,故 J_2 对 $u(k)$ 的极小化只需极小化前面两项即可。由于这两项是确定性的,故不用考虑数学期望符号。

$$\frac{\partial J_2}{\partial u(k)}=\frac{\partial}{\partial u(k)}\left\{[\hat{\psi}^*(k+m/k)-r(k)]^2+\frac{g_0}{q_0}[Q(q^{-1})u(k)]^2\right\}=$$
$$2[\hat{\psi}(k+m/k)-r(k)]\frac{\partial\hat{\psi}^*(k+m/k)}{\partial u(k)}+ \tag{10.3.15}$$
$$2\frac{g_0}{q_0}\left[Q(q^{-1})u(k)\frac{\partial[Q(q^{-1})u(k)]}{\partial u(k)}\right]$$

由式(10.3.7)得 $\frac{\partial\hat{\psi}^*(k+m/k)}{\partial u(k)}=g_0$,又有

$$\frac{\partial[Q(q^{-1})u(k)]}{\partial u(k)}=q_0$$

代入式(10.3.15)并令其等于 0,得 $[\hat{\psi}^*(k+m/k)-r(k)]+Q(q^{-1})u(k)=0$,即

$$u(k)=\frac{r(k)-\hat{\psi}^*(k+m/k)}{Q(q^{-1})}$$

与式(10.3.13)完全相同。因此,控制律式(10.3.13)是以式(10.3.14)为目标函数的最优控制律,通常称为广义最小方差控制律。

从式(10.3.14)可以看出,$Q(q^{-1})$ 的引入是为了在对控制行为进行限制的条件下来处理模型跟随的紧密性。在许多情况下,这种权衡措施能收到很好的效果,即输出方差的微小增加可换得对控制行为的显著限制。

10.3.3 控制加权自校正器

当对象模型参数未知时,控制律式(10.3.10)中的 $F(q^{-1})$、$G(q^{-1})$ 未知,这时可以用递推最小二乘法在线估计对象辅助预测模型的参数,得 $\hat{F}(q^{-1})$ 和 $\hat{G}(q^{-1})$。如果参数缓慢时变,则在递推估计公式中加入遗忘因子。用 $\hat{F}(q^{-1})$ 和 $\hat{G}(q^{-1})$ 代替式(10.3.10)中的 $F(q^{-1})$ 和 $G(q^{-1})$,即得控制加权自校正器:

$$u(k)=\frac{r(k)-\dfrac{\hat{F}(q^{-1})}{T(q^{-1})P_d(q^{-1})}y(k)}{Q(q^{-1})+\dfrac{\hat{G}(q^{-1})}{T(q^{-1})}} \tag{10.3.16}$$

辅助预测模型式(10.3.3)可改写为

$$\psi(k)=F(q^{-1})y''(k-m)+G(q^{-1})u'(k-m)+E(q^{-1})\eta(k)/T(q^{-1})=$$
$$\boldsymbol{\varphi}^T\boldsymbol{\theta}+\varepsilon(k) \tag{10.3.17}$$

式(10.3.17)即为LSE模型。可用最小二乘法直接估计出控制器中的$\hat{F}(q^{-1})$和$\hat{G}(q^{-1})$参数。式中

$$\boldsymbol{\varphi}^T=[y''(k-m),y''(k-m-1),\cdots,y''(k-m-n_F),\\ u'(k-m),u'(k-m-1),\cdots,u'(k-m-n_G)] \tag{10.3.18}$$

$$\boldsymbol{\theta}^T=[f_0,f_1,\cdots f_{n_F},g_0,g_1,\cdots,g_{n_G}] \tag{10.3.19}$$

$\varepsilon(k)=E(q^{-1})\eta(k)/T(q^{-1})$为残差。

时滞m,阶n_F和n_G。若已知对象的线性差分模型的结构,即已知m,n_A和n_B,则n_F和n_G也可以确定:

$$n_F=n_A+n_{P_d}-1,n_G=n_B+n_E=m+n_B-1 \tag{10.3.20}$$

滤波多项式$T(q^{-1})$的选择与单步预测自校正控制器相同。最简单的是选择$T(q^{-1})=1$。$P(q^{-1})=P_n(q^{-1})/P_d(q^{-1})$的选择根据希望的闭环传递函数来确定,即选$q^{-m}/P(q^{-1})$为希望的闭环模型,且$P(1)=1$。

$\dfrac{1}{P(q^{-1})}$通常选为一阶或二阶模型,即

$$\frac{1-\alpha}{1-\alpha q^{-1}}\text{或}\frac{1+p_1+p_2}{1+p_1q^{-1}+p_2q^{-2}} \tag{10.3.21}$$

式中α,p_1,p_2可根据希望闭环极点来确定。$Q(q^{-1})$通常选择逆PI形式:

$$Q(q^{-1})=\frac{\lambda(1-q^{-1})}{1-\alpha q^{-1}},\alpha=1-\frac{h}{T_i} \tag{10.3.22}$$

其中,h为采样间隔,$T_i=2T_m$,T_m为上升时间。通常T_i的选择并不严格,$Q(q^{-1})$也常简单地选择为:

$$Q(q^{-1})=\lambda(1-q^{-1}) \tag{10.3.23}$$

但不如选择式(10.3.22)的控制效果好。

式(10.3.22)和(10.3.23)中的λ为限制控制作用的加权因子。适当选择λ,可使非最小相位对象闭环稳定。λ的选择也不严格,可以粗选一个值,然后在实控中适当调整。通常$Q(q^{-1})$取式(10.3.22)比取式(10.3.23)的控制效果更好。

值得一提的是,按上述规定选择$P(q^{-1})$和$Q(q^{-1})$时,闭环系统是无稳态偏差的。这是因为由式(10.3.21)得$r(k)$到$y(k)$的传递函数为:

$$M(q^{-1})q^{-m}=\frac{B(q^{-1})}{P(q^{-1})B(q^{-1})+Q(q^{-1})A(q^{-1})}q^{-m}$$

该传递函数当$q=1$时的值为

$$M(1)=\frac{B(1)}{1\cdot B(1)+0\cdot A(1)}=1$$

若$Q(q^{-1})$取其他形式,则可能出现稳态偏差。克服稳态偏差的方法之一是修正给定值$r(k)$。设闭环系统从$r(k)$到$y(k)$的传递函数为$M(q^{-1})q^{-m}$,给定值为常值r,则

$$R(q^{-1})=\frac{r}{1-q^{-1}}$$

稳态输出为

$$y(k)\mid_{k\to\infty}=R(q^{-1})\cdot M(q^{-1})(1-q^{-1})\mid_{q\to 1}=r\cdot M(1)$$

可见输出存在稳态偏差 $r - r\cdot M(1)$。若将给定值改为 $r' = \dfrac{r}{M(1)}$,则稳态输出等于 r,无稳态偏差。

例 10.3.1　设对象模型为

$$y(k) + a_1 y(k-1) + a_2 y(k-2) = b_0 u(k-2) + b_1 u(k-3) + e_w(k)$$

$e_w(k)$ 为零均值白噪声。a_1、a_2、b_0、b_1 未知且有缓慢时变,取目标函数为

$$J = E\left\{[y(k+2) - r(k)]^2 + \lambda'[u(k) - u(k-1)]^2\right\}$$

λ' 是对控制量变化的加权系数。试设计一个广义最小方差自校正器。

解　将题设目标函数与式(10.3.14)对照,知:$m=2$,$P(q^{-1})=1$

$$\frac{\sqrt{g_0}}{\sqrt{q_0}} Q(q^{-1}) = \sqrt{\lambda'}(1 - q^{-1})$$

于是

$$Q(q^{-1}) = \frac{\sqrt{q_0}\,\sqrt{\lambda'}}{\sqrt{g_0}}(1 - q^{-1}) = \lambda(1 - q^{-1})$$

其中 $\lambda = \sqrt{\dfrac{q_0 \lambda'}{g_0}}$,由于 $Q(q^{-1}) = q_0 + q_1 q^{-1}$,有

$$q_0 = \lambda = \sqrt{\frac{q_0\lambda'}{g_0}}, q_1 = \lambda, q_0 = \frac{\lambda'}{g_0}, \lambda = \frac{\lambda'}{g_0}$$

①预测模型

因为 $m=2$,$n_F = n_A + n_{P_d} = 1$, $n_G = m + n_B - 1 = 2$,所以有 $P(q^{-1}) = 1$,$\psi(k) = y(k)$,$T(q^{-1}) = C(q^{-1}) = 1$,$u'(k) = u(k)$,$y''(k) = y(k)$

因此,预测模型为

$$y(k+2) = \hat{y}^*(k+2/k) + \tilde{y}^*(k+2/k) = f_0 y(k) + f_1 y(k-1) + g_0 u(k) + g_1 u(k-1) + g_2 u(k-2) + \varepsilon(k+2)$$

②LSE 模型

$$\psi(k) = y(k) = \boldsymbol{\varphi}^T\boldsymbol{\theta} + \varepsilon(k) = f_0 y(k-2) + f_1 y(k-3) + g_0 u(k-2) + g_1 u(k-3) + g_2 u(k-4) + \varepsilon(k)$$

$$\boldsymbol{\varphi}^T = [y(k-2), y(k-3), u(k-1), u(k-2), u(k-3)]$$

$$\boldsymbol{\theta}^T = [f_0, f_1, g_0, g_1, g_2]$$

③参数估计器

$$\hat{\boldsymbol{\theta}}(0) = \mathbf{0}, \boldsymbol{P}(0) = \alpha^2 I$$

$$\hat{\boldsymbol{\theta}}(k) = \hat{\boldsymbol{\theta}}(k-1) + \frac{\boldsymbol{P}(k-1)\boldsymbol{\varphi}(k)}{\beta + \boldsymbol{\varphi}^T(k)\boldsymbol{P}(k-1)\boldsymbol{\varphi}(k)}[y(k) - \boldsymbol{\varphi}^T(k)\hat{\boldsymbol{\theta}}(k-1)]$$

$$\boldsymbol{P}(k) = \left[\boldsymbol{P}(k-1) - \frac{\boldsymbol{P}(k-1)\boldsymbol{\varphi}(k)\boldsymbol{\varphi}^T(k)\boldsymbol{P}(k-1)}{\beta + \boldsymbol{\varphi}^T(k)\boldsymbol{P}(k-1)\boldsymbol{\varphi}(k)}\right]\Big/\beta$$

④控制器

$$u(k) = \frac{r(k) - \hat{y}^*(k+2/k)}{Q(q^{-1})}$$

即 $u(k)Q(q^{-1})=r(k)-\hat{y}^{*}(k+2/k)$，于是

$$\lambda u(k)-\lambda u(k-1)=r(k)-\hat{f}_0 y(k)-\hat{f}_1(k-1)-\hat{g}_0 u(k)-\hat{g}_1 u(k-1)-\hat{g}_2 u(k-2)$$

所以有 $u(k)=\dfrac{1}{\lambda+\hat{g}_0}[r(k)-\hat{f}_0 y(k)-\hat{f}_1 y(k-1)-(\hat{g}_1-\lambda)u(k-1)-\hat{g}_2 u(k-2)]$

⑤程序框图(略)

第 11 章 自校正控制(二)

11.1 极点配置自校正控制

本节介绍采用极点配置原理的自校正控制算法,这是一种与经典控制理论相结合的算法。极点配置算法基于闭环系统的极点配置,工程意义清楚,易于被工程技术人员掌握,可以实现对闭环极点的任意配置。

对具有未知时延或时延缓慢变化的过程,极点配置自校正控制算法具有较强的鲁棒性,可以选择对象时延 $m=1$,并相应增加 $B(q^{-1})$ 多项式的阶,以适应时延未知或时变的对象。但极点配置算法需要在线解一个恒等式,计算量较大。

极点配置算法可控制非最小相位和非稳定的对象,但对模型阶次的选取很敏感,这一点与基于单步预测的自校正控制算法恰恰相反。

11.1.1 模型参数已知时的极点配置算法

设被控对象的一般模型为:

$$A(q^{-1})y(k) = B(q^{-1})u(k-m) + \eta(k) \tag{11.1.1}$$

控制律的一般形式为

$$G(q^{-1})u(k) = H(q^{-1})r(k) - F(q^{-1})y(k) \tag{11.1.2}$$

式中 $G(q^{-1})$、$F(q^{-1})$、$H(q^{-1})$ 多项式待定。从(11.1.1)和(11.1.2)两式中消去 $u(k)$,得到闭环模型:

$$\begin{aligned}[A(q^{-1})G(q^{-1}) + q^{-m}B(q^{-1})F(q^{-1})]y(k) &= \\ B(q^{-1})H(q^{-1})r(k-m) + G(q^{-1})\eta(k)\end{aligned} \tag{11.1.3}$$

如果设 $A_m(q^{-1})T(q^{-1})$ 为希望的闭环极点多项式,即 $A_m(q^{-1})T(q^{-1})=0$ 的根为希望的闭环极点,则得恒等式

$$A(q^{-1})G(q^{-1}) + q^{-m}B(q^{-1})F(q^{-1}) = T(q^{-1})A_m(q^{-1}) \tag{11.1.4}$$

用等式两边同次幂系数相等的方法解此恒等式即可求得控制律中的待定多项式 $G(q^{-1})$ 和 $F(q^{-1})$。当然 $G(q^{-1})$ 和 $F(q^{-1})$ 的阶应事先确定。可仿照单步预测控制律,取

$$n_F = n_A - 1, n_G = m + n_B - 1$$

同时 n_G 和 n_F 的选择必须使恒等式(11.1.4)左边的阶大于或等于右边的阶,这样式(11.1.4)才可能有解。

待定多项式 $H(q^{-1})$ 一般从保证闭环系统输出无静差来确定。由式(11.1.3)和式(11.1.4)可得闭环模型:

$$y(k) = \frac{B(q^{-1})H(q^{-1})}{A_m(q^{-1})T(q^{-1})}r(k-m) + \frac{G(q^{-1})}{A_m(q^{-1})T(q^{-1})}\eta(k) \tag{11.1.5}$$

要使输出无静差,只要

$$\frac{B(1)H(1)}{A_m(1)T(1)} = 1$$

即

$$H(1) = \frac{A_m(1)T(1)}{B(1)} \tag{11.1.6}$$

因此,$H(q^{-1})$ 可以在满足式(11.1.6)的条件下任意选择。

对于CARMA模型对象,取 $T(q^{-1}) = C(q^{-1})$,则式(11.1.5)变为

$$y(k) = \frac{B(q^{-1})H(q^{-1})}{A_m(q^{-1})C(q^{-1})}r(k-m) + \frac{G(q^{-1})}{A_m(q^{-1})}e_w(k)$$

这时噪声通道的极点仅由 $A_m(q^{-1})$ 确定。对于纯调节器问题,$r(k)=0$

$$y(k) = \frac{G(q^{-1})}{A_m(q^{-1})}e_w(k) \tag{11.1.7}$$

$$u(k) = -\frac{F(q^{-1})}{G(q^{-1})}y(k) = -\frac{F(q^{-1})}{A_m(q^{-1})}e_w(k) \tag{11.1.8}$$

式中 $F(q^{-1})$、$G(q^{-1})$ 满足恒等式

$$A(q^{-1})G(q^{-1}) + q^{-m}B(q^{-1})F(q^{-1}) = A_m(q^{-1})C(q^{-1}) \tag{11.1.9}$$

例11.1.1 设有一不稳定且非最小相位的被控对象:

$$y(k) - y(k-1) = u(k-2) + 1.5u(k-3) + e_w(k) - 0.2e_w(k-1)$$

求极点配置调节器,使闭环极点为0.5。

解 $A(q^{-1}) = 1 - q^{-1}$,

$B(q^{-1}) = 1 + 1.5q^{-1}$

$C(q^{-1}) = 1 - 0.2q^{-1} = T(q^{-1})$

则 $n_A = 1, n_B = 1, m = 2$

因此,$A_m(q^{-1}) = 1 - 0.5q^{-1}$

从式(11.1.4),恒等式为

$$(1 - q^{-1})(g_0 + g_1q^{-1} + g_2q^{-2}) + q^{-2}(1 + 1.5q^{-1})f_0 = (1 - 0.5q^{-1})(1 - 0.2q^{-1})$$

比较上式两边系数,解得

$$f_0 = 0.16, g_0 = 1, g_1 = 0.3, g_2 = 0.24$$

故调节器为

$$u(k) = -\frac{F(q^{-1})}{G(q^{-1})} = \frac{-0.16}{1 + 0.3q^{-1} + 0.24q^{-2}}y(k) =$$

$$-0.16y(k) - 0.3u(k-1) - 0.24u(k-2)$$

从上例可见,极点配置算法可适用于不稳定且非最小相位的对象。

11.1.2 极点配置自校正器

如果对象参数不确定，则可在线估计对象模型参数 $A(q^{-1})$ 和 $B(q^{-1})$，得 $\hat{A}(q^{-1})$ 和 $\hat{B}(q^{-1})$。将 $\hat{A}(q^{-1})$ 和 $\hat{B}(q^{-1})$ 代替式(11.4)中的 $A(q^{-1})$ 和 $B(q^{-1})$，得恒等式

$$\hat{A}(q^{-1})\hat{G}(q^{-1}) + q^{-m}\hat{B}(q^{-1})\hat{F}(q^{-1}) = T(q^{-1})A_m(q^{-1}) \tag{11.1.10}$$

解式(11.1.10)即得控制器多项式 $\hat{F}(q^{-1})$ 和 $\hat{G}(q^{-1})$。$\hat{F}(q^{-1})$ 和 $\hat{G}(q^{-1})$ 的阶可按参数已知时的极点配置算法选取，但当 $m=1$ 时，$\hat{F}(q^{-1})$ 和 $\hat{G}(q^{-1})$ 宜多取一阶以满足闭环可辨识条件。

$H(q^{-1})$ 通常可取为常数，即 $H(q^{-1}) = h_0 = T(1)A_m(1)/B(1)$，用 $\hat{B}(1)$ 代替上式中的 $B(1)$，得

$$\hat{h}_0 = T(1)A_m(1)/\hat{B}(1) \tag{11.1.11}$$

用 $\hat{F}(q^{-1})$，$\hat{G}(q^{-1})$，$\hat{h}_0$ 代替式(11.1.2)中的 $F(q^{-1})$、$G(q^{-1})$ 和 $H(q^{-1})$，即得自校正控制律

$$u(k) = \frac{\hat{h}_0 r(k) - \hat{F}(q^{-1})y(k)}{\hat{G}(q^{-1})} \tag{11.1.12}$$

应该指出，隐式算法和显示算法对参数估计的要求是有区别的，隐式算法看重整个预测模型的误差，而显示算法则看重参数估计的精度。因此，对上述极点配置自校正算法，参数估计必须精确才能获得良好的控制效果。

当 $\eta(k) = C(q^{-1})e_w(K)$ 且 $C(q^{-1})$ 已知时，若取 $C(q^{-1})$ 为滤波多项式对输入，输出数据进行滤波，则可得模型：

$$A(q^{-1})y'(k) = B(q^{-1})u'(k-m) + e_w(k) \tag{11.1.13}$$

这里 $y'(k) = \dfrac{y(k)}{C(q^{-1})}$，$u'(k) = \dfrac{u(k)}{C(q^{-1})}$

恒等式(11.1.4)变为

$$A(q^{-1})G(q^{-1}) + q^{-m}B(q^{-1})F(q^{-1}) = C(q^{-1})A_m(q^{-1}) \tag{11.1.14}$$

这时利用滤波数据 $y'(k)$，$u'(k)$，采用递推最小二乘法可以得到 $A(q^{-1})$、$B(q^{-1})$ 的一致估计 $\hat{A}(q^{-1})$、$\hat{B}(q^{-1})$（因残差为白噪声）。用 $\hat{A}(q^{-1})$ 代替 $A(q^{-1})$，$\hat{B}(q^{-1})$ 代替 $B(q^{-1})$，解恒等式(11.1.14)即得到 $\hat{F}(q^{-1})$ 和 $\hat{G}(q^{-1})$。因为参数估计具有一致性，即当时间足够长后，$\hat{A}(q^{-1})\to A(q^{-1})$，$\hat{B}(q^{-1})\to B(q^{-1})$，故 $\hat{F}(q^{-1})\to F(q^{-1})$，$\hat{G}(q^{-1})\to G(q^{-1})$，即自校正控制律将收敛到模型参数已知时的控制律。然而 $C(q^{-1})$ 通常是不知道的，因此一般说来采用上述极点配置算法时，参数估计器需要用增广最小二乘法等较复杂的参数估计算法。

但有趣的是，对于纯调节器问题($r(k)\equiv 0$)，即使 $C(q^{-1})$ 未知，用一般最小二乘法也能够求得 $F(q^{-1})$ 和 $G(q^{-1})$ 的一致解：

令 n_A 阶的 $A_1(q^{-1})$ 和 n_B 阶的 $B_1(q^{-1})$ 满足恒等式

$$A_1(q^{-1})G(q^{-1}) + q^{-m}B_1(q^{-1})F(q^{-1}) = T(q^{-1})A_m(q^{-1}) \tag{11.1.15}$$

式中　$G(q^{-1})$、$F(q^{-1})$ 满足恒等式

$$A(q^{-1})G(q^{-1})+q^{-m}B(q^{-1})F(q^{-1})=A_m(q^{-1})C(q^{-1})$$

现在来考虑序列 $A_1(q^{-1})y'(k)-B_1(q^{-1})u'(k-m)$，这里 $y'(k)=\dfrac{y(k)}{T(q^{-1})}$，$u'(k)=\dfrac{u(k)}{T(q^{-1})}$。

由式(11.1.7)和式(11.1.8)，得

$$A_1(q^{-1})y'(k)-B_1(q^{-1})u'(k-m)=\frac{A_1(q^{-1})G(q^{-1})+q^{-m}B_1(q^{-1})F(q^{-1})}{T(q^{-1})A_m(q^{-1})}e_w(k)$$

再将式(11.1.15)代入，得

$$A_1(q^{-1})y'(k)-B_1(q^{-1})u'(k-m)=e_w(k) \tag{11.1.16}$$

可见，在极点配置控制律的作用下，对象的输入，输出滤波数据满足一扰动项为白噪声的差分方程，因此利用输入、输出滤波数据，$y'(k)=\dfrac{y(k)}{T(q^{-1})}$、$u'(k)=\dfrac{u(k)}{T(q^{-1})}$，采用一般最小二乘法，可得到模型(11.1.16)中的 $A_1(q^{-1})$ 和 $B_1(q^{-1})$ 的一致估计值 $\hat{A}_1(q^{-1})$ 和 $\hat{B}_1(q^{-1})$，然后用 $\hat{A}_1(q^{-1})$、$\hat{B}_1(q^{-1})$ 代替 $A_1(q^{-1})$、$B_1(q^{-1})$ 解恒等式(11.1.16)，得调节器多项式 $\hat{F}(q^{-1})$、$\hat{G}(q^{-1})$。由于是一致估计，当时间足够长后 $\hat{F}(q^{-1})\to F(q^{-1})$，$\hat{G}(q^{-1})\to G(q^{-1})$。

注意，这里的 $T(q^{-1})$ 是任意的，不必等于 $C(q^{-1})$。实际上，从式(11.1.7)知，$T(q^{-1})$ 不会影响闭环系统的性能。但 $T(q^{-1})$ 可以用来改善参数估计的性能，例如，若取 $T(q^{-1})=C(q^{-1})$，则可使参数估计收敛得更快些。

求解恒等式(11.1.15)，可用系数比较法或参数估计法。

系数比较法：用 $\hat{A}_1(q^{-1})$、$\hat{B}_1(q^{-1})$ 代替式(11.1.15)中 $A_1(q^{-1})$、$B_1(q^{-1})$，令等式两端同次幂的系数相等，得到一个线性方程组，解此线性方程组即得 $\hat{F}(q^{-1})$ 和 $\hat{G}(q^{-1})$ 的各项系数。

参数估计法：将恒等式(11.1.15)两边同乘以 $e_w(k)$，其中，$e_w(k)$ 为计算机产生的随机数序列，得

$$A_1(q^{-1})G(q^{-1})e_w(k)+q^{-m}B_1(q^{-1})F(q^{-1})e_w(k)=A_m(q^{-1})T(q^{-1})e_w(k)$$

将 $A_1(q^{-1})$、$B_1(q^{-1})$ 用 $\hat{A}_1(q^{-1})$、$\hat{B}_1(q^{-1})$ 代替，得

$$T(q^{-1})A_m(q^{-1})e_w(k)=\hat{A}_1(q^{-1})\hat{G}(q^{-1})e_w(k)+q^{-m}\hat{B}_1(q^{-1})\hat{F}(q^{-1})e_w(k-m)+\varepsilon(k)$$

$A_m(q^{-1})e_w(k)$、$\hat{A}_1(q^{-1})e_w(k)$ 与 $\hat{B}_1(q^{-1})e_w(k-m)$ 都是已知数据。记

$$\psi(k)=T(q^{-1})A_m(q^{-1})e_w(k)$$

参数向量

$$\boldsymbol{\theta}'^T=[g_0,g_1,\cdots,g_{n_G},f_0,f_1,\cdots,f_{n_F}] \tag{11.1.17}$$

数据向量

$$\boldsymbol{\varphi}'^T=[\hat{A}_1(q^{-1})e_w(k),\hat{A}_1(q^{-1})e_w(k-1),\cdots,\hat{A}_1(q^{-1})e_w(k-n_G),$$
$$\hat{B}_1(q^{-1})e_w(k-m),\hat{B}_1(q^{-1})e_w(k-m-1),\cdots,\hat{B}_1(q^{-1})e_w(k-m-n_F)] \tag{11.1.18}$$

于是可利用递推最小二乘法求出 $F(q^{-1})$ 和 $G(q^{-1})$ 的估计 $\hat{F}(q^{-1})$ 和 $\hat{G}(q^{-1})$，递推公式为

$$\hat{\boldsymbol{\theta}}'(k) = \hat{\boldsymbol{\theta}}'(k-1) + \frac{\boldsymbol{P}'(k-1)\boldsymbol{\varphi}'(k)}{\beta + \boldsymbol{\varphi}'^T(k)\boldsymbol{P}'(k-1)\boldsymbol{\varphi}'(k)}[\psi(k) - \boldsymbol{\varphi}'^T(k)\hat{\boldsymbol{\theta}}'(k-1)] \tag{11.1.19}$$

$$\boldsymbol{P}'(k) = \left[\boldsymbol{P}'(k-1) - \frac{\boldsymbol{P}'(k-1)\boldsymbol{\varphi}'(k)\boldsymbol{\varphi}'^T(k)\boldsymbol{P}'(k-1)}{\beta + \boldsymbol{\varphi}'^T(k)\boldsymbol{P}'(k-1)\boldsymbol{\varphi}'(k)}\right] \Big/ \beta \tag{11.1.20}$$

下面给出用参数估计方法解恒等式的极点配置自校正调节器的整个计算过程。

①获得 $N_0 = \max(n_A, n_B + m)$ 个时刻的输入、输出数据并滤波：$y'(k) = \dfrac{y(k)}{T(q^{-1})}$、$u'(k) = \dfrac{u(k)}{T(q^{-1})}$。将这些数据分别填入数据区 y, u, y', u'：$[y(k), y(k-1), \cdots, y(k-N_0+1)]$；$[u(k), u(k-1), \cdots, u(k-N_0+1)]$；$[y'(k), y'(k-1), \cdots, y'(k-N_0+1)]$；$[u'(k), u'(k-1), \cdots, u'(k-N_0+1)]$。

产生 $N'_0 = \max(n_A + n_G, m + n_B + n_F)$ 个时刻的伪随机噪声值，存入 e_w 数据区：$[e_w(k), e_w(k-1), \cdots, e_w(k-N'_0+1)]$

②置初值 $\hat{\theta}_0, \hat{\theta}_0^1, P_0, P'_0$。

③y, u, y', u', e_w 数据区右移一个时刻。

④采样，得 $y(k)$，填入 y 数据区。

⑤滤波，得 $y'(k) = \dfrac{y(k)}{T(q^{-1})}$ 填入 y' 数据区。

⑥构造向量

$$\boldsymbol{\varphi}^T = [y'(k-1), y'(k-2), \cdots, y'(k-n_A), u'(k-m), u'(k-m-1), \cdots, u'(k-m-n_B)]$$

⑦用递推最小二乘法估计对象模型参数：

$$\begin{cases}\hat{\boldsymbol{\theta}}(k) = \hat{\boldsymbol{\theta}}(k-1) + \dfrac{\boldsymbol{P}(k-1)\boldsymbol{\varphi}(k)}{\beta + \boldsymbol{\varphi}^T(k)\boldsymbol{P}(k-1)\boldsymbol{\varphi}(k)}[y(k) - \boldsymbol{\varphi}^T(k)\hat{\boldsymbol{\theta}}(k-1)] \\ \boldsymbol{P}(k) = \left[\boldsymbol{P}(k-1) - \dfrac{\boldsymbol{P}(k-1)\boldsymbol{\varphi}(k)\boldsymbol{\varphi}^T(k)\boldsymbol{P}(k-1)}{\beta + \boldsymbol{\varphi}^T(k)\boldsymbol{P}(k-1)\boldsymbol{\varphi}(k)}\right] \Big/ \beta\end{cases}$$

$$\boldsymbol{\theta}^T = [a_1, a_2, \cdots, a_{n_A}; b_0, b_1, \cdots, b_{n_B}]$$

⑧产生伪随机数 $e_w(k)$，存入 e_w 数据区，并按式(11.1.18)构造向量 $\boldsymbol{\varphi}'^T(k)$。

⑨用递推最小二乘公式(11.1.19)和(11.1.20)估计调节器参数(11.1.17)。

⑩计算控制量 $u(k)$ 及滤波值 $u'(k)$：

$$u(k) = -\frac{\hat{F}(q^{-1})}{\hat{G}(q^{-1})}y(k)$$

$$u'(k) = \frac{u(k)}{T(q^{-1})}$$

分别填入 u、u' 数据区，输出 $u(k)$。

⑪下一个时刻到转第③步。

11.2　自校正 PID 控制

11.2.1　概述

多年来,PID 控制作为一种有效的实用控制算法,广泛地应用于工业过程控制和其他控制领域。在现代控制理论及技术迅速发展的今天,PID 控制由于简单、稳定、可靠等优点,在实际应用中仍有其强大的生命力。自校正 PID 控制是自适应控制技术与常规 PID 控制相结合的产物,它集中了自适应控制技术与 PID 控制算法两者的优点,是一种较为理想的实用工业过程控制算法。因此,近年来自校正 PID 控制发展很快,成为自适应控制技术的一个重要发展方向。

常规连续 PID 控制的理想化方程为:

$$u(t) = K\left[e(t) + \frac{1}{T_I}\int_0^t e(\tau)\,\mathrm{d}\tau + T_D\frac{\mathrm{d}e(t)}{\mathrm{d}t}\right] \tag{11.2.1}$$

式中　为控制器增益,T_I 为积分时间,T_D 为微分时间。

对于小采样周期 T_0,(11.2.1)式可以用离散化的方法转换成差分方程。获得离散形式的 PID 控制算法。应用梯形积分法近似,则可由(11.2.1)式导出数字 PID 控制的位置型算式:

$$u(k) = K\left[e(k) + \frac{T_0}{T_I}\left(\frac{e(0)+e(k)}{2} + \sum_{i=1}^{k-1}e(i) + \frac{T_D}{T_0}(e(k) - e(k-1))\right)\right] \tag{11.2.2}$$

这是一个非递推控制算法,用来进行实时控制不太方便。比较常用的是数字 PID 控制的增量型算式:

$$u(k) = u(k-1) + q_0e(k) + q_1e(k-1) + q_2e(k-2) \tag{11.2.3}$$

式中:

$$q_0 = K\left(1 + \frac{T_0}{2T_I} + \frac{T_D}{T_0}\right)$$

$$q_1 = -K\left(1 + \frac{2T_D}{T_0} - \frac{T_0}{2T_I}\right)$$

$$q_2 = K\frac{T_D}{T_0}$$

当采用矩形积分法近似时,式(11.2.3)的结构不变,但系数为:

$$q_0 = K\left(1 + \frac{T_D}{T_0}\right)$$

$$q_1 = -K\left(1 + \frac{2T_D}{T_0} - \frac{T_0}{T_I}\right)$$

$$q_2 = K\frac{T_D}{T_0}$$

由(11.2.3)式可得数字 PID 控制的脉冲函数为:

$$\frac{U(q^{-1})}{E(q^{-1})} = \frac{q_0 + q_1q^{-1} + q_2q^{-2}}{1 - q^{-1}} \tag{11.2.4}$$

PID 控制能得到如此广泛的应用,首先是因为其结构简单,只有 3 个可调参数,并且每个参数都有明确的物理意义,便于使用者掌握。

其次,过程工程师在实现和调节 PID 控制方面积累了丰富的经验,可使用直观的技术或经验公式,调节规则、表格、曲线等进行适当的调节,而不需要掌握过程控制理论和过程特性方面很多的知识。

PID 控制不需要其他复杂算法中所要求的较深的数学知识,便于更多的操作人员掌握。

此外,PID 控制器还有较强的鲁棒性,工作稳定,对被控对象参数不十分敏感。对一定范围的对象,控制效果是令人满意的。

正是由于这些特点,PID 控制成为生产实际过程中控制方法的主流。从 1940 年至今,为绝大部分工业过程控制所采用。

随着社会的进步和生产技术水平的迅速提高,人们对自动控制技术所提出的要求也越来越高。常规 PID 控制在某些领域已不能满足,所存在的问题也日益突出。这些问题主要表现在两个方面:

一方面:为了将控制系统调节到要求的控制品质,需要根据控制对象的动态特性,把控制器参数调整适当。但至今 PID 控制的参数调整方法主要是根据闭环控制系统的响应波形和一定的参数调整规则,依靠现场经验进行反复试凑的尝试法,不仅花费时间和人力,而且最终系统的控制品质与调试者的调整经验关系很大。不容易获得最优的控制品质,很难达到高精度控制的要求。

另一方面:实际生产过程中,大量存在着工况和环境的变化、时变、非线性且受随机干扰的工艺过程。对于这样的被控对象,随着对系统控制品质要求的不断提高,常规 PID 控制器采用固定参数的形式,以不变应万变,就不能很好地适应了。因而,必须从控制算法的研究等方面着手,来提高系统控制的性能。

多年来,人们在最优控制、状态空间控制、随机控制等新兴控制技术的理论研究方面已取得很大进展,但距走向工业实用尚有一定的距离。主要原因在于理论推导的假设条件较强。对过程模型的要求较高,且其数学理论较深,不易为使用者所接受。这就促使人们从另一方面着手,将高级的现代控制技术与传统的使用广泛、为人们所熟悉的经典控制算法相结合。研究性能高且实用性好的控制算法,自校正 PID 控制就是其典型代表。

自校正 PID 控制是将先进的自适应控制思想与广泛应用于实际工业过程的 PID 控制算法结合起来。它以 PID 控制和自适应控制技术为基础,以超大规模集成电子技术为其实现手段。自校正 PID 控制具有常规 PID 控制的结构,同时它又是自适应控制。具有自动辨识被控过程参数、自动整定控制算法参数、能适应被控过程参数的变化等特点。其功能主要体现在两个方面。一方面,当系统投入运行时,它能根据一定的控制器参数整定方法和规则,通过对被控过程的结构和参数进行在线辨识,或对其特征参数的模式识别,去整定 PID 控制参数。使系统的某一项或几项性能指标能够满足给定的要求,或达到或接近某种意义下的最优或次优。另一方面,当系统运行过程中,被控对象的特性或扰动特性发生变化时,它能根据对被控过程特性在线辨识或模式识别的结果,自适应地调整 PID 控制参数,使之能够适应这些变化,保持所要求的性能指标,或使其达到或接近某种意义下的最优或次优。

自校正 PID 控制最突出的优点在于,它不像最优控制那样,对被控过程及其模型提出很高的限制条件,其控制精度大大优于常规 PID 控制,且不受参数时变、工作点变化等因素的影响,易于掌握,是替代常规 PID 控制的较理想的控制算法。

近 20 年来,自校正 PID 控制的研究工作发展很快。至今尚没有自校正 PID 控制器的统一定义,也没有统一的处理方法。人们根据不同的具体情况,从不同的观点出发,发展了多种自校正 PID 控制的方案。其多样性不仅表现在设计自校正 PID 控制的指导思想的不同上,而且也表现在同一指导思想下所采用的不同的技术手段上,内容十分庞杂。因而,还没有一个统一的分类标准。

这里,从是否对被控过程模型进行在线参数出发,将自校正 PID 控制算法分为两大类,姑且称辨识算法和非辨识算法。

辨识算法以被控过程的模型参数或特征参数的在线辨识和 PID 控制参数的在线设计为基础。首先用递推辨识算法估计过程参数,再根据这些参数的变化,按照一定的设计准则来计算 PID 控制器参数。因而,根据其所采用的 PID 控制参数设计准则的不同,又可进一步分为:极点配置自校正 PID 控制器,相消原理自校正 PID 控制器,基于性能指标的自校正 PID 控制器,基于最佳参数整定公式的自校正 PID 控制器,基于经验整定规则的自校正 PID 控制器,二自由度自校正 PID 控制器等。这类算法的特点是依赖于过程参数的在线辨识技术,计算量较大,鲁棒性受辨识算法的影响较大,但只要辨识参数收敛,就能获得较好的控制效果,是人们研究得很多的一类自校正 PID 控制算法。

非辨识算法则直接依赖于被控过程的某些特征参数。首先通过模式识别技术或其他方法获得所需的被控过程特征参数,然后根据特征参数的变化,按一定的参数整定规则或用规则推理的方法去调整 PID 控制参数。按其参数整定原理的不同,可进一步分为:基于过程特征参数的自校正 PID 控制器、模糊(Fuzzy)自校正 PID 控制器、智能或专家自校正 PID 控制器等。这类算法的特点是充分利用人的智能和专家的经验,将有经验的专家调整 PID 控制参数的思维过程作为控制器参数自校正功能的一部分。方法直观,适应面较广,计算量不大,鲁棒性较好。但整定出的 PID 参数并不一定是最优参数。这类算法实用性强,是当前十分热门的研究方向。

下面着重介绍较为典型的极点配置自校正 PID 控制、二自由度自校正 PID 控制和专家自校正 PID 控制。

11.2.2　极点配置自校正 PID 控制

极点配置自校正控制算法由 Wellstead 等人(1979)首先提出,继而由 Astrom 和 Wittenmark (1980)等人进一步改进和深化,成为自校正控制中的一个重要组成部分。在此基础上,Wittenmark 和 Astrom,Isermann(1981)等人提出了极点配置自校正 PID 控制算法。其基本思想是根据已有经验或工艺要求,确定期望的系统闭环极点位置,利用递推参数估计方法辨识系统的参数,最后综合出具有 PID 结构的控制律的参数。算法为显式的,计算量较大,且只适于二阶系统;R · Kelly 和 R · Ortega 对极点配置的自校正 PID 控制器做了进一步阐述,研究了基于极点配置原理的隐式自校正 PID 控制算法和显式自校正 PID 控制算法。所提出的隐式算法能直接辨识出控制器参数,因而计算量比显式算法减小;S · Tjokro 和 S · L · Shah(1985)采用通用的控制器结构,获得了在一定约束条件下的极点配置自校正 PID 控制器。它适于具有未知或时变的纯时延和可以测量干扰噪声的被控系统,且对于具有非最小相位特性的对象,该算法是有效的;J · H · Kim 和 K · K · Ohoi(1987)研究了离散极点配置自校正 PID 控制器,通过引入 Bezout 恒等式和规范化处理,提出一种隐式自校正 PID 算法,可以直接估计出控制器参数,也可以适用于非最小相位系统;工业过程中大量存在带有纯时延的被控对象,Harris 等人(1982)针对这类对象,研究了具有纯时延补偿的极点配置自校正 PID 控制器;T · Fong · Ohee 和 H · R · Sirisena(1988)进一步研究了对大时延系统利用 Smith 预估器的极点配置自校正 PID 控制器方案,克服了许多自校正 PID 控制器靠减小增益来换取稳定性的弱点。在国内,章兢(1986)提出了一种简单的极点配置自校正 PID 控制器,基本思想是对二阶的被控对象将闭环系统校正为二阶振荡环节,并具有要求的阻尼 ξ 和自然振荡频率 ω_n;刘伯春(1987)、刘宏才等(1989)也提出了类似的算法,并在实际控制中得到应用。

总之,极点配置自校正 PID 控制器根据经验或生产工艺的要求,以系统闭环极点配置原理和过程参数在线估计方法为基础,具有简单、灵活、控制性能好等特点。

下面讨论几种极点配置自校正 PID 控制算法。

(1) 一种基于闭环特征参数的极点配置自校正 PID 控制算法

设被控过程的数学表达式为:

$$A(q^{-1})y(k) = q^{-m}B'(q^{-1})u(k) + A(q^{-1})v(k) \tag{11.2.5}$$

式中,$y(k)$、$u(k)$、$v(k)$分别为被控系统的输出、输入和不可测量的扰动噪声,并假定$v(k)$是有界的干扰噪声。且

$$A(q^{-1}) = 1 + a_1q^{-1} + \cdots + a_{n_a}q^{-n_a}$$

$$B'(q^{-1}) = b_0 + b_1q^{-1} + \cdots + b_{n_b}q^{-n_b}$$

$$B(q^{-1}) = q^{-m}B'(q^{-1})$$

q^{-1}为后移算子,m 为被控过程纯时延,n_a、n_b 分别为多项式 $A(q^{-1})$、$B(q^{-1})$的阶数。一般情况下设定 m 为已知,n_a、n_b 的上界为已知。但系数 a_i、$b_j(i=1,2,\cdots,n_a \quad j=1,2,\cdots,n_b)$为未知参数,需要在线辨识,估计这些参数。

考虑如下反馈控制律:

$$u(k) = \frac{H(q^{-1})}{G(q^{-1})}y_r(k) - \frac{F(q^{-1})}{G(q^{-1})}y(k) \tag{11.2.6}$$

式中 $y_r(k)$为被控过程参考输入信号,多项式 $F(q^{-1})$、$G(q^{-1})$和 $H(q^{-1})$分别定义为:

$$\begin{cases} F(q^{-1}) = f_0 + f_1q^{-1} + \cdots + f_{n_i}q^{-n_i} \\ G(q^{-1}) = 1 + g_1q^{-1} + \cdots + g_{n_j}q^{-n_j} \\ H(q^{-1}) = h_0 + h_1q^{-1} + \cdots + h_{n_k}q^{-n_k} \end{cases} \tag{11.2.7}$$

将(11.2.6)式代入(11.2.5)式,给出 $y_r(k)$和 $v(k)$到 $y(k)$的闭环传递函数:

$$y(k) = \frac{B(q^{-1})H(q^{-1})y_r(k) + A(q^{-1})G(q^{-1})v(k)}{A(q^{-1})G(q^{-1}) + B(q^{-1})F(q^{-1})} \tag{11.2.8}$$

对于不同形式的 PID 控制器,多项式 $F(q^{-1})$、$G(q^{-1})$和 $H(q^{-1})$略有不同:

①标准增量式 PID 控制器

$$\Delta u(k) = K_p[e(k) - e(k-1)] + K_ie(k) + K_d[e(k) - 2e(k-1) + e(k-2)] \tag{11.2.9}$$

式中:$e(k) = y_r(k) - y(k)$,$\Delta u(k) = u(k) - u(k-1)$

此时 $n_G = 1, n_F = n_H = 2$

$G(q^{-1}) = 1 - q^{-1}$

$$F(q^{-1})=H(q^{-1})=(K_p+K_i+K_d)+(-K_p-2K_d)q^{-1}+K_dq^{-2}$$

②使微分项和比例项只对输出 y 有效的增量式 PID 控制器

$$\Delta u(k)=K_p[y(k-1)-y(k)]+K_i[y_r(k)-y(k)]+K_d[2y(k-1)-y(k)-y(k-2)] \tag{11.2.10}$$

此时 $n_G=1,n_F=2,n_H=0$

$$G(q^{-1})=1-q^{-1}$$

$$F(q^{-1})=(K_p+K_i+K_d)+(-K_p-2K_d)q^{-1}+K_dq^{-2}$$

$$H(q^{-1})=K_i$$

③考虑上一时刻控制增量 $\Delta u(k-1)$ 的影响,使控制量更加平缓的增量式 PID 控制器

$$\begin{aligned}(1+\alpha q^{-1})\Delta u(k) &= K_p[y(k-1)-y(k)]+K_i[y_r(k)-y(k)]\\ &\quad +K_d[2y(k-1)-y(k)-y(k-2)]\end{aligned} \tag{11.2.11}$$

此时 $n_G=2,n_F=2,n_H=0$

$$G(q^{-1})=1+(\alpha-1)q^{-1}-\alpha q^{-2}$$

$$F(q^{-1})=(K_p+K_i+K_d)+(-K_p-2K_d)q^{-1}+K_dq^{-2}$$

$$H(q^{-1})=K_i$$

根据不同的设计目标,可以设计出不同的极点配置 PID 控制器。例如,选择希望的闭环特征多项式为

$$A_m(q^{-1})=1+a_{m1}q^{-1}+a_{m2}q^{-2} \tag{11.2.12}$$

a_{m1} 和 a_{m2} 可根据连续系统的特征多项式 $A_m(s)=s^2+2\xi\omega_n s+\omega_n^2$ 离散化得到,即

$$\begin{cases}a_{m1}=-2\mathrm{e}^{-\sigma}\cos\varphi\\ a_{m2}=\mathrm{e}^{-2\sigma}\end{cases} \tag{11.2.13}$$

式中 $\sigma=\omega_n\xi\sqrt{1-\xi^2}$,$\varphi=\omega_nT_s\sqrt{1-\xi^2}$,$T_s$ 为采样周期。令式(11.2.8)闭环特征多项式等于希望的闭环特征多项式(11.2.13)

$$A(q^{-1})G(q^{-1})+q^{-m}B(q^{-1})F(q^{-1})=A_m(q^{-1}) \tag{11.2.14}$$

当 $m=1$ 时,该恒等式左边为4阶,故右边的阶应该小于或等于4。当已知被控对象模型时,可令恒等式(11.2.14)两边 q^{-1} 同次幂系数相等,左右两边的首项均为1,左边的其余4项均含有未知的控制器参数。解得到的4个方程即得控制器参数。

例 11.2.1 已知被控对象为

$$k(k)-1.8y(k-1)+0.82y(k-2)=0.1u(k-1)-0.04u(k-2)+\eta(k)$$

$\xi=0.707$,$\omega_n=1$,$T_s=0.1$。求极点配置 PID 控制器

解 按式(11.2.13)有

$$\sigma=\omega_n\xi\sqrt{1-\xi^2}=0.5$$

$$\varphi=\omega_nT_s\sqrt{1-\xi^2}=0.07$$

$$a_{m1}=-2\mathrm{e}^{-\sigma}\cos\varphi=-1.21$$

$$a_{m2}=\mathrm{e}^{-2\sigma}=0.368$$

希望的闭环特征多项式(11.2.12)为

$$A_m(q^{-1})=1-1.21q^{-1}+0.368q^{-2}$$

于是恒等式(11.2.14)为

$$(1-1.8q^{-1}+0.8q^{-2})(1+g_1q^{-1}+g_2q^{-2})+q^{-1}(0.1-0.04q^{-1})(f_0+f_1q^{-1}+f_2q^{-2})=1-1.21q^{-1}+0.368q^{-2}$$

对于式(11.2.11)形式的 PID 控制器,即

$$(1-1.8q^{-1}+0.8q^{-2})[1+(\alpha-1)q^{-1}-\alpha q^{-2}]+q^{-1}(0.1-0.04q^{-1})[(K_p+K_i+K_d)-(K_p+2K_d)q^{-1}+K_dq^{-2}]=1-1.21q^{-1}+0.368q^{-2}$$

解此恒等式得

$$K_p=8.59, K_i=2.63, K_d=9.13, \alpha=-0.445$$

当被控对象模型未知时,通过估计被控对象模型参数,即可获得自校正极点配置 PID 控制器。其步骤为:

(a)递推估计被控过程模型参数 $\hat{A}(q^{-1})$ 和 $\hat{B}(q^{-1})$;

(b)用 $\hat{A}(q^{-1})$ 和 $\hat{B}(q^{-1})$ 替代恒等式(11.2.14)中的 $A(q^{-1})$ 和 $B(q^{-1})$,令恒等式(11.2.14)两边 q^{-1} 同次幂系数相等,解得 $\hat{\alpha}$、$\hat{K}_p$、$\hat{K}_i$ 和 $\hat{K}_d$;

(c)用 $\hat{\alpha}$、$\hat{K}_p$、$\hat{K}_i$ 和 $\hat{K}_d$ 代替式(11.2.11) PID 控制器中的 α, K_p, K_i 和 K_d,计算控制量并输出;

(d)返回(a),继续下一采样周期,直到结束。

(2)显式极点配置自校正 PID 控制算法

根据极点配置原理,令式(11.2.6)的控制器参数 f_i, g_i, h_i 通过使闭环系统跟随下列要求的闭环传递函数的方式获得:

$$y(k)=\frac{X(q^{-1})}{W(q^{-1})}y_r(k)+\frac{S(q^{-1})}{W(q^{-1})}v(k) \tag{11.2.15}$$

多项式 $X(q^{-1})$、$S(q^{-1})$ 和闭环多项式 $W(q^{-1})$ 由设计者根据实际工况和性能指标要求确定,定义如下:

$$\begin{cases} X(q^{-1})=x_0+x_1q^{-1}+\cdots+x_{n_x}q^{-n_x} \\ W(q^{-1})=1+w_1q^{-1}+\cdots+w_{n_w}q^{-n_w} \\ S(q^{-1})=s_0+s_1q^{-1}+\cdots+s_{n_s}q^{-n_s} \end{cases} \tag{11.2.16}$$

比较(11.2.8)式和(11.2.15)式,可得

$$A(q^{-1})G(q^{-1})+B(q^{-1})F(q^{-1})=\frac{A(q^{-1})G(q^{-1})W(q^{-1})}{S(q^{-1})} \tag{11.2.17}$$

$$H(q^{-1})=A(q^{-1})G(q^{-1})X(q^{-1})/B(q^{-1})S(q^{-1}) \tag{11.2.18}$$

得出的自适应极点配置控制算法式是显式的,由以下 3 步组成:

(a)在线估计过程模型参数 a_i、b_j;

(b)由(11.2.17)、(11.2.18)式计算控制器参数;

(c)由(11.2.6)式确定控制输出。

选择多项式 $X(q^{-1})$、$S(q^{-1})$ 和 $W(q^{-1})$ 满足如下设计要求:

(a)闭环系统具有渐近伺服跟踪和调节性能,即 $k\to\infty$ 时,

$$y(k)/y_r(k) \to 1, y(k)/v(k) \to 0;$$

(b)控制器具有离散PID控制器的结构;

(c)控制器必须能处理未知或时变纯时延。

为了简化求解(11.2.17)式中多项式 $F(q^{-1})$、$G(q^{-1})$ 的系数,取:

$$S(q^{-1}) = G(q^{-1})/K_1 \tag{11.2.19}$$

$$F(q^{-1}) = K_2 A(q^{-1}) \tag{11.2.20}$$

式中 K_1, K_2 为常数

$$G(q^{-1}) = K_1 W(q^{-1}) - K_2 B(q^{-1}) \tag{11.2.21}$$

为了避免系统不稳定零点的相消,选择:

$$X(q^{-1}) = K_2 B(q^{-1})/K_1 \tag{11.2.22}$$

将上式代入(11.2.18)可得:

$$H(q^{-1}) = K_2 A(q^{-1}) \tag{11.2.23}$$

将上述控制器参数多项式 $F(q^{-1})$、$G(q^{-1})$ 和 $H(q^{-1})$ 代入(11.2.8)式,给出:

$$y(k) = \frac{K_2 B(q^{-1})}{K_1 W(q^{-1})} y_r(k) + \frac{K_1 W(q^{-1}) - K_2 B(q^{-1})}{K_1 W(q^{-1})} v(k) \tag{11.2.24}$$

为了实现设计要求,常数 K_1、K_2 按如下方式选择:

$$\lim_{k\to\infty} \frac{K_2 B(q^{-1})}{K_1 W(q^{-1})} = 1 \tag{11.2.25}$$

$$\lim_{k\to\infty} \frac{K_1 W(q^{-1}) - K_2 B(q^{-1})}{K_1 W(q^{-1})} = 0 \tag{11.2.26}$$

解上两式可得:

$$K_1 = \sum_{i=0}^{n_b} b_i \tag{11.2.27}$$

$$K_2 = 1 + \sum_{i=1}^{n_w} w_i \tag{11.2.28}$$

这样控制律变为:

$$u(k) = \frac{K_2 A(q^{-1})}{K_1 W(q^{-1}) - K_2 B(q^{-1})}[y_r(k) - y(k)] = \frac{\sum_{i=1}^{n_w} w_i [A(q^{-1}) y_r(k) - A(q^{-1}) y(k)]}{\sum_{i=0}^{n_b} b_i W(q^{-1}) - \sum_{i=1}^{n_w} w_i B(q^{-1})} \tag{11.2.29}$$

为了使控制律具有PID控制器的结构,须作如下假设:

(a)被控过程为二阶系统加纯延时环节构成;

(b)在静态状态下有:

$$B(q^{-1}) = \sum_{i=0}^{n_b} b_i, A(q^{-1}) y_r(k) = \sum_{i=1}^{n_a} a_i y_r(k) \tag{11.2.30}$$

(c) $W(q^{-1})$ 为一阶多项式: $W(q^{-1}) = 1 + w_1 q^{-1}$,考虑到以上假设,方程式(11.2.29)变为:

$$u(k) = u(k-1) + \lambda[A(q^{-1}) y_r(k) - y(k) - a_1 y(k-1) - a_2 y(k-2)] =$$

$$u(k-1)+\lambda[y_r(k)-y(k)+a_1[y_r(k-1)-y(k-1)]+a_2[y_r(k-2)-y(k-2)]]=$$

$$u(k-1)+\lambda[e(k)+a_1e(k-1)+a_2e(k-2)] \tag{11.2.31}$$

式中　$e(k)\triangleq y_r(k)-y(k)$为系统误差。

$$\lambda=-\sum w_i/w_1\sum b_i \tag{11.2.32}$$

将式(11.2.31)与增量型数字 PID 控制器算式(11.2.3)比较,可知二者的形式完全相同。令对应的系数项相等有:

$$\begin{cases} K=\lambda(1-a_2) \\ T_I=\dfrac{KT_0}{\lambda(1+a_1+a_2)} \\ T_D=\lambda a_2T_0/K \end{cases} \tag{11.2.33}$$

综上所述,极点配置自校正 PID 控制器算法的实现步骤如下:

(a)确定期望的系统闭环极点位置,即 $W(q^{-1})$ 的系数;

(b)用递推最小二乘法在线估计,辨识系统参数 a_i,b_i;

(c)用估计参数 $\hat{a}_i,\hat{b}_i$ 代替 a_i,b_i 按(11.2.32)式和(11.2.33)式计算控制器参数;

(d)按(11.2.31)式计算本次控制量 $u(k)$;

(e)回到第(b)步继续进行下次计算。

这种算法是一种显式算法,能够控制非最小相位系统,也适用具有未知或时变纯延时的过程,适用范围较广。

(3)隐式极点配置自校正 PID 控制器

下面介绍一种隐式极点配置自校正 PID 控制器的设计方法,它能直接辨识出控制器参数,计算量比显式算法小。设被控过程为:

$$A(q^{-1})y(k)=q^{-1}B(q^{-1})u(k) \tag{11.2.34}$$

其中

$$A(q^{-1})=1+a_1q^{-1}+a_2q^{-2}$$

$$B(q^{-1})=b_0+b_1q^{-1}\qquad b_0\neq 0$$

控制律为:

$$\Delta F(q^{-1})u(k)=Ry_r(k)-G(q^{-1})y(k) \tag{11.2.35}$$

其中　$F(q^{-1})=1+f_1q^{-1}$,$G(q^{-1})=g_0+g_1q^{-1}+g_2q^{-2}$,$\Delta=1-q^{-1}$。由(11.2.34),(11.2.35)式可得:

$$y(k)=\frac{q^{-1}RB(q^{-1})}{\Delta A(q^{-1})F(q^{-1})+q^{-1}B(q^{-1})G(q^{-1})}y_r(k) \tag{11.2.36}$$

根据极点配置原理,令:

$$\Delta A(q^{-1})F(q^{-1})+q^{-1}B(q^{-1})G(q^{-1})=T(q^{-1}) \tag{11.2.37}$$

$T(q^{-1})$为期望的闭环系统特征多项式。将(11.2.37)式两边同乘以 $y(k)$,结合(11.2.34)式可得:

$$\Delta F(q^{-1})q^{-1}B(q^{-1})u(k)+q^{-1}B(q^{-1})G(q^{-1})y(k)=T(q^{-1})y(k) \tag{11.2.38}$$

令 $T(q^{-1})=B(q^{-1})T'(q^{-1})$,则(11.2.38)式变为:

$$\Delta F(q^{-1})q^{-1}u(k)+q^{-1}G(q^{-1})y(k)=T'(q^{-1})y(k) \tag{11.2.39}$$

通过(11.2.39)式可用递推估计的方法直接辨识出控制器参数 $\hat{f}_i, \hat{g}_i$，从而可以从(11.2.35)式计算出本次控制量 $u(k)$。

当 $\hat{F}(q^{-1}), \hat{G}(q^{-1})$ 收敛时，(11.2.36)式可写为：

$$y(k) = q^{-1}Ry_r(k)/T'(q^{-1})$$

这种算法通过对控制律多项式 $F(q^{-1}), G(q^{-1})$ 的选择，使其具有 PID 控制器的结构，但由于使用了零极点对消的方法，因而只能适用于最小相位系统。

(4)一种适于非最小相位系统的极点配置自校正 PID 控制算法

下面是一种能适用于非最小相位系统的隐式极点配置自校正 PID 控制算法。对象模型由下式描述：

$$\begin{cases} A(q^{-1})Z(k) = u(k) \\ y(k) = q^{-1}B(q^{-1})Z(k) \end{cases} \tag{11.2.40}$$

控制律为：

$$S(q^{-1})u(k) = \alpha e(k) - R(q^{-1})y(k) \tag{11.2.41}$$

其中　$S(q^{-1}) = (1 - q^{-1})(\alpha + s_1 q^{-1}), R(q^{-1}) = (1 - q^{-1})(r_0 - r_1 q^{-1})$。由(11.2.40)和(11.2.41)式得：

$$S(q^{-1})A(q^{-1})Z(k) = S(q^{-1})u(k)$$

$$S(q^{-1})A(q^{-1})Z(k) = -q^{-1}B(q^{-1})M(q^{-1})Z(k) + \alpha y_r \tag{11.2.42}$$

其中　$M(q^{-1}) = \alpha + R(q^{-1})$，应用极点配置原理，令：

$$A(q^{-1})S(q^{-1}) + q^{-1}B(q^{-1})M(q^{-1}) = \alpha T(q^{-1}) \tag{11.2.43}$$

因为 $A(q^{-1}), B(q^{-1})$ 互质，则一定存在两多项式，$h(q^{-1}) = h_0 + h_1 q^{-1}, k(q^{-1}) = k_0 + k_1 q^{-1}$。它们满足 Bezout 恒等式

$$q^{-1}B(q^{-1})h(q^{-1}) + A(q^{-1})k(q^{-1}) = 1 \tag{11.2.44}$$

由(11.2.40)和(11.2.43)、(11.2.44)式得：

$$\alpha y(k) = -S(q^{-1})u(k) - R(q^{-1})y(k) + \alpha h(q^{-1})T(q^{-1})y(k) + \alpha k(q^{-1})T(q^{-1})u(k) \tag{11.2.45}$$

从上式可直接由递推估计方法辨识出控制器参数多项式 $S(q^{-1}), R(q^{-1})$ 的系数，从而可以从(11.2.41)式计算出本次控制量 $u(k)$。可以看出，在计算 $S(q^{-1}), R(q^{-1})$ 的同时，还要对 $k(q^{-1})$、$h(q^{-1})$ 的系数进行估计，因此，该算法的计算量比前一种算法大。

11.2.3　二自由度自校正 PID 控制器

二自由度 PID 控制器的概念最早是由日本学者于 1979 年前后提出的。传统的 PID 控制器(一自由度)存在着抑制外部干扰和设定值跟踪两种类型的最佳控制参数，因此，不能保证系统抑制外部干扰和跟踪设定值同时达到最优或渐进最优。这样，在控制器参数整定时，往往根据实际需要考虑其中一种，当同时对系统的抑制外扰能力和跟踪设定值都提出较高要求时，只能从这两方面来折中考虑，这是传统 PID 控制器存在的一大缺陷。日本学者提出了在控制器参数整定时，按系统抑制外部干扰的能力和跟踪设定值的性能两方面的要求来分别进行控制器参数的设计，使最后得到的控制系统在抗干扰和跟踪设定值的性能方面都达到最优或渐进最优。这就是所谓的二自由度 PID 控制器。

北森俊行(1979)首先提出了连续域的部分模型匹配法原理,利用掌握的被控对象的部分知识,将系统闭环传递函数与理想的参数模型比较,获得传统 PID 控制器参数,在以后的工作中,他又进一部采用参数估计的方法来获取对象的部分知识,为二自由度自校正 PID 控制器设计创造了条件。重政隆(1983)将设定值滤波器引入数字 PID 控制系统,通过使外扰的输出响应衰减特性与参考模型的传递特性在尽可能高的阶数内一致来确定出设定值滤波器,由此获得的闭环控制系统既有较高的设定值跟踪品质,也有较强的抑制外部干扰能力。在此基础上,提兆旭(1985)设计出了具有最短时间的设定值滤波器,提高了系统的响应速度。広井和男(1986,1988)详细地类比了连续时间系统中,传统 PID 控制器与二自由度 PID 控制器在设定值跟踪和外扰抑制两方面的差距,找出了二者之间的内在联系,推出了多种不同结构的 PID 控制器,对二自由度 PID 控制器的设计做了较详细的总结。在此之后,重政隆提出了一种结构更加简单的二自由度 PID 控制器的设计方法,为实现二自由度 PID 控制器的自校正创造了条件,基本思想是在连续时间系统中,利用经典控制理论和部分模型匹配法原理设计控制器参数,有较高的实用价值。日本东芝公司的 TOSDIC200 系列 TOSDIC211D8 自整定调节器中,应用了改进的二自由度 PID 控制算法,实际应用效果很好,已形成产品投入市场。

尽管现已提出的二自由度 PID 控制器的设计方案已有很多,但这些方案的基本出发点几乎是一致的。其主要思想可大致归纳为:

①为了同时获得良好的设定值跟踪和抑制外部扰动的能力。对以 PID 控制器算法为中心的控制器在结构上进行改造,典型的是增加设定值滤波器或其他一些参数。

②为了满足控制系统性能的设计要求,根据一定的设计方法,如部分模型匹配法、参考模型方法等,以及一定的约束条件,如闭环系统的稳定性,系统的稳态无差性能等,选择滤波器及其他参数。

③控制器的两部分参数,PID 控制参数和滤波器或其他参数分别确定。

二自由度 PID 控制器在实际应用中的应用表明,在控制性能上较常规的控制方法有显著的提高,是具有重大意义的一种新兴的控制方式。日本东芝公司在工业锅炉设备的控制中,用其取代常规 PID 控制,控制性能和精度得到大幅度的改善,从而使透平效率提高 1.2%,锅炉效率提高 0.7%,以其为基础的限幅双交叉工业燃烧控制系统(ACC)的效益也十分明显。

为了使调整控制系统节省人力,缩短调节时间,就提出了二自由度 PID 控制器的自校正问题。这里介绍一个新的自校正方法,它在闭环操作的条件下进行自校正,通过结合在线参数估计方法,以从辨识获得的过程脉冲传递函数到连续时间传递函数的转换方法和部分模型匹配法为基础,进行带输入滤波器的二自由度数字 PID 控制器的自校正设计。其原理框图如图 11.2.1。

闭环自校正的主要步骤如下:

①可辨识化:在闭环运行条件下辨识过程特性时,往往可辨识条件不一定成立。因此采取能使系统满足可辨识条件的有效措施。

②在线辨识:当可辨识条件已经成立,根据最小二乘法及极大似然法等在线参数辨识算法,辨识过程的脉冲传递函数。

③传递函数的变换:由辨识出的过程脉冲传递函数向 s 域的传递函数变换。这一步特别要算出在设计中必需的向 s 域传递函数变换的低阶系数。

④控制参数的设计:由选定的响应形状系数、采样周期和变换后的过程传递函数,根据基

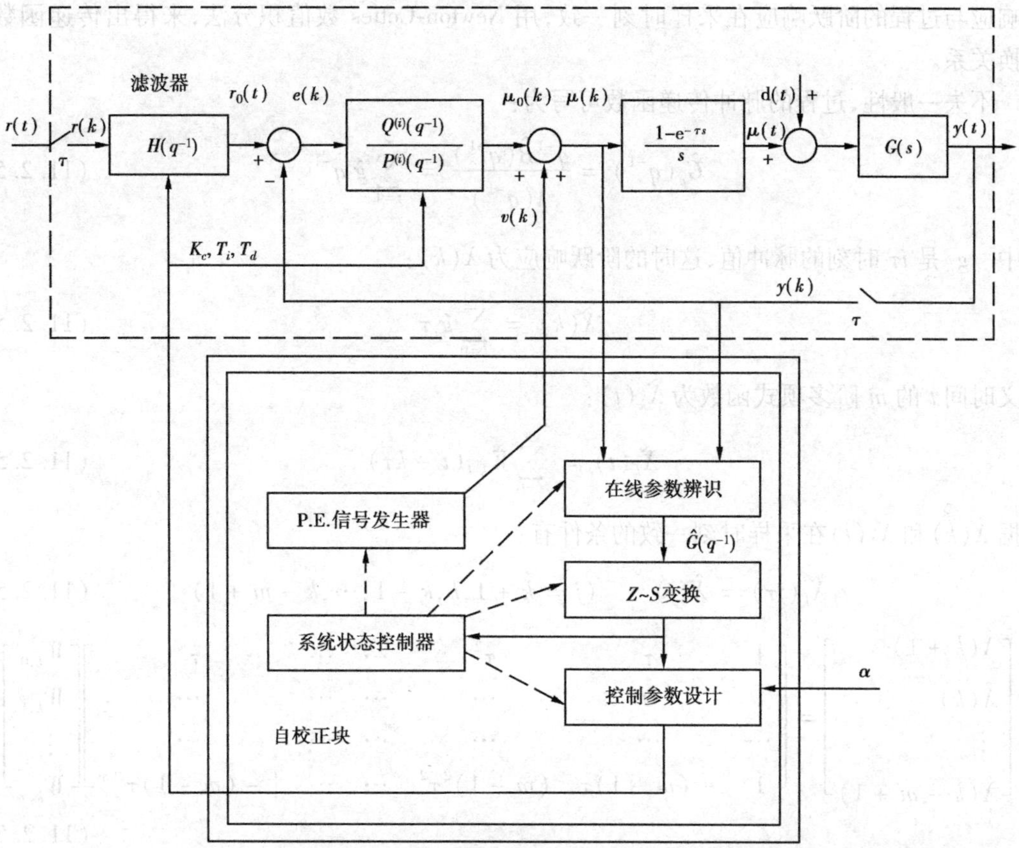

图 11.2.1　带设定值滤波的二自由度数字 PID 控制器闭环自校正原理图

于模型匹配的设计方法设计控制参数。

⑤自动调整完成:采取可辨识化措施一般来说会降低控制系统的控制品质,因此需要限制辨识过程所需的最短时间。在辨识和判断了过程的动态特性后,继续到第(4)步处理,到结束时停止可辨识化工作,然后用新设计的控制参数继续控制。

过程模型:

$$A(q^{-1})y(k) = q^{-1}B(q^{-1})u(k) + C(q^{-1})\xi(k) + d_0 \tag{11.2.46}$$

控制器:

$$u(k) = [Q(q^{-1})/P(q^{-1})]e(k) \tag{11.2.47}$$

其中

$$P(q^{-1}) = 1 - q^{-1} \tag{11.2.48}$$

$$Q(q^{-1}) = K_c[(1 - q^{-1}) + \frac{\tau}{T_i} + \frac{T_d}{\tau}(1 - q^{-1})^2] \tag{11.2.49}$$

$$e(k) = r_0(k) - y(k) \tag{11.2.50}$$

为满足可辨识条件,可在控制器输出中叠加上 $P \cdot E$ 信号 $v(k)$(Perpetual excitation),如 M 序列信号等,然后用极大似然递推算法(RMLI),在线辨识过程参数 $\hat{A}(q^{-1})$,$\hat{B}(q^{-1})$,$\hat{C}(q^{-1})$,$\hat{d}_0$。这里着重说明闭环自校正的第③,④,⑤步。

(1)传递函数的变换

由 z 域的脉冲传递函数向 s 域传递函数变换的方法很多,通过使对象脉冲传递函数的阶跃响应与过程的阶跃响应在采样时刻一致，用 Newton-Cottes 数值积分法，来得出传递函数的变换关系。

不失一般性，过程的脉冲传递函数可写为：

$$\hat{G}_p(q^{-1}) = \frac{q^{-1}\hat{B}(q^{-1})}{\hat{A}(q^{-1})} = \sum_{i=1}^{\infty}\hat{g}_i q^{-1} \tag{11.2.51}$$

式中 g_i 是 $i\tau$ 时刻的脉冲值，这时的阶跃响应为 $\widetilde{X}(k)$：

$$\widetilde{X}(k) = \sum_{i=0}^{k}\hat{g}_i\tau \tag{11.2.52}$$

定义时间 t 的 m 阶多项式函数为 $\widetilde{X}_k(t)$：

$$\widetilde{X}_k(t) = \sum_{t=0}^{m} W_{k,i}(t-k\tau)^i \tag{11.2.53}$$

根据 $\widetilde{X}(k)$ 和 $\widetilde{X}_k(t)$ 在采样时刻一致的条件有：

$$\widetilde{X}_k(j\tau) = \hat{X}(j) \qquad (j = k+1, k, k-1, \cdots, k-m+1) \tag{11.2.54}$$

$$\begin{bmatrix} \hat{X}(k+1) \\ \hat{X}(k) \\ \vdots \\ \hat{X}(k-m+1) \end{bmatrix} = \begin{bmatrix} 1 & \tau & \tau^2 & \cdots & \cdots & \tau^m \\ 1 & 0 & \cdots & \cdots & \cdots & \cdots \\ \cdots & \cdots & \cdots & \cdots & \cdots & \cdots \\ 1 & -(m-1)\tau & (m-1)^2\tau^2 & \cdots & \cdots & [-(m-1)\tau]^m \end{bmatrix} \begin{bmatrix} W_{k,0} \\ W_{k,1} \\ \vdots \\ W_{k,m} \end{bmatrix} \tag{11.2.55}$$

当 m 是低阶时，可根据(11.2.55)式立即求出 $W_{k,i}$，这里以 $m=3$ 和 4 为例：

$m=3$：

$$\begin{cases} W_{k,0} = \sum_{i=0}^{k}\hat{g}_i \\ W_{k,1} = (2\hat{g}_{k+1} + 5\hat{g}_k - \hat{g}_{k-1})/6\tau \\ W_{k,2} = (\hat{g}_{k+1} - \hat{g}_k)/2\tau^2 \\ W_{k,3} = (\hat{g}_{k+1} - 2\hat{g}_k + \hat{g}_{k-1})/6\tau^3 \end{cases} \tag{11.2.56}$$

$m=4$：

$$\begin{cases} W_{k,0} = \sum_{i=0}^{k}\hat{g}_i \\ W_{k,1} = (6\hat{g}_{k+1} + 26\hat{g}_k - 10\hat{g}_{k-1} + 2\hat{g}_{k-2})/24\tau \\ W_{k,2} = (11\hat{g}_{k+1} + 9\hat{g}_k - 3\hat{g}_{k-1} + \hat{g}_{k-2})/24\tau^2 \\ W_{k,3} = (6\hat{g}_{k+1} - 14\hat{g}_k + 10\hat{g}_{k-1} - 2\hat{g}_{k-2})/24\tau^3 \\ W_{k,4} = (\hat{g}_{k+1} - 3\hat{g}_k + 3\hat{g}_{k-1} - \hat{g}_{k-2})/24\tau^4 \end{cases} \tag{11.2.57}$$

按下式定义 $\widetilde{X}_k(s)$ 和 $\widetilde{X}(s)$

$$\widetilde{X}_k(s) = \int_{k\tau}^{(k+1)\tau}\widetilde{X}_k(t)\mathrm{e}^{-st}\mathrm{d}t \tag{11.2.58}$$

$$\widetilde{X}(s) = \sum_{k=0}^{\infty} \widetilde{X}_k(s) \tag{11.2.59}$$

因为考虑到 $\widetilde{X}(s)$ 是近似过程阶跃响应 $X(t)$ 的拉氏变换,所以可由下式求过程近似传递函数:

$$\widetilde{G}(s) = s\widetilde{X}(s) = s\sum_{k=0}^{\infty} \mathrm{e}^{-k\tau s}\sum_{i=0}^{m} W_{k,i}\int_0^{\tau} t^i \mathrm{e}^{-st}\mathrm{d}t \tag{11.2.60}$$

若用(11.2.55)式求得的 $W_{k,1}$,并将 $q=\mathrm{e}^{\tau s}$ 代入脉冲传递函数 $\hat{G}_p(q^{-1})$ 所得的 $\hat{G}_p(\mathrm{e}^{-\tau s})$,则可得:

$$\widetilde{G}(s) = \hat{G}_p(\mathrm{e}^{-\tau s})\psi^{(m)}(s) \tag{11.2.61}$$

式中　$\psi^{(m)}(s)$ 为零阶保持器的修正项,其在 $s=0$ 附近的麦克劳林展开式为:

$$\psi^{(m)}(s) = \sum_{i=0}^{\infty} \psi_i(\tau s)^i \tag{11.2.62}$$

当 $m=3$ 和 4 时,$\psi^{(m)}(s)$ 与 ψ_i 的关系为:

$m=3$:

$$\psi^{(3)}(s) = \left(1+\tau s+\frac{(\tau s)^2}{3}\right)\cdot\frac{3\mathrm{e}^{-\tau s}-3+\mathrm{e}^{\tau s}-\mathrm{e}^{-2\tau s}}{(\tau s)^2} \tag{11.2.63}$$

$\psi_0=1$,　　$\psi_1=\frac{1}{2}$

$\psi_2=\frac{1}{12}$,　　$\psi_3=0$

$\psi_4=\frac{1}{40}$,　　$\psi_5=\frac{-13}{1\,440}$

$\psi_6=\frac{422}{120\,960}$,　　$\psi_7=\frac{-348}{362\,880}$

$m=4$:

$$\psi^{(4)}(s) = \left[1+\frac{3}{2}(\tau s)+\frac{11}{12}(\tau s)^2+\frac{1}{4}(\tau s)^3\right]\cdot\frac{\mathrm{e}^{\tau s}-4+6\mathrm{e}^{-\tau s}-4\mathrm{e}^{-2\tau s}+\mathrm{e}^{-3\tau s}}{(\tau s)^4} \tag{11.2.64}$$

$\psi_0=1$,　　$\psi_1=\frac{1}{2}$

$\psi_2=\frac{1}{12}$,　　$\psi_3=0$

$\psi_4=\frac{-1}{720}$,　　$\psi_5=\frac{3}{160}$

$\psi_6=\frac{-14\,689}{907\,200}$,　　$\psi_7=\frac{271\,928}{3\,791\,928}$

此外,在 $s=0$ 附近,$\widetilde{G}_p(\mathrm{e}^{-\tau s})$ 也可做麦克劳林展开,按分母序列表示:

$$\widetilde{G}_p(\mathrm{e}^{-\tau s}) = \frac{1}{\hat{G}_0+s\hat{G}_1+s^2\hat{G}_2+\cdots} \tag{11.2.65}$$

式中　系数 $\hat{G}_i(i=0,1,2,\cdots)$ 按下式计算:

$$\hat{G}_0 = \hat{A}_0 / \hat{B}_0 \tag{11.2.66}$$

$$\hat{G}_i = (\hat{A}_i - \sum_{j=0}^{i-1} \hat{G}_j \hat{B}_{i-j}) / \hat{B}_0 \qquad (i = 1,2,3,\cdots)$$

其中

$$\begin{cases} \hat{A}_0 = 1 + \sum_{i=1}^{n_a} \hat{a}_i \\ \hat{A}_j = \dfrac{(-\tau)^j}{j!} \sum_{i=1}^{n_a} i^j \hat{a}_i \qquad (j = 1,2,3,\cdots) \\ \hat{B}_0 = 1 + \sum_{i=1}^{n_b} \hat{b}_i \\ \hat{B}_j = \dfrac{(-\tau)^j}{j!} \sum_{i=1}^{n_b} (i+1)^j \hat{b}_i \qquad (i = 1,2,3,\cdots) \end{cases} \tag{11.2.67}$$

若把过程的传递函数 $\tilde{G}(s)$ 按分母序列表示：

$$\tilde{G}(s) = \frac{1}{\tilde{G}_0 + s\tilde{G}_1 + s_2\tilde{G}_2 + \cdots} \tag{11.2.68}$$

系数 $\tilde{G}_i(i=0,1,2,3,\cdots)$ 是通过把式(11.2.62)和式(11.2.65)代入式(11.2.61)后，按下式导出的：

$$\tilde{G}_0 = \hat{G}_0 \tag{11.2.69}$$

$$\tilde{G}_i = \hat{G}_i - \sum_{j=0}^{i-1} \psi_{i-j} \tilde{G}_j \tau^{i-j} \qquad (i = 1,2,3,\cdots) \tag{11.2.70}$$

最后，由辨识的脉冲传递函数 $\hat{G}_p(q^{-1})$ 向传递函数 $\hat{G}(s)$ 变换的算法，由式(11.2.86)、式(11.2.67)、式(11.2.69)和式(11.2.70)组成。

(2)控制器参数设计

首先要选择适当的参考模型。一般对控制系统的要求是：系统稳态偏差为零，且具有适当的衰减特性，在此基础上系统的响应时间最短。满足此要求的系统模型很多，其 n 阶模型的一般形式为：

$$G_m(s) = \frac{1}{1 + \beta_1(\sigma s) + \beta_2(\sigma s)^2 + \beta_3(\sigma s)^3 + \cdots} \tag{11.2.71}$$

$$\beta_i = (1-\alpha) b_i + \alpha c_i \qquad (i = 1,2,3,\cdots) \tag{11.2.72}$$

式中　σ 是 $G_m(s)$ 的阶跃响应的上升时间，$\{b_i\}$ 和 $\{c_i\}$ 分别是二项式模型和北森模型的分母序列系数，即

$$\{b_1, b_2, b_3, b_4 \cdots\} = \left\{1, \frac{3}{8}, \frac{1}{16}, \frac{1}{256}, \cdots\right\} \tag{11.2.73}$$

$$\{G_1, G_2, G_3, G_4 \cdots\} = \left\{1, \frac{1}{2}, \frac{3}{20}, \frac{3}{100}, \cdots\right\} \tag{11.2.74}$$

α 是响应形状系数，可以在连续改变 $G_m(s)$ 的响应形状，α 的实用取值范围如下：

$$0 \leqslant \alpha \leqslant 2.0 \tag{11.2.75}$$

让数字 PID 控制算式在 $\tau \to 0$ 的极限情况下与连续控制系统一致，则可用下式表示：

$$\frac{Q(q^{-1})}{P(q^{-1})} = \left[\frac{q_0 + q_1\Delta + q_2\Delta^2}{\Delta}\right]\Bigg|_{\Delta=\frac{1-q^{-1}}{\tau}} \tag{11.2.76}$$

当采样周期 τ 非常小时,控制器的输出可用下式表示

$$u(s) = [H(\mathrm{e}^{-\tau s})R(s) - Y(s)]\widetilde{Q}(s)/s \tag{11.2.77}$$

$$\widetilde{Q}(s) = q_0 + q_1 s + (q_2 - \tau q_1/2)s^2 + (-\tau q_2 + \tau^2 q_1/6)s^3 + \cdots \tag{11.2.78}$$

式中　$R(s)$ 和 $Y(s)$ 是 $r(t)$ 和 $y(t)$ 的拉氏变换。

使从外扰到输出间的传递函数的衰减特性与参考模型的衰减特性在 s 域尽可能高阶一致,再使从设定值到输出间的传递特性与相同的参考模型的传递特性尽可能高阶一致。先取设定值滤波器 $H(q^{-1})$ 的结构为:

$$H(q^{-1}) = \frac{q_0}{q_0 + q_1(1-q^{-1})/\tau + q_2(1-q^{-1})^2/\tau^2} \tag{11.2.79}$$

然后按下式求控制参数:

PI 控制作用时:

$$(\widetilde{G}_1 + \tau\hat{G}_0/2)\beta_3\sigma^2 + (-\widetilde{G}_2 + \tau^2\widetilde{G}_0/6)\beta_2\sigma - (\widetilde{G}_2/2 + \tau\widetilde{G}_1/6)\tau = 0 \tag{11.2.80}$$

$$q_0 = \frac{\widetilde{G}_1 + \tau\widetilde{G}_0}{\beta_2\sigma^2 + \tau\sigma/2} \tag{11.2.81}$$

$$q_1 = q_0\sigma + \widetilde{G}_0 \tag{11.2.82}$$

PID 控制作用时:

$$(\widetilde{G}_2 + \tau\widetilde{G}_1 + \tau^3\widetilde{G}_0/3)\beta_4\sigma^3 + (-\widetilde{G}_3 + 72\widetilde{G}_1/12 + \tau^3\widetilde{G}_0/4)\beta_3\sigma^2 + (-\widetilde{G}_3 - 7\tau\widetilde{G}_2/12 + \tau\widetilde{G}_0/18)\tau\beta_2\sigma - (\widetilde{G}_3/3 + \tau\widetilde{G}_2/4 + \tau^2\widetilde{G}_0/18)\tau^2 = 0 \tag{11.2.83}$$

$$q_0 = \frac{\widetilde{G}_2 + \tau\widetilde{G}_1 + \tau^2\widetilde{G}_0/3}{\sigma(\sigma^2\beta_3 + \tau\beta_2\sigma + \tau^2/3)} \tag{11.2.84}$$

$$q_1 = q_0\sigma - \widetilde{G}_0 \tag{11.2.85}$$

$$q_2 = \beta_2\sigma^2 q_0 + \tau q_1/2 - \widetilde{G}_1 \tag{11.2.86}$$

σ 采用解式(11.2.80)或式(11.2.83)得到的最小正根。比较式(11.2.48)、式(11.2.49)的数字 PID 算式和式(11.2.76)可知如下关系成立:

$$\begin{cases} K_0 = q_1 \\ T_i = q_1/q_0 \\ T_d = q_2/q_1 \end{cases} \tag{11.2.87}$$

由此,$H(q^{-1})$ 可表示为:

$$H(q^{-1}) = \frac{1}{1 + T_i(1-q^{-1})/\tau + T_iT_d(1-q^{-1})^2/\tau^2} \tag{11.2.88}$$

如上所述,一旦获得传递函数,设定响应形状系数 α 和采样周期 τ,就可以由式(11.2.80)~式(11.2.86)设计出带有设定值滤波的二自由度数字 PID 控制系统的控制参数。

(3)系统状态控制

随着输入输出数据增加,在线辨识的残差离散度减小,接近于白噪声。此时未知参数也逐

步收敛,一旦判断参数已收敛,就停止产生激励信号和在线辨识,并将新设计的控制参数设定给设定值滤波器和数字 PID 控制器,完成闭环自校正的过程。

11.3 专家式自校正 PID 控制器

11.3.1 专家式自校正 PID 控制器的基本原理

近十年来,人工智能与专家系统技术的飞速发展,给自动控制技术带来了新的活力。他们的结合形成了所谓的智能控制和专家控制,将人工智能与专家系统中的模型描述、模式识别、规则推理等方法应用于整定、校正、优化 PID 控制器参数,并同时完成在线控制任务,是当前自适应控制领域一个十分重要的研究方向。

傅京孙(1965)首先提出把人工智能的启发推理规则用于学习控制系统。此后,智能控制与专家控制的发展一度十分缓慢。近年来,随着计算机技术与机器人技术的迅速发展,对智能控制和专家控制的研究出现了新的热潮。同时,它们与自适应控制机理相结合形成的专家式自适应控制也正在兴起和迅速发展,Astrom 等人(1985,1986)在这方面做了许多开创性的工作。

在自适应控制的发展过程中,专家控制思想的引入为自适应控制机理的实用化建立了一个新的重要里程碑。至今为止自适应控制存在着两个显著的特点,即要求具有比较精确的过程数学模型以及不能为自适应控制机理确定有意义的目标,而专家式自适应控制则不是这样,它避开了准确的数学模型,并提供了有实际意义的时域目标。这两个高级的实际要求是通过人工智能领域内强有力的模式识别技术来达到的。正是由于具有这两个实用化的特点,专家式自适应控制器较一般的自适应控制器更具有广阔的应用前景。

专家式自校正 PID 控制器的特点首先表现在其模型描述的多样性。现有的控制理论对控制系统的设计都惟一依赖于被控对象的解析数学模型。在专家式 PID 控制器中,由于采用了专家系统技术,能够处理各种定性的与定量的、精确的与模糊的信息,因而不拘泥于单纯的解析模型,允许对模型采用多种形式的描述。这些描述形式主要有:

解析模型:这是人们所熟悉的一种描述形式,其主要表达方式有:微分方程,差分方程,传递函数,状态空间表达式和脉冲传递函数等。

Fuzzy 模型:这种形式对于描述定性的知识非常有用。在未知对象的准确数学模型而只掌握了被控过程对象的一些定性知识时,用 Fuzzy 数学的方法建立系统的输入和输出 Fuzzy 集以及它们之间的模糊关系较为方便。

规则模型:产生式规则的基本形式为:

IF 〈条件〉 THEN 〈操作或结论〉

这种基于规则的符号化模型特别适于描述过程的因果关系和非解析的映射关系等。基于规则的描述方式具有较强的灵活性,可方便地对规则加以补充或修改。

另外,还可根据不同情况,采用其他类型的描述方式。如用谓词逻辑来建立系统的因果模型,用符号矩阵来建立系统的联想记忆模型等。总之,采用各种不同的描述方式的目的是更多、更方便、更灵活地反映过程特征,增强系统的信息处理能力。

在线处理的灵巧性是专家式自校正 PID 控制器的另一特点,其重要特征是能够以有用的方式来划分和构造信息。在信息存储方面,将那些对作出控制、决策有意义的特征信息进行记忆。对于过时的信息则加以遗忘;在信息处理方面,把数值计算与符号运算结合起来;在信息利用方面,对各种反映过程特性的特征信息加以抽取和利用。不局限于误差和误差的一阶导数,灵活的处理与利用在线信息提高了系统的信息处理能力和决策水平。

专家式自校正 PID 控制器的另一特点是推理与决策的实时性和控制策略的灵活性。对于设计用于工业过程的专家式自校正 PID 控制器,实时性原则是必不可少的。这就要求知识库的规模不宜过大,推理结构尽可能简单。工业对象本身的时变性与不确定性以及现场干扰的随机性,要求控制器能通过在线获取的信息灵活地修改控制参数或策略,并加入一些异常情况处理的适应性策略,以增强系统的应变能力,保证获得优良的控制品质。

专家式的自校正 PID 控制器以常规 PID 控制器为基础,引入了专家系统技术,实现了 PID 控制器参数的自整定和自调整等多种功能,大大提高了原控制器的决策水平。由于在模型描述上采用了多种形式,必然导致了其实现方法的多样性。下面给出一种专家式自校正 PID 控制器的结构框图。

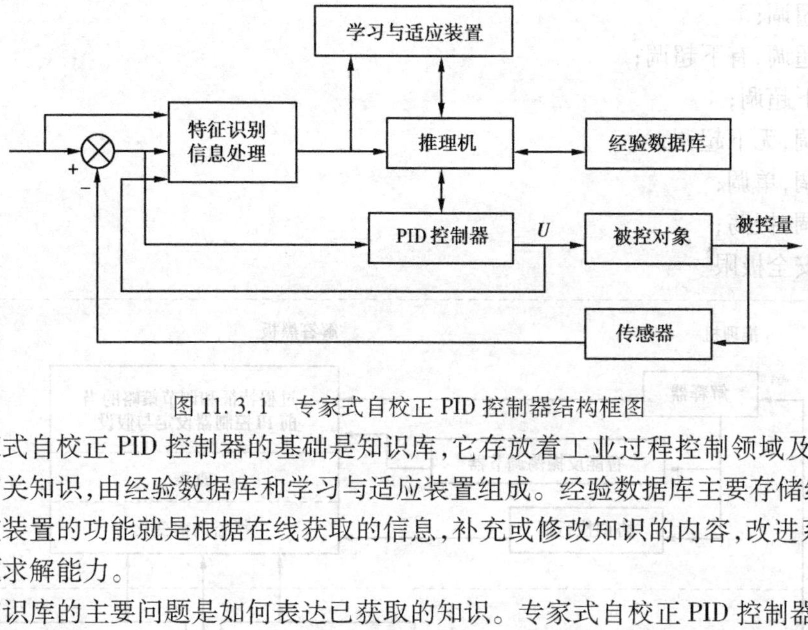

图 11.3.1　专家式自校正 PID 控制器结构框图

该专家式自校正 PID 控制器的基础是知识库,它存放着工业过程控制领域及 PID 控制参数调整的有关知识,由经验数据库和学习与适应装置组成。经验数据库主要存储经验和事实,学习与适应装置的功能就是根据在线获取的信息,补充或修改知识的内容,改进系统性能,以便提高问题求解能力。

建立知识库的主要问题是如何表达已获取的知识。专家式自校正 PID 控制器的知识库一般用产生式原则来建立。这种表达方式具有较高的灵活性,每条产生式规则都可独立地增删、修改,使知识库的内容便于更新。由于规则条数不多,搜索空间较小,推理机构就十分简单,一般采用向前推理方法,逐次判别各种规则的条件,满足则执行,否则继续搜索。

特征识别与信息处理部分的作用是实现对信息的提取与加工,为 PID 参数调整决策和调整规则的学习适应提供依据,主要包括抽取动态过程的特征信息,辨识系统的特征状态,并对特征信息作必要的加工。

11.3.2　专家式 PI 控制器

图 11.3.2 给出一种专家式 PI 控制器的软件结构模型。这个软件结构是由许多反映人类专家思考过程的部件构成的。它是任务分级结构型的,每个任务适合于实时控制和专家系统

技术,对这一分级基本任务进行分解可得下列子系统:

专家信号调节器

专家式 PI 控制器

专家监视器

专家控制器推理机

智能反振荡保护调节器

专家式 PI 调节器性能证明器

专家式 PI 控制器内开发的模式识别技术应用元知识,使之能处理各种过程。专家式 PI 控制器能够应用先前经验来解释新的状况。每条元规则包含闭环暂态响应特性,开环过程特性和控制器特性信息。闭环暂态响应特性表示装置的输出和操作变量,并以阶跃变化下对设定点的第一次上超调和下超调的幅值和时间响应,以及在暂态过程决定性时刻估计到的过程输出和操作变量的积分来表示。这些数据用于建立下列 9 种暂态响应特性:

①过低单调;

②过低振荡;

③上下超调;

④无上超调,有下超调;

⑤无上下超调;

⑥上超调,无下超调;

⑦上超调,单调;

⑧上超调,振荡;

⑨超过安全极限。

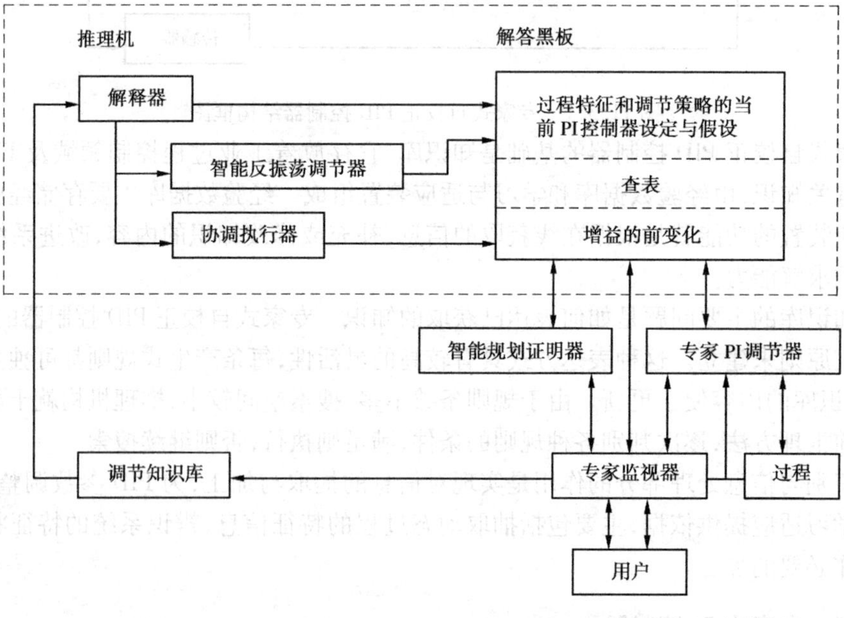

图 11. 3. 2　专家式 PI 控制器

这些响应特性中,描述过低、上超调和下超调的闭环暂态响应特性,是由于考虑到偏离上下闭环性能界限而产生的有关闭环暂态响应特性的信息,是与开关过程特性以及非线性控制

器特性相关联的。开环过程特性由下列 8 个方面来描述:

①非延时单调;

②非延时振荡;

③短延时单调;

④短延时振荡;

⑤中延时单调;

⑥中延时振荡;

⑦长延时单调;

⑧长延时振荡;

这些特性中,描述为短延时、中延时和长延时的开环过程,是由于考虑到过程内的纯延时时间与重要时间常数的比值而产生的。控制器非线性有关的特性有下列 8 种特性来描述:

①非正调节;

②非负调节;

③正调节器饱和;

④负调节器饱和;

⑤小正设定点变化;

⑥小负设定点变化;

⑦大正设定点变化;

⑧大负设定点变化。

应用这些信息,元知识把暂态响应组成可识别的物体集合,在逻辑上决定应把哪些反振荡规则用于积分控制器和把哪些调节规则用于 PI 控制器,并指明暂态响应中所得的特性改变。反振荡规则和调节规则是由综合许多控制工程师的经验而得到的,而且这些规则的建立方法使得能够对积分器抑制逻辑的设定做出定量判断,并改变控制器的比例和积分增益。对控制积分器振荡的逻辑设定规则是按照开环试验集合建立的,这些实验是对过程输入不同幅值的信号来进行的。这些非线性特性的表示,假定在控制器调节过程中维持不变。调节规则是按照应用关系以及现有闭环暂态特性与先前经验的匹配情况来建立的。应用规则的前后关系由元规则建立,而闭环暂态响应的匹配由比较所存储的闭环暂态特性(其确定的调节规则是已知的)与当前的闭环暂态特性来实现。

这里的元规则简化了对调节规则知识库搜索空间的控制,并使系统能够区分各种闭环暂态响应集合;这些响应在表面上相似,但实质上却是不同的。此外,这个方法能够用某种易于由协调执行器和专家调节器性能证明器存取的方式来实现。

由于要求专家式 PI 控制器能够控制多种多样的过程,所以一定规则的应用取决于过程的开环特性和控制器的非线性特性。因此,要建造一个鲁棒性好,能够进行自我解释和判断的专家式 PI 控制器,需要同时采用深入的和表面的知识表示,深入表示规则(或元规则)用协调执行器来建立中间假设,而且用推理机来改变控制器的增益;而表面表示规则只用于改变控制器积分部分的反振荡保护逻辑或控制器增益。协调控制器应用元规则来建立有关现行过程特性和现行调节策略的假设,力图维持形成解答的不变表示,同时具有提出和收回这些假设的方便性。由协调执行器内深入表示规则建立的假设,包含在解答黑板内。包括下列信息:有关过程特性和非线性调节器的当前假设,当前调节策略,控制器增益的现行变化趋势以及用于控制积分控制器反振荡的当前逻辑等。

专家式 PI 控制器的工作过程如下：以不同大小的阶跃输入对过程进行开环阶跃响应试验，而有关过程特性和控制器非线性特性的初始假设是预先给出的，然后解释器通过建立对积分控制器的反振荡保护逻辑来执行反振荡保护过程。接着，推理机构对 PI 控制器进行调节。解释器应用适当的元规则（它们激活表面知识库内的一条规则）对 PI 控制器执行调节过程，然后由协调执行器检查黑板的当前内容，并估计应用规则的效果。协调执行器执行适当的增益变化，而且当过程处于稳定状态时，启动某个闭环阶跃响应试验。经过闭环暂态响应，协调执行器改变或修改当前假设，一旦这一步完成，解释器再次执行 PI 控制器的调节过程，并重复整个过程，直至控制器被调节至规定的技术要求为止。

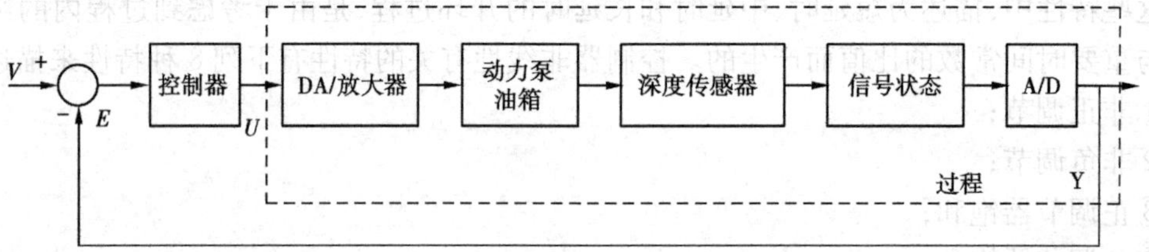

图 11.3.3　专家式 PI 控制器进行实验室实验的方框图

它的实际性能是由调节一台试验装置上的数字 PI 控制器来评价的。该实验装置由一台泵和多个油箱组件构成，输入变量为泵的流速，受控输出变量为第二油箱的液面高度。该装置具有明显的调节非线性和过程动力学非线性。选择采样周期为 1s，闭环特性极限为 5% 的最大向上超调和 5% 的最大向下超调，PI 控制器的初始设定是由开环阶跃响应得到的。

没有任何反振荡逻辑的初始调节闭环系统的性能示于图 11.3.4。

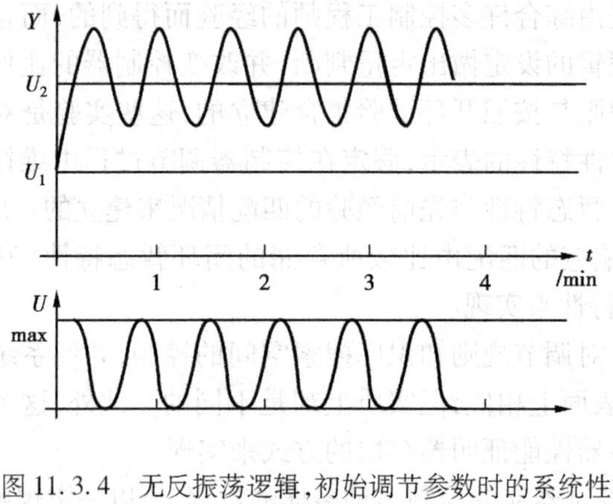

图 11.3.4　无反振荡逻辑，初始调节参数时的系统性能

由图可明显的看出，由于控制器饱和以及所引起的积分振荡，该系统已进入有界循环，含有反振荡逻辑的初始和最后调节闭环系统的性能分别示于图 11.3.5 和 11.3.6，比例和积分控制增益的轨迹示于图 11.3.7。实时实验结果显示出专家式 PI 控制器在对积分控制建立反振荡逻辑和调节数字 PI 控制器方面的优良性能。

11.3.3　基于模式识别的专家式自校正 PID 控制器

基于模式识别的专家式自校正 PID 控制器将模式识别技术作为辨识过程特征参数的基本

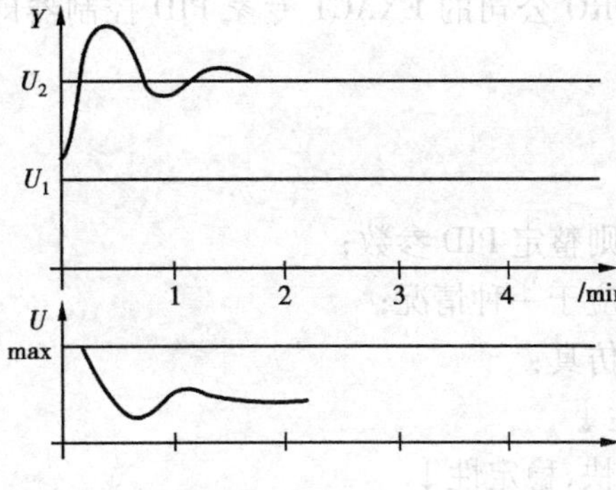

图 11.3.5　有反振荡逻辑,初始调节参数时的系统性能

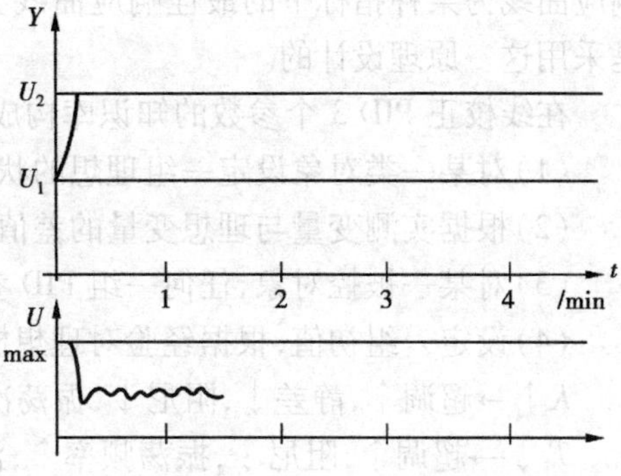

图 11.3.6　有反振荡逻辑,最终调节参数时的系统性能

手段,根据所识别的过程闭环响应模式,结合专家对控制器的调整经验和有关知识,运用规则推理的方法获取控制器参数的调整值。这种方法简单、直观、容易实现,对系统内部和外部的不确定性所造成的影响有一定的克服能力,具有较高的实用价值。目前已有产品投放市场,如 FOXBORO 公司的 EXACT、横河公司的 BCPC、LOVE CONTROL 公司的 300 系列等。

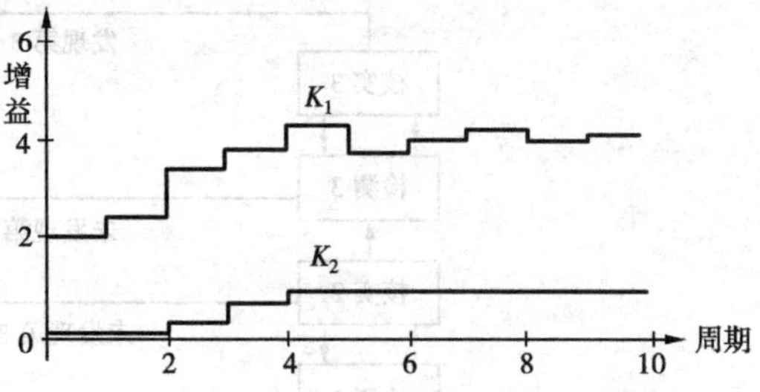

图 11.3.7　比例和积分增益变化轨迹

事实上,多年来在人工调整 PID 控制器参数的过程中就常常用到了模式识别的方法,比较典型的是:首先对闭环过程加入扰动,然后观察响应曲线的模式,并将其实际形状与某种指标下的最佳响应曲线加以比较,控制工程师再运用过程知识和经验适当地调整控制参数,反复多次,直至满意为止。这里所识别的模式通常是误差对时间的变化情况,其典型的特征是峰值出现与否,两峰值间的时间及稳态误差。这些特征信息用人们熟知的术语可表达为:超调量、衰减率和衰减周期等。其定义如图 11.3.8 所示。

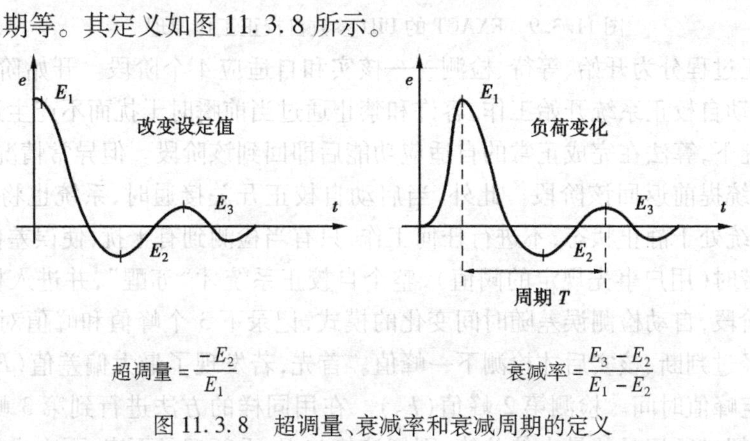

$$超调量 = -\frac{E_2}{E_1} \qquad 衰减率 = \frac{E_3 - E_2}{E_1 - E_2}$$

图 11.3.8　超调量、衰减率和衰减周期的定义

如果采用上述过程特征信息设计基于模式识别技术的自校正 PID 控制器,则其工作原理可简述为:通过对系统误差的模式识别,分别识别出过程响应曲线的超调量、衰减率和衰减周期,然后根据用户事先设定好的超调量、衰减率等约束条件在线校正 PID 3 个参数,直至过程

响应曲线为某种指标下的最佳响应曲线为止。FOXBORO 公司的 EXACT 专家 PID 控制器即是采用这一原理设计的。

在线校正 PID 3 个参数的知识库构成原则为：

(1)对某一类对象设定一组理想的状态变量；

(2)根据实测变量与理想变量的差值，按启发式规则整定 PID 参数；

(3)对某一被控对象，任何一组 PID 参数指可能对应于一种情况；

(4)设定一组初值，根据经验对理想模式进行离线仿真：

K↑→超调↑，静差↓，阻尼↓，振荡次数↑，稳定性↓

T_i↓→超调↑，阻尼↓，振荡频率↑，消除静差速度快，稳定性↓

T_d↑→超调↓，阻尼↑，振荡频率↑，噪声影响↑，稳定性↑

EXACT 进行 PID 参数自校正工作原理如图 11.3.9 所示。

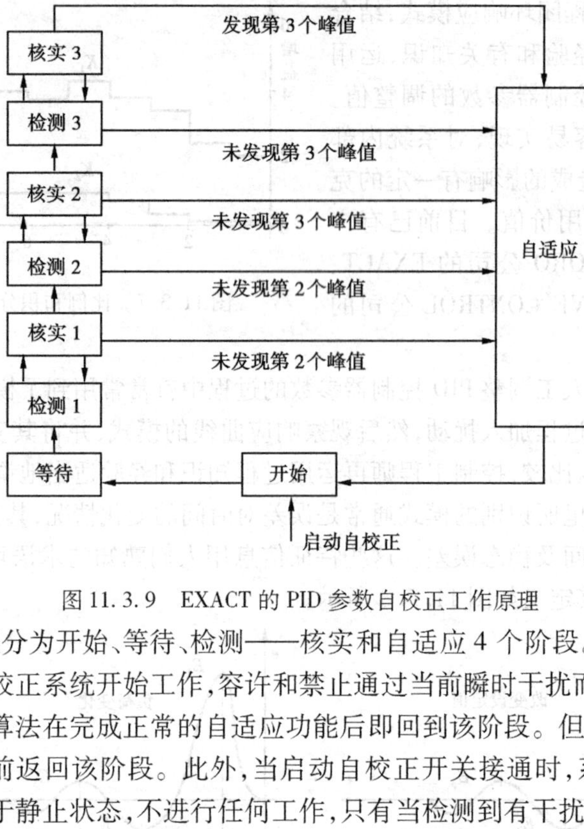

图 11.3.9　EXACT 的 PID 参数自校正工作原理

整个自校正过程分为开始、等待、检测——核实和自适应 4 个阶段。开始阶段的功能为：初始化工作，启动自校正系统开始工作，容许和禁止通过当前瞬时干扰而不产生进一步的调整作用。一般情况下，算法在完成正常的自适应功能后即回到该阶段。但异常情况下，自适应过程自动终止，系统提前返回该阶段。此外，当启动自校正开关接通时，系统也将进入该阶段。在等待阶段，系统处于静止状态，不进行任何工作，只有当检测到有干扰，使误差信号幅值大于两倍以上噪声带时(用户事先规定的阈值)，整个自校正系统才"苏醒"，并进入检测——核实阶段。在这一阶段，自动检测误差随时间变化的模式，记录下 3 个峰值和峰值对应的时间，每一个峰值均需经过判断、核实后才检测下一峰值。首先，若发现了最大偏差值(E_1)，则记录下该值并开始测定峰值时间。检测第 2 峰值(E_2)。在用同样的方法进行到第 3 峰值的检测时有一些变化，若超过所记录的最大偏差值，则把该值与 E_1 重新记录下来，再次进行 E_2、E_3 的检测，当不出现 E_2 或 E_3 时，算法将认为是过程阻尼响应，并产生一个伪峰值来进行自适应计算调整控制器。自适应阶段的功能是，将获得的响应参数信息变换成超调量、衰减率、积分周期 I 和微分周期 D 后，根据规则集进行判断、推理，从而做出调整 PID 参数的正确决策。在整个自校正的过程中,控制器的参数保持不变,只有当反复运算后收敛于一组令人满意的 PID 参数时,才更新原 PID 控制器的参数。

在对有 5 个惯性环节(时间常数均为 1.2s)和纯滞后(纯滞后时间 2.0s)的过程 $\frac{e^{-2s}}{(1+1.2s)^5}$进行仿真研究时发现,不管怎样设定初始 PID 值,在 4 ~ 5 次运算后均收敛于同一最佳值,其收敛情况如图 11.3.10 所示。

由上述可知,EXACT 利用模式识别方法识别被控系统的误差随时间变化模式,利用积累的经验和知识构成模糊数理逻辑和判断规则集,用以整定 PID 参数,完全脱离了对被控系统数学模型和阶数的依赖或限制,从而扩大了应用范围。

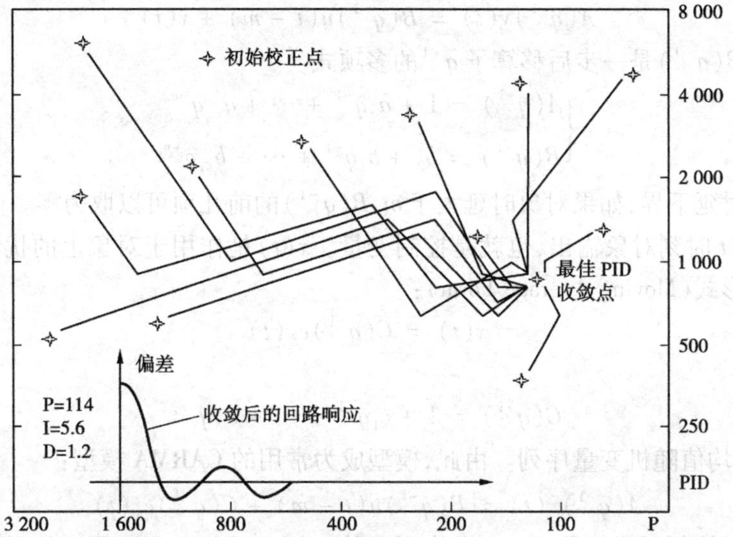

图 11.3.10　校正参数的收敛状况

11.3.4　广义预测控制

在过去的 20 年里,自适应控制在理论和应用上都有了很大的发展,但自适应控制的应用却不够广泛,这主要由于它要求控制对象有一个比较精确的数学模型,而建立正确的数学模型在许多情况下是十分困难的。因此,需要建立对数学模型的依赖性低,又能处理各种复杂对象的通用性好的计算机控制算法。

D · W · Clarke 及其同事在 J · Richalet 提出的大范围预测概念上提出了广义预测控制(Gneralized Predictive Control 简称 GPC)。它以长序列的多步优化来取代经典最小方差控制中的一步预测优化,因而可以运行于时延变化、开环不稳定和非最小相位系统,对模型失配(如阶次设定错误、过参数、欠参数等)都能获得稳定的控制。广义预测控制对对象输出做多步预测,这种预测是建立在将来时刻的控制量上面的。同时确定一个控制范围,并假设在这个范围外的控制量不再变化。目标函数为预测输出与设定值的误差和控制增量的二次函数。广义预测控制的基本内容为:①采用受控自回归积分滑动平均(Controlled Auto-Re gressive Integrated Moving-Average 简称 CARIMA 模型;②对将来时刻的设定值进行柔化处理,使之平滑;③由预测模型预测将来的多步输出值;④目标函数最小化得到将来时刻控制增量序列;⑤采纳控制增量序列的第一个量。在下一个采样时刻又重复相同的计算过程。

11.4 广义预测控制

11.4.1 广义预测控制的基本设计过程

(1)CARIMA 模型

通常考虑一个局部线性化模型

$$A(q^{-1})y(t) = B(q^{-1})u(t-m) + x(t)$$

其中,$A(q^{-1})$、$B(q^{-1})$是一步后移算子 q^{-1}的多项式。

$$\begin{cases} A(q^{-1}) = 1 + a_1 q^{-1} + \cdots + a_{n_a} q^{-n_a} \\ B(q^{-1}) = b_0 + b_1 q^{-1} + \cdots + b_{n_b} q^{-n_b} \end{cases}$$

m 是对象时延下界,如果对象时延大于 m,$B(q^{-1})$的前几项可以取为零。$y(k)$为 t 时刻对象输出,$u(t)$为 t 时刻对象输出,也就是控制变量。$x(t)$是作用于对象上的扰动,Astrom 把它定为滑动平均形式(Moving Average Form):

$$x(t) = C(q^{-1})e_w(t)$$

其中

$$C(q^{-1}) = 1 + c_1 q^{-1} + \cdots + c_{n_c} q^{-n_c}$$

$e_w(k)$是独立零均值随机变量序列。由此,模型成为常用的 CARMA 模型:

$$A(q^{-1})y(t) = B(q^{-1})u(t-m) + C(q^{-1})e_w(t)$$

许多自校正控制理论就是建立在此模型上的。但大部分工业应用中的干扰是非平稳的,负载扰动常是非零均值的,CARMA 模型会导致输出和期望值之间的偏差,为消除这种偏差在控制中常引入一个积分器。由 CARMA 模型所导出的控制律对非零均值的噪声过程十分敏感,为此假设扰动为

$$x(t) = C(q^{-1})e_w(t) + d$$

d 为常数,这时对象模型成为

$$A(q^{-1})y(t) = B(q^{-1})u(t-m) + C(q^{-1})e_w(t) + d$$

但这个模型在辨识上有困难。在辨识过程中,数据向量对应于 d 的数据恒为 1,不是持续的激励信号,在线辨识会造成 d 值漂移。

根据工业干扰的特性,D · W · Clarke 认为用模型

$$x(t) = C(q^{-1})e_w(t)/\Delta$$

来描述扰动更为恰当。其中,Δ 是差分算子 $\Delta = 1 - q^{-1}$。这样就得出了 CARMA 的模型:

$$A(q^{-1})y(t) = B(q^{-1})u(t-m) + C(q^{-1})e_w(t)/\Delta$$

这个模型被 D · W · Clarke 及同事用于其他自校正控制已得到较好的效果,广义预测控制就是在 CARMA 模型上建立的。

为下一步推导工作的简洁,令 $C(q^{-1}) = 1$,可以认为$[C(q^{-1})]^{-1}$的作用被并入 $A(q^{-1})$、$B(q^{-1})$中去了,给出模型

$$A(q^{-1})y(t) = B(q^{-1})u(t-m) + e_w(t)/\Delta \tag{11.4.1}$$

以下算法推导都是在上式展开的。为简洁起见，把 $A(q^{-1})$、$B(q^{-1})$ 简记为 A、B 并对它的 q^{-1} 多项式也作相应的简记。

(2)输出预测

把(11.4.1)式的对象模型改写为：

$$A\Delta y(t) = B\Delta u(t-m) + e_w(t) \tag{11.4.2}$$

为得到 τ 时刻对 $\tau+j$ 时刻输出的提前预测，基于(11.4.2)式考虑 Diophantine 方程

$$\frac{1}{A\Delta} = E_j + q^{-j}\frac{F_j}{A\Delta}$$

即

$$I = E_jA\Delta + q^{-j}F_j \tag{11.4.3}$$

这里 E_j 为 q^{-1} 的 $j-1$ 次多项式，F_j 为 q^{-1} 的 n_a 阶多项式

$$\begin{cases} E_j = e_0 + e_1q^{-1} + \cdots + e_{j-1}q^{-j+1} \\ F_j = f_{j0} + f_{j1}q^{-1} + \cdots + f_{jn_a}q^{-n_a} \end{cases}$$

E_j 与 F_j 由多项式 A 与预测区间 j 惟一确定。把(11.4.2)式两边乘以 E_jq^j 得到：

$$E_jA\Delta y(t+j) = E_jB\Delta u(t+j-m) + E_je_w(t+j)$$

把(11.4.3)式代入有：

$$y(t+j) = E_jB\Delta u(t+j-m) + F_jy(t) + E_je_w(t+j) \tag{11.4.4}$$

E_j 是 $j-1$ 阶 q^{-1} 多项式，噪声分量
$E_je_w(t+j) = e_0e_w(t+j) + e_1e_w(t+j-1) + \cdots + e_{j-1}e_w(t+1)$ 都是将来时刻的量。所以由 t 时刻所能获得的数据和将来时刻控制量 $u(t+i)$ 给出的最优预测为：

$$\hat{y}(t+j) = G_j\Delta u(t+j-m) + F_jy(t) \tag{11.4.5}$$

这里 $G_j = E_jB$。对于 $j<m$ 的情况，$y(t+j)$ 可以由 t 时刻所获得的数据来确定；对于 $j \geqslant m$ 的情况，$y(t+j)$ 的确定就必须依赖于将来的控制活动 $u(t+i)$，$i \geqslant 0$。

在广义预测控制中要完成长序列的预测，对每一个 j 可以通过(11.4.5)式解出 E_j 和 F_j，但这样做计算量大，不利于实际应用。Diophantine 方程的递推解法使计算过程得到简化，它利用 E_j 和 F_j 的值来求得 E_{j+1} 和 F_{j+1}。

考虑两个 Diophantine 方程

$$1 = E_jA\Delta + q^{-j}F_j \tag{11.4.6(a)}$$

$$1 = E_{j+1}A\Delta + q^{-j-1}F_{j+1} \tag{11.4.6(b)}$$

由(11.4.6(b))式减去(11.4.6(a))式得到

$$e_jq^{-j}A\Delta + q^{-j}(q^{-1}F_{j+1} - F_j) = 0$$

等式中 q^{-1} 各次幂的系数为零，有解 Diophantine 方程的递推式

$$e_j = f_{j0} \tag{11.4.7(a)}$$

$$f_{j+1,i-1} = f_{ji} + (a_{i-1} - a_i)e_j \qquad (i = 1,2,\cdots,n_a) \tag{11.4.7(b)}$$

$$f_{j+1,n_a} = a_{n_a}e_j \tag{11.4.7(c)}$$

同时

$$E_{j+1} = E_j + e_jq^{-j} \tag{11.4.8}$$

$$G_{j+1} = E_{j+1}B \tag{11.4.9}$$

由多项式 A、B,再加上已知的 E_j、F_j,用(11.4.8)式可得到 F_{j+1},用(11.4.8)、(11.4.9)式可得到 E_{j+1},G_{j+1}。

循环的初始条件,考虑到 $j=1$ 时有:

$$1 = E_1 A\Delta + q^{-1}F_1$$

已知 $A\Delta$ 的首项为1,那么

$$E_1 = e_0 = 1$$

$$F_1 = q(1 - A\Delta)$$

有了 E_1,F_1,采用递推式可以求出所需要的 E_j,F_j,这样的计算用计算机来完成是很方便的。

(3)设定值的柔化处理

假设未来的设定值或参考输入序列$\{W(t+j), j=1,2,\cdots\}$是已知的,在大多数情况下,$W(t+j)$是常数 W,在过程控制和机器人这一类设定值变化的情况下,$W(t+j)$在 t 时刻也是已知的。为了使输出 $y(t)$能平稳地跟踪设定值 W,用一阶模型来平滑设定值。

$$W(t) = y(t)$$

$$W(t+j) = \alpha W(t+j-1) + (1-\alpha)W \quad j=1,2,3,\cdots \tag{11.4.10}$$

产出新的设定值序列$\{W(t+j), j=1,2,\cdots\}$,这里$0\leqslant\alpha\leqslant 1$。对于慢过程,可以取 $\alpha\approx 1$,对希望输出很快达到设定值的过程,α 应取较小值。

(4)广义预测控制律

预测控制的基本思想是使将来的对象输出 $y(t+j)$在某种意义下靠近将来的设定值,为此目的求出响应的控制量,图11.4.1给出了广义预测控制的基本思想的示意图。

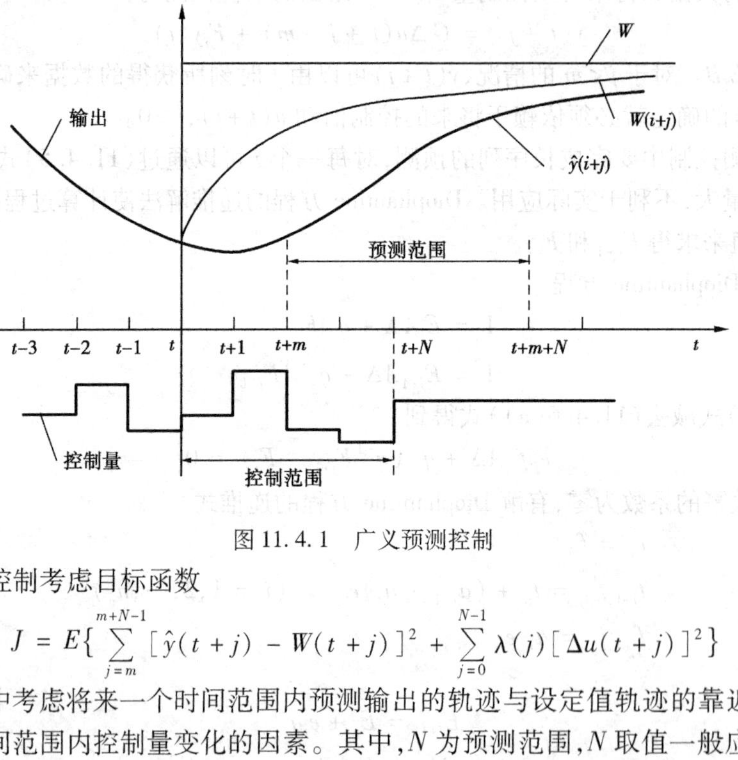

图11.4.1　广义预测控制

广义预测控制考虑目标函数

$$J = E\left\{\sum_{j=m}^{m+N-1}[\hat{y}(t+j) - W(t+j)]^2 + \sum_{j=0}^{N-1}\lambda(j)[\Delta u(t+j)]^2\right\} \tag{11.4.11}$$

目标函数中考虑将来一个时间范围内预测输出的轨迹与设定值轨迹的靠近程度,同时也考虑在一个时间范围内控制量变化的因素。其中,N 为预测范围,N 取值一般应大于 $B(q^{-1})$

的阶数,或近似等于被控对象上升时间。$\lambda(j)$是控制量加权系数,$\lambda(j)\geqslant 0$,通常为简单起见,设 $\lambda(j)=\lambda$(常数)。

现在广义预测控制问题就成为使目标函数 J 最小化的一个优化问题。

详细重写(11.3.5)式,得:

$$\begin{cases}\hat{y}(t+m)=G_m\Delta u(t)+F_m y(t)\\ \hat{y}(t+m+1)=G_{m+1}\Delta u(t+1)+F_{m+1}y(t)\\ \vdots\\ \hat{y}(t+m+N-1)=G_{m+N-1}\Delta u(t+N-1)+F_{m+N-1}y(t)\end{cases}\tag{11.4.12}$$

其中　$G_j=E_jB=g_{j0}+g_{j1}q^{-1}+\cdots+g_{j,n_b+j-1}q^{-n_b-j+1}$

考虑 $\hat{y}(t+j)(j\geqslant m)$由两部分组成。一部分是在 t 时刻可获得的数据,包括 t 时刻以前的控制量和输出量以及 t 时刻的输出量;另一部分依赖于将要决定的现在时刻及将来时刻的控制量。用$f(t+j)$来表示构成 $\hat{y}(t+j)$的信号中 t 时刻能获得的部分,那么

$$\begin{cases}f(t+m)=(G_m-g_{m0})\Delta u(t)+F_m y(t)\\ f(t+m+1)=q(G_{m+1}-g_{m+1,0}-g_{m+1,1}q^{-1})\Delta u(t)+F_{m+1}y(t)\\ \vdots\\ f(t+m+N-1)=q^{N-1}(G_{m+N-1}-g_{m+N-1,0}-g_{m+N-1,1}q^{-1}-\cdots-\\ \qquad g_{m+N-1,N-1}q^{-N+1})\Delta u(t)+F_{m+N-1}y(t)\end{cases}\tag{11.4.13}$$

把(11.4.13)式代入(11.4.12)式得:

$$\begin{cases}\hat{y}(t+m)=g_{m0}\Delta u(t)+f(t+m)\\ \hat{y}(t+m+1)=g_{m+1,1}\Delta u(t)+g_{m+1,0}\Delta u(t+1)+f(t+m+1)\\ \vdots\\ \hat{y}(t+m+N-1)=g_{m+N-1,N-1}\Delta u(t)+g_{m+N-1,N-2}\Delta u(t+1)+\cdots+\\ \qquad g_{m+N-1,0}\Delta u(t+N-1)+f(t+m+N-1)\end{cases}$$

把(11.4.3)式中的 $E_j=\dfrac{1}{A\Delta}-q^{-j}\dfrac{F_j}{A\Delta}$代入 G_j 的定义式,那么

$$G_j=\frac{B}{A\Delta}-q^{-j}\frac{BF_j}{A\Delta}$$

由此看出 G_j 中的前 j 项完全由对象阶跃响应$\dfrac{B}{A\Delta}$决定,因此,当 $i<j$ 时,g_{ji}与 j 无关,有 $g_{ji}=g_i$,$(i<j)$,并且

$$g_i=\sum_{l=0}^{\min(j,n_b)}e(j-l)b_l\tag{11.4.14}$$

考虑$f(t+m+j)$的计算,若直接按(11.4.13)式计算,计算量很大,下面给出$f(t+m+j)$的递推计算,令

$$H_{m+j}=q^j(G_{m+j}-g_0-g_1q^{-1}-\cdots-g_jq^{-j})$$

那么(11.4.13)式成为

$$f(t+m+j)=H_{m+j}\Delta u(t)+F_{m+j}y(t)\tag{11.4.15}$$

由于 $\deg[G_{m+j}(q^{-1})]=n_b+m+j-1$,因而有 $\deg[G_{m+j}(q^{-1})]=n_b+m-1$,$H_{m+j}$的阶次与 j 无关。令 $n_h=n_b+m-1$,那么 $f(t+m+j)$ 对所有的 $j\geqslant 0$ 都是由 $\Delta u(t-1),\Delta u(t-2),\cdots,\Delta u(t-n_h);y(t),y(t-1),\cdots,y(t-n_a)$ 决定的。

令 $H_j=h_{j,1}q^{-1}+h_{j,2}q^{-2}+\cdots+h_{j,n_h}q^{-n_h}$,有 H_j 的递推式

① $$\begin{cases} h_{j+1,i}=h_{j,i+1} \\ \vdots \qquad (i=1,2,\cdots,n_h-1) \\ h_{j+1,n_h}=0 \end{cases} \tag{11.4.16}$$

② $$h_{j+1,n_h-i}=h_{j+1,n_h-i}+e_jb_{n_b-i} \quad (i=0,1,\cdots,\min(n_b,n_h-1)) \tag{11.4.17}$$

递推初始条件为 $h_{0,i}=0(i=1,2,\cdots,n_h)$ 求解出 $H_m,H_{m+1},\cdots,H_{m+N-1}$,用(11.4.15)式可以得到所需要的 $f(t+m),f(t+m+1),\cdots,f(t+m+N-1)$。记

$$\hat{\boldsymbol{y}}=[\hat{y}(t+m),\hat{y}(t+m+1),\cdots,\hat{y}(t+m+N-1)]^T$$

$$\tilde{\boldsymbol{u}}=[\Delta u(t),\Delta u(t+1),\cdots,\Delta u(t+N-1)]^T$$

$$\boldsymbol{f}=[f(t+m),f(t+m+1),\cdots,f(t+m+N-1)]^T$$

$$\boldsymbol{W}=[W(t+m),W(t+m+1),\cdots,W(t+m+N-1)]^T$$

$$\boldsymbol{G}=\begin{bmatrix} g_0 & & & \\ g_1 g_0 & g_0 & 0 & \\ \vdots & & \ddots & \\ g_{N-1} g_{N-2} & \cdots & \cdots & g_0 \end{bmatrix}$$

方程组(11.4.12)式成为

$$\hat{\boldsymbol{y}}=\boldsymbol{G}\tilde{\boldsymbol{u}}+\boldsymbol{f} \tag{11.4.18}$$

(11.4.11)式的目标函数可写为:

$$J=E\{(\hat{\boldsymbol{y}}-\boldsymbol{W})^T(\hat{\boldsymbol{y}}-\boldsymbol{W})+\lambda\tilde{\boldsymbol{u}}^T\tilde{\boldsymbol{u}}\} \tag{11.4.19}$$

把(11.4.18)式代入(11.4.19)式

$$J=E\{(\boldsymbol{G}\tilde{\boldsymbol{u}}+\boldsymbol{f}-\boldsymbol{W})^T(\boldsymbol{G}\tilde{\boldsymbol{u}}+\boldsymbol{f}-\boldsymbol{W})+\lambda\tilde{\boldsymbol{u}}^T\tilde{\boldsymbol{u}}\}$$

对 J 关于 $\tilde{\boldsymbol{u}}$ 求导,并令它等于零,可得

$$2\boldsymbol{G}^T(\boldsymbol{G}\tilde{\boldsymbol{u}}+\boldsymbol{f}-\boldsymbol{W})+2\lambda\boldsymbol{I}\tilde{\boldsymbol{u}}=0$$

其中,$\boldsymbol{I}$ 为 $N\times N$ 单位阵,由此可得

$$\tilde{\boldsymbol{u}}^*=(\boldsymbol{G}^T\boldsymbol{G}+\lambda\boldsymbol{I})^{-1}(\boldsymbol{W}-\boldsymbol{f}) \tag{11.4.20}$$

计算出控制增量序列 $\{\Delta u^*(t),\Delta u^*(t+1),\cdots,\Delta u^*(t+N-1)\}$ 以后,在 t 时刻只采用 $\Delta u^*(t)$ 这一个数据,在 $t+i$ 时刻,以上所有的计算过程又重新开始,这就叫做滚动优化。记 $\boldsymbol{g}^T$ 是 $(\boldsymbol{G}^T\boldsymbol{G}+\lambda\boldsymbol{I})^{-1}\boldsymbol{G}^T$ 的第一行,那么 t 时刻的控制量为

$$u^*(t)=u(t-1)+\boldsymbol{g}^T(\boldsymbol{W}-\boldsymbol{f}) \tag{11.4.21}$$

如果把 $\{\Delta u^*(t),\Delta u^*(t+1),\cdots,\Delta u^*(t+N-1)\}$ 的结果在 $t,t+1,\cdots,t+N-1$ 时刻全部采用,就成为一个开环反馈优化控制。广义预测控制在目标函数中考虑控制增量序列并不是为了一次求出 N 个控制量并全部采纳,只是为了增强系统的稳健性。

11.4.2　控制范围的改进

(11.4.18)式中的矩阵 $\boldsymbol{G}$ 是一个 $N \times N$ 的方阵,对于非自适应情形,$\boldsymbol{g}^T$ 的计算只进行一次,计算量的大小并不重要。但在自适应时,情况则大不相同,在每一采样时刻 t 都要对 $(\boldsymbol{G}^T\boldsymbol{G}+\lambda\boldsymbol{I})$ 作一次求逆运算,如果 $\boldsymbol{G}$ 的阶次较高,求逆矩阵的计算量将非常大,这对实际应用是一个障碍。为此,假设在范围 $N_u(<N)$ 以后,控制增量零,也就是

$$\Delta u(t+j) = 0 \quad j \geqslant N_u \tag{11.4.22}$$

这里 N_u 称为控制范围。这个假设可以相当于在目标函数中将 $\lambda(j)(j \geqslant N_u)$ 设成无穷大,那么在 $t+N_u$ 时刻以后控制量 $u(t+j)$ 不再变化,全部等于 $u(t+N_u-1)$。

控制范围 N_u 的引入,有效地减少了计算上的困难,向量 $\tilde{\boldsymbol{u}}$ 的维数从 N 降为 N_u。

$$\tilde{\boldsymbol{u}} = [\Delta u(t), \Delta u(t+1), \cdots, \Delta u(t+N_u-1)]^T$$

预测方程(11.4.18)式变为

$$\hat{\boldsymbol{y}} = \boldsymbol{G}_1\tilde{\boldsymbol{u}} + \boldsymbol{f} \tag{11.4.23}$$

其中

$$\boldsymbol{G}_1 = \begin{bmatrix} g_0 & & \\ g_1 & \ddots & 0 \\ \vdots & & \ddots \\ \vdots & & g_0 \\ \vdots & & g_1 \\ \vdots & & \vdots \\ g_{N-1} & \cdots\ \cdots & g_{N-N_u} \end{bmatrix}$$

相应的目标函数也变为

$$J = E\{(\boldsymbol{G}_1\tilde{\boldsymbol{u}}+\boldsymbol{f}-\boldsymbol{W})^T(\boldsymbol{G}_1\tilde{\boldsymbol{u}}+\boldsymbol{f}-\boldsymbol{W}) + \lambda\tilde{\boldsymbol{u}}^T\tilde{\boldsymbol{u}}\}$$

J 在 $\tilde{\boldsymbol{u}}$ 处取极值的必要条件是 $\dfrac{\partial}{\partial\tilde{\boldsymbol{u}}}\left(\dfrac{\partial J}{\partial\tilde{\boldsymbol{u}}}\right)$ 正定。

$$\frac{\partial}{\partial\tilde{\boldsymbol{u}}}\left(\frac{\partial J}{\partial\tilde{\boldsymbol{u}}}\right) = 2(\boldsymbol{G}^T\boldsymbol{G}+\lambda\boldsymbol{I})^T$$

只要 $(\boldsymbol{G}^T\boldsymbol{G}+\lambda\boldsymbol{I})$ 是非奇异,必定是正定的。对应的最优控制为:

$$\tilde{\boldsymbol{u}}^* = (\boldsymbol{G}_1^T\boldsymbol{G}_1+\lambda\boldsymbol{I}_1)^{-1}\boldsymbol{G}_1^T(\boldsymbol{W}-\boldsymbol{f}) \tag{11.4.24}$$

这里 $\boldsymbol{I}_1$ 为 $N_u \times N_u$ 单位阵,$(\boldsymbol{G}^T\boldsymbol{G}+\lambda\boldsymbol{I}_1)$ 是 $N_u \times N_u$ 方阵,求逆的矩阵被降到 $N_u \times N_u$ 阶,计算量减小了,尤其在 $N_u=1$ 时,$(\boldsymbol{G}^T\boldsymbol{G}+\lambda\boldsymbol{I}_1)$ 成为一个标量,完全避免了麻烦的矩阵求逆过程。

设 $\boldsymbol{g}_1^T$ 是 $(\boldsymbol{G}_1^T\boldsymbol{G}_1+\lambda\boldsymbol{I}_1)^{-1}\boldsymbol{G}_1^T$ 的第一行,那么 t 时刻控制量为:

$$u^*(t) = u(t-1) + \boldsymbol{g}_1^T(\boldsymbol{W}-\boldsymbol{f}) \tag{11.4.25}$$

11.4.3　控制器参数的选择

广义预测控制器的设计应合理地选择预测范围和控制范围。对象是未知时延,时延变化

的情况时，可以把 m 设为 1 或可能的最小值，并把 $B(q^{-1})$ 的阶数增加到覆盖所有可能的时延。如果对象的时延比假设的大，那就相当于 $B(q^{-1})$ 的前面几项系数为零。广义预测控制对参数有很好的鲁棒性，这样做并不影响控制器的稳定性。

预测范围 N 必须超过 $B(q^{-1})$ 的阶数，否则可能造成系统不稳定。设计时 N 应取一个较大的值，取 N 的值接近于对象的上升时间，可能得到好的控制效果。这样选取的 N 值，控制器可以用于非最小相位对象。

控制范围 N_u 是控制器的一个重要设计参数。当 N_u 取较小值，可以简化计算；N_u 较大时，有更主动的控制效果。离线仿真时，可逐步增加 N_u 直至进一步增加 N_u 对控制已无明显改进，这样能确定出合适的 N_u。研究表明，当对象不稳定或有容易引起不稳定的极点时，N_u 的取值至少要等于不稳定极点数和容易引起不稳定的极点数之和，对一个简单的对象（开环稳定，可以是变时延的、非最小相位的对象），简单地取 $N_u=1$，通常就能得到一个合适的控制器。它的计算很简单，但对更复杂的系统，需要增加 N_u 才能得到满意的结果。

如果希望控制量变化平缓，可以增大 λ，否则减小 λ，直至 $\lambda=0$。对于一般的工业控制对象，D · W · Clarke 给出了一个典型控制器的参数：$m=1, n=10, N_u=1$。合理选择采样时间，就能满足要求。

广义预测控制器对参数选择的鲁棒性好，使设计者有较大的自由度，容易获得好的控制性能，这使得广义预测控制易用于实际工业过程。

11.4.4 仿真举例

用广义预测控制算法控制表 11.4.1 所示 5 个对象，采样时间为 1s，控制量限幅在[-100，100]。用递推最小二乘法辨识参数，遗忘因子取为 0.9，仿真中不加噪声。在前 10 步，控制量设为 10（即 $u(t)=10$，对 $t=1,2,\cdots,9$）以启动参数辨识，初始参数设为 $(1,0,\cdots,0)$，$\boldsymbol{P}(0)=100I$。10 步以后自适应控制器开始工作，当辨识中 $\boldsymbol{P}$ 矩阵变得很坏时，重新设置 $\boldsymbol{P}$ 矩阵为 $100I$。设定值 $W(t)$ 以 80 为周期在 0，20，50 进行变化。对象模型每 80 步顺序换一个。由表 11.4.1 看出，模型动态差异很大，实际对象几乎不可能这样变化，这样仿真可以研究控制器的鲁棒性和自适应性能。

表 11.4.1　仿真对象

序号	连续模型	离散模型	仿真时间（步）
1	$\frac{1}{1+10s+40s^2}$	$y(t)=1.756y(t-1)-0.7788y(t-2)+0.1156u(t-1)-0.1018u(t-2)$	1 ~ 79
2	$\frac{e^{-3s}}{1+10s+40s^2}$	$y(t)=1.756y(t-1)-0.7788y(t-2)+0.1156u(t-4)-0.1018u(t-5)$	80 ~ 159
3	$\frac{e^{-3s}}{1+10s}$	$y(t)=0.9048y(t-1)+0.0952y(t-4)$	160 ~ 239
4	$\frac{1}{1+10s}$	$y(t)=0.9048y(t-1)+0.0952y(t-1)$	240 ~ 319
5	$\frac{1}{1+10s(1+2.5s)}$	$y(t)=1.6703y(t-1)-0.6703y(t-2)+0.0083u(t-1)+0.0154u(t-2)$	320 ~ 400

作为对照研究,用最小方差控制器来控制上述对象,假设对象模型为

$A(q^{-1}) = 1 + a_1 q^{-1} + a_2 q^{-2}$

$B(q^{-1}) = b_0 + b_1 q^{-1} + b_2 q^{-2} + b_3 q^{-3} + b_4 q^{-4} + b_5 q^{-5}$

$m = 1$

设计出最小方差控制器,仿真结果见图 11.4.2。从图中可以看出,最小方差控制器对模型 1 的对象有很好的控制效果,但对模型 2 和模型 3 的对象则完全不能控制,为消除对模型 3 失控造成的对辨识的影响,在模型 3 变成模型 4 时,图 11.4.2 中箭头所指时刻,把辨识中 **P** 矩阵,辨识参数全部重新设成初始值以保证控制器运行,对象为模型 4 和模型 5 时,控制性能好。这里可以看出,最小方差控制器可以解决过参数,但对时延未知却不能适应。

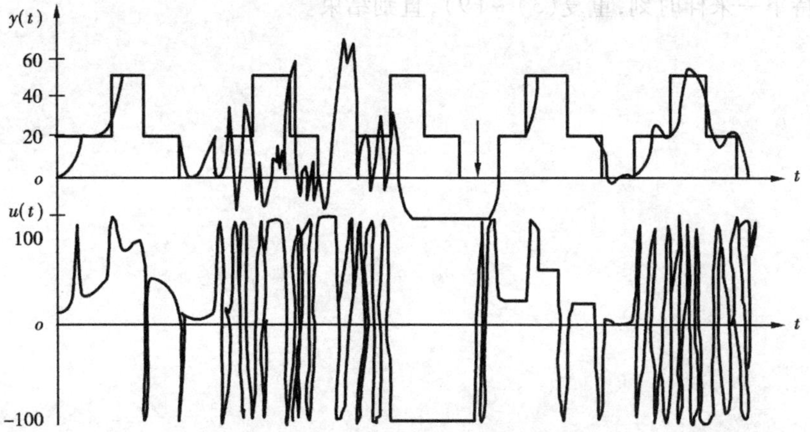

图 11.4.2 最小方差控制仿真结果

在设计广义预测控制器时,仍选用前面的模型,取 $N = 10, N_u = 1, \lambda = 0, \alpha = 0$。图 11.4.3 给出广义预测控制仿真结果。由图可以看出,由于大范围的预测作用,对于设定值的跟踪显得很有预见性,对每一个模型都是稳定的,在模型切换后,很短的时间内就能适应。广义预测控制对于变时延和阶次未知都能应用,而且在控制器参数的选择上有很强的鲁棒性。

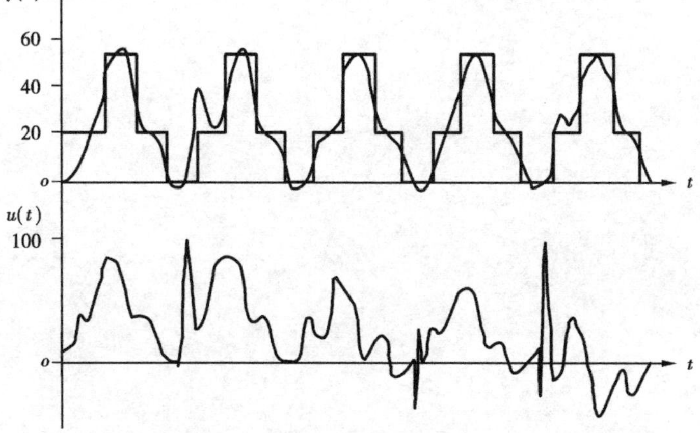

图 11.4.3 广义预测控制仿真结果

自适应广义预测控制的计算步骤归纳为：

①设定 $N, N_u, m, n_a, n_b, \lambda, \alpha$，遗忘因子；

②各参数置初值；

③参数估计得 $A(q^{-1}), B(q^{-1})$；

④递推求解 Diophantine 方程得 $E_j(q^{-1}), F(q^{-1})$；

⑤计算设定值向量 $\boldsymbol{W}$；

⑥递推求解 $H_j(q^{-1})$，计算向量 $\boldsymbol{f}$；

⑦计算 $(\boldsymbol{G}_1^T\boldsymbol{G}_1 + \lambda \boldsymbol{I}_1)^{-1}\boldsymbol{G}_1^T$ 的第一行 $\boldsymbol{g}_1^T$；

⑧计算 $u^*(t) = u(t-1) + \boldsymbol{g}_1^T(\boldsymbol{W} - \boldsymbol{f})$；

⑨等待下一采样时刻，重复(3)～(9)，直到结束。

第12章 多变量自校正控制

随着20世纪80年代单变量自校正调节器和自校正控制器被推广到多输入多输出系统，产生了多变量自校正调节器和多变量自校正控制器，本章介绍针对参数未知的线性随机多变量系统的各种多变量自校正控制算法，这些多变量自校正控制算法包括：将递推参数估计算法和最小方差调节律、广义最小方差控制律、极点配置控制律、解耦控制律等结合而成的各种多变量自校正控制算法。

12.1 多变量自校正调节器

多变量最小方差控制同单变量系统最小方差控制一样，由于系统中各个信道的传递存在着时滞时间，因此，要克服随机干扰对系统输出的影响，就必须提前进行预测。然后，根据预测值确定控制作用。同时，还要应用伪交换矩阵将其推广到多变量的情形。所以，要实现多变量自校正调节器的最小差控制，其关键亦在于建立预测模型

12.1.1 多变量最小方差控制

设有 m 维输入 $\boldsymbol{U}(k)$ 和 m 维输出 $\boldsymbol{Y}(k)$ 的多变量控制系统模型为

$$\boldsymbol{A}(q^{-1})\boldsymbol{Y}(k) = \boldsymbol{B}(q^{-1})\boldsymbol{U}(k-d) + \boldsymbol{C}(q^{-1})\boldsymbol{V}(k) \tag{12.1.1}$$

式中，d 时滞时间。时滞算子 $\boldsymbol{A}(q^{-1})$，$\boldsymbol{B}(q^{-1})$，$\boldsymbol{C}(q^{-1})$ 形式为

$$\begin{cases} \boldsymbol{A}(q^{-1}) = \boldsymbol{I} + \boldsymbol{A}q^{-1} + \cdots + \boldsymbol{A}_{n_a}q^{-n_a} \\ \boldsymbol{B}(q^{-1}) = \boldsymbol{B}_0 + \boldsymbol{B}_1q^{-1} + \cdots + \boldsymbol{B}_{n_b}q^{-n_b} \\ \boldsymbol{C}(q^{-1}) = \boldsymbol{I} + \boldsymbol{C}_1q^{-1} + \cdots + \boldsymbol{C}_{n_c}q^{-n_c} \end{cases} \tag{12.1.2}$$

$\boldsymbol{V}(k)$ 是零均值协方差阵的独立同分布随机向量序列

$$E\{\boldsymbol{V}(k)\} = \boldsymbol{0}$$

$$E\{\boldsymbol{V}(k)\boldsymbol{V}^T(k)\} = \begin{cases} \boldsymbol{Q}, & k+i = k+j \\ 0, & k+i \neq k+j \end{cases} \tag{12.1.3}$$

多项式矩阵 $\boldsymbol{A}(q^{-1})$，$\boldsymbol{B}(q^{-1})$，$\boldsymbol{C}(q^{-1})$ 均为 $m \times m$ 矩阵，$\boldsymbol{Q}$ 为 $m \times m$ 正定协方差阵，

$\boldsymbol{A}(q^{-1}),\boldsymbol{B}(q^{-1}),\boldsymbol{C}(q^{-1})$ 均互质。假定矩阵 $\boldsymbol{B}(q^{-1})$ 和 $\boldsymbol{C}(q^{-1})$ 为稳定的多项式矩阵(即 $\det\boldsymbol{B}(q^{-1})$ 和 $\det\boldsymbol{C}(q^{-1})$ 所有零点严格地在 q^{-1} 复平面的单位圆外,通常称为 Hurwitz 多项式矩阵),且 $\boldsymbol{B}_0$ 非奇异。$\boldsymbol{B}(q^{-1})$ 为稳定的多项式矩阵,又称为系统是"最小相位系统"。

我们的控制目标是:选择适当的控制律,以保证系统的输出在最小方差意义下保持为零。也就是说,可采用如下性能指标进行最小方差调节

$$J = E\{\boldsymbol{Y}^T(k+d)\boldsymbol{Y}(k+d)\} = E\{\|\boldsymbol{Y}(k+d)\|^2\} \tag{12.1.4}$$

因为,在 k 时刻,输出的测量值 $\boldsymbol{Y}(k),\boldsymbol{Y}(k-1),\cdots$ 以及过去的控制量 $\boldsymbol{U}(k-1),\boldsymbol{U}(k-2),\cdots$,是已知的。因此,当前的控制量 $\boldsymbol{U}(k)$ 应当是 $\boldsymbol{Y}(k),\boldsymbol{Y}(k-1),\cdots$ 和 $\boldsymbol{U}(k-1),\boldsymbol{U}(k-2),\cdots$ 的函数。

如果在当前时刻 k 能找到过程输出 $\boldsymbol{Y}(k+d)$ 的 d 步最优预报 $\boldsymbol{Y}^*(k+d/k)$,并令它等于过程的理想输出 $\boldsymbol{Y}^*(k+d)=\boldsymbol{0}$。此时则可求出控制量 $\boldsymbol{U}(k)$ 使式(13.1.4)的性能指标达到最小。

为能求得系统输出 $\boldsymbol{Y}(k+d)$ 的 d 步最优预报,可引入如下 Diophantine 方程:

$$\boldsymbol{C}(q^{-1}) = \boldsymbol{A}(q^{-1})\boldsymbol{F}(q^{-1}) + q^{-d}\boldsymbol{G}(q^{-1}) \tag{12.1.5}$$

式中

$$\boldsymbol{G}(q^{-1}) = \boldsymbol{G} = \boldsymbol{G}_0 + \boldsymbol{G}_1q^{-1} + \cdots\boldsymbol{G}_{n_g}q^{-n_g} \tag{12.1.6}$$

$$\boldsymbol{F}(q^{-1}) = \boldsymbol{F} = \boldsymbol{I} + \boldsymbol{F}_1q^{-1} + \cdots + \boldsymbol{F}_{d-1}q^{-d+1} \tag{12.1.7}$$

根据式(12.1.5)有 $n_G=n_a-1,n_F=d-1$,由于多变量系统的矩阵乘法具有不可变换性,为解决此问题,引入伪交换矩阵的概念,即对于多项式矩阵 $\boldsymbol{G}(q^{-1})$ 和 $\boldsymbol{F}(q^{-1})$,一定存在惟一的 $m\times m$ 阶时滞算子 q^{-1} 的多项式矩阵 $\overline{\boldsymbol{G}}(q^{-1})$ 和 $\overline{\boldsymbol{F}}(q^{-1})$,满足如下伪交换矩阵方程:

$$\overline{\boldsymbol{F}}(q^{-1})\boldsymbol{G}(q^{-1}) = \overline{\boldsymbol{G}}(q^{-1})\boldsymbol{F}(q^{-1}) \tag{12.1.8}$$

从而有

$$\overline{\boldsymbol{C}}(q^{-1}) = \overline{\boldsymbol{F}}(q^{-1})\boldsymbol{A}(q^{-1}) + q^{-d}\overline{\boldsymbol{G}}(q^{-1}) \tag{12.1.9}$$

且

$$\overline{\boldsymbol{G}}(q^{-1}) = \overline{\boldsymbol{G}}_0 + \overline{\boldsymbol{G}}_1q^{-1} + \cdots\overline{\boldsymbol{G}}_{n_g}q^{-n_g} \tag{12.1.10}$$

$$\overline{\boldsymbol{F}}(q^{-1}) = \boldsymbol{I} + \overline{\boldsymbol{F}}_1q^{-1} + \cdots + \overline{\boldsymbol{F}}_{d-1}q^{-d+1} \tag{12.1.11}$$

$$\det\overline{\boldsymbol{F}}(q^{-1}) = \det\boldsymbol{F}(q^{-1}) \tag{12.1.12}$$

$$\det\overline{\boldsymbol{G}}(q^{-1}) = \det\boldsymbol{G}(q^{-1}) \tag{12.1.13}$$

从上述,因为 $\boldsymbol{C}(q^{-1})$ 是稳定多项式矩阵(从前述假定),则 $\overline{\boldsymbol{C}}(q^{-1})$ 也为稳定多项式矩阵,则有 $\det\overline{\boldsymbol{C}}(q^{-1})=\det\boldsymbol{C}(q^{-1})$,所以式(13.1.1)可写成

$$\boldsymbol{A}(q^{-1})\boldsymbol{Y}(k+d) = \boldsymbol{B}(q^{-1})\boldsymbol{U}(k) + \boldsymbol{C}(q^{-1})\boldsymbol{V}(k+d) \tag{12.1.14}$$

用 $\overline{\boldsymbol{F}}(q^{-1})$ 左乘上式两边,得

$$\overline{\boldsymbol{F}}(q^{-1})\boldsymbol{A}(q^{-1})\boldsymbol{Y}(k+d) = \overline{\boldsymbol{F}}(q^{-1})\boldsymbol{B}(q^{-1})\boldsymbol{U}(k) + \overline{\boldsymbol{F}}(q^{-1})\boldsymbol{C}(q^{-1})\boldsymbol{V}(k+d) \tag{12.1.15}$$

根据 $\boldsymbol{C}(q^{-1})$ 和 $\overline{\boldsymbol{C}}(q^{-1})$ 的关系,有

$$\overline{\boldsymbol{F}}(q^{-1})\boldsymbol{A}(q^{-1}) = \overline{\boldsymbol{C}}(q^{-1}) - q^{-d}\overline{\boldsymbol{G}}(q^{-1}) \tag{12.1.16}$$

则

$$[\overline{\boldsymbol{C}}(q^{-1}) - q^{-d}\overline{\boldsymbol{G}}(q^{-1})]\boldsymbol{Y}(k+d) = \overline{\boldsymbol{F}}(q^{-1})\boldsymbol{B}(q^{-1})\boldsymbol{U}(k) + \overline{\boldsymbol{F}}(q^{-1})\boldsymbol{C}(q^{-1})\boldsymbol{V}(k+d)$$

由上式可得

$$\overline{\boldsymbol{C}}(q^{-1})\boldsymbol{Y}(k+d) = \overline{\boldsymbol{G}}(q^{-1})\boldsymbol{Y}(k) + \overline{\boldsymbol{F}}(q^{-1})\boldsymbol{B}(q^{-1})\boldsymbol{U}(k) + \overline{\boldsymbol{C}}(q^{-1})\overline{\boldsymbol{F}}(q^{-1})\boldsymbol{V}(k+d) \tag{12.1.17}$$

对上式整理后，可得

$$\boldsymbol{Y}(k+d)=\boldsymbol{F}(q^{-1})\boldsymbol{V}(k+d)+\overline{\boldsymbol{C}}^{-1}(q^{-1})[\overline{\boldsymbol{G}}(q^{-1})\boldsymbol{Y}(k)+\overline{\boldsymbol{F}}(q^{-1})\boldsymbol{B}(q^{-1})\boldsymbol{U}(k)] \tag{12.1.18}$$

也可写成

$$\boldsymbol{Y}(k+d)=\boldsymbol{Y}^*(k+d/k)+\widetilde{\boldsymbol{Y}}(k+d) \tag{12.1.19}$$

因此，输出的最优预测为

$$\boldsymbol{Y}^*(k+d/k)=\overline{\boldsymbol{C}}^{-1}(q^{-1})[\overline{\boldsymbol{G}}(q^{-1})\boldsymbol{Y}(k)+\overline{\boldsymbol{F}}(q^{-1})\boldsymbol{B}(q^{-1})\boldsymbol{U}(k)] \tag{12.1.20}$$

从式(12.1.20)可知，实际输出 $\boldsymbol{Y}(k)$ 与输出的最优预测 $\boldsymbol{Y}^*(k+d/k)$ 的误差为

$$\widetilde{\boldsymbol{Y}}(t+d)=-\boldsymbol{F}(q^{-1})\boldsymbol{V}(t+d) \tag{12.1.21}$$

参数已知时的多变量最小方差控制与单变量系统最小差控制一样，最小方差控制的控制目标是使目标函数(12.1.4)为最小。因为 $\boldsymbol{Y}^*(k+d/k)$ 是 $\boldsymbol{Y}(k),\boldsymbol{Y}(k+1),\cdots,\boldsymbol{V}(k),\boldsymbol{V}(k-1),\cdots$ 的线性组合，则 $\widetilde{\boldsymbol{Y}}(k+d)$ 是 $\boldsymbol{V}(k+1),\boldsymbol{V}(k+2),\cdots,\boldsymbol{V}(k+d)$ 的线性组合，则 $\boldsymbol{Y}^*(k+d/k)$ 和 $\widetilde{\boldsymbol{Y}}(k+d)$ 是不相关的，所以有

$$\begin{aligned}J&=E\{\boldsymbol{Y}^T(k+d)\boldsymbol{Y}(k+d)\}=\\&E\{[\boldsymbol{Y}^*(k+d/k)+\widetilde{\boldsymbol{Y}}(k+d)]^T[\boldsymbol{Y}^*(k+d/k)+\widetilde{\boldsymbol{Y}}(k+d)]\}=\\&E\{[\boldsymbol{Y}^*(k+d/k)]^T[\boldsymbol{Y}^*(k+d/k)]\}+E\{\widetilde{\boldsymbol{Y}}^T(k+d)\widetilde{\boldsymbol{Y}}(k+d)\}\end{aligned} \tag{12.1.22}$$

分析上式，要使系统性能指标最小，即可令式中第一项为零，则 J 可为最小，即

$$\begin{aligned}J&=E\{[\boldsymbol{Y}^*(k+d/k)]^T[\boldsymbol{Y}^*(k+d/k)]\}=\\&E\{\overline{\boldsymbol{C}}^{-1}(q^{-1})[\overline{\boldsymbol{G}}(q^{-1})\boldsymbol{Y}(k)+\overline{\boldsymbol{F}}(q^{-1})\boldsymbol{B}(q^{-1})\boldsymbol{U}(k)]^T\cdot\\&\overline{\boldsymbol{C}}^{-1}(q^{-1})[\overline{\boldsymbol{G}}(q^{-1})\boldsymbol{Y}(k)+\overline{\boldsymbol{F}}(q^{-1})\boldsymbol{B}(q^{-1})\boldsymbol{U}(k)]\}\end{aligned} \tag{12.1.23}$$

因而，使 J 最小的最优控制策略为

$$\overline{\boldsymbol{C}}^{-1}(q^{-1})[\overline{\boldsymbol{G}}(q^{-1})\boldsymbol{Y}(k)+\overline{\boldsymbol{F}}(q^{-1})\boldsymbol{B}(q^{-1})\boldsymbol{U}(k)]=0 \tag{12.1.24}$$

从而有

$$\boldsymbol{U}(t)=-\boldsymbol{B}^{-1}(q^{-1})\overline{\boldsymbol{F}}^{-1}(q^{-1})\overline{\boldsymbol{G}}(q^{-1})\boldsymbol{Y}(t) \tag{12.1.25}$$

多变量最小方差控制闭环性质：从上述，将式(12.1.25)代入(12.1.1)，则构成闭环控制系统，考察系统的闭环特征方程的零点，其闭环稳定性能由

$$\det\begin{bmatrix}\boldsymbol{A}(q^{-1}) & -q^{-d}\boldsymbol{B}(q^{-1})\\ \overline{\boldsymbol{G}}(q^{-1}) & \overline{\boldsymbol{F}}(q^{-1})\boldsymbol{B}(q^{-1})\end{bmatrix}=0 \tag{12.1.26}$$

的零点决定。其结论是：如果式(12.1.26)的全部零点都位于 q^{-1} 复平面的单位圆外，闭环系统稳定，反之则不稳定。其展开式为

$$\begin{aligned}&\det\begin{bmatrix}\boldsymbol{A}(q^{-1}) & -q^{-d}\boldsymbol{B}(q^{-1})\\ \overline{\boldsymbol{G}}(q^{-1}) & \overline{\boldsymbol{F}}(q^{-1})\boldsymbol{B}(q^{-1})\end{bmatrix}=\\&\det\boldsymbol{A}(q^{-1})\det[\overline{\boldsymbol{F}}(q^{-1})\boldsymbol{B}(q^{-1})+q^{-d}\overline{\boldsymbol{G}}(q^{-1})\boldsymbol{A}^{-1}(q^{-1})\boldsymbol{B}(q^{-1})]=\\&\det\boldsymbol{A}(q^{-1})\det[(\overline{\boldsymbol{F}}(q^{-1})\boldsymbol{A}(q^{-1})+q^{-d}\overline{\boldsymbol{G}}(q^{-1}))\boldsymbol{A}^{-1}(q^{-1})\boldsymbol{B}(q^{-1})]=\\&\det\boldsymbol{A}(q^{-1})\det[\boldsymbol{C}(q^{-1})\boldsymbol{A}^{-1}(q^{-1})\boldsymbol{B}(q^{-1})]=\end{aligned}$$

$$
\begin{aligned}
&\det \boldsymbol{A}(q^{-1})\det \boldsymbol{C}(q^{-1})\det(\boldsymbol{A}^{-1}(q^{-1})\boldsymbol{B}(q^{-1})) = \\
&\det \boldsymbol{C}(q^{-1})\det(\boldsymbol{A}(q^{-1})\boldsymbol{A}^{-1}(q^{-1})\boldsymbol{B}(q^{-1})) = \\
&\det \boldsymbol{C}(q^{-1})\det \boldsymbol{B}(q^{-1}) = \\
&\det \boldsymbol{B}(q^{-1})\det \boldsymbol{C}(q^{-1}) = 0
\end{aligned}
\tag{12.1.27}
$$

即若要闭环系统稳定，则 $\det\boldsymbol{B}(q^{-1})$ 和 $\det\boldsymbol{C}(q^{-1})$ 所有零点应严格地在 q^{-1} 复平面的单位圆外。

例 12.1.1[45]　设有一二输入二输出电炉系统的模型为

$$
\boldsymbol{Y}(k) + \boldsymbol{A}_1\boldsymbol{Y}(k-1) + \boldsymbol{A}_2\boldsymbol{Y}(k-2) = \boldsymbol{B}_0\boldsymbol{U}(k-2) + \boldsymbol{B}_1\boldsymbol{U}(k-3) + \boldsymbol{V}(k)
\tag{12.1.28}
$$

考察上述模型方程，系统为一开环不稳定的二输入二输出系统，式中

$$
\boldsymbol{A}_1 = \begin{bmatrix} -0.2424 & -0.0997 \\ -0.1322 & -0.4265 \end{bmatrix} \quad \boldsymbol{A}_2 = \begin{bmatrix} -0.3426 & -0.2105 \\ -0.1070 & -0.2404 \end{bmatrix}
$$

$$
\boldsymbol{B}_0 = \begin{bmatrix} -0.1037 & -0.0763 \\ -0.0531 & -0.1352 \end{bmatrix} \quad \boldsymbol{B}_1 = \begin{bmatrix} -0.0916 & -0.0575 \\ -0.0670 & -0.118 \end{bmatrix}
$$

求多变量最小方差控制规律。

解　由题意知：$n_a = 2, n_b = 1. n_c = 0, d = 2$。则

$$
n_c = 2, n_a - 1 = 1, \boldsymbol{G} = \boldsymbol{G}_0 + \boldsymbol{G}_1\boldsymbol{q}^{-1}, n_f = d - 1 = 1, \boldsymbol{F} = \boldsymbol{I} + \boldsymbol{F}_1\boldsymbol{q}^{-1}
$$

根据 Diophantine 方程(12.1.5)，可得

$$
\begin{aligned}
\boldsymbol{I} &= (\boldsymbol{I} + \boldsymbol{A}_1q^{-1} + \boldsymbol{A}_2q^{-2})(\boldsymbol{I} + \boldsymbol{F}_1q^{-1}) + q^{-2}(\boldsymbol{G}_0 + \boldsymbol{G}_1q^{-1}) = \\
&\boldsymbol{I} + (\boldsymbol{A}_1 + \boldsymbol{F}_2)q^{-1} + (\boldsymbol{A}_2 + \boldsymbol{A}_1\boldsymbol{F}_1 + \boldsymbol{G}_0)q^{-2} + (\boldsymbol{A}_1\boldsymbol{F}_1 + \boldsymbol{G}_1)q^{-3}
\end{aligned}
$$

解上述方程，得

$$
\boldsymbol{F}_1 = -\boldsymbol{A}_1 = \begin{bmatrix} -0.2424 & -0.0907 \\ -0.1322 & -0.4265 \end{bmatrix}
$$

$$
\boldsymbol{G}_0 = -\boldsymbol{A}_2 - \boldsymbol{A}_1\boldsymbol{F}_1 = \begin{bmatrix} -0.4145 & -0.2772 \\ -0.1954 & -0.4355 \end{bmatrix}
$$

$$
\boldsymbol{G}_1 = \boldsymbol{A}_2\boldsymbol{F}_1 = \begin{bmatrix} -0.1109 & -0.1208 \\ -0.0577 & -0.1122 \end{bmatrix}
$$

根据式(12.1.8)有

$$
\begin{aligned}
(\boldsymbol{I} + \overline{\boldsymbol{F}}_1q^{-1})(\boldsymbol{G}_0 + \boldsymbol{G}_1q^{-1}) &= (\overline{\boldsymbol{G}}_0 + \overline{\boldsymbol{G}}_1q^{-1})(\boldsymbol{I} + \boldsymbol{F}_1q^{-1}) \\
\boldsymbol{G}_0 + (\overline{\boldsymbol{F}}\boldsymbol{G}_0 + \boldsymbol{G}_1)q^{-1} + \overline{\boldsymbol{F}}_1\boldsymbol{G}_1q^{-2} &= \boldsymbol{G}_0 + (\overline{\boldsymbol{G}}_1 + \overline{\boldsymbol{G}}_0\boldsymbol{F}_1) + \overline{\boldsymbol{G}}_1\boldsymbol{F}_1q^{-2}
\end{aligned}
$$

求上式两侧系数相等，得

$$
\overline{\boldsymbol{G}}_0 = \boldsymbol{G}_0 = \begin{bmatrix} -0.4145 & -0.2772 \\ -0.1954 & -0.4355 \end{bmatrix}
$$

$$
\overline{\boldsymbol{G}}_1 = (\overline{\boldsymbol{G}}_0\boldsymbol{F}_1 - \boldsymbol{G}_1)(\boldsymbol{F}_1\boldsymbol{G}_1^{-1}\boldsymbol{G}_0 - \boldsymbol{I})^{-1} = \begin{bmatrix} -0.0955 & -0.0751 \\ -0.0913 & -0.1305 \end{bmatrix}
$$

$$
\overline{\boldsymbol{F}}_1 = \overline{\boldsymbol{G}}_1\boldsymbol{F}_1\boldsymbol{G}_1^{-1} = \begin{bmatrix} -0.2494 & -0.0940 \\ -0.1408 & -0.4195 \end{bmatrix}
$$

则有

$$G = G_0 + G_1 q^{-1} =$$

$$\begin{bmatrix} -0.4145 & -0.2772 \\ -0.1954 & -0.4355 \end{bmatrix} + \begin{bmatrix} -0.0955 & -0.0751 \\ -0.0913 & -0.1305 \end{bmatrix} q^{-1}$$

$$F = I + F_1 q^{-1} =$$

$$\begin{bmatrix} 1 & 0 \\ 0 & 1 \end{bmatrix} + \begin{bmatrix} -0.2494 & -0.0940 \\ -0.1408 & -0.4195 \end{bmatrix} q^{-1}$$

把上述结果代入 $U(t) = -B^{-1}(q^{-1})\overline{F}^{-1}(q^{-1})\overline{G}(q^{-1})Y(t)$，即得控制规律

$$U(k) = \begin{bmatrix} -0.1037 & -0.0763 \\ -0.0531 & -0.1352 \end{bmatrix}^{-1} \left\{ \begin{bmatrix} -0.4145 & -0.2772 \\ -0.1954 & -0.4355 \end{bmatrix} Y(k) + \right.$$

$$\begin{bmatrix} -0.0955 & -0.0751 \\ -0.0931 & -0.1305 \end{bmatrix} Y(k-1) - \begin{bmatrix} -0.1225 & -0.0892 \\ -0.1039 & -0.1855 \end{bmatrix} U(k-1) -$$

$$\left. \begin{bmatrix} -0.0291 & -0.0254 \\ -0.0410 & -0.0576 \end{bmatrix} U(k-2) \right\}$$

12.1.2 多变量自校正调节器算法

当多变量控制系统模型(12.1.1)的参数未知或慢时变时，要实现最小方差控制，就需进行自校正的算法运算。多变量自校正最小方差调节器可分为间接自校正控制算法和直接自校正控制算法两种：

间接自校正控制算法：

①读取新的输出向量 $Y(k)$ 和输入向量 $U(k)$；

②应用多变量最小二乘辩识算法辨识 $A(q^{-1})$，$B(q^{-1})$，$C(q^{-1})$ 的参数；

③应用式(12.1.5)求解 $F(q^{-1})$ 和 $G(q^{-1})$；

④利用伪交换矩阵(12.1.8)求出 $\overline{F}(q^{-1})$ 和 $\overline{G}(q^{-1})$；

⑤按公式(12.1.25)求解 $U(k)$；

⑥采样数加1(即 $t \to t+1$)，返回到①。

直接自校正控制算法：

对于式(12.1.18)，令 $C(q^{-1}) = I$，$E(k+d)$ 为拟合误差，则有

$$\begin{aligned} Y(k+d) &= \overline{G}(q^{-1})Y(k) + \overline{F}(q^{-1})B(q^{-1})U(k) + F(q^{-1})V(k+d) = \\ &\overline{G}Y(k) + \overline{F}'U(k) + E(k+d) = \\ &\Theta^T \Phi(k) + E(k+d) \end{aligned} \tag{12.1.29}$$

式中

$$\overline{F}'(q^{-1}) = \overline{F}(q^{-1})B(q^{-1}) \tag{12.1.30}$$

$$E(k+d) = F(q^{-1})V(k+d) \tag{12.1.31}$$

且有

$$\Phi(k) = [Y^T(k), Y^T(k-1), \cdots, Y^T(k-n_{\bar{g}}), U^T(k), U^T(k-1), \cdots, U^T(k-n_{\bar{f}})]^T \tag{12.1.32}$$

$$\Theta = [\theta_1, \theta_2, \cdots, \theta_n] = [\overline{G}_0, \overline{G}_1, \cdots, \overline{G}_{n_{\bar{g}}}, \overline{F}'_0, \overline{F}'_1, \cdots, \overline{F}'_{n_{\bar{f}}}]T \tag{12.1.33}$$

其分量可取为

$$y_i(k) = \theta_i^T \Phi(k-d) + e_i(k) \tag{12.1.34}$$

其中 $\boldsymbol{\theta}_i$ 可以用递推最小二乘法估计

$$\begin{cases}\hat{\boldsymbol{\theta}}_i(k)=\hat{\boldsymbol{\theta}}_i(k-1)+\boldsymbol{K}(k)[y_i(k)-\boldsymbol{\Phi}^T(k-d)\hat{\boldsymbol{\theta}}_i(k-1)] \quad i=1,\cdots,p\\ \boldsymbol{K}(k)=\boldsymbol{P}(k-1)\boldsymbol{\Phi}(k-d)[\rho+\boldsymbol{\Phi}^T(k-d)\boldsymbol{P}(k-1)\boldsymbol{\Phi}(k-d)]^{-1}\\ \boldsymbol{P}(k)=\dfrac{1}{\rho}[1-\boldsymbol{K}(k)\boldsymbol{\Phi}^T(k-d)]\boldsymbol{P}(k-1)\end{cases} \tag{12.1.35}$$

把估计值代入(12.1.25)式,即得多变量最小方差自校正调节器控制规律为

$$\boldsymbol{U}(k)=-\hat{\overline{\boldsymbol{F}}}(q^{-1})\hat{\overline{\boldsymbol{G}}}(q^{-1})\boldsymbol{Y}(k) \tag{12.1.36}$$

综上所述,多变量自校正调节器的直接算法通常按下列步骤实施:

①取新的输出向量 $\boldsymbol{Y}(k)$ 和输入向量 $\boldsymbol{U}(k)$;

②组成观测数据向量 $\boldsymbol{\Phi}(k-d)$;

③用递推最小二乘公式估计最新参数 $\hat{\boldsymbol{\theta}}_i(k), i=1,2,\cdots,n$;

④应用式(12.1.36)建立多变量最小方差自校正控制规律;

⑤采样次数加1(即 $k\to k+1$),返回①,继续循环。

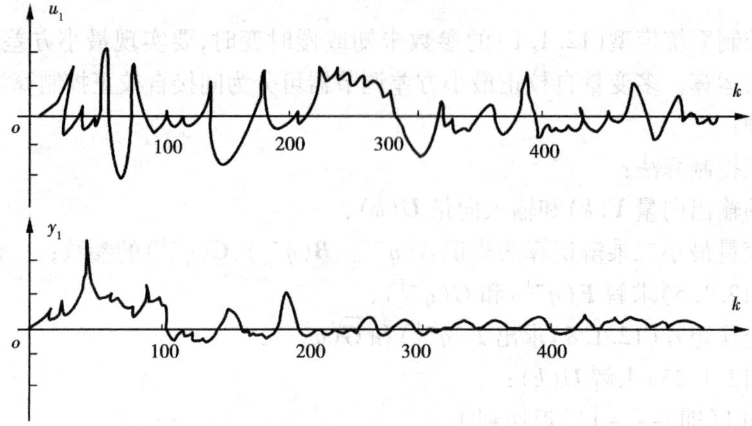

(a)

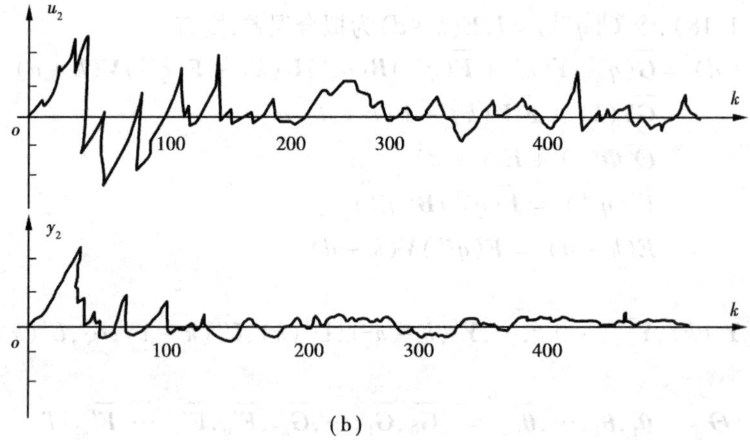

(b)

图 12.1.1 例 12.1.1 仿真曲线

可以证明(略),如果被估计的参数是收敛的,且向量序列$\{\boldsymbol{U}(k)\}$和$\{\boldsymbol{Y}(k)\}$在均方意义上是一致收敛的,则当噪声干扰为白噪声时,上述多变量自校正调节器将收敛于参数已知时的多变量最小方差调节器。

例 12.1.2　对于例 12.1.1,若系统模型参数未知,应用多变量自校正最小方差调节器直接算法进行仿真,并考虑到噪声向量$\boldsymbol{V}(k)$均值为零、协方差为 $0.1\boldsymbol{I}$。其仿真曲线如图 12.1.1。

从仿真结果来看,多变量自校正最小方差调节器隐式算法基本可以保持系统调节稳定和收敛。

12.2　多变量自校正控制器

基于最小方差的多变量自校正调节器仅仅适用于最小相位系统,这种算法的特点是对控制量和输出量未加处理,因此这种算法应用于非最小相位系统的控制时,会导致闭环系统不稳定,对最小相位系统也可能导致控制量过大的问题。本节介绍多变量加权最小方差自校正控制器,它与多变量最小方差自校正调节器相比,其主要区别在于在指标函数中增加了伺服功能和对控制作用的约束,因而形成的自校正控制器能适用于非最小相位受控系统。

12.2.1　多变量加权最小方差控制

设有 m 维输入$\boldsymbol{U}(k)$和 m 维输出$\boldsymbol{Y}(k)$的多变量控制系统模型为

$$\boldsymbol{A}(q^{-1})\boldsymbol{Y}(k) = \boldsymbol{B}(q^{-1})\boldsymbol{U}(k-d) + \boldsymbol{C}(q^{-1})\boldsymbol{V}(k) \tag{12.2.1}$$

控制的目标是寻求使下列指标函数(12.2.2)为极小的控制规律

$$\boldsymbol{J} = \boldsymbol{E}\{[\boldsymbol{\psi}(k+d) - \boldsymbol{R}(q^{-1})\boldsymbol{R}(q^{-1})]^T[\boldsymbol{\psi}(k+d) - \boldsymbol{Q}(q^{-1})\boldsymbol{R}(q^{-1})] + [\boldsymbol{\Lambda}'(q^{-1})\boldsymbol{U}(k)]^T[\boldsymbol{\Lambda}'(q^{-1})\boldsymbol{U}(k)]\} \tag{12.2.2}$$

式中$\boldsymbol{\psi}(k) = \boldsymbol{\Gamma}(q^{-1})\boldsymbol{Y}(k)$为广义输出,$\boldsymbol{\Gamma}(q^{-1})$为 q^{-1} 的首一多项式矩阵,系统的参考输入为$\boldsymbol{R}(q^{-1})$,$\boldsymbol{Q}(q^{-1})$和$\boldsymbol{\Lambda}(q^{-1})$为 q^{-1} 的多项式矩阵,与单变量系统类似,引入一个辅助系统,把求解(12.2.2)式指标函数最小的问题转化为求解广义输出$\boldsymbol{\gamma}(k)$方差最小。定义辅助系统的广义输出为

$$\boldsymbol{\gamma}(k+d) = \boldsymbol{\psi}(k+d) - \boldsymbol{Q}(q^{-1})\boldsymbol{R}(q^{-1}) + \boldsymbol{\Lambda}(q^{-1})\boldsymbol{U}(k) \tag{12.2.3}$$

求解(12.2.3)的多变量最小方差控制规律,它等价于下述系统等于零

$$\boldsymbol{\gamma}^o(k+d/k) = \boldsymbol{\psi}^o(k+d/k) - \boldsymbol{Q}(q^{-1})\boldsymbol{R}(q^{-1}) + \boldsymbol{\Lambda}(q^{-1})\boldsymbol{U}(k) \tag{12.2.4}$$

式中$\boldsymbol{\psi}^o(k+d/k)$为系统 d 步最优预测,由于$\widetilde{\boldsymbol{\psi}}^o(k+d/k)$为系统 d 步最优预测误差

$$\widetilde{\boldsymbol{\psi}}^o(t+d/t) = \boldsymbol{\psi}(t+d) - \boldsymbol{\psi}^0(t+d/t) \tag{12.2.5}$$

将(12.2.4)式代入性能指标函数(12.2.2),得

$$\begin{aligned}\boldsymbol{J} = \boldsymbol{E}\{&[\boldsymbol{\psi}^o(k+d/k) + \widetilde{\boldsymbol{\psi}}^o(k+d/k) - \boldsymbol{Q}(q^{-1})\boldsymbol{R}(q^{-1})]^T \cdot \\ &[\boldsymbol{\psi}^o(k+d/k) + \widetilde{\boldsymbol{\psi}}^o(k+d/k) - \boldsymbol{Q}(q^{-1})\boldsymbol{R}(q^{-1})] + \\ &[\boldsymbol{\Lambda}'(q^{-1})\boldsymbol{U}(k)]^T[\boldsymbol{\Lambda}'(q^{-1})\boldsymbol{U}(k)]\}\end{aligned} \tag{12.2.6}$$

上式右侧 $\widetilde{\boldsymbol{\psi}}^{o}(k+d/k)$ 仅与 k 时刻以后的噪声向量有关,所以它与其他各项无关. 则式(12.2.6)可改写成为

$$\boldsymbol{J}=\boldsymbol{E}\{[\boldsymbol{\psi}^{o}(k+d/k)-\boldsymbol{Q}(q^{-1})\boldsymbol{R}(q^{-1})]^{T}[\boldsymbol{\psi}^{o}(k+d/k)-\boldsymbol{Q}(q^{-1})\boldsymbol{R}(q^{-1})]+$$
$$[\boldsymbol{\Lambda}'(q^{-1})\boldsymbol{U}(k)]^{T}[\boldsymbol{\Lambda}'(q^{-1})\boldsymbol{U}(k)]\}+\boldsymbol{E}\{[\widetilde{\boldsymbol{\psi}}^{o}(k+d/k)]^{T}[\widetilde{\boldsymbol{\psi}}^{o}(k+d/k)]\}\geqslant$$
$$\boldsymbol{E}\{[\widetilde{\boldsymbol{\psi}}^{o}(k+d/k)]^{T}[\widetilde{\boldsymbol{\psi}}^{o}(k+d/k)]\} \tag{12.2.7}$$

由于 $\widetilde{\boldsymbol{\psi}}^{o}(k+d/k)$ 为不可控的随机序列,因此,要使上述指标函数为极小,只有使

$$\boldsymbol{J}_{\mathrm{U}}=\boldsymbol{E}\{[\boldsymbol{\psi}^{o}(k+d/k)-\boldsymbol{Q}(q^{-1})\boldsymbol{R}(q^{-1})]^{T}[\boldsymbol{\psi}^{0}(k+d/k)-\boldsymbol{Q}(q^{-1})\boldsymbol{R}(q^{-1})]+$$
$$[\boldsymbol{\Lambda}'(q^{-1})\boldsymbol{U}(k)]^{T}[\boldsymbol{\Lambda}'(q^{-1})\boldsymbol{U}(k)]\} \tag{12.2.8}$$

为极小,为了求 $\boldsymbol{J}_{\mathrm{U}}$ 对 $\boldsymbol{U}(k)$ 的极小值,按方程求极值公式,上式对 $\boldsymbol{U}(k)$ 求导,得

$$\frac{\partial \boldsymbol{J}_{\mathrm{U}}}{\partial \boldsymbol{U}(k)}=2\left\{\frac{\partial[\boldsymbol{\psi}^{o}(k+d/k)]^{T}}{\partial \boldsymbol{U}(k)}[\boldsymbol{\psi}^{0}(k+d/k)-\boldsymbol{Q}(q^{-1})\boldsymbol{R}(q^{-1})]+\right.$$
$$\left.\frac{\partial[\boldsymbol{\Lambda}'\boldsymbol{U}(k)]^{T}}{\partial \boldsymbol{U}(k)}[\boldsymbol{\Lambda}'(q^{-1})\boldsymbol{U}(k)]\right\} \tag{12.2.9}$$

式中

$$\begin{cases}\dfrac{\partial[\boldsymbol{\psi}^{0}(k+d/k)]^{T}}{\partial \boldsymbol{U}(k)}=\boldsymbol{B}_{0}^{T}\\[2ex]\dfrac{\partial[\boldsymbol{\Lambda}'(q^{-1})\boldsymbol{U}(k)]^{T}}{\partial \boldsymbol{U}(k)}=\boldsymbol{\Lambda}'^{T}_{0}\end{cases} \tag{12.2.10}$$

$\boldsymbol{\Lambda}_0$ 为 $\boldsymbol{\Lambda}$ 的首项系数矩阵。把式(12.2.10)代入式(12.2.9)得

$$\frac{\partial \boldsymbol{J}_{\mathrm{U}}}{\partial \boldsymbol{U}(k)}=2\boldsymbol{B}_{0}^{T}[\boldsymbol{\psi}^{o}(k+d/k)-\boldsymbol{Q}(q^{-1})\boldsymbol{R}(q^{-1})+\boldsymbol{\Lambda}(q^{-1})\boldsymbol{U}(k)] \tag{12.2.11}$$

其中

$$\boldsymbol{\Lambda}=(\boldsymbol{B}_{0}^{T})^{-1}\boldsymbol{\Lambda}'^{T}_{0}\boldsymbol{\Lambda}' \tag{12.2.12}$$

令 $\dfrac{\partial \boldsymbol{J}_{\mathrm{U}}}{\partial \boldsymbol{U}(k)}=0$,即得多变量控制器的广义输出最小方差控制规律为

$$\boldsymbol{\psi}^{0}(k+d/k)-\boldsymbol{Q}(q^{-1})\boldsymbol{R}(q^{-1})+\boldsymbol{\Lambda}(q^{-1})\boldsymbol{U}(k)=0 \tag{12.2.13}$$

即可写成控制器表达形式

$$\boldsymbol{U}(k)=\boldsymbol{\Lambda}^{-1}(q^{-1})[\boldsymbol{Q}(q^{-1})\boldsymbol{R}(q^{-1})-\boldsymbol{\psi}^{o}(k+d/k)] \tag{12.2.14}$$

如果以另一种方式,也可获得广义输出最小方差控制规律。即若用式(12.2.5)
$\boldsymbol{\psi}(k+d)=\boldsymbol{\psi}^{o}(k+d/k)+\widetilde{\boldsymbol{\psi}}^{o}(k+d/k)$]代入广义输出模型式(12.2.3),则可得

$$\boldsymbol{\gamma}(k+d)=\widetilde{\boldsymbol{\psi}}^{o}(k+d/k)\boldsymbol{\psi}^{0}(k+d/k)-\boldsymbol{Q}(q^{-1})\boldsymbol{R}(q^{-1})+\boldsymbol{\Lambda}(q^{-1})\boldsymbol{U}(k) \tag{12.2.15}$$

再应用式(12.2.15),可得广义输出最小方差

$$\boldsymbol{J}=\boldsymbol{E}\{[\boldsymbol{\gamma}(k+d/k)]^{T}[\boldsymbol{\gamma}(k+d)]\}=$$
$$\boldsymbol{E}\{[\boldsymbol{\psi}^{0}(k+d/k)-\boldsymbol{Q}(q^{-1})\boldsymbol{R}(q^{-1})+\boldsymbol{\Lambda}(q^{-1})\boldsymbol{U}(k)]^{T}[\boldsymbol{\psi}^{o}(k+d/k)-$$
$$\boldsymbol{Q}(q^{-1})\boldsymbol{R}(q^{-1})+\boldsymbol{\Lambda}(q^{-1})\boldsymbol{U}(k)]\}]+\boldsymbol{E}\{[\widetilde{\boldsymbol{\psi}}^{o}(k+d/k)]^{T}[\boldsymbol{\psi}^{o}(k+d/k)]\}\geqslant$$
$$\boldsymbol{E}\{[\widetilde{\boldsymbol{\psi}}^{o}(k+d/k)]^{T}[\widetilde{\boldsymbol{\psi}}^{o}(k+d/k)]\} \tag{12.2.16}$$

从上式中，$\tilde{\boldsymbol{\psi}}^{o}(k+d/k)=\boldsymbol{F}(q^{-1})\boldsymbol{V}(k+d)$ 为系统将来时刻的随机干扰，且不可控制，显然，要使上式广义输出方差最小，只有使上述不等式中的不等号取等号，即令

$$\boldsymbol{\psi}^{o}(k+d/k)-\boldsymbol{Q}(q^{-1})\boldsymbol{R}(q^{-1})+\boldsymbol{\Lambda}(q^{-1})\boldsymbol{U}(k)=0$$

即

$$\boldsymbol{U}(k)=\boldsymbol{\Lambda}^{-1}(q^{-1})[\boldsymbol{Q}(q^{-1})\boldsymbol{R}(q^{-1})-\boldsymbol{\psi}^{0}(k+d/k)]$$

由此可得多变量广义输出最小方差控制规律，它与(12.2.14)具有相同的形式。

多变量加权最小方差控制的性质：从上述，若令

$$\boldsymbol{T}=\begin{bmatrix}\boldsymbol{A}(q^{-1}) & -q^{-1}\boldsymbol{B}(q^{-1})\\ \overline{\boldsymbol{C}}(q^{-1}) & \overline{\boldsymbol{C}}(q^{-1})\boldsymbol{\Lambda}(q^{-1})+\overline{\boldsymbol{F}}(q^{-1})\boldsymbol{B}(q^{-1})\end{bmatrix}$$

闭环系统的稳定性将由

$$\det\boldsymbol{T}=\det\begin{bmatrix}\boldsymbol{A}(q^{-1}) & -q^{-d}\boldsymbol{B}(q^{-1})\\ \overline{\boldsymbol{C}}(q^{-1}) & \overline{\boldsymbol{C}}(q^{-1})\boldsymbol{\Lambda}(q^{-1})+\overline{\boldsymbol{F}}(q^{-1})\boldsymbol{B}(q^{-1})\end{bmatrix}=0 \tag{12.2.17}$$

的零点决定，显然，若式(12.2.17)的全部零点都位于 q^{-1} 平面的单位圆外，则闭环系统就是稳定的，否则系统就不稳定。将式(12.2.17))进行适当的变换，即得

$$\begin{aligned}\det\boldsymbol{T}&=\det\begin{bmatrix}\boldsymbol{A}(q^{-1}) & -q^{-d}\boldsymbol{B}(q^{-1})\\ \overline{\boldsymbol{C}}(q^{-1}) & \overline{\boldsymbol{C}}(q^{-1})\boldsymbol{\Lambda}(q^{-1})+\overline{\boldsymbol{F}}(q^{-1})\boldsymbol{B}(q^{-1})\end{bmatrix}=\\ &\det\boldsymbol{A}(q^{-1})\det[\overline{\boldsymbol{C}}(q^{-1})\boldsymbol{\Lambda}(q^{-1})+q^{-d}\overline{\boldsymbol{F}}(q^{-1})\boldsymbol{B}(q^{-1})+\overline{\boldsymbol{G}}(q^{-1})\boldsymbol{A}^{-1}(q^{-1})\boldsymbol{B}(q^{-1})]=\\ &\det\boldsymbol{C}(q^{-1})\det[\boldsymbol{A}(q^{-1})\boldsymbol{\Lambda}(q^{-1})+\boldsymbol{\Gamma}(q^{-1})\boldsymbol{B}(q^{-1})]\end{aligned}$$

利用式(12.2.17)即可分析闭环系统的稳定情况，现分几种情况分别进行讨论。

①当 $\boldsymbol{\Lambda}(q^{-1})=0$：即 $\boldsymbol{U}(t)$ 的加权矩阵为零，这时多变量加权最小方差控制就退化为多变量最小方差控制，即退化为

$$\det\boldsymbol{T}(q^{-1})=\boldsymbol{\Gamma}(q^{-1})\det\boldsymbol{B}(q^{-1})\cdot\det\boldsymbol{C}(q^{-1})=0$$

可见，如果系统是非最小相位的，则闭环系统将是不稳定的。

②当 $\boldsymbol{\Lambda}(q^{-1})=\mu\boldsymbol{I}$：若 μ 选得足够大时，式(12.2.17)可近似为

$$\begin{aligned}\det\boldsymbol{T}(q^{-1})&=\det\boldsymbol{C}(q^{-1})\det[\mu\boldsymbol{A}(q^{-1})+\boldsymbol{\Gamma}(q^{-1})\boldsymbol{B}(q^{-1})]=\\ &\mu\det\overline{\boldsymbol{C}}(q^{-1})\det[\boldsymbol{A}(q^{-1})+\frac{1}{\mu}\boldsymbol{\Gamma}(q^{-1})\boldsymbol{B}(q^{-1})]\approx\\ &\mu\det\overline{\boldsymbol{C}}(q^{-1})\cdot\det\boldsymbol{A}(q^{-1})=\\ &\mu\det\boldsymbol{C}(q^{-1})\cdot\det\boldsymbol{A}(q^{-1})=0\end{aligned} \tag{12.2.18}$$

由式(12.2.18)可知，当受控系统开环是稳定而非最小相位的，只要把 μ 选取得足够大，就可使闭环系统是稳定的，当受控系统既非开环稳定又非最小相位时，若能恰当地选择 μ 的数值，亦能使闭环系统是稳定的。请看下例。

例 12.2.1[83]　设有一二输入二输出受控系统

$$\boldsymbol{Y}(k)=\boldsymbol{A}_1\boldsymbol{Y}(k-1)=\boldsymbol{B}_0\boldsymbol{U}(k-1)+\boldsymbol{B}_1\boldsymbol{U}(k-2)+\boldsymbol{V}(k)$$

式中

$$\boldsymbol{A}_1=\begin{bmatrix}-0.9 & 0.5\\ 0.5 & 0.2\end{bmatrix},\boldsymbol{B}_0=\begin{bmatrix}2 & 1\\ 1 & 2\end{bmatrix}$$

$$\boldsymbol{B}_1=\begin{bmatrix}1 & 0\\ 0 & 1\end{bmatrix},E\{\boldsymbol{V}(k)\boldsymbol{V}^{T}(k)\}=\begin{bmatrix}0.1 & 0\\ 0 & 0.1\end{bmatrix}$$

其性能指标函数为 $\boldsymbol{J}=\boldsymbol{E}\{[\boldsymbol{Y}(k+1)-\boldsymbol{R}(q^{-1})]^T[\boldsymbol{Y}(k+1)-\boldsymbol{R}(q^{-1})]$,要求选择指标函数中的控制权矩阵 $\boldsymbol{\Lambda}$,使得多变量加权最小方差控制系统是稳定的。

解 根据题意,由 $\boldsymbol{A}(q^{-1})=\boldsymbol{I}+\boldsymbol{A}_1(q^{-1}),\boldsymbol{B}(q^{-1})=\boldsymbol{B}_0+\boldsymbol{B}_1(q^{-1})$

$$\det\boldsymbol{A}(q^{-1})=(1-0.9q^{-1})(1-0.2q^{-1})-(0.5q^{-1})^2=$$
$$1-0.11q^{-1}-0.07q^{-2}=0$$

解出 $q_{A_1}^{-1}=0.86,q_{A_2}^{-1}=16.58$,由此可知受控系统开环不稳定。

由 $\det\boldsymbol{B}(q^{-1})=(2+q^{-1})^2-1=3+4q^{-1}+q^{-2}=0$

解出 $q_{B_1}^{-1}=-1,q_{B_2}^{-1}=-3$,由此可知受控系统为非最小相位。

根据(12.2.16)式,并令 $\boldsymbol{\Lambda}=\mu\boldsymbol{I}$,经整理后,可得

$$\det\boldsymbol{T}=\det[\boldsymbol{A}\mu\boldsymbol{I}+\boldsymbol{B}]=$$
$$(1-1.1\mu-0.07\mu^2)q^{-2}+(4-1.2\mu-1.1\mu^2)q^{-1}+3+4\mu+\mu^2=0$$

当 μ 满足 $0<\mu<13.49$ 时,上式所有的零点都有位于单位圆外。根据式(12.2.12),并设

$$\boldsymbol{\Lambda}'=\begin{bmatrix}\mu'_{11} & \mu'_{22}\\ \mu'_{21} & \mu'_{22}\end{bmatrix},\boldsymbol{\Lambda}=10I$$

则
$$\begin{bmatrix}2 & 1\\ 1 & 2\end{bmatrix}10\boldsymbol{I}=\begin{bmatrix}\mu_{11} & \mu_{21}\\ \mu_{12} & \mu_{22}\end{bmatrix}\begin{bmatrix}\mu_{11} & \mu_{12}\\ \mu_{21} & \mu_{22}\end{bmatrix}$$

由此可求得

$$\boldsymbol{\Lambda}'=\begin{bmatrix}4.32 & 1.157\\ 1.157 & 4.32\end{bmatrix}$$

12.2.2 多变量自校正控制器

当多变量控制系统模型(12.2.1)的参数未知或慢时变时,要实现最小方差自校正控制,就需进行自校正运算。多变量自校正加权最小方差调节器可分为间接自校正控制算法和直接自校正控制算法两种,间接自校正控制算法的原理及运算步骤与12.1类似,这里不再重复。下面向大家介绍直接自校正控制算法。

直接自校正控制算法:

对于式(12.2.3),其系统广义输出为

$$\boldsymbol{\gamma}(k+d)=\boldsymbol{\psi}(k+d)-\boldsymbol{Q}(q^{-1})\boldsymbol{R}(q^{-1})+\boldsymbol{\Lambda}(q^{-1})\boldsymbol{U}(k)=$$
$$\boldsymbol{\Gamma}(q^{-1})\boldsymbol{Y}(k+d)-\boldsymbol{Q}(q^{-1})\boldsymbol{R}(q^{-1})+\boldsymbol{\Lambda}(q^{-1})\boldsymbol{U}(k) \qquad (12.2.19)$$

因为已知 $\boldsymbol{\Gamma}(q^{-1})$、$\boldsymbol{Q}(q^{-1})$ 和 $\boldsymbol{\Lambda}(q^{-1})$,若令 $\boldsymbol{C}(q^{-1})=\boldsymbol{I}$,参照式(12.1.18)有

$$\boldsymbol{Y}(k+d)=\boldsymbol{F}(q^{-1})\boldsymbol{V}(k+d)+\overline{\boldsymbol{C}}^{-1}(q^{-1})[\overline{\boldsymbol{G}}(q^{-1})\boldsymbol{Y}(k)+\overline{\boldsymbol{F}}(q^{-1})\boldsymbol{B}(q^{-1})\boldsymbol{U}(k)]$$

则有

$$\boldsymbol{\gamma}(k+d)=\boldsymbol{\Gamma}(q^{-1})\overline{\boldsymbol{G}}(q^{-1})\boldsymbol{Y}(k)+[\boldsymbol{\Gamma}(q^{-1})\overline{\boldsymbol{F}}(q^{-1})\boldsymbol{B}(q^{-1})+\boldsymbol{\Lambda}(q^{-1})]\boldsymbol{U}(q^{-1})-$$
$$\boldsymbol{Q}(q^{-1})\boldsymbol{R}(q^{-1})+\boldsymbol{\Gamma}(q^{-1})\boldsymbol{F}(q^{-1})\boldsymbol{V}(k) \qquad (12.2.20)$$

设 $\boldsymbol{\Gamma}(q^{-1})\overline{\boldsymbol{G}}(q^{-1})=\boldsymbol{L}(q^{-1}),\boldsymbol{\Gamma}(q^{-1})\overline{\boldsymbol{F}}(q^{-1})\boldsymbol{B}(q^{-1})+\boldsymbol{\Lambda}(q^{-1})=\boldsymbol{H}(q^{-1}),\boldsymbol{\Gamma}(q^{-1})\boldsymbol{F}(q^{-1})\boldsymbol{V}(k+d)=\boldsymbol{E}(k+d)$。则

$$\boldsymbol{\gamma}(k+d)=\boldsymbol{L}(q^{-1})\boldsymbol{Y}(k)+\boldsymbol{H}(q^{-1})\boldsymbol{U}(k)-\boldsymbol{Q}(q^{-1})\boldsymbol{R}(q^{-1})+\boldsymbol{E}(k+d) \qquad (12.2.21)$$

按上式,应用最小二乘辨识方法,可辨识参数矩阵 $\boldsymbol{L}(q^{-1})$、$\boldsymbol{H}(q^{-1})$ 和 $\boldsymbol{Q}(q^{-1})$,即得多变量加权最小方差自校正控制直接算法,其计算通常按下列步骤:

①读取新的输出向量 $\boldsymbol{Y}(k)$、输入向量和参考输入向量 $\boldsymbol{R}(q^{-1})$;

②按(12.2.19)计算 $\boldsymbol{\gamma}(k+d)$;

③用多变量递推最小二乘辨识算法辨识 $\boldsymbol{L}(q^{-1})$、$\boldsymbol{H}(q^{-1})$ 和 $\boldsymbol{Q}(q^{-1})$ 参数;

④应用式(13.2.14)求解多变量加权最小方差自校正控制规律 $\boldsymbol{U}(k)$;

⑤采样次数加 1(即 $k \to k+1$),返回①,继续循环。

12.3　多变量极点配置自校正控制器

前两节介绍的多变量自校正调节器和多变量自校正控制器的特点是以基于受控系统的输出方差最小,或者受控系统的广义输出方差最小为策略来设计控制律的。它们都是以某种形式的二次型最优化指标作为控制目标。对于多变量自校正调节器不能适用于非最小相位系统。对于多变量自校正控制器,它适用于非最小相位系统,并具有全局收敛性。然而,它在实际应用时存在很难保证静态指标的最优,又有较好的鲁棒性的缺点。

解决上述问题的方法之一是采用多变量极点配置控制策略。这一方法相对于最小方差自校正控制方法而言,虽然并不是以寻求某一指标函数最优化为控制目标,但系统的闭环极点是工艺要求来配置的,因此,它可以获得设计者所要求的动态响应,而且设计方法简单直观,鲁棒性也较好。

12.3.1　极点配置控制器原理

为简化考虑的问题,设多输入多输出被控系统可用线性差分方程来描述:

$$\boldsymbol{A}(q^{-1})\boldsymbol{Y}(k) = q^{-d}\boldsymbol{B}(q^{-1})\boldsymbol{U}(k) \tag{12.3.1}$$

式中,$\boldsymbol{U}(k)$ 和 $\boldsymbol{Y}(k)$ 分别表示 m 维输入和 m 维输出向量;d 表示系统的滞后时间系数;$\boldsymbol{A}(q^{-1})$,$\boldsymbol{B}(q^{-1})$ 是后移算子 q^{-1} 的多项式矩阵,

$$\begin{cases} \boldsymbol{A}(q^{-1}) = \boldsymbol{I} + \boldsymbol{A}_1 q^{-1} + \cdots + \boldsymbol{A}_{n_a} q^{-n_a} \\ \boldsymbol{B}(q^{-1}) = \boldsymbol{B}_0 + \boldsymbol{B}_1 q^{-1} + \cdots + \boldsymbol{B}_{n_b} q^{-n_b} \end{cases} \tag{12.3.2}$$

式(12.3.1)是系统能控能观测的,且能控性指数与能观测性指数相等,$\boldsymbol{A}(q^{-1})$,$\boldsymbol{B}(q^{-1})$ 为左互质。引入多项式矩阵 $\overline{\boldsymbol{B}}(q^{-1})$ 和 $\overline{\boldsymbol{A}}(q^{-1})$,构成如下伪交换矩阵型

$$\boldsymbol{A}(q^{-1})\overline{\boldsymbol{B}}(q^{-1}) = \boldsymbol{B}(q^{-1})\overline{\boldsymbol{A}}(q^{-1}) \tag{12.3.3}$$

式中,$\det\overline{\boldsymbol{B}}(q^{-1}) = \det\boldsymbol{B}(q^{-1})$,且 $\overline{\boldsymbol{B}}(0) = \boldsymbol{B}(0)$,其阶次为 n_b 和 n_a,这样系统(13.3.1)式可以改写为

$$\boldsymbol{Y}(k) = \overline{\boldsymbol{A}}^{-1}(q^{-1})\overline{\boldsymbol{B}}(q^{-1})q^{-d}\boldsymbol{U}(k) \tag{12.3.4}$$

在原系统(开环系统)中引入控制器 $\boldsymbol{U}(k)$

$$\boldsymbol{F}(q^{-1})\boldsymbol{U}(k) = \boldsymbol{H}(q^{-1})\boldsymbol{R}(k) - \boldsymbol{G}(q^{-1})\boldsymbol{Y}(k) \tag{12.3.5}$$

式中,$\boldsymbol{R}(t)$ 为 m 维的人为给定有界参考输入向量,$\boldsymbol{F}(q^{-1})$、$\boldsymbol{H}(q^{-1})$ 和 $\boldsymbol{G}(q^{-1})$ 是后移算子 q^{-1} 的多项式矩阵

$$\begin{cases} F(q^{-1}) = I + F_1 q^{-1} + \cdots + F_{n_f} q^{-n_f} \\ H(q^{-1}) = H_0 + H_1 q^{-1} + \cdots + H_{n_h} z^{-n_h} \\ G(q^{-1}) = G_0 + G_1 q^{-1} + \cdots + G_{n_g} z^{-n_g} \end{cases} \tag{12.3.6}$$

其闭环系统结构如图 12.3.1 所示。

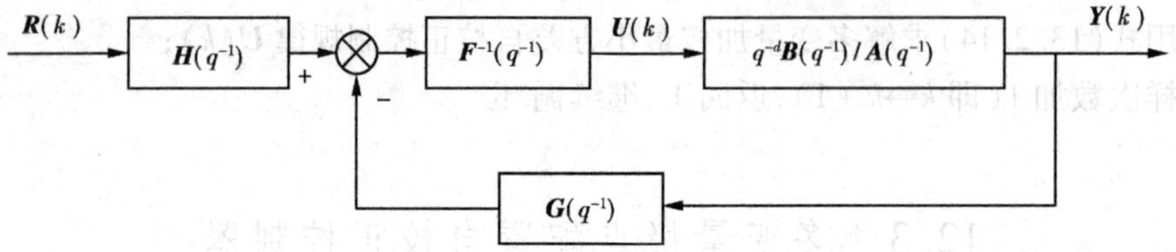

图 12.3.1　极点配置控制系统方框图

由图 12.3.1 和(12.3.4)式和(12.3.5)式可得系统闭环方程为

$$Y(k) = \bar{B}(q^{-1})[F(q^{-1})\bar{A}(q^{-1}) + q^{-d}C(q^{-1})\bar{B}(q^{-1})]^{-1}H(q^{-1})R(k-d) \tag{12.3.7}$$

与单变量系统的情形式相同,系统的特性是由上式闭环系统方程的分母多项式矩阵的零点确定的,分析式(12.3.5)和式(12.3.7)的结构形式,由闭环系统极点配置的原理可人为选定上式的分母多项式矩阵等于$T_m(q^{-1})$。

$$F(q^{-1})\bar{A}(q^{-1}) + q^{-d}G(q^{-1})\bar{B}(q^{-1}) = T_m(q^{-1}) \tag{12.3.8}$$

式中,$T_m(q^{-1})$是由设计者人为选定的稳定的对角型多项式矩阵,其选择的原则是使$\det T_m(q^{-1})$的零点为符合工艺要求的闭环极点。显然式(12.3.8)是一个 Diophantine 方程,为使方程(12.3.5)有惟一解,$F(q^{-1})$,$G(q^{-1})$和$T_m(q^{-1})$的阶次由下式确定:

$$n_f = d-1, n_g = n_a - 1, n_t \leqslant n_a + d - 1 \tag{12.3.9}$$

$F(q^{-1})$和$G(q^{-1})$系数可通过比较 Diophantine 方程(12.3.8)式的q^{-1}同次幂系数得到,另外,从上述可知,满足式(12.3.8)要求可使闭环系统可达到系统稳定之目的。但为了消除稳态跟踪误差(即稳态时,$Y(k)\to R(k)$),由(12.3.7)式和(12.3.8)式分析,当系统达到稳态时(即$q^{-1}\to 1$(或$k\to\infty$)时),应选择H为

$$H = \lim_{q^{-1}\to 1} H(q^{-1}) = T_m(1)\bar{B}^{-1}(1) \tag{12.3.10}$$

从而则可根据式(12.3.1)、式(12.3.8)和式(12.3.5)进行控制器设计。其控制器方程可表达为

$$U(k) = F^{-1}(q^{-1})[HR(k) - G(q^{-1})Y(k)] \tag{12.3.11}$$

12.3.2　极点配置控制器自校正控制算法

当多变量控制系统模型(12.3.1)的参数未知或慢时变时,要实现自校正控制极点配置控制,就需进行自校正的算法运算。多变量极点配置自校正控制可分为间接自校正控制算法和直接自校正控制算法两种:

间接自校正控制算法:

①读取新的输出向量$Y(k)$和输入向量$U(k)$;

②应用多变量最小二乘辨识算法辨识$A(q^{-1})$,$B(q^{-1})$,$C(q^{-1})$的参数;

③人为选定稳定的对角型多项式矩阵$T_m(q^{-1})$,使之$\det T_m(q^{-1})$的零点为符合工艺要求

的闭环极点，然后应用式(12.3.8)求解 $\boldsymbol{F}(q^{-1})$ 和 $\boldsymbol{G}(q^{-1})$；

④按式(12.3.10)选择 $\boldsymbol{H}$；

⑤按公式(12.3.11)进行控制器 $\boldsymbol{U}(k)$ 的设计；

⑥采样数加 1(即 $k \to k+1$)，返回到①。

直接自校正控制算法：

当进行自校正控制极点配置控制算法运算时，也可以采用直接自校正控制方案直接辨识控制器参数，然后求控制输入，为了采用直接方案，首先必须求控制器参数的辨识方程。

引入多项式矩阵 $\boldsymbol{L}(q^{-1})$ 和 $\boldsymbol{M}(q^{-1})$，使其满足

$$\boldsymbol{L}(q^{-1})\overline{\boldsymbol{A}}(q^{-1}) + q^{-d}\boldsymbol{M}(q^{-1})\overline{\boldsymbol{B}}(q^{-1}) = \boldsymbol{I} \tag{12.3.12}$$

式中

$$\boldsymbol{L}(q^{-1}) = \boldsymbol{I} + \boldsymbol{F}_1 q^{-1} + \cdots + \boldsymbol{F}_{n_l} q^{-n_l} \quad n_l = n_b + d$$

$$\boldsymbol{M}(q^{-1}) = \boldsymbol{H}_0 + \boldsymbol{H}_1 q^{-1} + \cdots + \boldsymbol{H}_{n_m} z^{-n_m} \quad n_m = n_a \tag{12.3.13}$$

且

$$\boldsymbol{L}(0) = \boldsymbol{M}(0) = \boldsymbol{I}$$

以 $\boldsymbol{L}(q^{-1})$ 左乘(12.3.4)式并由(12.3.11)式，可得

$$\overline{\boldsymbol{B}}^{-1}(q^{-1})\boldsymbol{Y}(k) = \boldsymbol{M}(q^{-1})\boldsymbol{Y}(k-d) + \boldsymbol{L}(q^{-1})\boldsymbol{U}(k-d) \tag{12.3.14}$$

以 $\boldsymbol{F}(q^{-1})$ 左乘(12.3.4)式并由(12.3.8)式，可得

$$\boldsymbol{T}_m(q^{-1})\overline{\boldsymbol{B}}^{-1}(q^{-1})\boldsymbol{Y}(k) = \boldsymbol{G}(q^{-1})\boldsymbol{Y}(k-d) + \boldsymbol{F}(q^{-1})\boldsymbol{U}(k-d) \tag{12.3.15}$$

由(12.3.14)式和(12.3.15)则可得控制器的辨识方程：

$$\begin{aligned} \boldsymbol{T}_m(q^{-1})\boldsymbol{Y}(k) + \boldsymbol{T}_m^*(q^{-1})\boldsymbol{U}(k) = {} & \boldsymbol{G}(q^{-1})\boldsymbol{Y}(k) + \boldsymbol{F}^*(q^{-1})\boldsymbol{U}(k) - \\ & \boldsymbol{T}_m(q^{-1})\boldsymbol{M}^*(q^{-1})\boldsymbol{Y}(k) - \boldsymbol{T}_m(q^{-1})\boldsymbol{L}^*(q^{-1})\boldsymbol{U}(k) \end{aligned} \tag{12.3.16}$$

式中，$\boldsymbol{T}_m^*(q^{-1})$ 取为对角阵，则

$$\begin{aligned} \boldsymbol{T}_m^*(q^{-1}) &= \boldsymbol{T}_m(q^{-1}) - \boldsymbol{I} = \boldsymbol{T}_{m1} q^{-1} + \cdots + \boldsymbol{T}_{m n_t} q^{-n_t} = \\ & \mathrm{diag}[\boldsymbol{T}_{mii}^*(q^{-1})] \end{aligned} \tag{12.3.17}$$

$$\boldsymbol{F}^*(q^{-1}) = \boldsymbol{F}(q^{-1}) - \boldsymbol{I} \tag{12.3.18}$$

$$\boldsymbol{M}^*(q^{-1}) = \boldsymbol{M}(q^{-1}) - \boldsymbol{I} \tag{12.3.19}$$

$$\boldsymbol{L}^*(q^{-1}) = \boldsymbol{L}(q^{-1}) - \boldsymbol{I} \tag{12.3.20}$$

若定义数据向量 $\boldsymbol{\varphi}_i(k)$ 为

$$\begin{aligned} \boldsymbol{\varphi}_i(k) = [& \boldsymbol{Y}^T(k), \boldsymbol{Y}^T(k-1), \cdots; \boldsymbol{U}^T(k-1), \boldsymbol{U}^T(k-2), \cdots; \\ & -\boldsymbol{T}_{mii}(q^{-1})\boldsymbol{Y}^T(k-1), -\boldsymbol{T}_{mii}(q^{-1})\boldsymbol{Y}^T(k-2), \cdots; \\ & -\boldsymbol{T}_{mii}(q^{-1})\boldsymbol{U}^T(k-1), -\boldsymbol{T}_{mii}(q^{-1})\boldsymbol{U}^T(k-2), \cdots] \end{aligned} \tag{12.3.21}$$

若定义参数矩阵 $\boldsymbol{\Theta}$ 为

$$\boldsymbol{\Theta} = [\boldsymbol{\theta}_1, \cdots, \boldsymbol{\theta}_n] = [\boldsymbol{G}_0, \boldsymbol{G}_1, \cdots; \boldsymbol{F}_1, \boldsymbol{F}_2, \cdots; \boldsymbol{M}_1, \boldsymbol{M}_2, \cdots; \boldsymbol{L}_1, \boldsymbol{L}_2, \cdots]^T \tag{12.3.22}$$

而 $\boldsymbol{\Theta}$ 中的分量形式为

$$\boldsymbol{\theta}_i = [g_{i1}^0, \cdots, g_{in}^0; g_{i1}^1, \cdots, g_{in}^1; \cdots; f_{i1}^1, \cdots, f_{in}^1; \cdots; m_{i1}^1, \cdots, m_{in}^1; \cdots; l_{i1}^1, \cdots, l_{in}^1; \cdots]^T \tag{12.3.23}$$

于是辨识器方程(12.3.16)式可以写成

$$\boldsymbol{\phi}_i(k) = \boldsymbol{\varphi}_i(k)\boldsymbol{\theta}_i; i-1, \cdots, m \tag{12.3.24}$$

式中，$\boldsymbol{\phi}_i(k)=\boldsymbol{T}_{mii}(q^{-1})y_i(k)+\boldsymbol{T}_{mii}^*(q^{-1})u_i(k)$。参数矩阵可以采用多变量递推最小二乘估计算法来辨识

$$\begin{cases}\hat{\boldsymbol{\theta}}_i(k)=\hat{\boldsymbol{\theta}}_i(k-1)+\boldsymbol{K}(k)[\boldsymbol{\phi}_i(k)-\boldsymbol{\varphi}_i(k)\hat{\boldsymbol{\theta}}_i(k-1)]\\ \boldsymbol{K}_i(k)=\dfrac{\boldsymbol{P}_i(k-1)\boldsymbol{\varphi}_i^T(k)}{\beta_i+\boldsymbol{\varphi}_i^T(k)\boldsymbol{P}_i(k-1)\boldsymbol{\varphi}_i^T(k)}\\ \boldsymbol{P}_i(k)=[\boldsymbol{P}_i(k-1)-\boldsymbol{K}_i(k)\boldsymbol{\varphi}_i(k)\boldsymbol{P}_i(k-1)]/\beta_i;i=1,\cdots,m\end{cases}\tag{12.3.25}$$

考虑到消除稳态跟踪误差的原因，由(12.3.8)式，当系统达到稳态时，$k\to\infty$，即 $q^{-1}\to1$。则有

$$\lim_{q^{-1}\to\infty}[\boldsymbol{F}(q^{-1})\overline{\boldsymbol{A}}(q^{-1})+z^{-d}\boldsymbol{G}(q^{-1})\overline{\boldsymbol{B}}(q^{-1})]=\lim_{q^{-1}\to\infty}\boldsymbol{T}_m(q^{-1})$$

即
$$\boldsymbol{F}(1)\overline{\boldsymbol{A}}(1)\overline{\boldsymbol{B}}^{-1}(1)+\boldsymbol{G}(1)=\boldsymbol{T}_m(1)\overline{\boldsymbol{B}}^{-1}(1)\tag{12.3.26}$$

同理，由(12.3.12)式可得

$$\boldsymbol{L}(1)\overline{\boldsymbol{A}}(1)\overline{\boldsymbol{B}}^{-1}(1)+\boldsymbol{M}(1)=\overline{\boldsymbol{B}}^{-1}(1)\tag{12.3.27}$$

结合式(12.3.10)、式(12.3.26)和式(12.3.27)可得采用控制器参数来校正 $\boldsymbol{H}$ 的方程

$$\boldsymbol{H}=\lim_{q^{-1}\to1}\boldsymbol{H}(q^{-1})=\boldsymbol{T}_m(1)[\boldsymbol{T}_m(1)-\boldsymbol{F}(1)\boldsymbol{L}^{-1}(1)]^{-1}[\boldsymbol{G}(1)-\boldsymbol{F}(1)\boldsymbol{L}^{-1}(1)\boldsymbol{M}(1)]\tag{12.3.28}$$

结合(12.3.26)式、(12.3.27)式、(12.3.28)式和(12.3.16)式，则可得控制器方程为

$$\boldsymbol{U}(k)=\boldsymbol{H}\boldsymbol{R}(k)-\boldsymbol{G}(q^{-1})\boldsymbol{Y}(k)-\boldsymbol{F}^*(q^{-1})\boldsymbol{U}(k)\tag{12.3.29}$$

所以，多变量极点配置直接自校正控制算法步骤为：

①取新的输出 $\boldsymbol{Y}(k)$、输入向量 $\boldsymbol{U}(k)$ 及参考输入向量 $\boldsymbol{R}(k)$；

②构造数据向量 $\boldsymbol{\varphi}_i(k)$ 和 $\boldsymbol{\phi}_i(k)$；

③使用递推最小二乘估计算法(12.3.25)式辨识自校正控制器参数 $\boldsymbol{\Theta}$；

④按式(12.3.28)选择 $\boldsymbol{H}$；

⑤利用(12.3.29)式求解控制输入 $\boldsymbol{U}(k)$；

⑥采样数加1(即 $k\to k+1$)，返回到①。

上述极点配置自校正控制器设计方法的特点是在计算时只需要应用辨识的控制器参数 $\boldsymbol{F}(q^{-1})$，$\boldsymbol{G}(q^{-1})$，$\boldsymbol{L}(q^{-1})$ 和 $\boldsymbol{M}(q^{-1})$ 在线校正 $\boldsymbol{H}$。直接自校正控制算法避免了在线求解伪交换方程(12.3.3)和 Diophantine 方程(12.3.8)，从而避免了处理病态方程的问题，增加了算法的鲁棒性。

12.4 多变量系统自校正解耦控制[88]

常规多变量系统解耦控制要求被控对象是参数已知的线性系统，因而是一种严格依赖于被控对象参数的控制方法。当被控对象的参数发生变化时，解耦的效果将会变差，甚至出现由于解耦失败而导致系统不能稳定运行的情况。因此为了解决被控对象参数未知或慢时变的情况，可采用多变量自适应解耦控制方法。

本节介绍的自校正解耦控制算法是一种开环解耦控制算法[12]，首先采用前置解耦补偿器进行解耦设计，然后应用传统的单变量极点配置法对解耦后的单变量系统进行控制器设计。

这就避免了不稳定零极点对消的问题,也保证系统的稳定性。

12.4.1　解耦控制算法

为简化问题起见,考虑如下的多变量线性被控系统:

$$\boldsymbol{A}(q^{-1})\boldsymbol{Y}(k) = \boldsymbol{B}(q^{-1})\boldsymbol{U}'(k) \tag{12.4.1}$$

式中,$\boldsymbol{Y}(k)$,$\boldsymbol{U}'(k)$分别为 m 维输出向量和 m 维输入向量;$\boldsymbol{A}(q^{-1})$,$\boldsymbol{B}(q^{-1})$为后移算子 q^{-1}的多项式矩阵。若设$\boldsymbol{A}(q^{-1})$为对角型多项式矩阵,即

$$\boldsymbol{A}(q^{-1}) = \mathrm{diag}[A_{ii}(q^{-1})] \tag{12.4.2}$$

在原被控系统中$\boldsymbol{A}(q^{-1})$不为对角型矩阵的情形下,可以将它化为对角型进行处理,且$\boldsymbol{B}(q^{-1})$是可逆的。再者,设$\boldsymbol{A}(q^{-1})$,$\boldsymbol{B}(q^{-1})$中的多项式的阶次上界已知,且系统的延时结构已知。引入如下形式的前置解耦补偿器:

$$\boldsymbol{U}'(k) = \boldsymbol{P}(q^{-1})\boldsymbol{U}(k) \tag{12.4.3}$$

从系统结构上$\boldsymbol{U}(k)$为新引入的 m 维控制信号;$\boldsymbol{P}(q^{-1})$为前置解耦补偿器,是一个稳定的、物理上可实现的 $m\times m$ 矩阵。我们的目的是引入$\boldsymbol{P}(q^{-1})$后使系统成为完全解耦的形式,即

$$\boldsymbol{A}(q^{-1})\boldsymbol{Y}(k) = \boldsymbol{B}(q^{-1})\boldsymbol{U}'(k) = \boldsymbol{B}(q^{-1})\boldsymbol{P}(q^{-1})\boldsymbol{U}(k) \tag{12.4.4}$$

但是解耦的过程必须保证避免不稳定的零极点产生相消,并要保证$\boldsymbol{P}(q^{-1})$物理上可实现。因而,首先将$\boldsymbol{B}(q^{-1})$中不稳定零点提出,即将$\boldsymbol{B}(q^{-1})$分解成$\boldsymbol{B}_1(q^{-1})$和$\widetilde{\boldsymbol{B}}(q^{-1})$两部分,即

$$\boldsymbol{B}(q^{-1}) = \boldsymbol{B}_1(q^{-1})\widetilde{\boldsymbol{B}}(q^{-1}) \tag{12.4.5}$$

式中,$\boldsymbol{B}_1(q^{-1}) = \mathrm{diag}[B_{11}q^{-k_1},\cdots,B_{11}q^{-k_n}]$为一对角型多项式矩阵,其中 $B_{1i}q^{-k_n}$为$\boldsymbol{B}(q^{-1})$各行中不能被对消的不稳定的零点和时延的最大公因子。当然,此时在$\widetilde{\boldsymbol{B}}(q^{-1})$中仍然有不稳定的零点和时延存在。

因为$\boldsymbol{B}(q^{-1})$是可逆矩阵,因此$\widetilde{\boldsymbol{B}}(q^{-1})$同样也是可逆的。设其逆为

$$\widetilde{\boldsymbol{B}}^{-1}(q^{-1}) = \left[\frac{N_{ij}(q^{-1})}{D_{ij}(q^{-1})}\right] \tag{12.4.6}$$

式中,$N_{ij}(q^{-1})/D_{ij}(q^{-1})$表示为$\widetilde{\boldsymbol{B}}^{-1}(q^{-1})$的第$(i,j)$个元素。进一步假设 $N_{ij}(q^{-1})$和 $D_{ij}(q^{-1})$是互质的,也就是说所有的公因子都已经消去了。同样也可以使 $D_{ij}(q^{-1})$是首一的。

对于$\widetilde{\boldsymbol{B}}^{-1}(q^{-1})$的分母多项式 $D_{ij}(q^{-1})$含有纯时延和不稳定的根的一般情况。为了保证前置解耦补偿器稳定和物理上可实现,须将$\widetilde{\boldsymbol{B}}^{-1}(q^{-1})$各列中各个元素的不稳定的因子和纯时延提出。因此令

$$\boldsymbol{P}(q^{-1}) = \widetilde{\boldsymbol{B}}^{-1}(q^{-1})\boldsymbol{B}_r(q^{-1}) \tag{12.4.7}$$

式中

$$\boldsymbol{B}_r(q^{-1}) = \mathrm{diag}[D_j^-(q^{-1})] \tag{12.4.8}$$

其中多项式 $D_j^-(q^{-1})$,$j=1,\cdots,n$ 是$\widetilde{\boldsymbol{B}}^{-1}(q^{-1})$中第 j 列所有元素的纯时延和不稳定因子的最小公倍。将(12.4.7)式代入(12.4.4)式中后,并考虑(12.4.5)式,则可得

$$\begin{aligned}\boldsymbol{A}(q^{-1})y(t) &= \boldsymbol{B}(q^{-1})\boldsymbol{U}'(k) = \\ &\boldsymbol{B}(q^{-1})\boldsymbol{P}(q^{-1})\boldsymbol{U}(k) = \\ &\boldsymbol{B}_1(q^{-1})\widetilde{\boldsymbol{B}}(q^{-1})\boldsymbol{B}^{-1}(q^{-1})\boldsymbol{B}_r(q^{-1})\boldsymbol{U}(t) = \\ &\boldsymbol{B}_1(q^{-1})\boldsymbol{B}_r(q^{-1})\boldsymbol{U}(t)\end{aligned} \tag{12.4.9}$$

从(12.4.9)可知,因为$\boldsymbol{A}(q^{-1})$,$\boldsymbol{B}_1(q^{-1})$,$\boldsymbol{B}_r(q^{-1})$为对角型矩阵,所以可实现解耦。但很显然,上述解耦方法引入了额外的时延和非最小相位零点。

12.4.2 极点配置控制算法

经过以上前置解耦后,被控系统已经被解耦成m个单输入单输出系统,具有如下的形式:

$$A_i(q^{-1})y_i(k) = B_i(q^{-1})u_i(k) \tag{12.4.10}$$

因为式中$B_i(q^{-1})$中含有不稳定的零点,为避免在极点配置控制器设计中产生不稳定的零极点对消,可将$B_i(q^{-1})$分解成为稳定和不稳定两部分,即

$$B_i(q^{-1}) = B_i^+(q^{-1})B_i^-(q^{-1}) \tag{12.4.11}$$

式中,$B_i^+(q^{-1})$代表$B_i(q^{-1})$的稳定的和阻尼良好的零点所组成的多项式,且是首一多项式。而$B_i^-(q^{-1})$代表$B_i(q^{-1})$不稳定零点所组成的多项式。当$B_i^+(q^{-1})=1$,表示$B_i(q^{-1})$中没有任何零点可被对消。当$B_i^-(q^{-1})=1$,表示$B_i(q^{-1})$中所有零点都可以被对消。

而从为第i个通道的参考输入$r_i(k)$到第i个通道的输出响应$y_i(k)$,可由如下动态方程描述:

$$A_{mi}(q^{-1})y_i(k) = B_{mi}(q^{-1})r_i(k) \tag{12.4.12}$$

式中,$A_{mi}(q^{-1})$和$B_{mi}(q^{-1})$是人为选择的后移算子多项式,由A_{mi}确定理想的闭环极点。故而$r_i(k)$和$y_i(k)$之间的传递函数为

$$T_{mi}(q^{-1}) = \frac{B_{mi}(q^{-1})}{A_{mi}(q^{-1})} \tag{12.4.13}$$

采用如下的线性控制器方程

$$F_i(q^{-1})u_i(k) = H_i(q^{-1})r_i(k) - G_i(q^{-1})y_i(k) \tag{12.4.14}$$

从(12.4.14)式和(12.4.10)式中消去$u_i(k)$,得到系统的闭环方程为

$$y_i(k) = [A_i(q^{-1})F_i(q^{-1}) + B_i(q^{-1})G_i(q^{-1})]^{-1}H_I(q^{-1})B_i(q^{-1})r_i(k) \tag{12.4.15}$$

从式(12.4.15)中,得闭环传递函数为

$$T_i(q) = \frac{B_i(q^{-1})H_i(q^{-1})}{A_i(q^{-1})F_i(q^{-1}) + G_i(q^{-1})B_i(q^{-1})} \tag{12.4.16}$$

为获得希望的输入-输出响应,下列条件必须成立:

$$T_i(q^{-1}) = T_{mi}(q^{-1}) \tag{12.4.17}$$

即

$$\frac{B_i(q^{-1})H_i(q^{-1})}{A_i(q^{-1})F_i(q^{-1}) + B_i(q^{-1})G_i(q^{-1})} = \frac{A_{0i}(q^{-1})B_{mi}(q^{-1})}{A_{0i}(q^{-1})A_{mi}(q^{-1})} \tag{12.4.18}$$

式中,$A_{0i}(q^{-1})$为一个任意指定的稳定多项式,代表观测器多项式。从(12.4.18)式可知,为保证不稳定零极点不能进行对消,$B_{mi}(q^{-1})$中一定含有$B_i^-(q^{-1})$,即可作分解

$$B_{mi}(q^{-1}) = B_i^+(q^{-1})B'_{mi}(q^{-1}) \tag{12.4.19}$$

同理，也有 $F_i(q^{-1})=B_i^+(q^{-1})F'_i(q^{-1})$ (12.4.20)

则(12.4.18)式变成下式如(12.4.21)式

$$\frac{B_i^+(q^{-1})B_i^-(q^{-1})H_i(q^{-1})}{A_i(q^{-1})F'_i(q^{-1})B_i^+(q^{-1})+B_i^+(q^{-1})B_i^-(q^{-1})G_i(q^{-1})}=\frac{A_{0i}(q^{-1})B_i^-(q^{-1})B'_{mi}(q^{-1})}{A_{0i}(q^{-1})A_{mi}(q^{-1})} \tag{12.4.21}$$

稳定零点 $B_i^+(q^{-1})$ 对消后，(12.4.21)式化成为

$$\frac{H_i(q^{-1})}{A_i(q^{-1})F'_i(q^{-1})+B_i^-(q^{-1})G_i(q^{-1})}=\frac{A_{0i}(q^{-1})B'_{mi}(q^{-1})}{A_{0i}(q^{-1})A_{mi}(q^{-1})} \tag{12.4.22}$$

上式的分母即为闭环特征多项式

$$A_i(q^{-1})F'_i(q^{-1})+B_i^{-1}(q^{-1})G_i(q^{-1})=A_{0i}(q^{-1})A_{mi}(q^{-1}) \tag{12.4.23}$$

也可表为 $$A_i(q^{-1})F_i(q^{-1})+B_i(q^{-1})G_i(q^{-1})=A_{0i}(q^{-1})A_{mi}(q^{-1})B_i^+(q^{-1}) \tag{12.4.24}$$

上式为一个 Diophantine 方程，通过求解这个 Diophantine 方程，即可求得 $F_i(q^{-1})$ 和 $G_i(q^{-1})$。从而求得极点配置控制器方程。

而对于式(12.4.21)有

$$\frac{B_i^+(q^{-1})B_i^-(q^{-1})H_i(q^{-1})}{B_i^+(q^{-1})[A_i(q^{-1})F'_i(q^{-1})+B_i^-(q^{-1})G_i(q^{-1})]}=\frac{B_i^-(q^{-1})B'_{mi}(q^{-1})}{A_{mi}(q^{-1})} \tag{12.4.25}$$

或者

$$\frac{H_i(q^{-1})}{A_i(q^{-1})F'_i(q^{-1})+B_i^-(q^{-1})G_i(q^{-1})}=\frac{B'_{mi}(q^{-1})}{A_{mi}(q^{-1})} \tag{12.4.26}$$

由此可看出，$A_{mi}(q^{-1})$ 是$[A_i(q^{-1})F'_i(q^{-1})+B_i^-(q^{-1})G_i(q^{-1})]$的一个因子，又由于参考输入 $r_i(k)$ 到输出 $y_i(k)$ 的传递函数中已消去了观测器多项式，所以 $A_{0i}(q^{-1})$ 也是$[A_i(q^{-1})F'_i(q^{-1})+B_i^-(q^{-1})G_i(q^{-1})]$的因子，因此也是 $H_i(q^{-1})$ 的因子，则由式(12.4.26)则可求得有

$$H_i(q^{-1})=B'_{mi}(q^{-1})A_{0i}(q^{-1}) \tag{12.4.27}$$

然后，应用式(12.4.24)和式(12.4.27)可求出 $F_i(q^{-1})$、$G_i(q^{-1})$ 和 $H_i(q^{-1})$，再应用式(12.4.14)，则可进行控制器设计。

12.4.3　自校正极点配置解耦间接控制算法

对于(12.4.1)式所示的被控对象模型，因为 $\mathbf{A}(q^{-1})$ 为对角多项式矩阵，所以(12.4.1)式也可写成

$$\mathbf{A}_i(q^{-1})y_i(k)=\sum_{j=1}^{n}B_{ij}(q^{-1})u_j(k),i=1,2,\cdots,m \tag{12.4.28}$$

式中，设 $A_i(q^{-1})$ 的阶次为 n_i，$B_{ij}(q^{-1})$ 的阶次 n_{ij}。数据向量和参数向量为

$$\begin{aligned}\boldsymbol{\varphi}_i^T(k)=[&-y_i(k-1),\cdots,-y_i(k-n_i);u_1(k-p_{i1}),\cdots,u_1(k-p_{i1}-n_{i1});\\&\cdots;u_m(k-p_{in}),\cdots,u_m(k-p_{in}-n_{in})]\end{aligned} \tag{12.4.29}$$

$$\boldsymbol{\theta}_i=[a_i^1,\cdots,a_i^{n_i};b_{i1}^0,\cdots,b_{i1}^{n_{i1}};b_{i2}^0,\cdots,b_{i2}^{n_{i2}};\cdots;b_{im}^0,\cdots,b_{im}^{n_{in}}]^T$$

系统(12.4.27)可以写成最小二乘格式

$$y_i(k)=\boldsymbol{\varphi}_i^T(k)\boldsymbol{\theta}_i;i=1,\cdots,m \tag{12.4.30}$$

利用递推最小二乘法辨识被控系统的参数：

$$\begin{cases} \hat{\boldsymbol{\theta}}_i(k) = \hat{\boldsymbol{\theta}}_i(k-1) + K_i(k)[y_i(k) - \boldsymbol{\varphi}_i^T(k)\hat{\boldsymbol{\theta}}_i(k-1)] \quad i = 1,\cdots,m \\ K_i(k) = P_i(k-1)\boldsymbol{\varphi}_i(k)[\rho + \boldsymbol{\varphi}_i^T(k)P_i(k-1)\boldsymbol{\varphi}_i(k)]^{-1} \\ P_i(k) = \dfrac{1}{\rho}[1 - K_i(k)\boldsymbol{\varphi}_i^T(k)]P_i(k-1) \end{cases} \tag{12.4.31}$$

则自校正极点配置解耦间接控制算法计算步骤为：

①读取新的输出向量 $\boldsymbol{Y}(k)$ 和输入向量 $\boldsymbol{U}(k)$；

②采用(12.4.30)式进行辨识，得多项式矩阵 $\hat{\boldsymbol{A}}(q^{-1})$，$\hat{\boldsymbol{B}}(q^{-1})$；

③应用式(12.4.5)作分解 $\hat{\boldsymbol{B}}(q^{-1}) = \hat{\boldsymbol{B}}_1(q^{-1})\hat{\widetilde{\boldsymbol{B}}}(q^{-1})$；

④应用式(12.4.7)和式(12.4.8)构造多项式矩阵 $\boldsymbol{P}(q^{-1}) = \widetilde{\boldsymbol{B}}^{-1}(q^{-1})\boldsymbol{B}_r(q^{-1})$；

⑤应用式(12.4.9)对系统进行解耦；

⑥应用式(12.4.24) Diophantine 方程求得 $F_i(q^{-1})$ 和 $G_i(q^{-1})$，应用式(12.4.27)式求解 $H_i(q^{-1})$，对系统的第 i 个通道($i=1,2,\cdots,m$)进行极点配置控制器设计；

⑦采样数加1(即 $k \to k+1$)，返回到①。

第13章 自适应控制系统的发展及应用

前面介绍了自适应控制的基本理论及其设计的典型方法,从发展的观点来看,它大致经历了从20世纪60年代初开始的自适应控制应用的探索试验阶段;从20世纪70年代开始的自适应控制技术工业应用阶段,这期间的主要标志是自校正调节器的工业应用;从20世纪80年代后自适应控制技术随着计算机技术的发展而开始大量应用生产实际,且开始出现自适应调节器产品商品化和应用于复杂系统控制的趋势。

自适应控制的发展与控制理论的进展密切相关,控制理论的许多成果逐步渗透到自适应控制技术中,自适应的基本思想与控制理论的结合产生了许多新型的自适应控制技术,如模糊技术与自适应思想的结合形成的模糊自适应控制;神经网络技术与自适应思想的结合形成的神经网络自适应控制;预测预报技术与自适应思想结合形成的自适应预测预报控制;智能控制技术与自适应思想结合形成的智能自适应控制及多模型自适应控制等等。这种自适应的思想不仅应用于工业控制中,且广泛地应用于社会、经济、管理等各个方面。

本章的编写在查阅大量文献资料的基础上以帮助读者了解自适应控制技术的发展为目的,以自适应控制的发展和自适应控制的应用两个部分,向读者简要介绍自适应控制的部分新技术及应用实例,以期使读者对此方面的问题有一个初步的了解。

13.1 自适应控制技术的发展

13.1.1 模糊自适应控制技术[77]

模糊自适应控制理论是模糊控制理论与自适应控制理论相互交叉、相互渗透而形成的一个研究领域。模糊控制理论的特点是运用模糊集合理论,总体考虑系统因素,协调控制作用的一种控制方法。它的方法是用模糊控制命题表示一组控制规律,将指标函数与控制量联系起来,经模糊推理决定控制量,而不管系统本身的内在因素。因而模糊控制是处理控制系统不确定性的一种有效方法。但是,它也存在一定的局限性:

①模糊控制系统的动态品质对于对象参数的变化不敏感,但其稳定参数的变化却是比较敏感的,则系统可能产生相应的稳态误差或自激振荡;

②基本模糊控制只利用误差和误差的变化率，且误差和误差变化率的动态范围需要反复整定，才能使整个系统的稳态误差降到最小极限，因而系统的动态品质受到限制；

③对于较为复杂的控制系统，很难得到较为完善的控制规则；

④模糊控制是一种仿人的操作过程，一般不会出现不稳定，但稳定性没有严格的理论根据。

在这种情况下，模糊控制的应用，特别是在静、动态品质要求较高的领域中的应用，受到了极大的限制。

自适应控制的特点又是在系统出现这些不确定性因素时仍要想法使系统保持既定的特性。所以由两者组成的模糊自适应控制系统，相当于是将模糊系统辨识与模糊控制相结合，它在控制被控过程时还要了解被控过程。因此它具有对参数变化和环境变化不灵敏，可用于非线性和多变量复杂对象，能在运行过程中不断校正自己的控制规则来改善控制性能。因此收敛速度快、鲁棒性好。

(1)模糊自适应控制原理

在常规模糊控制系统中，附加上性能测量与比较、控制量校正及控制规则修正3个功能块，就可构成模糊自适应控制。

①性能测量与比较

这个功能块用于测量实际输出特性与希望特性的偏差，以便为控制规则的修正提供信息，即确定输出响应的校正量。常用方式是将每次采样的实际响应可通过监测 $e(kT)$ 和 $\dot{e}(kT)$ 得出，这里 kT 为采样时刻，T 为采样周期。

表 13.1.1 性能测量判定表

$\dot{E}$ / E		趋向设定值						离开设定值						
		−6	−5	−4	−3	−2	−1	+0	+1	+2	+3	+4	+5	+6
负偏差	−6	0	0	0	0	0	0	6	6	6	6	6	6	6
	−5	0	0	0	2	2	3	6	6	6	6	6	6	6
	−4	0	0	0	2	4	5	6	6	6	6	6	6	6
	−3	0	0	0	2	2	3	4	4	4	4	5	5	6
	−2	0	0	0	0	0	0	2	2	2	3	4	5	6
	−1	0	0	0	0	0	0	1	1	1	2	3	4	5
	−0	0	0	0	0	0	0	0	0	0	1	2	3	4
正偏差	+0	0	0	0	0	0	0	0	0	0	−1	−2	−3	−4
	+1	0	0	0	0	0	0	−1	−1	−1	−2	−3	−4	−5
	+2	0	0	0	0	0	0	−2	−2	−2	−3	−4	−5	−5
	+3	0	0	0	−2	−2	−3	−4	−4	−4	−4	−5	−5	−6
	+4	0	0	0	−2	−4	−5	−6	−6	−6	−6	−6	−6	−6
	+5	0	0	0	−2	−2	−3	−6	−6	−6	−6	−6	−6	−6
	+6	0	0	0	0	0	0	−6	−6	−6	−6	−6	−6	−6

性能测量可以从校正表查出，这种表是根据 $e(kT)$ 和 $\dot{e}(kT)$ 的知识制定出来的。表13.1.1是性能测量判定表的一个例子，其中 E 和 $\dot{E}$ 的论域都是[-6, +6]，表中的全部数值给出了希望响应集合，零元表示该状态不需要校正，非零元的值不仅考虑了偏离设定值的距离，而且还考虑了趋向设定值或离开设定值的速度。与小误差和大误差变化率相比，小误差和小误差变化率更可取，因为后者可能无超调。在实时控制时，每次采样都要调用一次性能测量判定表。以便获取当前实际输出偏离希望轨迹的量度。

从表中可看出，离开设定点越远，需要的输出校正就越大。由于设定点是正负对称的，所以负误差时输出校正需要增加，反之输出校正需要减小。在多变量情况下，为了对各个输出规定不同的性能测量，可先对每个控制器变量选出一个适当的比例因子，再调用性能校正判定表。

②控制量校正

将输出响应的校正量转换为对控制输入量的校正量，并施加于过程。但与非自适应控制不同，处理的过程不需要建立精确的对象模型，有一个增量模型就能满足要求，而建立这样的模型是比较容易的。为简化问题起见，考虑一个由状态空间方程

$$\begin{cases} \dot{x}_1 = f(x_1, u_1, u_2) \\ \dot{x}_2 = g(x_2, u_1, u_2) \end{cases} \tag{13.1.1}$$

描述的双输入双输出对象，微小的输入变化引起的输出导数的变化为

$$\begin{bmatrix} \delta\dot{x}_1 \\ \delta\dot{x}_2 \end{bmatrix} = J\begin{bmatrix} \delta u_1 \\ \delta u_2 \end{bmatrix} \tag{13.1.2}$$

式中 J 为系统的 Jacobian 矩阵

$$J = \begin{bmatrix} \dfrac{\partial f}{\partial u_1} & \dfrac{\partial f}{\partial u_2} \\ \dfrac{\partial g}{\partial u_1} & \dfrac{\partial g}{\partial u_2} \end{bmatrix} \tag{13.1.3}$$

在经历一个采样周期后，输入变化 Δu_1 和 Δu_2 引起的输出变化 Δx_1 和 Δx_2

$$\begin{bmatrix} \Delta x_1 \\ \Delta x_2 \end{bmatrix} \approx \begin{bmatrix} T\delta\dot{x}_1 \\ T\delta\dot{x}_2 \end{bmatrix} = M\begin{bmatrix} \Delta u_1 \\ \Delta u_2 \end{bmatrix} \tag{13.1.4}$$

式中的对象的增量模型 M 是对象状态的函数，为

$$M = TJ \tag{13.1.5}$$

通常，设 $\Delta x(kT)$ 为输出校正量，$\Delta u(kT)$ 为控制输入校正量，则由上述过程则有

$$\Delta u(kT) = M^{-1}\Delta x(kT) \tag{13.1.6}$$

可看出，该方程已用标度因子定标，所以它是一个归一化方程。此外，在模糊自适应控制中，实际控制量的校正是一个重复进行的过程，以克服对 M 初始给定的粗略。

③控制规则修正

控制规则修正的目的是利用所得的控制输入校正量来修改已有的控制规则，以改善控制性能。其处理过程为：

假设在前 d 次采样中使当前的系统性能变差，那时的误差、误差变化率和控制输入分别为

$e((k-d)T)$，$\dot{e}((k-d)T)$ 和 $u((k-d)T)$。根据控制输入校正量的计算，取为

$$\{u((k-d)T + \Delta u(kT))\} \tag{13.1.7}$$

针对相应论域中的这些量，构造模糊子集，以得到修正策略：

$$\begin{cases} E((k-d)T) = F\{e((k-d)T)\} \\ \dot{E}((k-d)T) = F\{\dot{e}((k-d)T)\} \\ U((k-d)T) = F\{u((k-d)T) + \Delta u(kT)\} \end{cases} \tag{13.1.8}$$

式中 F 代表环绕单点的模糊过程，若用新的蕴含

$$E((k-d)T) \to \dot{E}((k-d)T) \to V((k-d)T) \tag{13.1.9}$$

代替先前的蕴含

$$E((k-d)T) \to \dot{E}((k-d)T) \to U((k-d)T) \tag{13.1.10}$$

则这两个蕴含构成的模糊关系分别为：

$$\begin{cases} R_E(kT) = E((k-d)T) \times \dot{E}((k-d)T) \times U((k-d)T) \\ R_E(kT) = E((k-d)T) \times \dot{E}((k-d)T) \times V((k-d)T) \end{cases} \tag{13.1.11}$$

因此，上述两个蕴含可用下列模糊语句实现：

$$\boldsymbol{R}((k+1)T) = \{\boldsymbol{R}(kT)\,\text{but not}\,\boldsymbol{R}_U(kT)\}\,\text{else}\,\boldsymbol{R}_V(kT) \tag{13.1.12}$$

或

$$\boldsymbol{R}((k-1)T) = [\boldsymbol{R}(kT) \cap \boldsymbol{R}_U(kT)] \cup \boldsymbol{R}_V(kT) \tag{13.1.13}$$

式中，$\boldsymbol{R}(kT)$ 是当前控制器的模糊关系矩阵，$\boldsymbol{R}((k+1)T)$ 是新的修正矩阵。

(2)模糊自校正控制

在系统运行过程中采用固定参数的简单模糊控制器难以在工况变化和(或)随机扰动作用下得到的优异的动态及稳态性能，而这里为解决这类被控过程的控制问题提供了一种较为通用的方法—模糊自校正调节算法，它在有白噪声干扰和无噪声干扰两种情况下都是收敛的，并在相当范围之内过程是稳定的，其控制精度满足一般工程要求。

①模糊模型结构

设单输入单输出被控过程的模糊模型为

$$y(k) = [u(k-p) \times y(k-l)]\boldsymbol{R} + e(k) \tag{13.1.14}$$

式中 $y(k)$，$y(k-l)$ 分别表示在时刻 k，$(k-l)$ 上被控过程的输出，$u(k-p)$ 表示在时刻 $(k-p)$ 上被控过程的输入，$\boldsymbol{R}$ 为直积 $u(k-p) \times y(k-l)$ 上的模糊关系，即

$$\boldsymbol{R} = \begin{array}{c} \\ u_1 \\ u_2 \\ \vdots \\ u_m \end{array}\!\!\begin{array}{c} \begin{matrix} y_1 & y_2 & \cdots & y_n \end{matrix} \\ \begin{bmatrix} y_{11} & y_{12} & \cdots & y_{1n} \\ y_{21} & y_{22} & \cdots & y_{2n} \\ \vdots & & & \vdots \\ y_{m1} & y_{m2} & \cdots & y_{mn} \end{bmatrix} \end{array} \tag{13.1.15}$$

式中，$u_1 \quad u_2 \quad \cdots \quad u_m$ 为输入论域 U 中的元素，$y_1 \quad y_2 \quad \cdots \quad y_n$ 为输出论域 Y 中的元素，$y_{ij}(i=1,2,\cdots,m;j=1,2,\cdots,n)$ 是对应 $u(k-p)$ 第 i 级、$y(k-l)$ 第 j 级时 $y(k)$ 值，$e(k)$ 为作用于过程上的零均值白噪声，符号"+"代表普通加法运算。

②模糊模型辨识及在线修正

假设输入论域 U 的任何 $u_i(i=1,2,\cdots,m)$ 都不为零，并且输出论域 Y 中的任何 $y_j(j=1,2,\cdots,n)$ 也都不为零。当被控过程满足上述假设时，模糊关系 R 可作如下等价变换：

$$\boldsymbol{R}' = \begin{bmatrix} r_{11} & r_{12} & \cdots & r_{1n} \\ r_{21} & r_{22} & \cdots & r_{2n} \\ & & \vdots & \\ r_{m1} & r_{m2} & \cdots & r_{mn} \end{bmatrix} \tag{13.1.16}$$

式中，
$$r_{ij} = \frac{y_{ij}}{u_i y_j},(i=1,2,\cdots,m;j=1,2,\cdots,n) \tag{13.1.17}$$

考虑到式(13.1.17)，则式(13.1.14)可化为

$$y(k) = u(k-p)y(k-l)r_{ij} \tag{13.1.18}$$

式中，r_{ij} 为对应 $u(k-p)$ 和 $y(k-l)$ 分别属于第 i 级和第 j 级时 $\boldsymbol{R}'$ 中的相应元素，应用最小二乘法可导出 r_{ij} 的在线递推公式

$$\begin{cases} r_{ij}(k) = r_{ij}(k-1) + P(k-l)\Phi(k-l)[y(k) - \Phi(k-l)r_{ij}(k-1)] \\ P(k-l) = \dfrac{1}{\lambda}\left[P(k-l-1) - \dfrac{P^2(k-l-1)\Phi^2(k-l)}{1+P(k-l-1)\Phi^2(k-l)}\right] \\ \Phi(k-l) = u(k-p)y(k-l) \end{cases} \tag{13.1.19}$$

$$P(k-l-1) > 0, 0 < \lambda \leqslant 1$$

式中，λ 为遗忘因子。

在自校正调节过程中，每当对输出 $y(k)$ 采样一次，都按式(13.1.19)对原模型做一次修正。

③模糊自校正调节器设计

考虑带有白噪声干扰的被控过程的模糊模型为

$$y(k) = [u(k-p) \times y(k-l)]\boldsymbol{R}' + e(k) \tag{13.1.20}$$

设白噪声 $e(k)$ 的方差为有限值 σ^2，即

$$E[e^2(k)] = \sigma^2 < +\infty \tag{13.1.21}$$

由式(13.1.20)有

$$y(k+l) = [u(k+l-p) \times y(k)]\boldsymbol{R}' + e(k+l) \tag{13.1.22}$$

设由时刻 k 以前的信息对 $y(k+l)$ 的最佳预测为 $\hat{y}(k+l/k)$，则取指标泛函

$$J = E\{(y(k-l) - \hat{y}(k+l/k))^2\} \tag{13.1.23}$$

在 $J=\min$ 的情况下，求得

$$\hat{y}(k+l/k) = [u(k+l-p) \times y(k)]\boldsymbol{R}' \tag{13.1.24}$$

这时 $J=E\{e^2(k+l)\}=\sigma^2$

设被控过程在 $(k-l)$ 上的理想输出为 $y^*(k+l)$，则在令 $\hat{y}(k+l/k)=y^*(k+l)$ 的情况下，由式(13.1.20)得

$$[u(k+l-p) \times y(k)]\boldsymbol{R}' = y^*(k+l) \tag{13.1.25}$$

于是，由给定的 $y^*(k+l)$ 及 $y(k)$ 和最新修正过的 $\boldsymbol{R}'$，利用式(13.1.25)按无解型模糊关系方程的迭代法求解，可反解出控制作用 $u(k+l-p)$，从而实现被控过程的模糊自校正调节。

13.1.2 神经网络自校正控制[77]

所谓的人工神经网络(ANN)是模拟生物神经系统的工作原理而建立的一种信息处理系统,它具有许多特点:①非线性描述—能实现任意的非线性映射;②并行分布处理功能;③学习与适应—可据系统的过去的数据来训练神经网络;④数据融合—神经网络可作为基于定量数据的系统与基于定性数据的人工智能系统的接口;⑤适用于多变量系统。

从控制理论的观点来看,能够对非线性控制系统进行描述和处理及它的学习与适应功能,是神经网络最主要的和最吸引人的特点。

自校正控制器的工作原理是依靠在线递推辨识(参数估计)系统方程的未知的参数,以此来在线设计控制器并实施实时反馈控制。神经网络自校正控制的工作原理是应用神经网络的非线性函数的映射能力,使它可以在自校正控制系统中充当未知系统方程逼近器。神经网络自校正控制系统结构形式如图 13.1.1 所示。

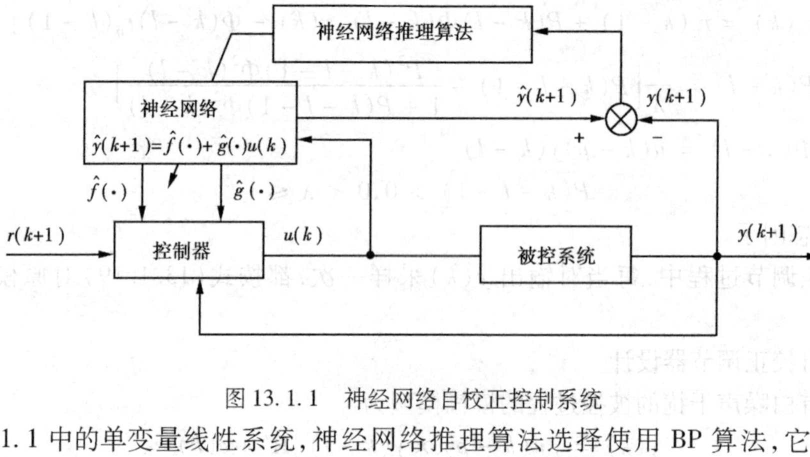

图 13.1.1 神经网络自校正控制系统

图 13.1.1 中的单变量线性系统,神经网络推理算法选择使用 BP 算法,它是系统输出 $\{y(k),k=1,2,\cdots\}$ 和控制输入 $\{u(k),k=1,2,\cdots\}$ 的函数,其结构为

$$y(k+1)=f[y(k),\cdots,y(k-m);u(k-1),\cdots,u(k-m)]+ g[y(k),\cdots,y(k-m);u(k-1),\cdots,u(k-m)]u(k) \quad (13.1.26)$$

其中 $y(k+1)$ 为对象输出,$u(k)$ 为控制器输出,在上述 $f(\cdot)$ 和 $g(\cdot)$ 已知的情况下,可以采用下述控制

$$g(\cdot)u(k)=-f(\cdot)+r(k+1) \quad (13.1.27)$$

使系统输出 $y(k+1)$ 精确地跟踪希望输出 $r(k+1)$。当 $f(\cdot)$ 和 $g(\cdot)$ 未知时,BP 神经网络通过学习算法可以逼近函数 $f(\cdot)$ 和 $g(\cdot)$ 并重新自校正控制规律,以一种简单的情况来讨论,设被控对象为一阶系统

$$y(k+1)=f[y(k)]+g[y(k)]u(k) \quad (13.1.28)$$

通过神经网络利用模型

$$\hat{y}(k+1)=f[y(k),W(k)]+g[y(k),V(k)]u(k) \quad (13.1.29)$$

去逼近对象模型,其中

$W(k)=[W(0),W(1),\cdots,W(2m)]$,$V(k)=[V(0),V(1),\cdots,V(2m)]$。且有

$$\hat{f}[0,W(k)]=W(0),\hat{g}[0,V(k)]=V(0) \quad (13.1.30)$$

相应的控制规律为

$$\hat{g}[y(k),V(k)]u(k) = -\hat{f}[y(k),W(k)] + r(k+1) \tag{13.1.31}$$

将式(13.1.31)代入式(13.1.28)可得

$$y(k+1) = f[y(k)] + g[y(k)]\{-\hat{f}[y(k),W(k)] + r(k+1)\}/\hat{g}[y(k),V(k)]$$

若要使下列定义的输出误差为最小

$$e(k) = [r(k+1) - y(k+1)]/2 \tag{13.1.32}$$

则有

$$\begin{cases} \dfrac{\partial e(k)}{\partial W^i(k)} = \dfrac{g[y(k)]}{\hat{g}[y(k),V(k)]} \cdot \left\{\dfrac{\partial \hat{f}[y(k),W(k)]}{\partial W^i(k)}\right\} e(k+1) \\ \dfrac{\partial e(k)}{\partial V^j(k)} = \dfrac{g[y(k)]}{\hat{g}[y(k),V(k)]} \cdot \left\{\dfrac{\partial \hat{g}[y(k),V(k)]}{\partial V^j(k)}\right\} u(k)e(k+1) \end{cases} \tag{13.1.33}$$

对于$\dfrac{\partial \hat{f}[y(k),W(k)]}{\partial W^i(k)}$，$\dfrac{\partial \hat{g}[y(k),V(k)]}{\partial V^j(k)}$可仿照推导 BP 算法过程计算，虽然 $g(\cdot)$未知，但其符号已知，可用 $\mathrm{sign}[g(\cdot)]$代替 $g(\cdot)$，这样就可得到调整 $W(k)$和 $V(k)$的学习规则

$$\begin{cases} W^i(k+1) = W^i(k) - \eta(k)\dfrac{\mathrm{sign}\{g[y(k)]\}}{\hat{g}[y(k),V(k)]} \cdot \left\{\dfrac{\partial \hat{f}[y(k),W(k)]}{\partial W^i(k)}\right\} e(k+1) \\ V^j(k+1) = V^j(k) - \mu(k)\dfrac{\mathrm{sign}\{g[y(k)]\}}{\hat{g}[y(k),V(k)]} \cdot \left\{\dfrac{\partial \hat{g}[y(k),V(k)]}{\partial V^j(k)}\right\} u(k)e(k+1) \end{cases} \tag{13.1.34}$$

其中，$\eta(k)$和 $\mu(k)$为学习速率，上述修正权值学习算法收敛时，所获得的控制规律即为最佳的控制规律。

13.1.3　自适应逆控制[75]

我们知道，自适应控制的基本思想是通过识别未知系统，并由反馈来调节未知对象并控制它们的扰动；而自适应信号处理的基本思想是由实时修正算法对滤波器的权系数进行自适应。它与自适应控制的区别之一是自适应滤波器应用到系统中不存在反馈（其适应过程本身的反馈除外）。如果用自适应信号处理的一套方法从另外一种角度来研究自适应控制中的某些问题，即“自适应逆控制”的基本思想。

（1）逆控制的基本思想

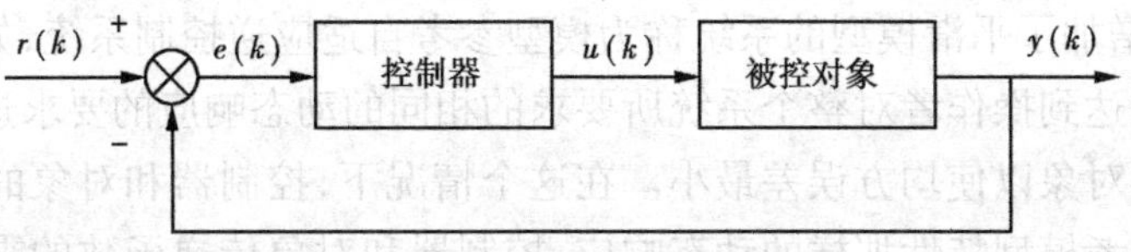

图 13.1.2　一种典型反馈控制系统

图 13.1.2 所示为一种传统的反馈控制系统。它的控制思想是通过单位反馈，使可测被控对象的输出信号 $y(k)$与指令输入信号 $r(k)$（即为希望输出）相比较，再利用比较误差信号 $e(k)$去激励控制器，控制目标是使对象输出 $y(k)$跟随指令输入 $r(k)$。

这个控制系统的特点是 $y(k)$ 和 $r(k)$ 之间的任何差别就是一个误差信号，它由控制器处理后去驱动对象以减小误差。如果对象是未知，则用一种辨识过程来估计出对象随时间的变化特性，然后再用这些特性来确定控制器随时间的变化特性，这即为自适应控制。

若换一个角度来看自适应控制问题。它很不同于图 13.1.2 中的反馈控制方法。它的基本思想就是要用一个来自控制器的信号去驱动对象，而该控制器的传递函数就是该对象本身传递函数的逆。

图 13.1.3 所示的即为这样一个系统。该系统的控制目的与传统控制系统的控制目标一样，都是要使得对象的输出 $y(k)$ 跟随着指令输入 $r(k)$。对于未知对象，则要应用自适应算法求得到一个真正的对象的逆。然后用这个逆构造控制器的传递函数，设计一个自适应算法，使对象输出 $y(k)$ 和指令输入 $r(k)$ 之差的误差信号来调节控制器的参数使该误差信号的均方误差最小。

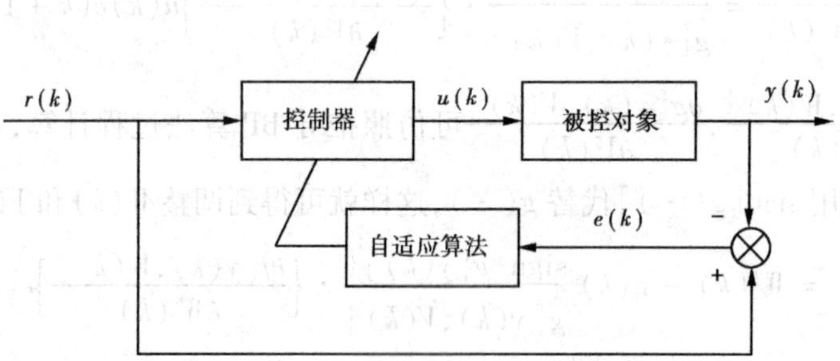

图 13.1.3　自适应逆控制的基本结构

图 13.1.3 中的控制器可以看做是一个具有可调参数功能的输入输出信号滤波器。可调参数的控制可用一个“自适应算法”来完成，而该自适应算法又是由误差信号 $e(k)$ 来驱动的。而控制目标是使其误差信号 $e(k)$ 的均方误差最小。

比较图 13.1.2 和图 13.1.3 这两个系统的特点，在图 13.1.2 系统中，使均方误差最小是利用直接反馈过程中的误差信号来完成的，而在图 13.1.3 系统中，误差信号不直接反馈到对象的输入端，而是在一个反馈过程中用来控制该控制器的参数。显然，在图 13.1.3 系统中，如果控制器自适应是为了使误差最小，那么该控制器的传递函数就应该是对象传递函数的逆，因此控制器传递函数和对象传递函数的级联就应是一个增益为 1 的组合传递函数。

(2)逆控制的自适应

在控制系统设计中，控制目标往往不是要求对象输出 $y(k)$ 跟踪指令输入 $r(k)$ 本身，而是要跟踪一个经延迟或平滑过的指令输入 $r'(k)$，这个平滑特性通常用一个平滑模型来表达，一般称为参考模型，增加了平滑模型的系统称为模型参考自适应逆控制系统，如图 13.1.4。

参考模型可据达到操作者对整个系统所要求的相同的动态响应的要求进行设计。其控制目标还是控制被控对象以使均方误差最小。在这个情况下，控制器和对象的级联在收敛之后将有一个类似于参考模型特性那样的动态响应，控制器和对象传递函数的乘积将会非常近似于该参考模型的传递函数。

在控制系统设计中，如何解决噪声和扰动是一个困难的问题。如图 13.1.5 所示，噪声 $\varepsilon(k)$ 代表对象的扰动。而噪声 $\omega(k)$ 代表传感器的噪声。$e'(k)$ 表示对象输出端的噪声和扰动，$e''(k)$ 表示过滤后的噪声和扰动。从图中可看出，在理想的正向模型（参考模型）和逆对象

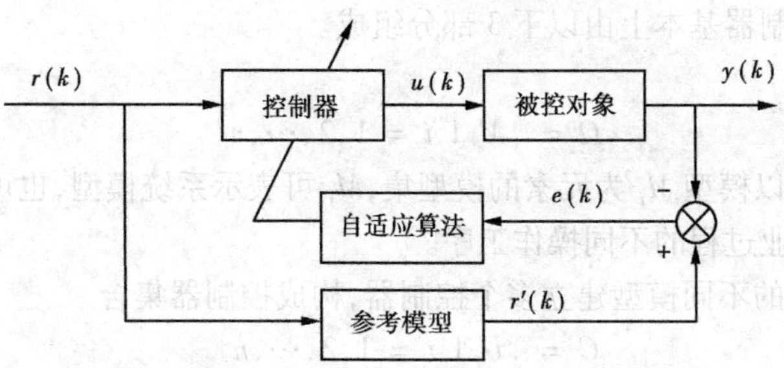

图 13.1.4　模型参考自适应逆控制示意图

模型条件下,对象输出和对象模型输出之差就是对象的噪声和扰动,因为,它们出现在对象的输出端。用对象输出噪声和扰动的和去驱动逆对象模型以产生经过滤后的噪声和扰动,并在对象输入中被减去,最终的效果就是在对象输出中消除噪声和扰动。

图 13.1.5 的自适应逆控制系统同时包括了具有模型参考控制特点和对象噪声和扰动消除的特点。对于传统的控制系统而言,由于对象噪声和扰动的控制是用反馈来实现的。但是,一旦对噪声和扰动控制考虑反馈之后,对象的动态响应就要改变,因此在设计过程中为了既要得到好的动态响应,又要有好的噪声和扰动控制,一般总要做一些折中。在图 13.1.5 类型的系统中,由于对象噪声和扰动的控制,分别单独作自适应处理,以这种方式,相应的自适应子系统就相对比较简单,容易分析,并容易优化。然后,在总的控制范畴内,分析它们的性能,以及研究它们之间的相互影响。

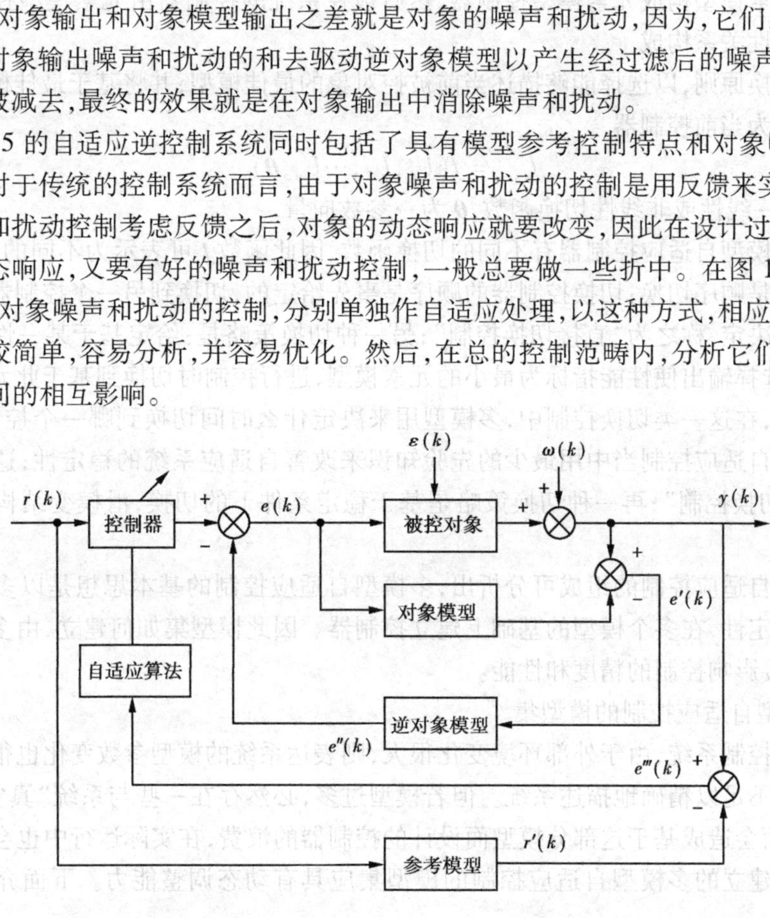

图 13.1.5　具有消除对象噪声和扰动的模型参考自适应逆控制系统

13.1.4　多模型自适应控制[76]

对于复杂控制系统,若系统的控制存在由一种操作环境突然变化到另一种操作环境的情况,此时系统参数将产生很大的变化,应用常规的自适应控制是很难跟随参数的实际变化,因此控制效果往往不好。为此,应用多模型来逼近系统的动态特性,再基于多模型设计自适应控制器,是解决此问题的一种思路。

(1)多模型自适应控制的组成

多模型自适应控制器基本上由以下 3 部分组成。

①多模型集合

$$\Omega = \{M_i \mid i = 1,2,\cdots,n\} \tag{13.1.35}$$

其中 Ω 表示一个以模型 M_i 为元素的模型集，M_i 可表示系统模型，也可表示不同的状态反馈矩阵或一个复杂工业过程的不同操作工序。

②模型集合 Ω 中的不同模型建立多个控制器，构成控制器集合

$$C = \{U_i \mid i = 1,2,\cdots,n\} \tag{13.1.36}$$

其中 C 为基于 Ω 设计的控制器，U_i 为基于 M_i 而设计的控制器。多模型自适应控制器首先基于每个元素模型构成元素模型控制器，然后被控系统的控制器由元素模型控制器通过一种线性或非线性关系构成。

③给定切换原则，以选择能够描述当前被控对象的最佳模型，并将基于最佳模型而设计的控制器的切换为当前控制器

$$U_{sys} = f(U_1, U_2, \cdots U_n, \boldsymbol{\theta}) \tag{13.1.37}$$

其中 f 为一线性或非线性切换函数，$\boldsymbol{\theta}$ 为一参数向量。

不同的多模型自适应控制器有不同的切换函数，因此函数 f 可表示为不同的形式。例如，一种切换方式是顺序切换：切换控制器的顺序是事先给定的，切换到另一个控制器的策略是直接由系统输出决定，称之为“直接切换控制”；另一种切换策略是：给定基于某一性能指标的切换函数，然后选择输出使性能指标为最小的元素模型，进行控制时切换到基于此元素模型而设计的控制器上，在这一类切换控制中，多模型用来决定什么时间切换到哪一个控制器上，其主要的目的是在自适应控制当中用最少的先验知识来改善自适应系统的稳定性；这种切换控制可称为“间接切换控制”；再一种切换策略是基于稳定条件下的切换，滑模变结构控制便是一种这样的切换。

从多模型自适应控制的组成可分析出，多模型自适应控制的基本思想是以多个模型来逼近系统的不确定性，在多个模型的基础上建立控制器。因此模型集如何建立，由多少个元素模型构成，将直接影响控制的精度和性能。

(2)多模型自适应控制的模型集

对于复杂控制系统，由于外部环境变化很大，则表达系统的模型参数变化也很大，显然，用少量的模型是不足以精确地描述系统。但若模型过多，必然存在一些与系统“真实”拟合度较差的部分，从而会造成基于这部分模型而设计的控制器的浪费，在实际运行中也会降低控制器的性能。因此建立的多模型自适应控制的模型集应具有动态调整能力。下面介绍其中两种方法：

①从系统的稳定性出发设计模型集：对一个被控系统设计多个固定模型，基于一种切换原则，切换到基于不同固定模型而设计的控制器上。并保证在多个控制器之间相互切换时闭环系统是稳定的。在此基础上，通过指标函数选定最佳控制器，改进瞬态响应。

②从系统的动态优化出发设计模型集：提出利用自适应模型或自适应模型和固定模型共同组成模型集，这样由于自适应模型的存在，模型集每个时刻都在发生变化，向“真实”模型靠拢，这样基于固定模型设计的控制器保证了响应速度，而基于自适应模型而设计控制器保证了精度。具体实施的一种方法是将系统的模型参数变化空间划分成几个区域，在每个区域选取代表性的模型，以此代表性模型的输出与系统的真实输出相比较，基于某种性能指标，最接近

真值的模型所在的区域为最有效模型区域，以此类推。

(3)间接多模型自适应控制

多模型自适应控制有多种形式，这里介绍一种基于切换指标函数的离散时间系统间接多模型自适应控制，其特点是对参数跳变的被控对象建立多个模型，通过多个模型快速辨识被控对象模型参数，然后采用输入受限控制器构成多模型自适应控制器，从而保证被控对象输入输出稳定并改善过渡过程。

时变参数的线性离散时间系统为

$$A(k,q^{-1})y'(k) = B(k,q^{-1})u(k-1) \tag{13.1.38}$$

其中

$$A(k,q^{-1})y(k) = \Delta^l A'(k,q^{-1}) \tag{13.1.39}$$

$$\Delta = (1-q^{-1}) \tag{13.1.40}$$

$$\begin{cases} A'(k,q^{-1}) = 1 + a_1(k)q^{-1} + \cdots + a_m(k)q^{-m} \\ B(k,q^{-1}) = b_0(k) + b_1(k)q^{-1} + \cdots + b_n(k)q^{-n} \end{cases} \tag{13.1.41}$$

$y(k)$为被控对象输出，$u(k)$为被对象输入，$l \geqslant 1$ 为一整数。

通常，常规的自适应控制的设计方法为采用辨识算法辨识模型参数，构成自适应控制器。但当辨识初值距离真值很远时，辨识参数需要很长时间才能收敛。因此对于模型参数发生跳变的被控对象，这种方法很难达到较好的控制效果。

基于切换指标函数的间接多模型自适应控制的思想是对被控对象建立多个模型，每个采样时刻基于性能指标，将最接近被控对象的模型参数切换为辨识器初值，则辨识参数将迅速收敛到真值附近，以保证基于此参数建立的控制器能够达到最好的控制效果。

式(13.1.38)可写为

$$\begin{aligned} y(k) &= -a_1(k)y(k-1) - \cdots - a_m(k)y(k-m) + \\ &\quad b_0(k)u(k-1) + \cdots + b_n(k)u(k-n-1) = \\ &\quad \theta^T(k)\phi(k-1) \end{aligned} \tag{13.1.42}$$

其中

$$y(k) = \Delta^k y'(k) \tag{13.1.43}$$

$$\begin{cases} \boldsymbol{\theta}(k) = [-a_1(k),\cdots,-a_m(k);b_0(k),\cdots,b_n(k)]^T \\ \boldsymbol{\phi}(k-1)^T = [y(k-1),\cdots,y(k-m);u(k-1),\cdots,u(k-n-1)] \end{cases} \tag{13.1.44}$$

对模型式(13.1.42)采用最小二乘算法进行参数辨识，有

$$\hat{\boldsymbol{\theta}}^T(k) = [-\hat{a}_1(k),\cdots,-\hat{a}_m(k);\hat{b}_0(k),\cdots,\hat{b}_n(k)] \tag{13.1.45}$$

基于不同参数对被控对象[式(13.1.38)]建立多个模型

$$A'_i(q^{-1})y_i(k) = B_i(q^{-1})u(k-1) \quad i = 1,\cdots,N \tag{13.1.46}$$

$$\begin{cases} A'_i(q^{-1}) = (1 + a'_{1i}q^{-1} + \cdots + a'_{mi}q^{-m}) \\ B_i(q^{-1}) = (b_{0i} + b_{1i}q^{-1} + \cdots + b_{ni}q^{-n}) \end{cases} \tag{13.1.47}$$

为选取一组最接近被控对象的模型，建立如下切换指标：

$$J_i(k) = \sum_{p=1}^{k} \alpha(p)^{k-p} \mid y(p) - \boldsymbol{\theta}'^T_i \boldsymbol{\phi}(p-1) \mid \quad i = 1,\cdots,N \tag{13.1.48}$$

其中　$\boldsymbol{\theta}'_i = [-a'_{1i},\cdots,-a'_{mi};b_{0i},\cdots,b_{ni}]^T$　$i=1,\cdots,N, 0<\alpha<1$ 为一加权因子。

举一个简单的例子，若对被控对象建立两个参数辨识器，第 1 个辨识器对初值进行动态最优调整，第 2 个辨识器设定好初值后，辨识过程中初值不动态改变，并如式(13.1.48)建立切

换指标

$$\hat{J}_l(k) = \sum_{p=1}^{k} a(p)^{k-p} \mid y(p) - \hat{\boldsymbol{\theta}}'_l(p-1)^T \boldsymbol{\phi}(p-1) \mid \quad l = 1,2 \tag{13.1.49}$$

每一个采样时刻基于性能指标[式(13.1.48)和(13.1.49)],求取最接近被控对象的模型参数及辨识参数

$$i(k) = \arg\min_{1 \leqslant i \leqslant N} J_i(k) \qquad l(k) = \arg\min_{l=1,2} \hat{J}_l(k)$$

若 $\hat{J}_{l(k)}(k) \leqslant J_{i(k)}(k)$

令 $\hat{\boldsymbol{\theta}}(k) = \hat{\boldsymbol{\theta}}'_{i(k)}$,且对第一个辨识器重新设初值 $\hat{\boldsymbol{\theta}}(k) = \hat{\boldsymbol{\theta}}'_{i(k)}$,两辨识器进行下一采样时刻参数辨识。在采样时刻 k,基于辨识参数 $\hat{\boldsymbol{\theta}}(k)$,定义辅助输出

$$\hat{x}(k) = \hat{P}(q^{-1})\hat{A}'(k,q^{-1})y(k) + \hat{Q}(q^{-1})u(k-1) \tag{13.1.50}$$

其中 $P(q^{-1})$和$Q(q^{-1})$满足

$$\hat{P}(q^{-1})\hat{B}(k,q^{-1}) + \Delta^l\hat{Q}(q^{-1}) = 1 \tag{13.1.51}$$

且有

$$\begin{cases} \hat{A}'(k,q^{-1}) = 1 + \hat{a}'(k)q^{-1} + \cdots + \hat{a}'_m(k)q^{-m} \\ \hat{B}(k,q^{-1}) = \hat{b}_0(k) + \hat{b}_1(k)q^{-1} + \cdots + \hat{b}_n(k)q^{-n} \end{cases} \tag{13.1.52}$$

由此,可构成非线性控制器

$$u(k) = -\boldsymbol{\sigma}_{p-1}(\Delta^{p-1}\hat{x}(k) + \boldsymbol{\sigma}_{p-2}(\Delta^{p-2}\hat{x}(k) + \cdots + \sigma_0(\hat{x}(k) - \hat{d}_r r(k))\cdots)) \tag{13.1.53}$$

σ_i 为满足正数(L_i,M_i) $\quad i=0,1,\cdots,p-1$ 的线性饱和函数,其中 $L_i,M_i,d_r,r(k)$满足

$$\begin{cases} L_i \leqslant M_i & i = 0,1,\cdots,p-1 \\ M_i < \dfrac{1}{2}L_{i+1} & i = 0,1,\cdots,p-2 \end{cases} \tag{13.1.54}$$

$$\hat{d}_r = \frac{\hat{A}'(k,1)}{\hat{B}(k,1)} \tag{13.1.55}$$

$$\lim_{k\to\infty}\Delta^i r(k) = 0 \quad i = 0,1,\cdots,p-1 \tag{13.1.56}$$

例 13.1.1 对具有时变参数的被控对象

$$\Delta^2(1 + a_1q^{-1})y(k) = (b_0 + b_1q^{-1})u(k-1) \tag{13.1.57}$$

$$0 < k \leqslant 75 \quad a_1 = -0.90 \quad b_1 = 0.5 \quad b_2 = -0.3$$

$$75 < k \leqslant 155 \quad a_1 = -0.33 \quad b_1 = 0.51 \quad b_2 = -0.3$$

$$155 < k \leqslant 350 \quad a_1 = -0.10 \quad b_1 = 0.52 \quad b_2 = -0.3$$

对被控对象式(13.1.57)分别采用单个自适应模型输入受限控制器和多模型自适应输入受限控制器。

σ_1 满足 $M_1 = L_1 = 0.3$,σ_0 满足 $M_0 = L_0 = 0.14$,$r(k) = 2$,$\alpha = 0.95$。

图 13.1.6 为一个自适应控制器作用于被控对象的仿真输出曲线;图 13.1.7 为多模型自适应控制器作用于被控对象的仿真输出曲线,根据模型参数变化对被控对象建立 486 个固定模型和 2 个自适应模型。图 13.1.6 和图 13.1.7 比较来看当模型参数发生跳变时,单个自适应模型很难适应被对象参数的变化,输出不能跟踪设定值。而多模型自适应控制器却能快速跟踪输出设定值,从而对动态特性有所改善。

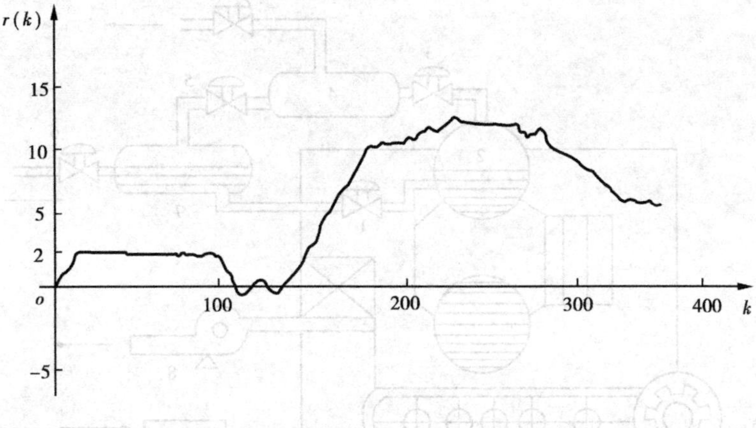

图 13.1.6　单个自适应控制器仿真输出曲线

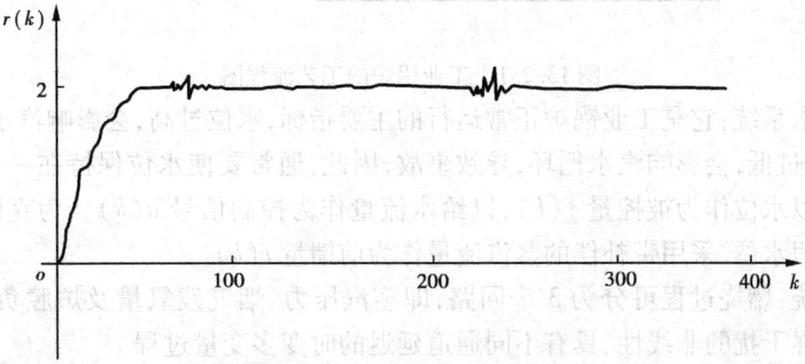

图 13.1.7　多模型自适应控制器仿真输出曲线

13.2　工业锅炉的加权广义预测自校正控制[84]

工业锅炉是工业生产中重要的设备,采用先进的控制方案实施自动控制,对于工业锅炉生产的节能、稳定供汽及安全都具有重要意义。

广义预测自校正控制是一种新型预测控制算法,它具有调节与跟踪性能好、鲁棒性强等特点。它的特点是由对模型的在线辨识,大范围预测被控过程的动态信息,通过滚动优化,计算出合理的控制信号,从而实施控制。本节介绍的是 10t 工业锅炉广义预测自校正控制应用实例。

13.2.1　工业锅炉工艺流程控制要求

工业锅炉的结构包括给水循环系统和燃烧系统,从控制的角度来看,它是一个复杂的多回路、非线性、大时延和强干扰的时变动态过程,因此,传统的 PID 调节器很难达到理想的控制效果。整个工业锅炉的控制可分为 3 个子系统 6 个控制回路。

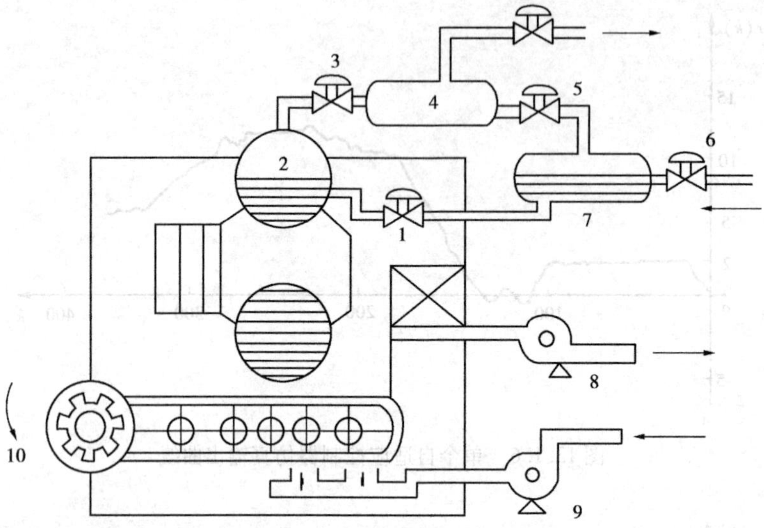

图 13.2.1 工业锅炉的工艺流程图

①汽包给水系统：它是工业锅炉正常运行的主要指标，水位过高，会影响汽水分离，产生汽带水现象，水位过低，会影响汽水循环，导致事故，因此，通常要使水位保持在一个设定的位置上。这个回路以水位作为被控量 $y(k)$，以给水流量作为控制信号 $u(k)$。为克服蒸汽流量变化所造成的虚假水位，采用带补偿的蒸汽流量作为前馈量 $v(k)$。

②燃烧系统：燃烧过程可分为 3 个回路，即蒸汽压力、烟气残氧量及炉膛负压 3 个回路。它是一个具有强干扰的非线性、具有不同通道延迟的时变多变量过程。

系统设计时，选择蒸汽压力为被控量使之稳定在一个设定值附近，控制量是给煤的驱动电动机转速；平均蒸汽流量作为前馈信号以克服负载变化。同时为克服在燃烧过程中的时延较大且有时变，可适当选取了采样周期、预测范围等参数。

由于送风和引风对于锅炉的燃烧是至关重要的。送风、引风与给煤配合好，才能达到最佳燃烧和提高锅炉热效率的目的。

选择烟气含氧量作为送风回路的被控量，送风挡板开度作为控制量；以炉膛负压作为引风回路被控量，引风挡板开度作为控制量。这两个回路耦合较强，可采用双方各以对方控制量作为前馈信号的前馈解耦方法。为使煤能够完全燃烧，要求烟气含残氧量与负压保持在一个适当范围，通常要求含氧量较低。负压为微负压。

③氧量控制系统：由于含氧多的水进入气包中加热时，会氧化腐蚀气包壁，所以水进入锅炉以前，首先要经过除氧控制。它是由两个单回路组成的，一个是除氧器水位控制，被控量是除氧器水位，控制量是给水阀位。另一个回路是除氧器压力控制，被控量是压力，控制量是水蒸气阀门。

13.2.2 工业锅炉加权广义预测控制算法

上述共有 6 个控制回路均采用广义预测自校正控制器实施闭环控制，系统的设计采用 16 位工控机作为控制计算机，具有完善的声光报警系统。自动控制系统、手动操作系统与仪表控制系统之间可相互切换。其加权广义预测控制算法为式(13.2.1)。

被控过程用下列具有非平稳噪声的 CARIMA 模型来描述：

$$A(q^{-1})y(k) = B(q^{-1})u(k-1) + D(q^{-1})v(k-1) + C(q^{-1})\xi(k)/\Delta \quad (13.2.1)$$

式中　$y(k)$——表示系统的实际输出信号；

$u(k)$——表示系统的控制输入信号；

$v(k)$——表示系统的前馈信号；

$\xi(k)$——表示系统的正态白噪声干扰信号；

$\Delta = 1 - q^{-1}$。

引入输出加权多项式

$$P(q^{-1}) = P_n(q^{-1})/P_d(q^{-1}) \quad (13.2.2)$$

构造辅助输出

$$\phi(k) = P(q^{-1})y(k) \quad (13.2.3)$$

系统目标函数取

$$J = E\{\sum_{j=1}^{p}[P(q^{-1})y(k+j) - y_r(l \mid j)]^2 + \lambda\sum_{j=1}^{M}[Q(q^{-1})u(k+j-1)]^2\} \quad (13.2.4)$$

式中　P——预测时域长度；

$Q(q^{-1}) = Q_n(q^{-1})/Q_d(q^{-1})$——控制量加权传递函数；

M——控制时域长度，通常取值为 $A(q^{-1})$ 中不稳定极点个数；

λ——控制量加权系数，用以限制控制幅度，$1 < \lambda < \infty$；

$y_r(k+j)$——设定参考轨迹。

引入下列 Diophantine 方程：

$$\frac{P_n(q^{-1})}{P_d(q^{-1})}T(q^{-1}) = R_j(q^{-1})A(q^{-1})\Delta + q^{-j}\frac{S_j(q^{-1})}{P_d(q^{-1})} \quad (j = 1,2,\cdots,p) \quad (13.2.5)$$

$$\deg R_j = j - 1 \qquad \deg S_j = \max\{n_a + n_{Pd}, n_t + n_{pn} - j\}$$

式中　$T(q^{-1})$——给定滤波多项式。由式(13.2.1)与式(13.2.5)可求出下列预测公式(为简化计将括号中 q^{-1} 算子省去)：

$$\phi(k+j) = G_j\Delta u_f(k+j-1) + H_j\Delta u_f(k+j-1) + S_jy_f(k)/P_d + \frac{CR_j}{T}\xi(k+j) \quad (13.2.6)$$

式中　$G_j = R_jB$；$H_j = R_jD$；$y_f(k) = y(k)/T$；$u_f(k) = u(k)/T$；$v_f(k) = v(k)/T$

对于前馈量 $v(k)$，当 $j>0$ 时，假定 $\Delta v_f(k+j-1)=0$，对于控制量 $u(k)$，其控制范围为 M，且假定 $1<M<p$，当 $j>M$ 时，$\Delta u_f(k+k-1)=0$。将式(13.2.6)写成矢量/矩阵形式

$$\phi(k+1) = G\Delta U_f(k) + f + \bar{e} \quad (13.2.7)$$

式中

$$\begin{cases}\phi(k+1) = [\phi(k+1),\phi(k+2),\cdots,\phi(k+p)]^T \\ \Delta U_f(k) = [\Delta u_f(k),\Delta u_f(k+1),\cdots,\Delta u_f(k+M-1)]^T \\ \bar{e} = \left[\dfrac{CR_1}{T}\xi(K+1),\dfrac{CR_2}{T}\xi(k+2),\cdots,\dfrac{CR_P}{T}\xi(k+p)\right]^T \\ f(k+1) = (G_1 - g_0)\Delta u_f(k) + H_1\Delta v_f(k) + S_1 y_f(k)/P_d \\ f(k+2) = (G_2 - g_1 z^{-1} - g_0)\Delta u_f(k+1) + H_2\Delta v_f(k+1) + S_2 y_f(k)/P_d \\ \qquad\vdots \\ f(k+P) = (G_p - g_{p-1}q^{-p+1} - g_{p-2}q^{-p+2} - \cdots - g_1 q^{-1} \\ \qquad - g_0)\Delta u_t(k+p-1) + H_p\Delta v_f(k+p-1) + S_p y_f(k)/P_d \\ \boldsymbol{G} = \begin{bmatrix} g_0 & & 0 \\ g_1 & g_0 & \\ \vdots & \vdots & \ddots \\ g_{p-1} & g_{p-1} & \cdots & g_{p-M}\end{bmatrix}_{p\times M}\end{cases}$$

g_i 为 $G_p(q^{-1})$ 中对应于 q^{-1}的系数，$(i=0,1,\cdots,p-1)$。

为了将性能标中的 $Q(q^{-1})u(k)$统一用 $\Delta U_f(k)$表示，再引入一个 Diophantine 方程

$$\frac{Q_n}{Q_d}T = R'_j\Delta + z^{-j}\frac{S'_j}{Q_d} \quad (j = 1,2,\cdots,p) \tag{13.2.8}$$

式中

$$R'_j = 1 + \sum_{i=1}^{j-1} r'_i q^{-i};S'_j = \sum_{i=0}^{q^d} s'_i q^{-i}$$

令

$$\begin{cases}\phi(k+1) = [Qu(k),\cdots,Qu(k+p-1)]^T \\ \sigma = [S'_1 u_f(k-1)/Q_d,\cdots,S'_p u_f(k-p)/Q_d]^T\end{cases} \tag{13.2.9}$$

则由式(13.2.8)得

$$\phi'(k+1) = Q\Delta U_f(k) + \sigma \tag{13.2.10}$$

式中

$$\boldsymbol{Q} = \begin{bmatrix} r'_0 & & 0 \\ r'_1 & r'_0 & \\ \vdots & \vdots & \\ r'_{P-1} & r'_{P-2} & \cdots & r'_{P-M}\end{bmatrix}_{P\times M} \tag{13.2.11}$$

r'_i 为 $R'_P(q^{-1})$ 中对应于 q^{-1}的系数$(i=0,1,\cdots,p-1)$。则目标函数式(13.2.4)可写成

$$J = E\{\phi(k+1) - Y_r(k+1)]^T[\phi(k+1) - Y_r(k+1)] + \lambda\phi'^T(k+1)\phi'(k+1)\}$$

式中 $Y_r(k+1) = [y_r(k+1),y_r(k+2),\cdots,y_r(k+p)]^T$ 对目标函数 J 求极小值，即可求得控制律

$$\Delta U_f(k) = (G^TG + \lambda Q^TQ)[G^T(Y_r(k+1) - f) - \lambda Q^T\sigma] \tag{13.2.12}$$

对上式两边乘以矩阵$(1,0,\cdots,0)$，即得即时控制律

$$\Delta u_f(k) = (1,0,\cdots,0)(G^TG + \lambda Q^TQ)^{-1}\{G^T[Y_r(k+1) - f] - \lambda Q^T\sigma\} \tag{13.2.13}$$

在 k 时刻的控制全量变为

$$u(k) = T(q^{-1})[u_f(k-1) + \Delta u_f(k)] \tag{13.2.14}$$

13.2.3 工业锅炉加权广义预测自校正控制

若锅炉控制系统参数是未知的，则其预测模型可表为

$$\hat{A}(q^{-1})\Delta y_f(k) = \hat{B}(q^{-1})\Delta u_f(k-1) + \hat{D}(q^{-1})\Delta v_f(k-1) \tag{13.2.15}$$

模型中的多项式 $\hat{A}$、$\hat{B}$ 和 $\hat{D}$ 的系数通过采用时变遗忘因子 $a(k)$ 的递推最小二乘法参数辨识方法，在线递推辨识系统参数，可保证辨识参数既能适应系统的缓慢变化又不会发生爆发现象。系统阶次 n 由现场实验确定，具体计算公式如下：

$$\begin{cases} \hat{\theta}(k) = \hat{\theta}(k-1) + K(k)[\Delta y_f(k) - \varphi^T(k-1)\hat{\theta}(k-1)] \\ K(k) = \dfrac{P(k-1)\varphi(k-1)}{a(k) + \varphi^T(k-1)P(k-1)\varphi(k-1)} \\ P(k) = \left[I - \dfrac{P(k-1)\varphi(k-1)\varphi^T(k-1)}{a(k) + \varphi^T(k-1)P(k-1)\varphi(k-1)}\right]P(k-1) \end{cases} \tag{13.2.16}$$

式中

$$\begin{cases} \hat{\theta}(k) = [-\hat{a}_1, \cdots, -\hat{a}_{n_a}, \hat{b}_0, \cdots, \hat{b}_{n_b}, \hat{d}_0, \cdots, \hat{d}_{n_d}]^T \\ \varphi(k-1) = [\Delta y_f(k-1), \cdots, \Delta y_f(k-n_a), \Delta u_f(k-1), \cdots, \Delta u_f(k-n_b-1), \\ \qquad \Delta v_f(k-1), \cdots, \Delta v_f(k-n_d-1)] \\ a(k) = 1 - \dfrac{1}{M(k)} \\ M(k) = \{[\varphi^T(k-1)P(k-1)\varphi(k-1)+1]/[\Delta y_f(k) - \varphi^T(k-1)\hat{\theta}(k-1)]^2\}\eta(k) \end{cases} \tag{13.2.17}$$

参数 $\eta(t)$ 与 c 的选择如下：

$$\begin{cases} \mu(k) = N(k)\eta_\sigma(k) \\ c > \gamma^2 \end{cases} \tag{13.2.18}$$

式中　$N(k)$——记忆长度，这里取 $N(k) = 1\ 000$；

η_σ^2——$\eta(k)$ 的方差；

γ^2——初始协方差 $P(0) = \gamma^2 I$ 中的取值，这里取 100；

根据估计模型，用式(13.2.14)则可计算出广义预测自校正控制量 $u(k)$。

在控制器设计中，令目标函数式(13.2.4)中加权传递函数 $P(q^{-1})$ 与 $Q(q^{-1})$ 分别为

$$\begin{cases} P(q^{-1}) = \dfrac{1 - p_1 q^{-1}}{1 - p_1} \quad (0 \leqslant p_1 < 1) \\ Q(q^{-1}) = \dfrac{1 - q^{-1}}{1 - p_2 q^{-1}} \quad (0 \leqslant p_2 < 1) \end{cases} \tag{13.2.19}$$

对锅炉的 6 个控制回路逐个进行现场调试，以便确定以下参数：

(1) p_1——主要用来抑制超调，起平滑作用，$0 \leqslant p_1 < 1$

(2) p_2——主要用于影响控制动作的趋势，$0 \leqslant p_2 < 1$

(3) a_1——柔化因子，调节跟踪速度 $0 \leqslant a_r < 1$。

工业锅炉加权广义预测自校正计算机控制系统运行后，经过热平衡测试，热效率达 77%，煤渣含碳量、蒸汽压力、水位、炉膛负压、除氧器水位及压力等各项指标都到达较高标准。实际运行表明，该系统可根据负载变化迅速调整燃烧过程，保持热循环及燃烧稳定。

13.3 大滞后系统自校正智能极点配置内模控制

工业热工系统，如冶金工业中的加热炉、均热炉等，它们都是企业中的关键设备，也是企业中的耗能大户，且都具有大滞后的特点。其控制效果的好坏，与企业产品质量的高低，生产的稳定性有直接的关系。所以，一种可配置极点，又能克服大滞后影响的控制系统是有其积极的意义。

13.3.1 炉温智能控制方案

工业玻璃融化炉，燃料为焦炉煤气，工艺上要求控制炉温、空燃比和炉压，炉温由工艺要求而设定，炉压由人工调整煤气分配量而确定，所以在控制上，选择炉温与煤气流量调节为主控回路。煤气与空气流量比值调节为副控回路。控制结构如图 13.3.1 所示。图中，高、低值选择器组成逻辑判断，以决定加煤气和加空气的先后顺序，确保在动态调节中，煤气始终能充分燃烧，不致冒黑烟，特征辨识器计算误差变化率，并决定控制其参数取值范围。

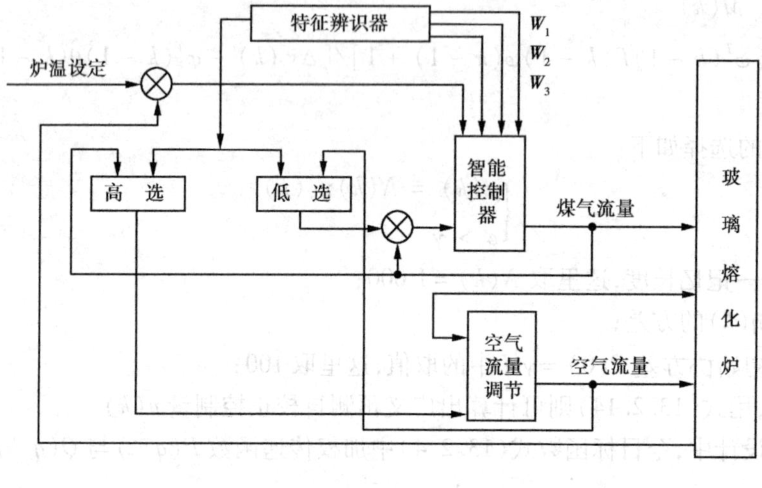

图 13.3.1 玻璃熔化炉自校正智能极点配置内模控制结构图

13.3.2 系统的极点配置

极点配置控制是控制理论中较为成熟的设计方法，它将闭环系统的极点配置在所期望的位置上，而这些极点又与古典控制理论中的性能指标联系起来，从而使系统获得满意的调节效果，所以这种设计方法具有简便和直观的优点。为使问题简化，设备控制对象的数学模型取为：

$$A(q^{-1})y(k) = q^{-d}B(q^{-1})u(k) + v(k) \tag{13.3.1}$$

式中 $y(k)$——系统输出量；

$u(k)$——系统输入量；

$v(k)$——随机噪声或干扰；

d——系统时延。

$$\begin{cases} A(q^{-1}) = I + a_1 q^{-1} + \cdots + a_n q^{-n} \\ B(q^{-1}) = b_0 + b_1 q^{-1} + \cdots + b_n q^{-n} \end{cases} \tag{13.3.2}$$

设此系统的控制器传函 $G_p(q^{-1})$，则控制器方程为

$$u(k) = G_p(q^{-1})e(k) \tag{13.3.3}$$

式中 $e(k)$ 为给定信号 $r(k)$ 与输出 $y(k)$ 之间的偏差

$$e(k) = r(k) - y(k) \tag{13.3.4}$$

将(13.3.4)式代入(13.3.3)式，再代入(13.3.1)式，则闭环系统方程为

$$y(k) = \frac{q^{-d}B(q^{-1})G_p(q^{-1})}{A(q^{-1}) + q^{-d}B(q^{-1})G_p(q^{-1})}r(k) + \frac{v(k)}{A(q^{-1}) + q^{-d}B(q^{-1})G_p(q^{-1})} \tag{13.3.5}$$

设给定期望闭环极点配置方程为

$$y(k) = \frac{q^{-d}B_m(q^{-1})}{A_m(q^{-1})}r(k) \tag{13.3.6}$$

由(13.3.5)式和(13.3.6)式可推知极点配置控制器传递函数为

$$G_p(q^{-1}) = \frac{A(q^{-1})B_m(q^{-1})}{B(q^{-1})[A_m(q^{-1}) - q^{-d}B_m(q^{-1})]} \tag{13.3.7}$$

其系统结构如图 13.3.2 所示。

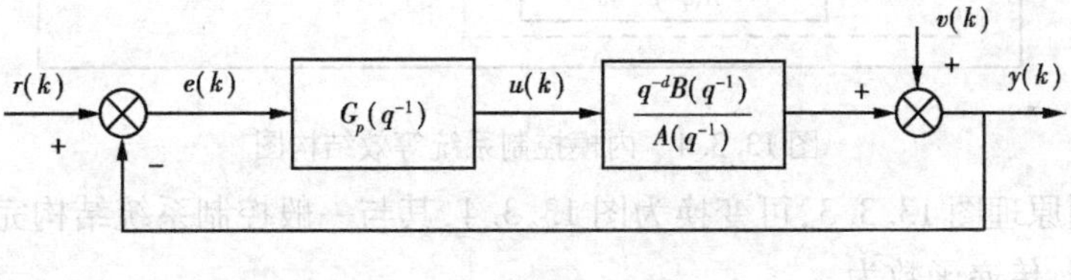

图 13.3.2　极点配置控制系统结构图

13.3.3　消除大滞后的内模控制

当被控过程有大滞后时，考虑对其进行补偿，使其具有大滞后的过程用一个仅包括一步时延过程的模型取代，采用内模控制结构，如图 13.3.3 所示。

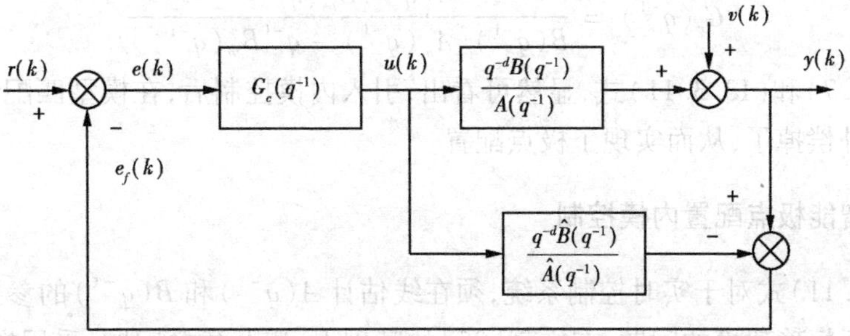

图 13.3.3　内模控制系统结构图

图 13.3.3 中，$G_c(q^{-1})$ 为控制器的传递函数，$q^{-d}\hat{B}/\hat{A}$ 为系统模型传递函数，反馈信号

$e_f(k)$为

$$e_f(k) = y(k) - \frac{(q^{-d} - q^{-1})\hat{B}(q^{-1})}{\hat{A}(q^{-1})} \cdot u(k) \tag{13.3.8}$$

当模型与系统完全匹配时,即

$$\frac{q^{-d}B(q^{-1})}{A(q^{-1})} = \frac{q^{-d}\hat{B}(q^{-1})}{\hat{A}(q^{-1})}$$

则有

$$e_f(k) = y(k) - \frac{(q^{-d} - q^{-1})\hat{B}(q^{-1})}{\hat{A}(q^{-1})} \cdot \frac{q^d A(q^{-1})}{B(q^{-1})} = q^{d-1}y(k) \tag{13.3.9}$$

即反馈到控制器 $G_c(q^{-1})$去的输出信号比实际输出信号超前了 $d-1$ 步,换言之,此时经由控制器 $G_c(q^{-1})$给出的控制量,所控制的是 $d-1$ 以后的输出 $y(k+d-1)$从而实现了超前 $d-1$的预测控制,克服了大滞后的不良影响。

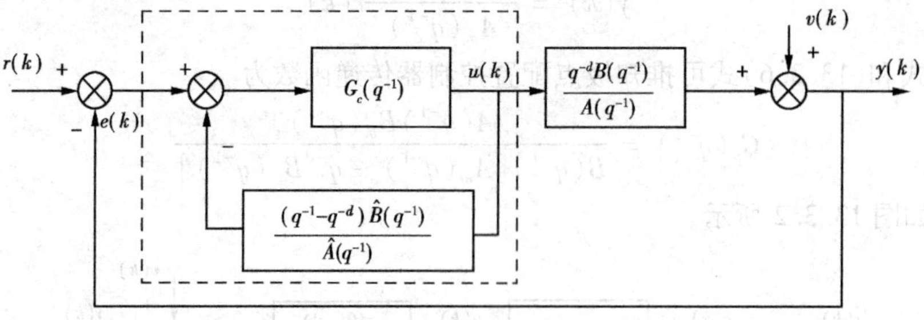

图 13.3.4　内模控制系统等效结构图

按内模控制原理图 13.3.3,可变换为图 13.3.4,其与一般控制系统结构完全一样,虚线框内为等效控制器,传递函数为

$$C(q^{-1}) = \frac{G_c(q^{-1})}{1 + G_c(q^{-1})(q^{-1} - q^{-d})\hat{B}(q^{-1})/\hat{A}(q^{-1})} \tag{13.3.10}$$

对此内模控制系统进行极点配置设计:显然图中的 $C(q^{-1})$即为图 13.3.2 中的 $G_p(q^{-1})$,在模型匹配的情况下,其内模控制系统器也同样具有(13.3.7)式的形式,即

$$G_c(q^{-1}) = \frac{A(q^{-1})B_m(q^{-1})}{B(q^{-1})[A_m(q^{-1}) - q^{-1}B_m(q^{-1})]} \tag{13.3.11}$$

比较(13.3.7)和(13.3.11)式,显然可看出,引入内模控制后,在模型匹配情况下,控制器中的大滞后被补偿掉了,从而实现了极点配置。

13.3.4　智能极点配置内模控制

实现(13.3.11)式对于实时控制系统,须在线估计 $A(q^{-1})$和 $B(q^{-1})$的参数,而对于一类难于建模或难于精确建模的问题,在文献[95]的基础上,避开建模问题,采用据被控参数偏差大小和变化梯度在专家系统的组织下,自动地,顺序地,分层次地改变控制其参数来实现其自适应调整。

若是期望的闭环极点配置方程可表为

$$G_m(q^{-1}) = \frac{q^{-d}B_m(q^{-1})}{A_m(q^{-1})} = \frac{q^{-d}(1-\alpha)}{(1-\alpha q^{-1})} \tag{13.3.12}$$

将(13.3.12)式代入(13.3.11)式,则有

$$G_c(q^{-1}) = \frac{(1-\alpha)A(q^{-1})}{(1-q^{-1})B(q^{-1})} \tag{13.3.13}$$

若被控过程为二阶系统时,即

$$\begin{cases} A(q^{-1}) = 1 + a_1 q^{-1} + a_2 q^{-2} \\ B(q^{-1}) = b_0 + b_1 q^{-1} = b_0(1 + b' q^{-1}) \quad b' = b_1/b_0 \end{cases}$$

则由(13.3.13)式,并对照图 13.3.2 有

$$u(k) = u(k-1) + g_0 e(k) + g_1 e(k-1) + g_2 e(k-2) + b'[u(k-2) - u(k-1)] \tag{13.3.14}$$

式中

$$\begin{cases} g_0 = (1-\alpha)/b_0 \\ g_1 = (1-\alpha)a_1/b_0 \\ g_2 = (1-\alpha)a_2/b_0 \end{cases} \tag{13.3.15}$$

显然,从(13.3.14)是可知,其控制器具有 PID 结构形式,且可进行极点配置,消除大滞后的内模控制,而参数 g_0, g_1, g_2 与 PID 调节器的比例值增益 k、积分时间常数 T_i、微分时间常数 T_d 采样时间 T_0 的关系为:

$$\begin{cases} g_0 = k\left(1 + \dfrac{T_d}{T_0}\right) \\ g_1 = -k\left(1 + 2\dfrac{T_d}{T_0} - \dfrac{T_0}{T_i}\right) \\ g_2 = k\dfrac{T_d}{T_0} \end{cases} \tag{13.3.16}$$

由(13.3.15)式和(13.3.16)式得

$$\begin{cases} b_0 = (1-q)/k(1 + T_d/T_0) \\ b_1 = b_0 g_1/(1-q) \\ b_2 = b_0 g_2(1-q) \end{cases} \tag{13.3.17}$$

b_1 可由(13.3.1)式得出,故而,我们只须选择 k, T_i 和 T_d 这 3 个 PID 参数,就可做出控制决策,这种选择有 2 个层次,一是选用 P, PI 还是 PID 形式,二是这种形式中,其 k, T_i, T_d 如何选择,故而在每个周期控制计算中,其步骤为:

1)据偏差梯度,作出控制器是否采用微分作用的决策。

2)据偏差大小在比例和积分作用中进行选择。

3)决定 k, T_i, T_d 这 3 个参数,可按表 13.3.1 选择。

表中 k_c 和 T_c 分别为系统阶跃响应作用下达到临界振荡状态的增益和振荡周期。

可见 PID 调节器参数的选择须在实际调试中确定,实际上系统的这些参数都是在某一范围内,故可由操作经验建立一知识库,由推理机构进行选择。其推理机构规则有如下 6 条

IF　$e > \delta_0$　$\dot{e} \geqslant \varepsilon_0$　THEN　K1 = W1, Td = 0, Ti = W3

IF　$e > \delta_0$　$\dot{e} \geqslant \varepsilon_0$　THEN　K = W1, Td = W2, Ti = W3

IF $e>\delta_1$ $\dot{e}\geqslant\varepsilon_1$ THEN K = W1, Td = 0, Ti = ∞

IF $e>\delta_1$ $\dot{e}\geqslant\varepsilon_1$ THEN K = W1, Td = 0, Ti = W3

IF $e>\delta_2$ $\dot{e}\geqslant\varepsilon_2$ THEN K = W1, Td = W2, Ti = W3

IF $e>\delta_2$ $\dot{e}\geqslant\varepsilon_2$ THEN K = W1, Td = 0, Ti = W3

其中，e 为偏差，$\dot{e}$ 为偏差变化率，$\delta_0-\delta_1$ 为允许误差范围，$\delta_0-\delta_2$ 为偏差变化范围设定值，$W1, W2, W3$ 为控制器参数知识库，$W1, W2, W3$ 和 e 由特性辨识器提供。

表 13.3.1

层次	k	T_i	T_d
PI	$<0.45k_c$	$0.4T_c$	
PID	$<0.6k_c$	$0.5T_c$	$0.12T_c$

13.3.5 仿真实例

对工业玻璃熔化炉，考虑一种简化情况，在计算机上进行系统仿真，通过系统辨识方式，获得仿真对象数学模型为

$$y(k)-0.5y(k-1)+0.7y(k-2)=1.2u(k-d)-0.6u(k-2)+e(k) \tag{13.3.18}$$

式中，$y(k)$ 为炉温，$e(k)$ 为干扰白噪声，数据库 $W1, W2, W3$，共选择 10 组，设定 $\delta_0=40, \delta_1=15, \delta_2=4$ 。炉温设定为 1 500℃，仿真结果如下图所示，图中波动较大的部分为常规 PID 控制的仿真曲线，图中箭头所指处为突然人为造成对象参数波动所致。

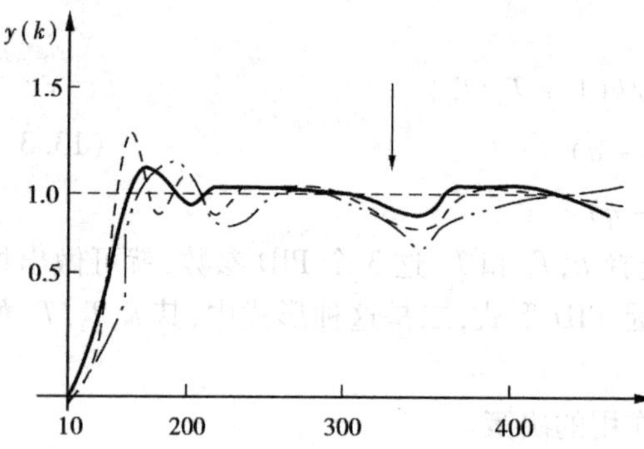

图 13.3.5 仿真曲线（$d=3$）

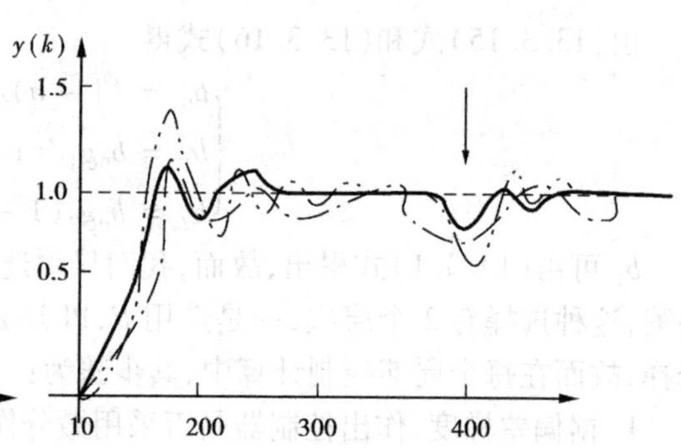

图 13.3.6 仿真曲线（$d=20$）

大滞后自校正智能极点配置内模控制器，结合系统辨识方法获得系统数学模型，用 PID 极点配置和内模控制原理，利用智能化来实现其自适应调整，是一种消除大滞后，易实现、高性能的智能控制方式，此系统适用于具有大滞后特点的热工系统，具有推广价值。

参考文献

［1］冯纯伯，史维.自适应控制.北京：电子工业出版社，1986

［2］方崇智，萧德云.过程辨识.北京：清华大学出版社，1988

［3］刘豹，王正欧.系统辨识.北京：机械工业出版社，1993

［4］吴广玉.系统辨识与自适应控制.哈尔滨：哈尔滨工业大学出版社，1987

［5］Goodwin G C and Sin K S. Adaptive Filtering Prediction and Control . New Jersy : Prentice-Hall，1984

［6］Ding F, Xie X M and Fang C Z . The convergence of the forgetting factor algorithm for identifying timevarying systems . Control Theory and Applications ，1994，11(5)：634—639

［7］刘宏才.系统辨识与参数估计.北京：冶金工业出版社，1996

［8］曾广达.系统辨识与仿真.成都：电子科技大学出版社，1995

［9］韩光文.系统辨识.武汉：华中理工大学出版社，1988

［10］丁锋，谢新民．系统参数和状态联合估计．控制与决策，1994，19(3)：223—225

［11］Moustafa K A F. Identification of stochastic time-varying systems. IEE proc. Pt. D，1983，130(4)：137—142

［12］丁锋.多变量系统的辅助模型辨识方法的收敛性分析.控制理论与应用，1997，14(2)：192—200

［13］Kalman R E. Desifn of a self-optimizing control system. Trans. ASME，1958，80：468—478

［14］Peterka V. Adaptive digital regulation of noisy systems. Proc. IFAC Symp. on Identification and Process Parameter Esdimation，Prague，1970

［15］Astrom K J，Wirrenmark B. On self-runing regulators. Automatica，1973，9：185—199

［16］Clarke D W，Gawthrop P J，Self-tuning controller. Proc. IEE ，1975，122：929—934

［17］Toivonen H T. Minimum variance control of first order systems with a constraint on the input amplitude . IEEEtrans. Auto. Contr，1981，26：556—558

［18］ Wellstend P E et al. Pole-assignment self-tuning regulator. Proc. IEE，1979，126：781—787

［19］ Wittenmark B. Self-tuning PID-controllers based on pole-placement. Report No. 7179，Dept. of Auto. Contr. Lund Inst. of Tech. Lund ， Sweden，1979

[20] Zhuang M, Atherton D P. Automatictuning of optimum PID controllers. IEE Proc, D, 1993, 140(3): 216—224

[21] Radke F, Isermann R. A parameter-adaptive PID controller with stepwise parameter optimization. Automatica, 1987, 23(4): 449—457

[22] Hong C C, Astrom K J, Ho W K. refinements of the Aiegler-Nichols tuning formula. IEE Proc. D, 1991, 138(2)

[23] Astrom K J. Ziegler-Nichols auto-tuners. Report TFRT-3167, Dept. of Automatic Control, Lund Inst. of Tech. Lund, Sweden, 1982

[24] Cohen G H, Coon G A. Theoretical consideration of retarded control. Tram. ASME, 1953, 75: 827—834

[25] R. J. Kavangh, Noninteracting controls in linear multivariable systems, AIEE. Trans. Appl. Ind. 1957, Vol. 76, Part Ⅱ, 95—99

[26] M. D. Mesatovic, The Control of Multicariable Systems, John Willy, 1960

[27] 孙优贤. 多变量解耦控制系统. 浙江大学学报, 1980, No3. 17—49

[28] B. S. Morgon, The synthesis of lineat multivariable systems by state batiable feedback, IEEE Trans. Automat. Contr. 1964, Vol. 9. 405—411

[29] P, L. Falb, and W. A. Wolovich, Decoupling in the design and synthesis of multivariable control systems, IEEETrans. Automat. Contr. 1967, Vol. 12, 651—659

[30] W. M. Wonham, and A. S. Morse, Decoupling and pole assignment in multivariable systems: a geometric approach, SIAM J. Contr, 1970, Vol. 8, 1—18

[31] J. Descusse, and J. M. Dion, On the structure infinity of linera square decoupled systems, IEEE Trans. Automat. Contr. 1982, Vol. 27, 971—974

[32] N. Suga, and K. Umahashi, Decoupling of nonsquare systems: a necessary and sufficient condition in terms of infinite zeros, Proceedings of the 9th IFAC World Congress, 1984. 84—93

[33] J. Descusse, J. F. Lafay, and M. Malabre, A survey on Morgon; s problem, Proceedings of the 25th IEEE Conference on Decision and Control, 1986, 1289—1294

[34] 刘晨晖. 多变量过程控制系统解耦理论. 北京: 水利电力出版社, 1984

[35] 丁锋, 谢新民. 多变量系统的辅助模型辨识算法. 清华大学学报(自然科学版), 1992, 32(4): 100—106

[36] 丁锋, 谢新民. 线性多变量系统的联合辨识算法. 控制理论与应用, 1992, 9(5): 545—550

[37] 丁锋. 谢新民. 多变量系统递推增广最小二乘法收敛性分析. 控制与决策, 1992, 7(6): 443—447

[38] U. Borisson, Self-tuning regulators for a class of multivariable systems, Automatica, 1979, Vol., 15, No. 2, 209—215

[39] H. N. Koivo, A multivariable self-tuning controller, Automatica, 1980, Vol. 16, No. 4, 351—366

[40] 柴天佑. 具有一般交互矩阵的多变量系统的随机自适应控制. 自动化学报, 1989, Vol. 15, No. 6, 540—545

[41] S. J. Lang, X. Y. Gu, and T. Y. Chai, A multivariable generalized self-tuning controller with decoupling design, IEEE Trans, Automat. Contr. 1986, Vol. 31, No. 5, 474—477

[42] P. E. McDermott, and D. A. Mellichamp, A decoupling pole-placement self-tuning controller for a class of multivariable process, Optimal Control Applications and Methods, 1986, Vol. 7, No, 1, 35—79

[43] B. Wittenmark, R. Middleton, and G. C. Goodwin, Adaptive decoupling of multivariable systems, Int. J. Control. 1987, Vol. 46, No. 6, 1993—2009

[44] T. Y. Chai, S. J. Lang, and X. Y. Gu, A generalized self-tuning feedforward controller and multivariable application, Proceedings of the 24th IEEE Conference on Decision and Control, 1985, 862—867

[45]柴天佑,郎世俊,顾兴源. 多变量自校正前馈控制器及其应用. 自动化学报,1986, Vol. 12, No. 3 229—236

[46]相良节夫等著. 萧德云等译. 系统辨识. 北京:化学工业出版社,1988

[47]中国科学院系统科学研究所编印.《系统辨识》入门. 1980

[48]华中工学院自控系大系统科研组编印. 辨识与参数估计,1980

[49]徐南荣. 系统辨识导论. 北京:电子工业出版社,1986

[50]蔡季冰. 系统辨识. 北京:北京理工大学出版社,1989

[51]张成乾,张国强. 系统辨识与参数估计. 北京:机械工业出版社,1986

[52]姜伟. 系统辨识技术. 北京:化学工业出版社,1986

[53]李清泉. 自适应控制系统理论、设计与应用. 北京:科学出版社,1990

[54]初学导,江韬,魏启敬,吴健. 系统辨识及其程序设计. 济南:山东科学技术出版社,1988

[55]邓自立,郭一新. 动态系统分析及其应用. 沈阳:辽宁科学技术出版社,1985

[56]P. 艾克霍夫著,潘科炎等译. 动态系统辨识. 北京:科学出版社,1980

[57]G. C. 哥德温,B. L. 丕纳著,张永光,袁振东译. 系统辨识. 北京:科学出版社,1980

[58]任锦堂. 系统辨识. 上海:上海交通大学出版社,1989

[59]史维祥等. 系统辨识. 西安:西安交通大学出版社,1989

[60]徐宁寿. 系统辨识技术及其应用. 北京:机械工业出版社,1986

[61]张洪钺. 现代控制理论——系统辨识. 北京:北京航空学院出版社,1987

[62] Ho, Y. C. and Lee, R. C. K.. "Identification of Linear Dynamic Systems". Information and Control, Vol. 8, pp93 ~ 110, 1965

[63] Astrom, K. J. and T. Bohlin.. "Numerical Identification of Linear Dynamic Systems from Normal Operating Records". Proc. 2nd IFAC Symp. on Theory of Self-Adaptive Control Systems, pp96 ~ 111, 1965

[64] Isermann, R.. Digital Control System. Springer-Verlag, Berlin, 1981

[65] Caines, P. E. "Prediction Error Identification Methods for Stationary Stochastic Processes". IEEE Trans. Autom. Control AC-21, pp500 ~ 505, 1976

[66] Lee, R. C. K. "Optimal Estimation, Identification, and Control", 1964

[67] Woodside, C. M.. "Estimation of the Order of Linear System". Automatica, 7, pp727 ~

733,1971

[68] Akaike, H."On Entropy Maximization Principle". Applications of Statistics, P. R. Krishnaiah, ed., pp27 ~ 41, 1974

[69] Ljung, L."On the consistency of prediction error Identification methods". In System. Identification, Advances and case studies (R. K. Mehra and D. C. Lainiotis es), pp121 ~ 164, 1976

[70] Ljung, L."Convergence analysis of parametric Identification methods". IEEE Trans. Autom. Control, AC-23, No. 5, pp770 ~ 783, 1978

[71]于长官. 现代控制理论. 哈尔滨. 哈尔滨工业大学出版社,1997

[72]沈绍信. 线性系统理论. 大连. 大连理工大学出版社,1989

[73]薛定宇. 控制系统—计算机辅助设计. 北京. 清华大学出版社,1996

[74]徐昕,李涛等. Matlab 工具箱应用指南—控制工程篇. 北京. 电子工业出版社,2000

[75]B. 威德罗,E. 瓦莱斯. 自适应逆控制. 西安. 西安交通大学出版社,2000

[76]王伟,李晓理. 多模型自适应控制. 北京. 科学出版社,2001

[77]李士勇. 模糊控制·神经控制和智能控制论. 哈尔滨. 哈尔滨工业大学出版社,1996

[78]张化光,何希勤. 模糊自适应控制理论及其应用. 北京. 北京航天航空大学出版社,2002

[79]李界家,吴成东等. 故障检测及预报新方法研究. 昆明. 2000 中国控制与决策学术年会论文集. 东北大学出版社. 2000. 5. pp436 ~ 439

[80]章正斌,吴汝善. 模糊控制工程. 重庆. 重庆大学出版社,1995

[81]徐南荣. 系统辨识导论. 电子工业出版社,1986

[82]韩曾晋. 自适应控制. 北京. 清华大学出版社,1995

[83]冯纯伯,史维. 自适应控制. 北京. 电子工业出版社,1986

[84]王顺晃,舒迪前. 智能控制系统及其应用. 北京. 机械工业出版社,1995

[85]陶永华,尹怡欣等. 新型 PID 控制及其应用. 北京. 机械工业出版社,1998

[86]梅炽等,有色冶金炉窑仿真与优化. 北京. 冶金工业出版社,2001

[87]胡昌华,许化龙,控制系统故障诊断. 北京. 国防工业出版社,2000

[88]柴天佑,多变量自适应解耦控制及应用. 北京. 科学出版社,2001

[89]杨承志,小型工业炉窑智能化控制系统. 自动化与仪器仪表,1994,56(4):38—41

[90]杨承志,参数寻优智能 PID 控制. 昆明理工大学学报,1998,32(5):95—99

[91]杨承志、张云生,工业综合自动化中的智能人机交互. 昆明理工大学学报,1999,103(5):6—12

[92]杨承志,人机交互智能决策控制系统研究. 昆明理工大学学报,2001,26(5):48—52

[93]杨承志,智能模糊残氧控制. 基础自动化,1999,32(4):22—25

[94]杨承志,智能寻优模糊控制器研究. 系统工程与电子技术,2000,22(1):21—28

[95]杨承志,大滞后系统智能极点配置内模控制. 昆明理工大学学报,1997,22(6):18—23